U0393941

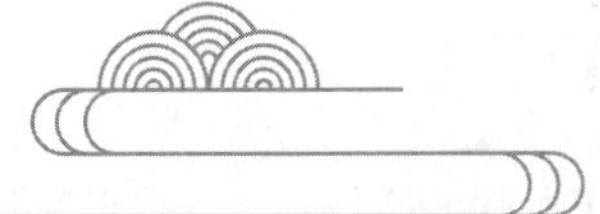

Java Web 全栈开发

深入理解PowerDesigner+JDBC+Servlet+JSP+Filter+JSTL

微课视频版

张小华　黄波　于倩倩　曹晶垚◎编著

清华大学出版社
北京

内容简介

本书采用“项目驱动”教学模式，通过完整的项目案例系统地介绍Java Web应用开发各阶段的理论知识和技术。全书包括预备知识（Web项目开发简介、Web服务器Tomcat）、Web前端技术简介（HTML、CSS、JavaScript、JQuery、Bootstrap）、数据库设计与可行性分析（MySQL数据库、数据库设计、数据库可行性分析）、JDBC核心技术编码、后端动态页面技术（Servlet核心技术、JSP核心技术、Web项目的分层实现、Filter技术和Listener技术、JSTL和EL）、Web项目中公共难点功能的实现等内容。

书中涉及基础知识和技术的章节都布置了课后习题，实践章节都布置了项目作业。本书配有丰富的电子资源，包括教学大纲、教学日历、课件、微课视频、期末试卷、题库等，同时为学生提供了每章的案例资源和自学资源。

本书注重理论与实践相结合，内容翔实，提供了大量实例，突出应用能力和创新能力的培养，将一个实际项目的知识点分解在各章作为案例讲解。本书适合作为普通高等学校计算机类专业相关课程的教材，也可供相关应用设计与开发人员参考使用。

图书在版编目(CIP)数据

Java Web全栈开发：深入理解PowerDesigner＋JDBC＋Servlet＋JSP＋Filter＋JSTL：微课视频版/张小华等编著. —北京：清华大学出版社，2023.7
(计算机科学与技术丛书)
新形态教材
ISBN 978-7-302-63106-4

Ⅰ. ①J…　Ⅱ. ①张…　Ⅲ. ①JAVA语言－程序设计－教材　Ⅳ. ①TP312.8

中国国家版本馆CIP数据核字(2023)第047623号

责任编辑：曾　珊　李　晔
封面设计：李召霞
责任校对：申晓焕
责任印制：沈　露

出版发行：清华大学出版社
网　　址：http://www.tup.com.cn，http://www.wqbook.com
地　　址：北京清华大学学研大厦A座　　**邮　　编**：100084
社 总 机：010-83470000　　**邮　　购**：010-62786544
投稿与读者服务：010-62776969，c-service@tup.tsinghua.edu.cn
质量反馈：010-62772015，zhiliang@tup.tsinghua.edu.cn
课件下载：http://www.tup.com.cn，010-83470236
印 装 者：三河市天利华印刷装订有限公司
经　　销：全国新华书店
开　　本：185mm×260mm　　**印　　张**：18.75　　**字　　数**：492千字
版　　次：2023年9月第1版　　**印　　次**：2023年9月第1次印刷
印　　数：1～1500
定　　价：69.00元

产品编号：098780-01

前言

PREFACE

写作目的

在 21 世纪，信息技术深刻地影响着人类的生活，从某种程度来说，它也深刻地影响着国家的发展。高等学校学生是企业和政府的后备军，信息技术与软件工程教育受到学生的普遍欢迎，取得了很好的教学效果。然而也存在一些不容忽视的共性问题，其中突出的就是教材问题。具体体现在：第一，信息技术与软件工程专业的术语很多，对于没有这些知识背景的学生学习起来具有一定难度；第二，书中案例比较匮乏，与企业的实际情况相差太远，致使案例可参考性差；第三，缺乏具体的课程实践指导和真实项目。因此，针对高等学校信息技术与软件工程课程教学特点与需求，编写适用的规范化教材已刻不容缓。

本书就是针对以上问题编写的。作者采用"项目驱动"教学模式，将"高校教学基础信息子系统"项目案例贯穿于 Java Web 应用开发各个阶段的理论知识和技术的讲解，包括预备知识（Web 项目开发简介、Web 服务器 Tomcat）、Web 前端技术简介（HTML、CSS、JavaScript、JQuery、Bootstrap）、数据库设计与可行性分析（MySQL 数据库、数据库设计、数据库可行性分析）、JDBC 核心技术编码、后端动态页面技术（Servlet 核心技术、JSP 核心技术、Web 项目的分层实现、Filter 技术和 Listener 技术、JSTL 和 EL）、Web 项目中公共难点功能的实现等内容。通过项目实践，可以明确技术应用的目的性（为什么学），也可以对技术原理更好地融会贯通（学什么），还可以更好地检验学习效果（学得怎么样）。

经过半年多见缝插针式的奋战，本书终于顺利完成，我们感到欣慰，同时也为能将自己多年来参与项目开发和指导的经验以及教学上的心得与各位读者分享而感到高兴。

本书第 1、3、4、5 章由黄波编写，第 2、6、7、8、9、11 章由于倩倩和曹晶垚编写，第 10、12、13、14、15、16 章由张小华编写。书中的源代码由曹晶垚整理，教材配套的课件等教学资源由于倩倩整理，微课视频由张小华录制。

本书特点

1. 注重项目实践

以项目实践为主线，带动理论的学习是最好、最快、最有效的方法。本书的特色是提供了一个完整的高校教学基础信息子系统项目。通过本书，希望读者能够对 Java Web 开发技术和开发流程有一个整体认识，减少对项目的盲目感和神秘感，能够根据本书的体系循序渐进地动手做出自己的真实项目。

2. 注重理论要点

本书以"高校教学基础信息子系统"项目实践为主线，着重介绍 Java Web 开发理论中最重要、最精华的部分，以及各知识点的融会贯通，而不是面面俱到，没有重点和特色。读者首先通过项目把握整体概貌；然后深入局部和细节，系统学习理论；最后不断优化和扩展细节，完善整体框架和改进项目。本书既有 Java Web 项目开发的整体框架，又有重点理论和技术。一书在手，思路清晰，项目无忧。

3. 配书资源丰富

为了便于学习，读者可以方便地以扫描二维码的方式从清华大学出版社网站下载本书配套资源包。资源包分为学生资源包和教师资源包。学生资源包中包括：

(1) 所有开源工具。请扫描下面前两个二维码进行下载。

(2) 每章的程序代码，可最大限度地帮助读者快速掌握 Java Web 项目开发各个阶段的知识与技术。请扫描下面第三个二维码进行下载。

(3) 教学课件，请扫描下面第四个二维码进行下载。

开源工具 1

开源工具 2

程序代码

教学课件

教师资源包中包括教学大纲、教学日历、课件、实践指导书、期末试卷、题库、教学总结等教学资源，这大大降低了教师备课的难度和时间成本，减轻了教学文档的撰写负担，使得教师可以更好地将精力集中在教学环节，提高授课质量。同时每章最后都配有精心设计的习题，并提供了相应的答案，便于读者复习和教师出题。有需要教师资源包的读者请联系清华大学出版社进行获取。

4. 扫码观看微课视频

为了便于学习，读者可以扫描书中的二维码，观看配套微课视频。微课视频共 64 个，其中关于理论知识的重点、难点视频 30 个，关于设计和编码的视频 34 个。

学习建议

本书共16章，按照Java Web项目开发流程进行安排，包括Java Web项目开发的多方面知识和技能。课内学时建议64学时，具体内容、要求及学时分配如下表所示。

章　名	主要内容	要求	课内学时	课外学时
第1章 Web项目开发简介	C/S、B/S体系结构	理解	2	1
	静态网站和动态网站的工作流程、案例项目	了解		
	Web项目开发流程以及每个开发阶段要用到的Web技术	掌握		
	集成开发环境(JDK+STS)的安装和配置	掌握		
第2章 Web服务器Tomcat	Tomcat的安装和常用操作	了解	2	2
	Tomcat的目录结构	理解		
	Web项目的发布、Web资源的绝对URL求解方法	掌握		
第3章 Web前端技术简介	HTML、CSS、JavaScript和JQuery的含义和作用	了解	3	2
	CSS代码规则、CSS选择器、在HTML代码中引入CSS、JavaScript代码放置方式、JQuery编码、JavaScript语法	理解		
	HTML标签中的URL、表单标签、在Web项目中提交数据	掌握		
第4章 综合实践一	Bootstrap前端框架	掌握	1	1
	案例项目的Web UI设计	理解		
第5章 MySQL数据库	MySQL8的安装与配置	了解	2	2
	MySQL常用操作	掌握		
第6章 数据库设计和可行性分析	概念数据模型和物理数据模型、数据库设计步骤	理解	5	2
	用PowerDesigner根据项目需求设计数据库	掌握		
	对设计好的数据库进行可行性分析	理解		
第7章 综合实践二	案例项目数据库的完整设计	理解	1	4
	案例项目数据库的可行性分析	掌握		
第8章 JDBC核心技术编码	JDBC技术简介(JDBC的跨平台实现原理、JDBC API)	理解	8	4
	用JDBC编写查询程序	掌握		
	用JDBC编写更新程序(编写单条更新SQL的更新程序、编写多条更新SQL的更新程序)	掌握		
	JDBC编码框架设计	了解		
第9章 综合实践三	JDBC编码框架	理解	2	2
	编写Students DAO子类	掌握		
	编写DAO子类的测试类	掌握		

续表

章　　名	主 要 内 容	要求	课内学时	课外学时
第 10 章 Servlet 核心技术	Servlet 技术概述(Servlet 技术的跨平台实现、Servlet 处理请求的过程、Servlet 的含义)	了解	6	4
	编写第一个 Servlet(编码、配置和访问 Servlet 类)	掌握		
	Servlet 的生命周期	理解		
	Servlet API	理解		
	Session 和 Cookie	理解		
第 11 章 JSP 核心技术	JSP 核心标签(JSP 指示符标签、JSP 脚本标签、JSP 注释标签)	理解	6	4
	编写和运行第一个 JSP 页面	掌握		
	JSP 运行原理	理解		
	JSP 隐含对象	理解		
	JSP 动作标签	了解		
第 12 章 Web 项目的分层实现	Web 项目的分层实现、MVC 模式	理解	12	6
	教师列表功能的 MVC 实现	掌握		
	教师修改表单功能的 MVC 实现	掌握		
	教师修改功能的 MVC 实现	掌握		
	登录功能和退出登录功能的 MVC 实现	掌握		
第 13 章 Filter 技术和 Listener 技术	Filter 的含义	理解	4	2
	Filter 编码和配置	掌握		
	过滤器和请求的关系、过滤器运行原理	理解		
	Listener 简介	了解		
	Listener 编码和配置	掌握		
第 14 章 JSTL 和 EL	EL(EL 语法、用 EL 显示常量数据、用 EL 显示共享区的变量数据、用 EL 显示非共享区中的变量数据)	理解	4	2
	使用 JSTL 的总原则、Core 标签库	理解		
	Format 标签库、SQL 标签库、XML 标签库	了解		
	用 JSTL 和 EL 改写 JSP 页面	掌握		
第 15 章 Web 项目中公共难点功能的实现	文件上传的实现	掌握	4	8
	分页显示的实现	掌握		
	动态查询的实现	掌握		
	多对多关系配置的实现	掌握		
	权限控制的实现	掌握		
第 16 章 综合实践四	综合实践四	了解	2	8
	课程综合实践	了解		

注：建议课外学时为 54 学时，用于观看微课视频和完成一些实例的练习，任何编程的学习都不能仅靠在课堂上解决所有的问题，必须在课外进行适当的练习。教学或学习过程中可按实际情况对学时和内容进行调整。

目录

CONTENTS

第一篇　预备知识

第二篇　数据库设计与可行性分析

微课视频清单

编号	视　频　名	对应章节	编号	视　频　名	对应章节
1	视频 1 JDK8 安装与配置	1.5.1 节	33	视频 33 配置 Servlet 类	10.2.2 节
2	视频 2 STS 的安装与配置	1.5.2 节	34	视频 34 Servlet 重要技能	10.2.4 节
3	视频 3 Tomcat 的常用操作	2.2 节	35	视频 35 Servlet 生命周期	10.3 节
4	视频 4 Web 项目人工发布	2.4.1 节	36	视频 36 Session 和 Cookie	10.5 节
5	视频 5 Web 项目自动发布	2.4.2 节	37	视频 37 Servlet 练习	10.6 节
6	视频 6 资源物理地址转 URL	2.5 节	38	视频 38 JSP 核心标签	11.1 节
7	视频 7 HTML 标签中的 URL	3.1.3 节	39	视频 39 编写和运行第一个 JSP	11.2 节
8	视频 8 表单提交数据	3.1.5 节	40	视频 40 JSP 运行原理	11.3 节
9	视频 9 案例项目的 Web UI	4.2 节	41	视频 41 JSP 练习	11.4 节
10	视频 10 数据库操作	5.3.3 节	42	视频 42 JSP 隐含对象	11.5 节
11	视频 11 表操作	5.3.4 节	43	视频 43 Web 项目的分层实现	12.1 节
12	视频 12 概念数据模型	6.1.1 节	44	视频 44 MVC 模式	12.1.4 节
13	视频 13 物理数据模型	6.1.2 节	45	视频 45 教师列表的 MVC 实现	12.2 节
14	视频 14 用 PD 设计 CDM	6.3.2 节	46	视频 46 教师修改表单的实现	12.3 节
15	视频 15 用 PD 设计 PDM	6.3.3 节	47	视频 47 教师修改的 MVC 实现	12.4 节
16	视频 16 用 PD 生成数据库脚本	6.3.4 节	48	视频 48 登录功能的 MVC 实现	12.5.1 节
17	视频 17 用脚本创建数据库	6.4 节	49	视频 49 退出登录功能的 MVC 实现	12.5.2 节
18	视频 18 数据库 CDM 完整设计	7.1 节	50	视频 50 用过滤器实现登录验证	13.1.2 节
19	视频 19 还原数据库和可行性分析	7.2 节	51	视频 51 过滤器和请求的关系	13.1.3 节
20	视频 20 JDBC 的实现原理	8.1.1 节	52	视频 52 过滤器运行原理	13.1.4 节
21	视频 21 导入案例初始项目	8.2.2 节	53	视频 53 用监听器统计在线用户数	13.2.2 节
22	视频 22 创建 DAO 类	8.2.3 节	54	视频 54 教师列表页面的改写	14.3.1 节
23	视频 23 用 JDBC 编写查询程序	8.2.4 节	55	视频 55 教师修改页面的改写	14.3.2 节
24	视频 24 编写方法的测试代码	8.2.5 节	56	视频 56 登录页面的改写	14.3.3 节
25	视频 25 单条更新 SQL 的程序	8.3.1 节	57	视频 57 头像上传表单的实现	15.1.1 节
26	视频 26 多条更新 SQL 的程序	8.3.2 节	58	视频 58 头像上传的实现	15.1.2 节
27	视频 27 JDBC 代码复用	8.4.1 节	59	视频 59 分页显示的实现	15.2 节
28	视频 28 提高查询方法的通用性	8.4.2 节	60	视频 60 查询表单功能的实现	15.3.1 节
29	视频 29 JDBC 编码框架	9.1 节	61	视频 61 查询功能的实现	15.3.2 节
30	视频 30 最终 DAO 类和测试类	9.2 节	62	视频 62 配置职位表单的实现	15.4.1 节
31	视频 31 Servlet 技术概述	10.1 节	63	视频 63 配置职位功能的实现	15.4.2 节
32	视频 32 编码 Servlet 类	10.2.1 节	64	视频 64 权限控制的实现	15.5 节

第一篇 预备知识

本篇讲解 Java Web 项目开发需要提前掌握的基础知识，内容如下：

(1) Web 项目开发简介，包括 C/S 和 B/S 体系结构、Web 简介、Web 开发技术、案例项目和集成开发环境的安装与配置。

(2) Web 服务器 Tomcat，包括 Tomcat 安装、操作、目录结构、Web 项目发布，绝对 URL。

(3) Web 前端技术简介，包括 HTML、CSS、JavaScript、JQuery、Bootstrap。

本篇的 Web 项目开发简介和 Web 服务器 Tomcat 是学习第四篇的基础，学习本篇的 Web 前端技术后制作出的 Web 界面能确认项目需求，为第二篇中的数据库设计提供需求支持，还能直接作为第四篇的 Web 界面来展示数据。

第 1 章

Web 项目开发简介

随着网络技术的迅猛发展，国内外的信息化建设已经进入以 Web 应用为核心的阶段。与此同时，Java 语言也在不断完善优化，使自己更加适合开发 Web 应用。为此，越来越多的程序员或编程爱好者走上了 Java Web 项目开发之路。本章将对 Web 项目开发作简要介绍，并对集成开发环境的安装与配置进行详细的讲解。

学习目标

（1）了解静态网站和动态网站的工作流程、案例项目。

（2）理解 C/S、B/S 体系结构。

（3）掌握 Web 项目开发流程以及每个开发阶段要用到的 Web 技术。

（4）掌握集成开发环境的安装与配置方法。

1.1 网络程序开发体系结构

随着网络技术的不断发展，单机的软件程序越来越难以满足网络计算的需要。为此，各种各样的网络程序开发体系应运而生。其中，运用最多的网络应用程序开发体系结构可以分为两种：一种是基于客户端/服务器的 C/S 结构；另一种是基于浏览器/服务器的 B/S 结构。下面进行详细介绍。

1.1.1 C/S 体系结构

C/S 是 Client/Server 的缩写，即客户/服务器结构，结构如图 1-1 所示。在这种结构中，硬件服务器通常采用高性能的 PC 或工作站，并安装大型数据库系统（如 Oracle 或 SQL Server），而

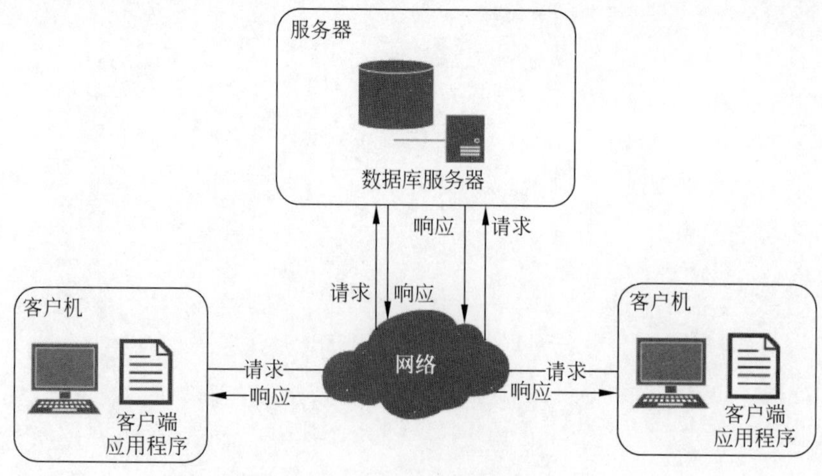

图 1-1　C/S 体系结构

客户端则需要安装专用的客户端软件。这种结构可以充分利用两端硬件环境的优势，将任务合理分配到客户端和服务器端，从而降低系统的通信开销。但是这种结构中服务器端和客户端都会驻留开发人员编写的代码，服务器端驻留的是开发人员设计的数据库和保存在数据库中的数据，而客户端驻留的是开发人员开发的客户端软件。因此当客户端急剧增多时，C/S结构的软件维护成本将急剧增大。在2000年以前，C/S结构占据网络程序开发领域的主流。

1.1.2　B/S体系结构

B/S是Browser/Server的缩写，即浏览器/服务器结构，结构如图1-2所示。在这种结构中，客户端不需要开发任何用户界面，而统一采用如IE、Firefox、Chrome等浏览器，通过Web浏览器向Web服务器发送请求，由Web服务器进行处理，并将处理结果逐级传回客户端。这种结构利用不断成熟和普及的浏览器技术实现原来需要复杂专用软件才能实现的强大功能，从而节约了开发成本，是一种全新的软件体系结构。同时在这种结构中，开发人员编写的代码只驻留在服务器端，服务器一般比较少且集中，因此B/S结构便于维护。B/S体系结构已经成为当今应用软件的首选体系结构。

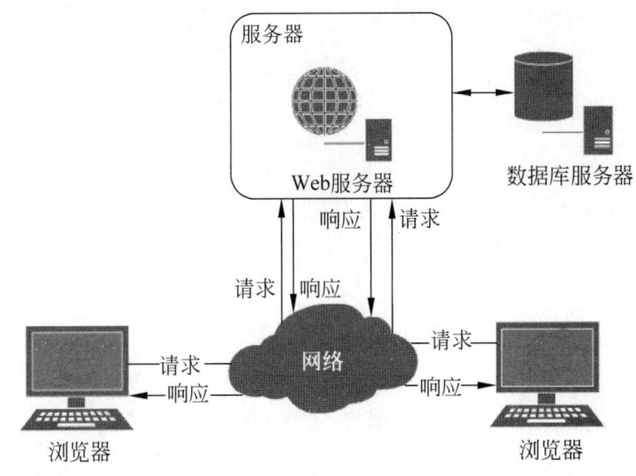

图1-2　B/S体系结构

1.1.3　两种体系结构的比较

C/S结构和B/S结构是当今世界网络程序开发体系结构的两大主流。目前，这两种结构都有自己的市场份额和客户群。但是，这两种体系结构又各有各的优点和缺点。下面将从3个方面进行对比说明。

1. 开发和维护成本方面

C/S结构的开发和维护成本都比B/S结构高。采用C/S结构时，对于不同客户端要开发不同的程序，而且软件的安装，测试和升级均需要在所有客户机上进行。例如，如果一个企业共有20个客户站点使用一套C/S结构的软件，这20个客户站点都需要安装客户端程序。当这套软件进行了哪怕很微小的改动时，系统维护员都必须将客户端原有的软件卸载，再安装新的版本进行配置，最可怕的是客户端的维护工作必须不折不扣地进行20次，即每个客户站点都要进行一次。若某个客户端忘记进行这样的更新，则该客户端将会因为软件版本不一致而无法正常工作。而B/S结构的软件则不必在客户端进行安装和维护，因为所有程序都驻留在了服务器端。如果将前面企业的C/S结构的软件换成B/S结构的，那么在软件升级时，系统维护员只需将服务器的软件升级到最新版本即可，对于其他客户端，只需重新登录系统就可以使用最新版本的软件了。

2. 客户端负载

C/S结构中的客户端不仅负责与用户的交互,收集用户信息,还需要完成通过网络向服务器请求对数据库、电子表格或文档等信息的处理工作。由此可见,应用程序的功能越复杂,客户端程序也就越庞大,这也给软件的维护工作带来了很大的困难。而B/S结构的客户端把事务处理逻辑部分交给了服务器,由服务器进行处理,客户端只需要进行显示,这样,将使应用程序服务器的运行数据负荷较重,一旦发生服务器"崩溃"等问题,后果不堪设想。因此,许多单位都备有数据库存储服务器,以防万一。

3. 安全性

C/S结构适用于专人使用的系统,可以通过严格的管理来派发软件,达到保证系统安全的目的,这样的软件相对来说安全性比较高。而对于B/S结构的软件,由于使用的人数较多,且不固定,相对来说安全性就会低一些。

由此可见,B/S结构相对于C/S结构来说具有更多的优势,现今大量的应用程序开始应用B/S结构,许多软件公司也争相开发B/S版的软件,也就是Web应用程序。随着Internet的发展,基于HTTP和HTML标准的Web应用呈几何数量级的增长,而这些Web应用又是由各种Web技术所开发的。

1.2 Web简介

因为本书重点介绍Java Web项目开发,因此本节将从Web含义、Web应用分类及其工作原理、Web发展历史3个方面对Web进行简要介绍。

1.2.1 什么是Web

在计算机网页开发设计中,Web就是网页。网页是网站中的一个页面,通常是HTML格式的。网页可以展示文字、图片等多媒体信息,需要通过互联网浏览器阅读。

1.2.2 Web应用分类及其工作原理

Web应用程序大体上可以分为两种,即静态网站和动态网站。

早期的Web应用主要是静态页面的浏览,即静态网站。静态页面是指在不修改页面源代码的情况下,每次请求结果的页面内容和显示效果基本上不会发生变化。静态页面和网站使用HTML语言来编写,放在Web服务器上,用户使用浏览器通过HTTP请求Web服务器上的HTML页面,Web服务器接收到请求后,将请求的HTML页面的源代码原封不动地发送给客户端浏览器,显示给用户。整个过程如图1-3所示。

随着网络的发展,很多线下业务开始向网上发展,基于Internet的Web应用也变得越来越复杂,用户所访问的资源已不再局限于服务器上保存的静态网页,更多的内容需要根据用户的请求动态生成页面信息,即动态页面。动态页面是指在不修改页面源代码的情况下,每次请求结果的页面内容却可以随着时间、环境或者数据库操作的结果而发生改变。由动态页面构成的网站就是动态网站。这些网站通常使用HTML语言和动态脚本语言(如JSP、ASP或是PHP等)编写,并将编写后的程序部署到Web服务器上,由Web服务器对动态脚本代码进行处理,然后转化为浏览器可以解析的HTML代码,返回给客户端浏览器,最终显示给用户。整个过程如图1-4所示。

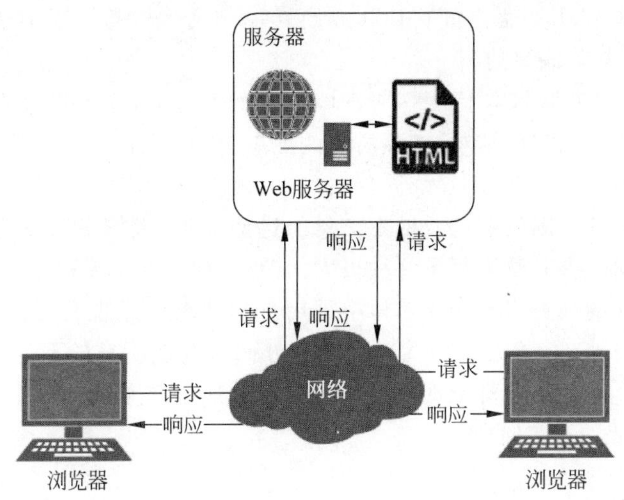

图 1-3 静态网站的工作流程

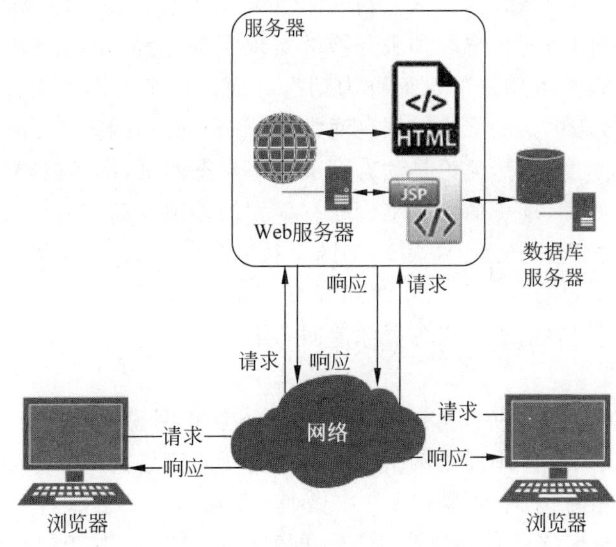

图 1-4 动态网站的工作流程

注意：初学者经常将动态网页和动感页面混为一谈。这里说的动态网页，与网页上的各种动画、滚动字幕等视觉上的动态效果没有直接关系。无论网页是否具有动态效果，只要采用了动态网页技术生成的网页都可以称为动态网页，反之就不能称为动态网页。动态网页技术是将基本的 HTML 语法规范与 Java、C# 等高级程序设计语言，数据库编程等多种技术相融合，以期实现对网站内容和风格的高效、动态和交互式管理的编程技术。

1.2.3 Web 的发展历史

自从 1989 年由 Tim Berners-Lee（蒂姆·伯纳斯·李）发明了 World Wide Web（www）以来，Web 主要经历了 3 个阶段，分别是静态网页阶段（指代 Web 1.0）、动态网页阶段（指代 Web 1.5）和 Web 2.0 阶段。下面将对这 3 个阶段进行介绍。

1. 静态网页阶段

这一阶段的 Web 主要是用于静态 Web 页面的浏览。用户通过客户端的 Web 浏览器可以访问 Internet 上的各个 Web 站点。在每个 Web 站点上，保存着提前编写好的 HTML 格式的 Web 页面,以及各 Web 页面之间可以实现跳转的超文本链接。通常情况下,这些 Web 页面都是通过 HTML 语言编写的。

这一阶段,Web 服务器基本上只是一个 HTTP 的服务器,它负责接收客户端浏览器的访问请求,建立连接,响应用户的请求,查找所需的静态 Web 页面,再将静态 Web 页面的源代码返回到客户端浏览器。

随着互联网技术的不断发展以及网上信息的迅速增加,人们逐渐发现手工编写包含所有信息和内容的页面对人力和物力都是一种极大的浪费,而且几乎变得难以实现。此外,采用静态页面方式建立起来的站点只能够简单地根据用户的请求传送现有页面,而无法实现各种动态的交互功能。具体来说,静态页面在以下几个方面都存在明显的不足:无法支持后台数据库、无法有效地对站点信息进行及时的更新、无法实现动态显示效果。这些不足之处促使 Web 技术进入了发展的第二阶段。

2. 动态网页阶段

为了克服静态页面的不足,人们将传统单机环境下的编程技术引入互联网,并与 Web 技术相结合,从而形成新的网络编程技术。新的网络编程技术通过在传统的静态页面中加入各种程序和逻辑控制,在网络的客户端和服务器端实现了动态和个性化的交流与互动。人们将这种使用新的网络编程技术创建的页面称为动态页面。动态页面的文件扩展名通常是.jsp、.php 和.asp 等。而静态页面的文件扩展名通常是.htm、.html 和.shtml 等。

从网站浏览者的角度来看,无论是动态网页还是静态网页,都可以展示基本的文字和图片信息,但从网站开发、管理、维护的角度来看就有很大的差别。动态网页以数据库技术为基础,可以大大降低网站维护的工作量;采用动态网页技术的网站可以实现更多的功能,如用户注册、用户登录、在线调查、用户管理、订单管理等等;动态网页实际上并不是独立存在于服务器上的网页文件,只有当用户请求时服务器才返回一个完整的网页。

3. Web 2.0 阶段

随着互联网技术的不断发展,又提出了一种新的互联网模式——Web 2.0。这种模式更加以用户为中心,通过网络应用促进网络上人与人之间的信息交换和协同合作。

Web 2.0 技术主要包括博客(Blog)、微博(Twitter)、维基百科全书(Wiki)、网摘(Delicious)、社会网络(SNS)、对等计算(P2P)、即时信息(IM)和基于地理信息服务(LBS)等。

1.3 Web 开发技术

开发一个 Web 项目的简要流程如图 1-5 所示。当中标项目后,需要与客户商讨项目需求并形成项目需求说明书。由于需求说明书由文字撰写,歧义很大,也不便于设计人员和开发人员查看,因此最好给项目做个原型系统来确认需求。Web 项目的原型系统可以用很多原型设计工具来制作,例如 Axure RP、Mockplus、Justinmind 等,但最简单的原型制作方法是直接用 HTML 语言制作项目的静态网站。需要注意的是,原型静态网站不是项目的最终 Web UI 界面,它不管界面是否美观,而只关注每个功能的操作流程,以及每个流程中涉及的数据。项目静态网站做好后发布到 Web 服务器中,让客户浏览查看,如果客户对某个流程或流程中的数据有异议,应立即修改静态原型网站并发布到 Web 服务器,然后再让客户确认。经过这样多次与客户确认后,项目的最终需求就可以基本确认了。

确认项目需求后,项目组人员可以分为两类:一类人员负责设计项目的 Web UI,即 Web 界面;另一类人员负责数据库设计和可行性分析,数据库设计完毕后进行数据库编码。最后用动态页面技术将 Web UI 界面和数据库代码整合到动态页面中来实现每个功能。

在 Web 项目开发的每个阶段都会涉及对应 Web 开发技术的学习。

(1) 静态原型阶段。

对于静态原型阶段，我们将在第 3 章学习 Web 前端技术中的 HTML 语言。

(2) Web UI 设计阶段。

对于 Web UI 设计阶段，我们将在第 3 章学习 Web 前端技术中的 CSS(Cascading Style Sheets，层叠样式表)、JavaScript 语言、JQuery，在第 4 章学习 Bootstrap 前端框架。

(3) 数据库设计和可行性分析阶段。

对于数据库设计和可行性分析阶段，我们将在第 5～7 章学习数据库设计理论、用建模工具设计数据库、对数据库进行可行性分析。

(4) 数据库编码阶段。

对于数据库编码阶段，我们将在第 8 章和第 9 章学习 JDBC 核心技术、JDBC 编码、JDBC 编码框架的设计和应用。

(5) 动态页面编码阶段。

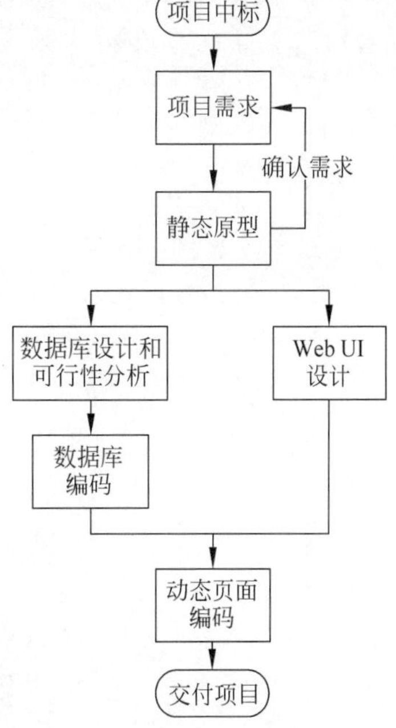

图 1-5　动态 Web 项目开发简要流程图

对于动态页面编码阶段，我们将学习 Java 语言的动态页面技术，包括第 10 章 Servlet 核心技术、第 11 章 JSP 核心技术、第 12 章 Web 项目的分层实现、第 13 章 Filter 技术和 Listener 技术、第 14 章 JSTL 和 EL、第 15 章 Web 项目中公共难点，功能的实现。

综上所述，Web 开发技术主要包括 3 类技术，分别是 Web 前端技术、数据库技术、Web 后端技术(涵盖数据库 JDBC 编码和动态页面技术)。每类技术中又包含很多技术，本书不可能对所有技术进行全部详细讲解，将重点讲解 Web 项目中数据处理的相关技术，对其他技术只做简要介绍，其他技术的详细内容请参考教材资源包中的自学资源。本书对 Web 开发技术的学习要求如表 1-1 所示。

表 1-1　对 Web 开发技术的学习要求

技术大类	技　术	要　求
Web 服务器	Tomcat	★掌握：所有内容
Web 前端技术	HTML	★掌握：标签中的 URL、表单标签、数据提交 其他内容自学
	CSS	本书只做简要介绍，其他内容自学
	JavaScript	本书只做简要介绍，其他内容自学
	jQuery	本书只做简要介绍，其他内容自学
	Bootstrap 前端框架	本书只做简要介绍，其他内容自学
数据库技术	数据库理论	自学
	数据库设计	★掌握：所有内容
	数据库可行性分析	自学
Web 后端技术	JDBC 编码	★掌握：所有内容
	Servlet 核心技术	★掌握：所有内容
	JSP 核心技术	★掌握：所有内容
	Filter 和 Listener 技术	★掌握：所有内容
	JSTL 和 EL	★掌握：所有内容

在表 1-1 中,★标识的内容在本书中将详细介绍,其他内容将在教材资源包中提供自学资源供读者自学。

1.4 案例项目

Java Web 开发技术主要用于开发 Web 项目,因此本书选用高校教学系统中的"高校教学基础信息子系统(infoSubSys)"作为案例项目贯穿 Web 项目开发的每个阶段(见图 1-5)。

高校教学基础信息子系统主要对各个教学部门、教师信息、学生信息以及权限进行管理。功能结构如图 1-6 所示。

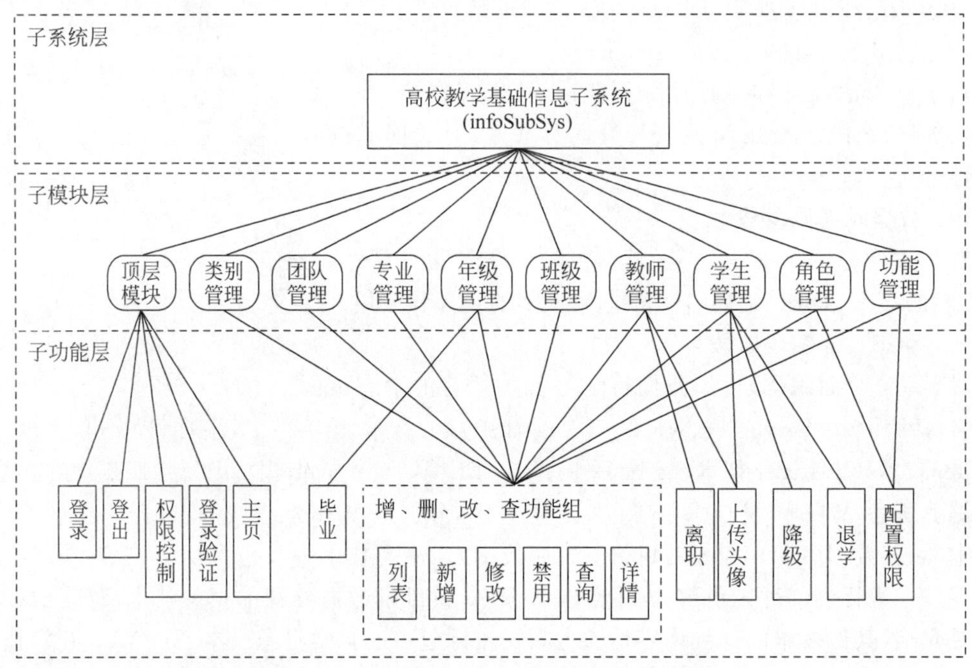

图 1-6 高校教学基础信息子系统功能结构图

1.5 集成开发环境的安装与配置

本书主要讲解 Java 语言的 Web 开发技术,即 Java Web 技术。本书编写 Java 代码时使用集成开发环境 Spring Tool Suite 3.9.2,而 Spring Tool Suite 的运行需要 JDK(Java Development Kit,Java 开发工具包)。下面 JDK、Spring Tool Suite 的安装与配置都以 Windows 10 操作系统为例进行讲解。

在安装开发环境前,先扫码下载本书的开源工具包。在开源工具包中包含了本书要用到的所有开发工具,各开发工具安装包的作用如表 1-2 所示。

表 1-2 开发工具安装包的作用

子目录名	文 件 名	作 用
1-Java 开发相关工具	1-JDK-jdk-8u131-windows-x64_8.0.1310.11.exe	Java 开发工具包(JDK8)的安装文件
	2-Web 服务器-apache-tomcat-9.0.16-windows-x64.zip	Tomcat9 Web 服务器的安装文件
	3-集成开发环境-spring-tool-suite-3.9.2.RELEASE-e4.7.2-win32-x86_64.zip	集成开发环境 Spring Tool Suit 的安装文件

续表

子目录名	文 件 名	作 用
2-数据库-MySQL相关工具	1-mysql-installer-community-8.0.23.0.msi	MySQL 数据库服务器的安装文件
	2-Navicat Premium_11.2.7 简体中文版	数据库管理客户端软件 Navicat 的安装文件
	3-powerdesigner.rar	数据库设计工具 PowerDesigner 的安装文件

1.5.1 JDK 的安装与配置

视频讲解

因为集成开发环境 Spring Tool Suite 是用 Java 语言开发的，因此 Spring Tool Suite 的运行需要 Java 运行环境。下面将详细讲解 JDK 的安装与配置。

1. 安装 JDK

双击开源工具包中"/1-Java 开发相关工具"目录下的 JDK 安装文件"1-JDK-jdk-8u131-windows-x64_8.0.1310.11.exe"，在每个安装步骤都单击"下一步"按钮直至安装结束。这样 JDK 就被安装在了默认路径"C:\Program Files\Java"中。

2. 配置 JDK

为了在命令行直接执行 JDK 的命令(如 javac、java 等)，而不用指定这些命令所在的目录，需要将 JDK 命令所在的目录路径，例如"C:\Program Files\Java\jdk1.8.0_131\bin"放到操作系统的环境变量 Path 中。具体操作步骤如下：

(1) 双击桌面的"此电脑"图标打开文件浏览器；在文件浏览器界面中单击左上角的"属性"按钮打开系统界面；在系统界面单击"高级系统设置"超链接进入"高级系统设置"界面；在高级系统设置界面单击右下角的"环境变量"按钮进入"环境变量"界面；在"环境变量"界面中选中"系统变量"中的 Path 行。整个操作过程如图 1-7 所示。

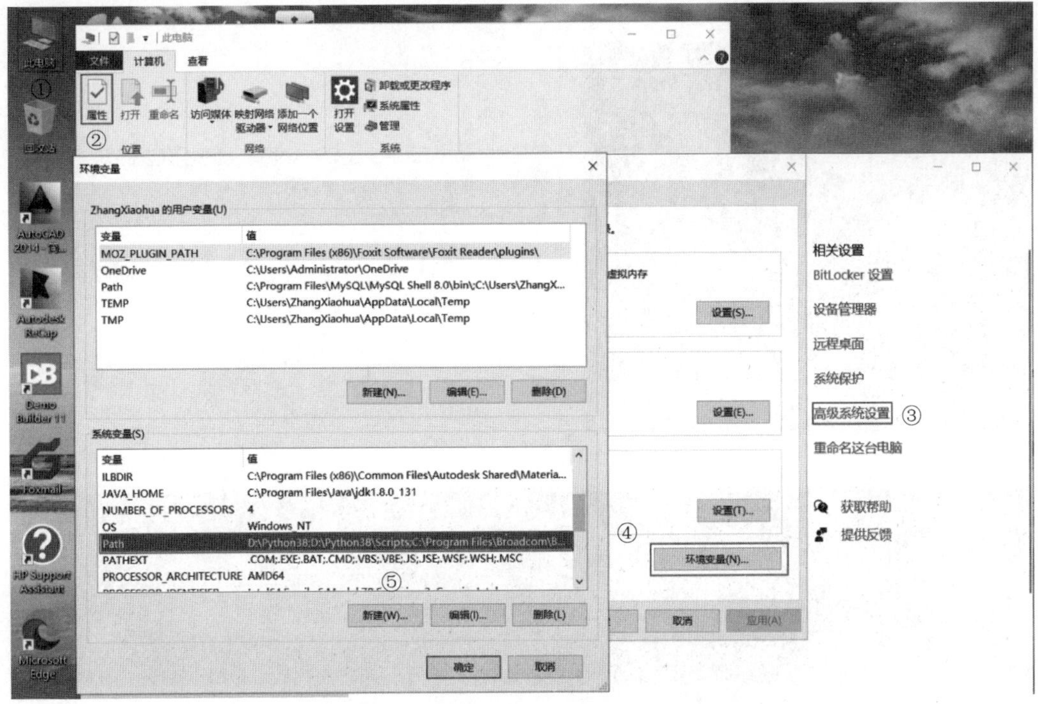

图 1-7 定位操作系统的 Path 环境变量

(2) 在“环境变量”界面中选中“系统变量”中的 Path 行,单击“编辑”按钮,在打开的“编辑环境变量”界面单击“新建”按钮,然后将路径“C:\Program Files\Java\jdk1.8.0_131\bin”粘贴到新建的记录行中;最后单击“确定”按钮。整个操作过程如图 1-8 所示。

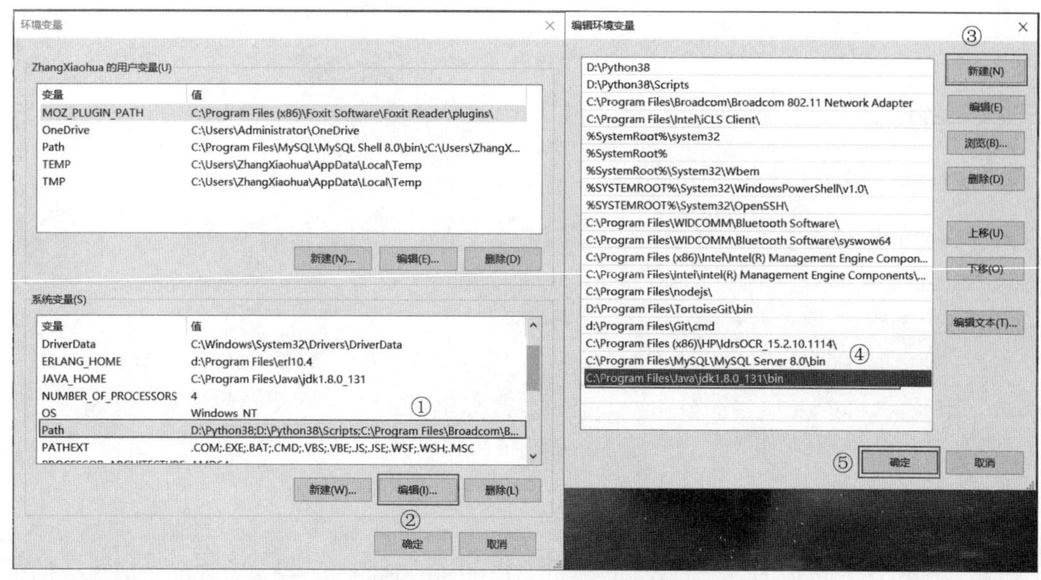

图 1-8 编辑 Path 环境变量

3. 验证 JDK 是否安装配置成功

在桌面任务栏的“开始”图标处右击,在弹出的快捷菜单中选择“运行”命令,然后输入 cmd 命令进入 DOS 命令行界面,在 DOS 命令行中输入“Java-version”命令,如果显示 JDK 的版本是 1.8.0_131,则说明 JDK 安装和配置都正确,可以正常使用 JDK 了。整个操作过程如图 1-9 所示。

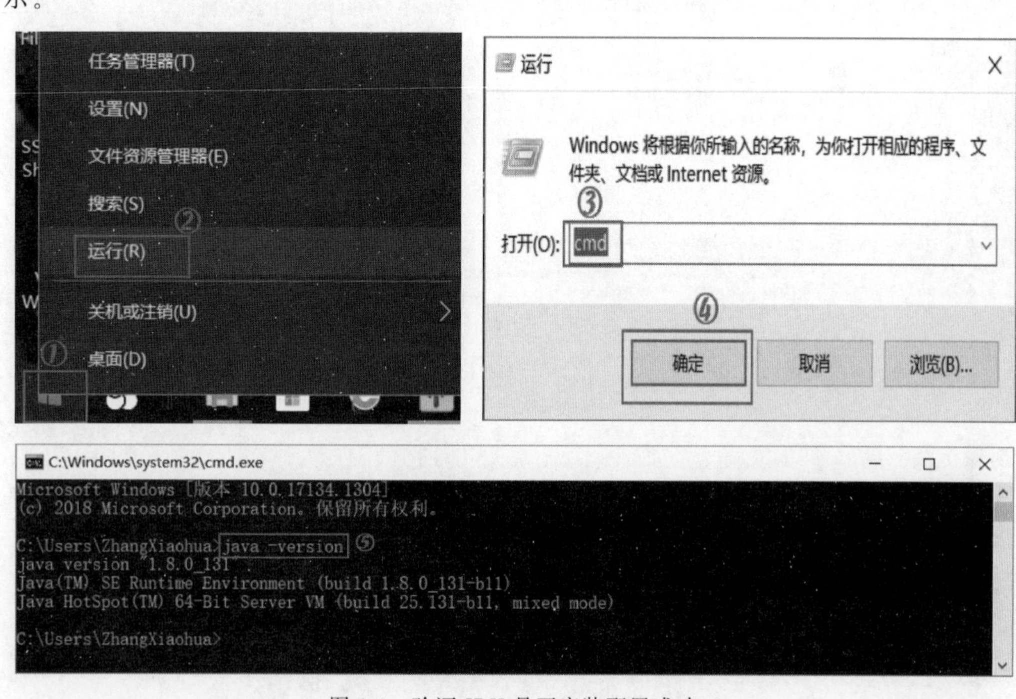

图 1-9 验证 JDK 是否安装配置成功

1.5.2　Spring Tool Suite的安装与配置

Spring Tool Suite简称STS，是基于Eclipse、用于开发Spring轻量级Java企业项目的集成开发环境。Eclipse最初是由IBM公司用Java语言开发的替代商业软件Visual Age for Java的下一代IDE开发环境，2001年11月贡献给开源社区，由非营利软件供应商联盟Eclipse基金会(Eclipse Foundation)管理。下面将详细讲解STS的安装与配置过程。

1. 安装STS

双击开源工具包中"/1-Java开发相关工具"目录下的STS安装文件"3-集成开发环境-spring-tool-suite-3.9.2.RELEASE-e4.7.2-win32-x86_64.zip"，解压到某个盘的根目录下，例如D盘根目录下。

2. 启动STS

进入Spring Tool Suite安装目录下的"sts-3.9.2.RELEASE"子目录中，双击可执行文件STS.exe启动STS。在指定项目工作空间界面中单击Browse按钮，选择一个已存在的目录作为项目的工作空间，然后单击Lunch按钮进入Spring Tool Suite。整个操作过程如图1-10所示。

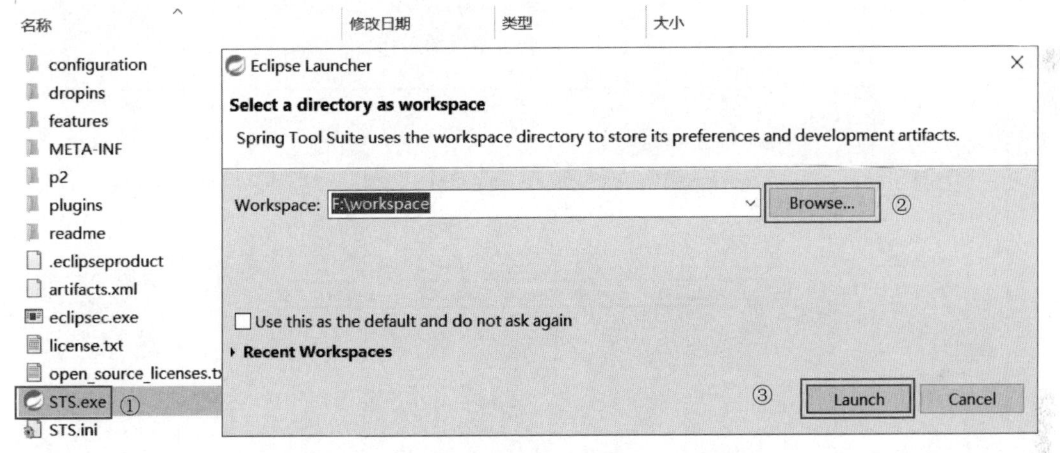

图1-10　STS启动和指定项目工作空间

STS工作台可以在多个透视图中查看，每个透视图是多个窗口的集合，每个窗口包含菜单栏、工具栏等。本书主要使用JavaEE透视图，由项目浏览视图、代码编辑器视图、大纲视图和输出视图构成，如图1-11所示。

3. 配置STS

在使用STS创建项目、编写代码之前要配置JDK和工作空间的字符编码集。

1）配置JDK

在STS中最好将JRE配置为JDK，并且是自己安装的JDK，配置步骤如下：

(1) 选择Window→Preferences命令，打开首选项(Preferences)界面。在首选项界面中选择Java类别下的子类别Installed JREs，如图1-12所示。

(2) 如果图1-12中已安装的JRE是自己安装的JDK，则不需任何改动，否则选中已安装JRE，然后单击右边的Edit按钮，打开编辑界面。

(3) 在JRE编辑界面中，指定JRE home为JDK安装主目录，其他项会根据JDK安装主目录自动填充，最后单击Finish按钮结束配置，如图1-13所示。

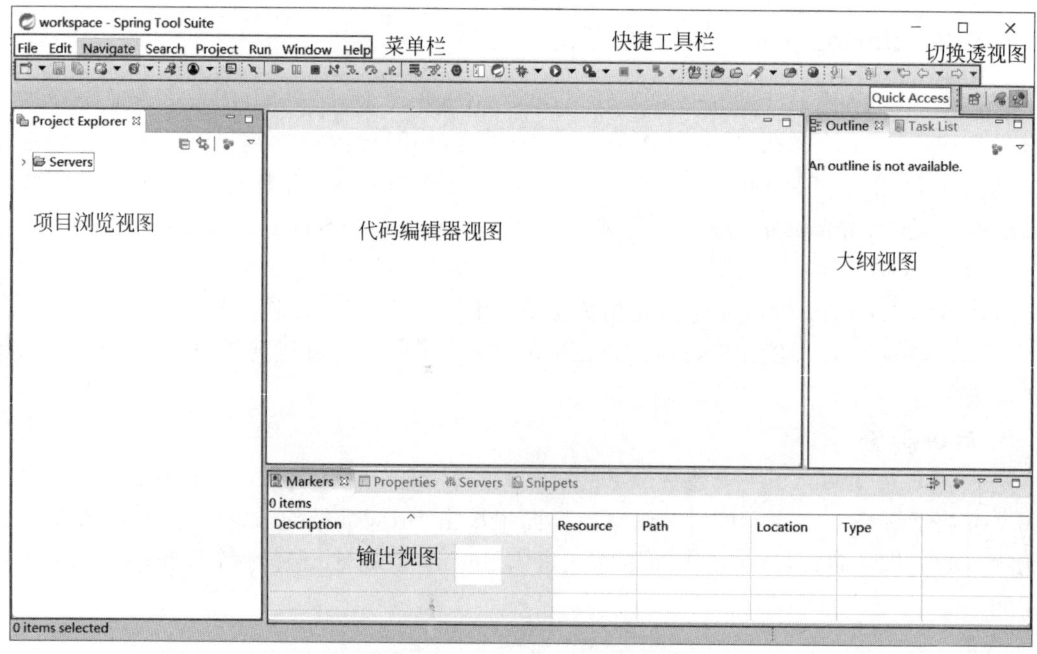

图 1-11 STS JavaEE 透视图工作台

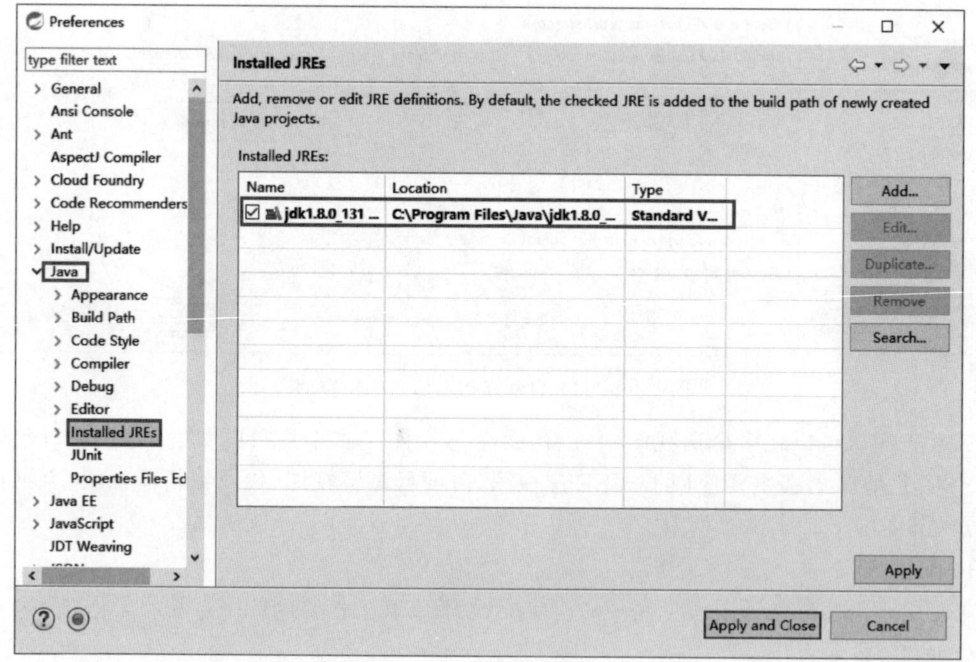

图 1-12 STS 中已安装 JRE

2) 配置工作空间的字符编码集

配置工作空间的字符编码集的步骤如下。

(1) 选择 Window→Preferences 命令，打开首选项(Preferences)界面，并在界面中选择 General 类别下的子类别 Workspace，打开工作空间配置界面。

(2) 在工作空间配置界面的最下方，将 Text file encoding 设置为 UTF-8，如图 1-14 所示。这样，以后在 STS 中创建的任何文本文件的字符编码都是 UTF-8。

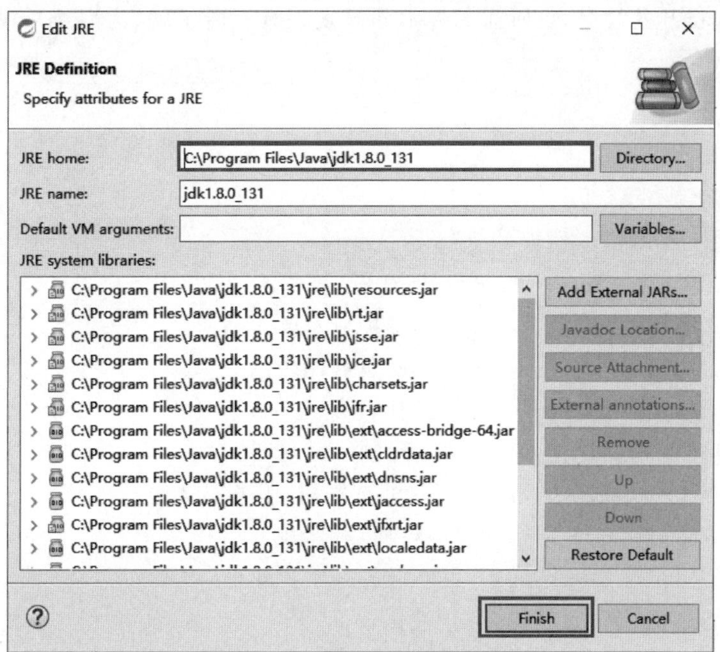

图 1-13　在 STS 中编辑已安装 JRE

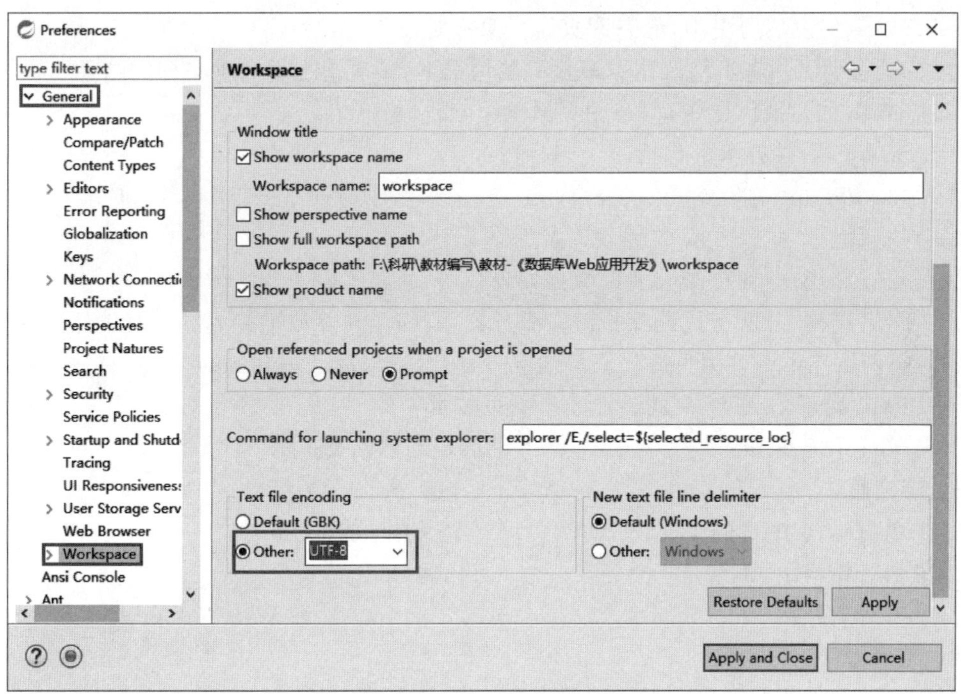

图 1-14　设置文本文件编码为 UTF-8

本章小结

本章首先介绍 C/S、B/S 两种网络程序开发体系结构，并对 C/S、B/S 两种体系结构进行了比较，接着介绍静态网站和动态网站的工作流程；然后介绍 Web 项目开发的简要流程以及每个开发阶段要用到的 Web 技术；最后介绍本书的案例项目和集成开发环境的安装配置。

使读者对 Web 项目开发的内容、所需的技术和开发工具有所了解，为后续后端动态页面技术的学习打下基础。

习题

一、单项选择题

1. 下面对 C/S 结构描述错误的是(　　)。
   A. C/S 是 Client/Server 的缩写，即客户/服务器结构
   B. C/S 结构相对 B/S 结构，开发和维护成本比较高
   C. C/S 结构相对 B/S 结构，服务器端负载比较高
   D. C/S 结构相对 B/S 结构，安全性比较高
2. 下面对 B/S 结构描述错误的是(　　)。
   A. B/S 是 Browser/Server 的缩写，即浏览器/服务器结构
   B. B/S 结构相对 C/S 结构，服务器端负载比较低
   C. B/S 结构相对 C/S 结构，开发和维护成本比较低
   D. B/S 结构相对 C/S 结构，安全性比较低
3. 下面对静态网页和动态网页描述不正确的是(　　)。
   A. 静态网页指在不修改网页源代码的情况下，多次请求返回一样的结果
   B. Web 的发展历史中，静态网页属于第一阶段
   C. 动态网页指在不修改网页源代码的情况下，多次请求返回不一样的结果
   D. Web 的发展历史中，静态网页属于第三阶段
4. Java Web 后端技术不包括(　　)。
   A. JavaScript　　B. Servlet　　C. JSP　　D. Filter

二、判断题

1. 在 C/S 结构中，客户端会驻留数据处理代码，减轻了服务器端的负担。(　　)
2. 在 B/S 结构中，所有代码都驻留在服务器端，因此开发和维护成本相对较低。(　　)
3. 静态网页在不修改网页源代码的情况下，多次请求返回不同的结果。(　　)
4. HTML 属于 Java Web 的后端动态网页技术。(　　)
5. Servlet、JSP、Filter 都属于 Java Web 的后端动态网页技术。(　　)

三、填空题

1. 在 C/S 结构中，C 的中文含义是________，S 的中文含义是________。
2. 在 B/S 结构中，B 的中文含义________，S 的中文含义是________。
3. Web 主要经历了 3 个阶段，分别是________、________和 Web 2.0 阶段。

四、简答题

1. 简述 C/S 结构和 B/S 结构。
2. 简述 Web 技术发展的 3 个历史阶段。

第 2 章

Web 服务器 Tomcat

Web 项目只有放在 Web 服务器中才能被用户访问，本书选用支持 Servlet 技术的 Web 服务器 Tomcat。本章将详细介绍 Tomcat 和 Tomcat 的常用操作、Web 项目发布、绝对 URL 的求解方法。

学习目标

(1) 了解 Tomcat 的安装和常用操作。

(2) 理解 Tomcat 的目录结构。

(3) 掌握 Web 项目的发布。

(4) 掌握 Web 资源的绝对 URL 求解方法。

2.1 Web 服务器简介

服务器一般有两层含义：一是硬件服务器，即安装了操作系统的高性能硬件计算机；二是软件服务器，即安装在硬件服务器上能对外提供特定服务的服务器软件，例如，提供数据库服务的数据库服务器，而提供 Web 服务的就是 Web 服务器。所谓 Web 服务是指此服务能接收 HTTP 请求、处理 HTTP 请求，并最终以 HTTP 响应的形式将请求处理结果返回给发起请求的浏览器。

软件服务器通过端口与外部通信，当服务器启动时会申请此端口，启动后就一直占用，并监听着这个端口直到服务器停止工作。软件服务器提供服务的流程是：首先客户请求服务时，必须向此端口发一个请求；然后软件服务器监听到此端口有数据进入时，就会从此端口提取请求，处理请求；最后将请求处理结果通过此端口返回给客户。

支持 Servlet 技术的 Web 服务器有很多，本书选用的是 Apache 软件基金会的开源 Web 服务器 Tomcat。

2.2 Tomcat 的常用操作

视频讲解

Tomcat 的常用操作包括安装、启动、测试和停止，下面逐一讲解。

2.2.1 安装 Tomcat

双击开源工具包中“/1-Java 开发相关工具”目录下的 Tomcat 安装文件“2-Web 服务器-apache-tomcat-9.0.16-windows-x64.zip”，解压到某个盘的根目录下，例如 E 盘根目录下。

2.2.2 启动 Tomcat

首先进入 DOS 命令行界面，然后进入 Tomcat9 安装目录下的 bin 目录，最后运行

startup.bat,操作过程如图 2-1 所示。

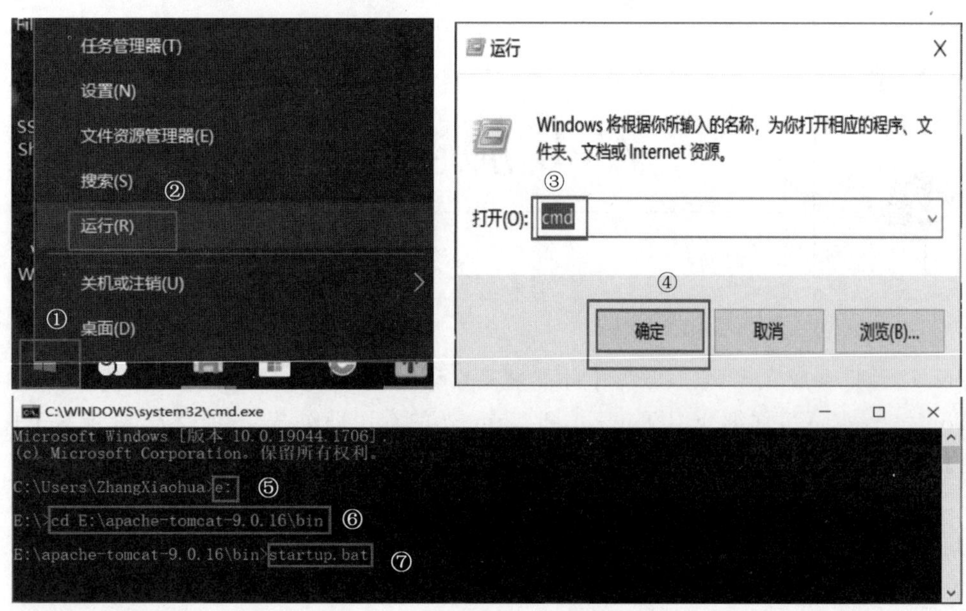

图 2-1 启动 Tomcat 的操作流程

2.2.3 测试 Tomcat

在浏览器的地址栏中输入 URL(http://localhost:8080)并回车触发请求,其中 8080 是 Tomcat 默认监听的端口号。如果在浏览器中呈现图 2-2 的内容,则说明 Tomcat 已经正确安装,正确启动,可以提供 Web 服务了。

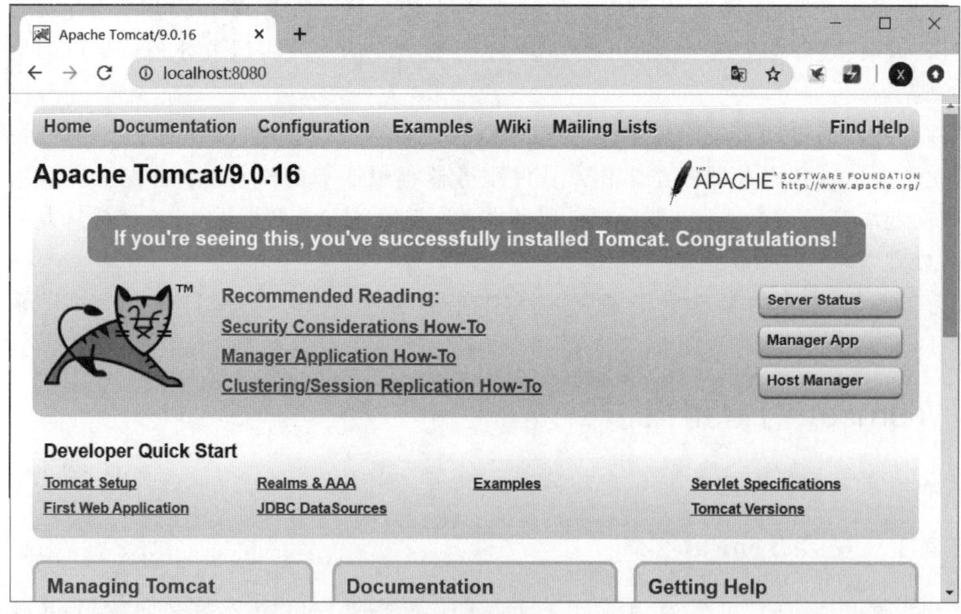

图 2-2 测试 Tomcat

2.2.4 停止 Tomcat

停止 Tomcat 最简单的方式是直接退出 Tomcat 命令行界面,也可以在 DOS 命令行界面运行 bin 目录下的 shutdown. bat 命令。

2.3 Tomcat 目录结构

Tomcat 服务器能正常使用后，就能将 Web 项目放置在 Tomcat 服务器中，让客户访问 Web 项目中的资源。但是 Web 项目以什么形式放置，又放置在 Tomcat 中什么位置呢？这就需要了解 Tomcat 主目录结构和 Web 项目目录结构。下面将详细讲解 Tomcat 主目录结构，以及 Web 项目的目录结构。

2.3.1 Tomcat 主目录结构

Tomcat 安装目录下的各个子目录的作用如表 2-1 所示。

表 2-1 Tomcat 各子目录的作用表

目 录 名	作 用	目 录 名	作 用
bin	放置执行文件或执行脚本文件	temp	放置临时文件
conf	放置配置文件	webapps	默认放置 Web 项目
lib	放置启动需要的第三方 Java 库文件	work	放置 JSP 编译生成的 Servlet
logs	放置运行中的日志文件		

2.3.2 Web 项目目录结构

在 Tomcat 中，Web 项目以目录形式进行呈现，被称为 Web 项目目录，而且 Web 项目目录默认被放置在 webapps 子目录中。一个 Web 项目目录的典型子目录结构如图 2-3 所示。

在一个 Web 项目目录中，根据需要可以创建很多子目录，但是这些子目录根据客户是否能直接用请求访问，可以分为受限目录和非受限目录两类。

1. 受限目录(WEB-INF)

受限目录是 Web 项目目录下的 WEB-INF 子目录。对于 WEB-INF 子目录下的资源文件，如果不进行特殊的配置，是无法用 URL 来访问。

受限目录 WEB-INF 的基本结构如图 2-4 所示。

css	放置CSS文件
images	放置网页图片素材文件
js	放置JavaScript文件
META-INF	
pages	放置网页文件
WEB-INF	受限目录
index.html	网站默认首页

图 2-3 Tomcat 中 Web 项目目录的典型子目录结构

classes
lib
web.xml

图 2-4 受限目录 WEB-INF 的基本结构

图 2-4 中各个子目录和文件的作用如下。

1) WEB-INF/web. xml

web. xml 是 Web 应用的部署描述文件。web. xml 是一个 XML 格式文件，描述了 Web 应用程序的组件信息和初始化信息，因此它又被称为 Web 应用的配置文件。

2) WEB-INF/classes

classes 目录是类路径(classpath)目录，用来放置 Web 应用的所有 Java 类文件(*. class)，以及项目配置文件。

3）WEB-INF/lib

lib 目录是库目录，用于放置当前 Web 项目的所有 Jar 库文件。例如，第三方提供的 Java 库文件、JDBC 驱动程序等。

2. 非受限目录（非 WEB-INF 目录）

非受限目录是 Web 项目目录中除了 WEB-INF 之外的子目录。对于非受限目录下的资源文件，无须配置就能用 URL 直接访问。非受限目录可以根据项目的需要自行创建。

WEB-INF/lib 和 Tomcat/lib 的区别

（1）WEB-INF/lib：其中的库文件只用于当前 Web 项目。

（2）Tomcat/lib：其中的库文件用于 Tomcat 服务器中所有的 Web 项目。

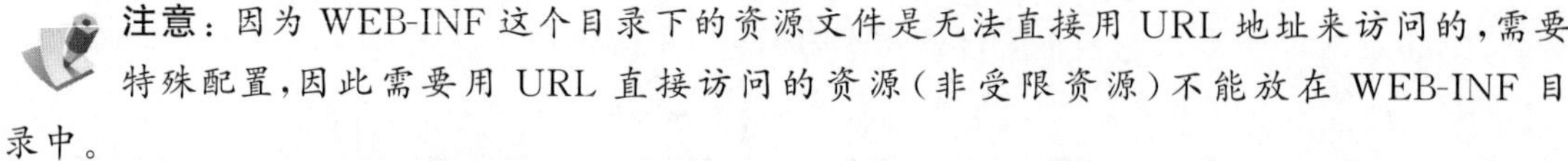

注意：因为 WEB-INF 这个目录下的资源文件是无法直接用 URL 地址来访问的，需要特殊配置，因此需要用 URL 直接访问的资源（非受限资源）不能放在 WEB-INF 目录中。

2.4 Web 项目部署

学习了 Web 项目目录结构后，就能将 Web 项目部署到 Tomcat 服务器让客户访问。Web 项目部署指将本地开发环境中的所有可执行 Web 资源复制到远端 Web 服务器中。Web 项目的部署分为人工部署和自动部署。

视频讲解

2.4.1 人工部署

人工部署需要开发人员在 webapps 目录下手动创建 Web 项目目录，然后将 Web 资源复制到此新建的 Web 项目目录中，具体步骤如下。

（1）在 Tomcat 安装主目录下的 webapps 子目录中新建 Web 项目目录 test。

（2）将程序代码包中"/第 2 章"目录下的所文件复制到新建的 Web 项目目录 test 中。

（3）启动 Tomcat，并在浏览器地址栏中输入 URL（http://localhost:8080/test/test.html），然后回车触发请求。如果浏览器中出现如图 2-5 所示的网页，则表明 test 项目部署成功并能正常访问。

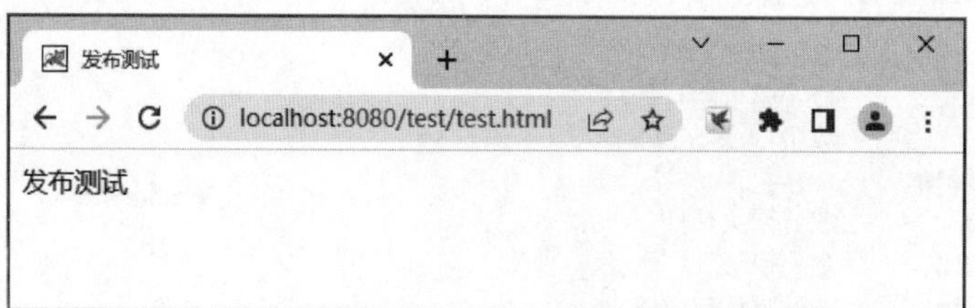

图 2-5　人工发布 test 项目运行结果

视频讲解

2.4.2 自动部署

在 Web 项目开发过程中，每次修改代码都要将项目重新部署。如果 Web 项目的每次部署采用人工部署将十分不便，导致开发效率低下，因此就出现了自动部署。

自动部署是指用集成开发环境 STS 中的部署插件工具进行 Web 项目的部署。自动部署无须人工创建 Web 项目目录，也无须复制 Web 资源到 Web 项目目录，这将十分方便，大大提高了开发效率。下面将详细介绍如何用 STS 中的部署插件进行 Web 项目的自动部署。

1. 在 STS 中配置 Tomcat

STS 中的部署插件就是 Web 服务器插件。在 STS 中已内置了 Tomcat 插件，只需配置即可，具体配置步骤如下。

(1) 启动 STS，单击 Window→Preferences 命令，然后在 Preferences 界面中选择 Server→Runtime Environments 配置项，打开 Server Runtime Environments 配置界面。操作过程如图 2-6 所示。

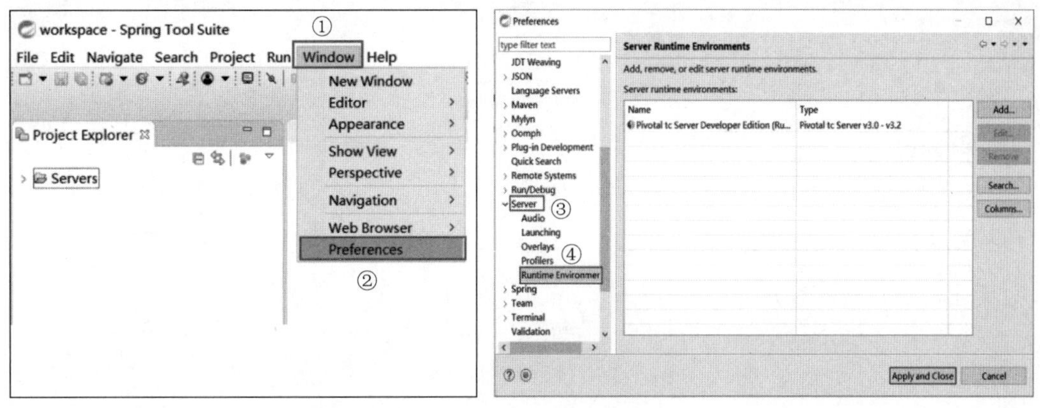

图 2-6 在 STS 中打开服务器配置列表界面

(2) 在 Server Runtime Environments 配置界面单击 Add 按钮，在打开的界面中选择 Apache 厂家下的 Apache Tomcat v9.0。然后选中 Create a new local server 复选框，并单击 Next 按钮。操作过程如图 2-7 所示。

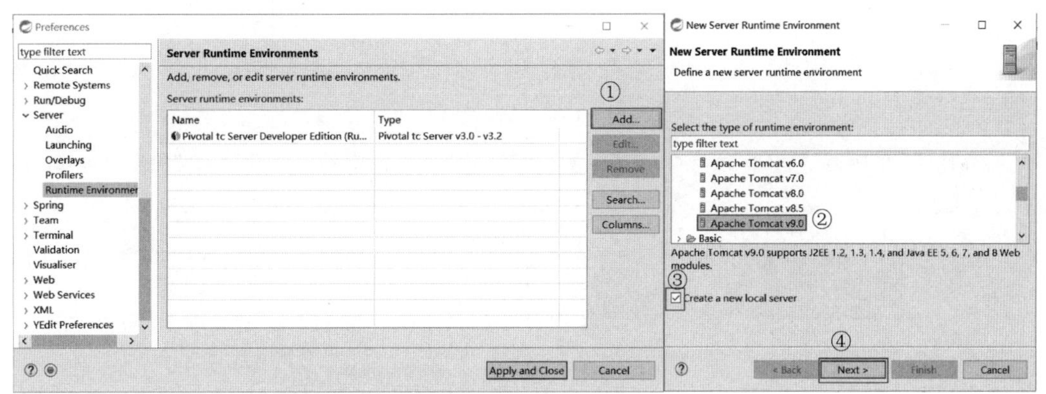

图 2-7 新增 Tomcat 配置

(3) 在打开的配置界面中指定 Tomcat 的安装主目录以及启动 Tomcat 所需的 JRE。然后单击 Finish 按钮，随后单击 Apply and Close 按钮。操作过程如图 2-8 所示。配置完 Tomcat 后会在 STS 的 Servers 视图中出现一个名称为 Tomcat v9.0 Server at localhost 的服务器配置项。

(4) 双击 Servers 视图中的 Tomcat v9.0 Server at localhost 服务器配置项，打开此服务器配置属性页。在属性页中进行如图 2-9 所示的 3 项修改，并用 Ctrl+s 快捷键保存修改。

2. 在 STS 中新建动态 Web 项目 infoSubSys

STS 中的 Tomcat 插件配置成功后，要用此插件部署 Web 项目，就必须有 Web 项目，因此下面讲解如何在 STS 中新建动态 Web 项目。在 STS 中新建动态 Web 项目的详细步骤如下。

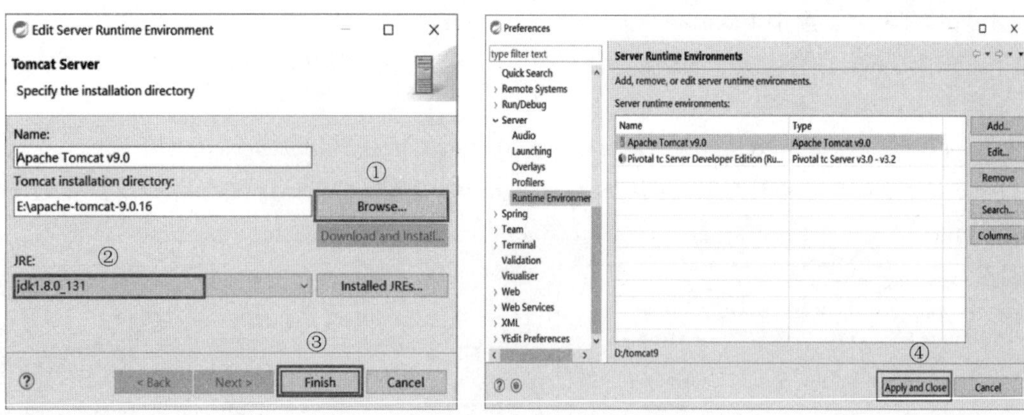

图 2-8 指定 Tomcat 插件的配置信息

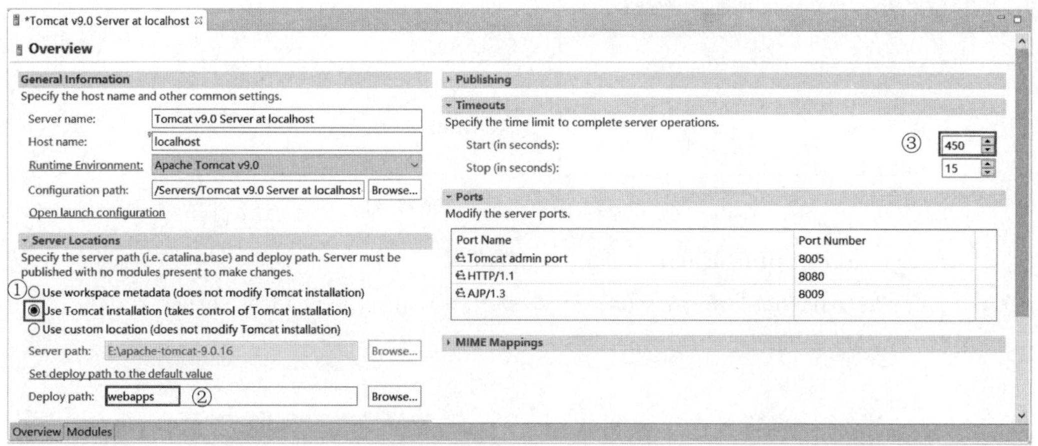

图 2-9 修改 Tomcat 配置项

(1) 在 STS 中单击 File→New→Dynamic Web Project 命令,打开创建动态 Web 项目向导首页,如图 2-10 所示。

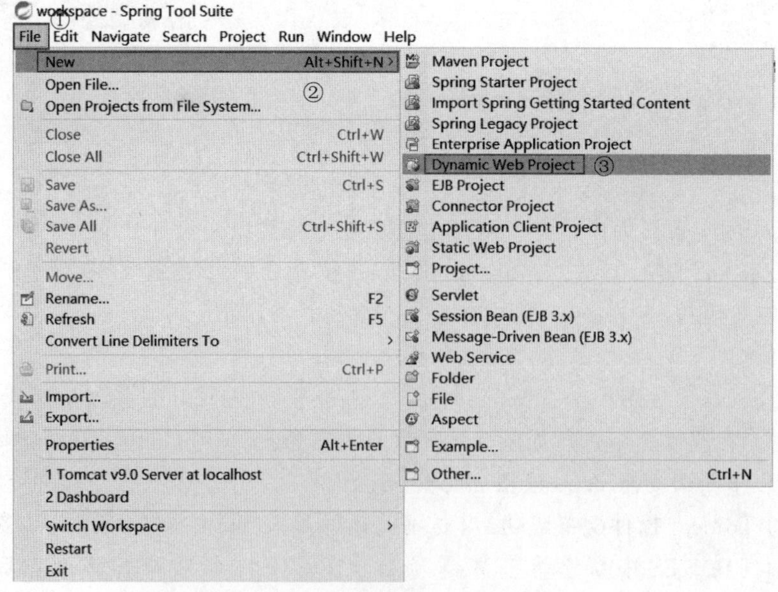

图 2-10 新建动态 Web 项目的菜单项

(2) 在向导首页中，填写项目名称为 infoSubSys，Target runtime 选择 Apache Tomcat v9.0，Dynamic Web module Version 选择 3.1，然后单击 Next 按钮，如图 2-11 所示。

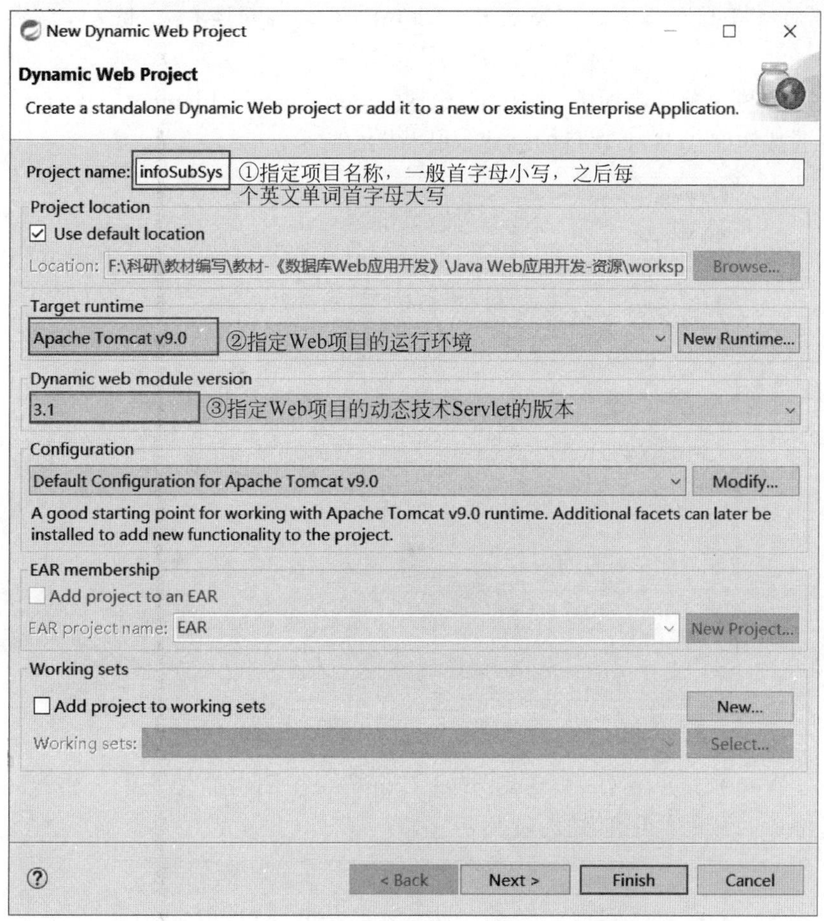

图 2-11 指定新建动态 Web 项目的基本信息

(3) 在打开的配置界面中，采用默认的 src 作为 Java 源代码目录，默认将/bin/classes 作为编译生成的类文件的存放目录。然后单击 Next 按钮打开 Web 模块配置界面，如图 2-12 所示。

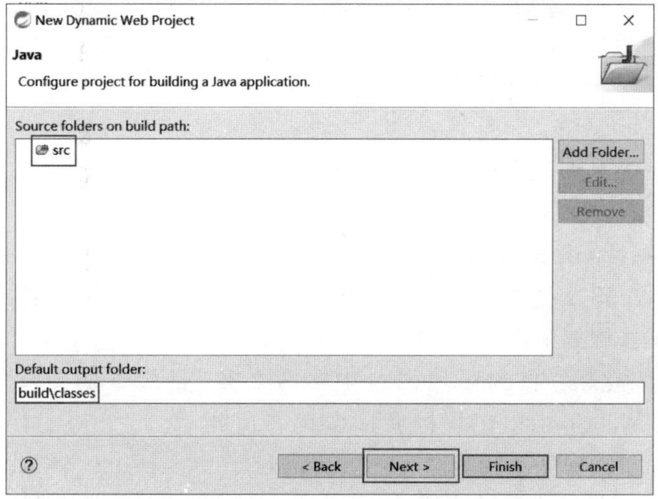

图 2-12 指定动态 Web 项目的构建信息

注意：在项目中，放在 src 子目录下的所有 Java 源文件(*.java)都会被 STS 自动编译成 Java 类(*.class)，并将此类文件放在项目的/bin/classes 子目录下；而没有放在 src 子目录下的所有 Java 源文件不会被 STS 自动编译成 Java 类(*.class)，需要开发人员手动编译。

(4) 在 Web 模块配置界面中，选中“Generate web.xml deployment descriptor 复选框，然后单击 Finish 按钮完成 Web 项目的创建，如图 2-13 所示。

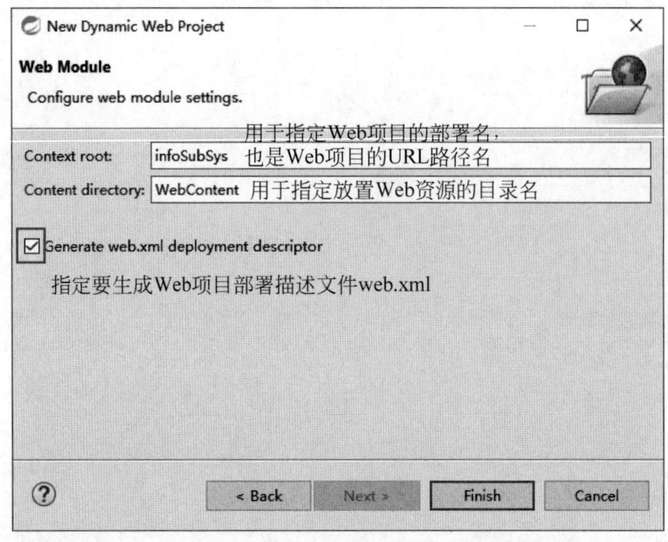

图 2-13 指定动态 Web 项目的 Web 模块信息

(5) 动态 Web 项目创建好后，在 Project Explorer 视图会新增一个 infoSubSys 项，动态 Web 项目中各个目录的作用如图 2-14 所示。

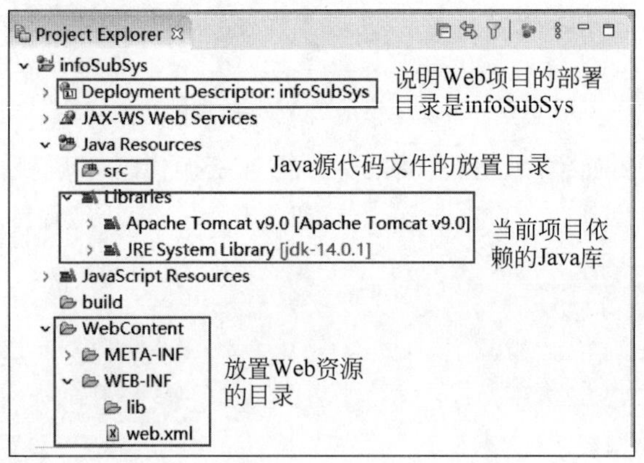

图 2-14 动态 Web 项目的目录结构

3. 部署 Web 项目 infoSubSys

Web 项目 infoSubSys 创建后，就能用 Tomcat 插件将此项目部署到 Tomcat 中，在 STS 中部署 Web 项目的步骤如下：

(1) 添加 Web 资源。将程序代码包中“/第 2 章”目录下的 test.html 文件复制到 infoSubSys 项目的 WebContent 的根目录下，如图 2-15 所示。

(2) 部署项目。在 Servers 视图中，选中 Tomcat v9.0 Server at localhost 服务器配置项，右击，在弹出的菜单中单击 Add and Remove 命令，打开添加和移除项目(Add and Remove)

界面，如图 2-15 所示。

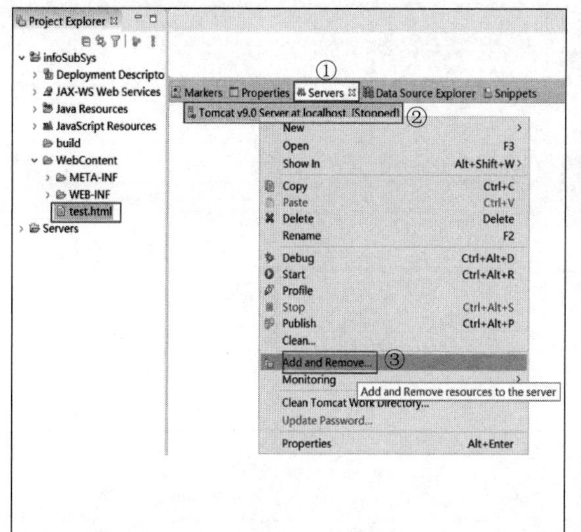

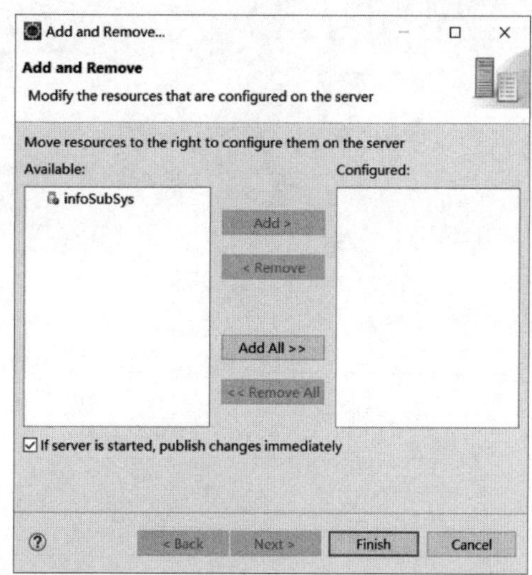

图 2-15　添加和移除项目

(3) 在添加和移除项目界面，选中 infoSubSys 项目，然后单击 Add 按钮将项目部署到 Tomcat 服务器中，再单击 Finish 按钮。这样 infoSubSys 项目就部署到 Tomcat 服务器了，此时 Servers 视图的服务器中就有了 infoSubSys 项目，如图 2-16 所示。

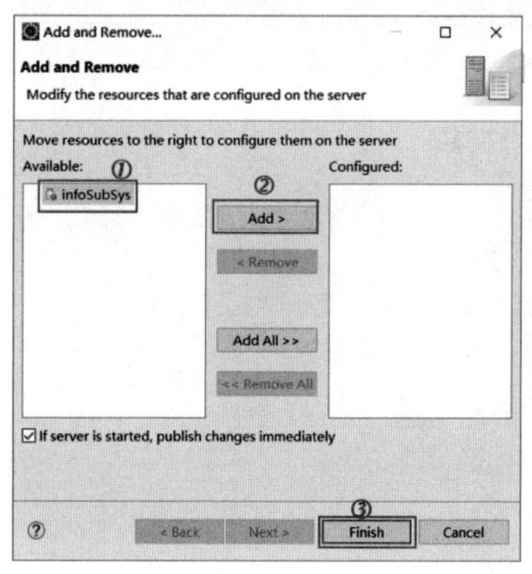

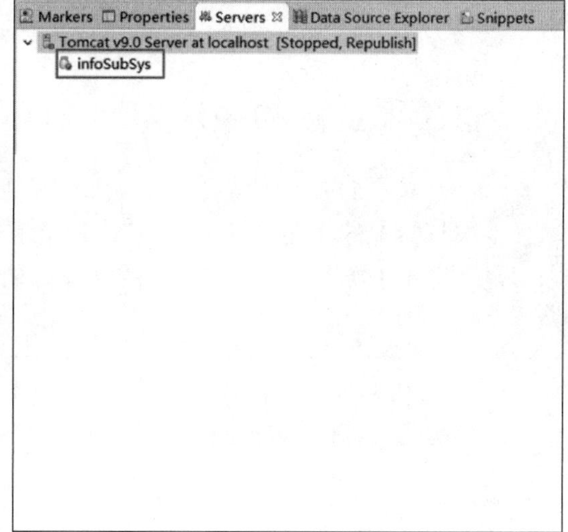

图 2-16　发布项目

4. 访问 Web 项目 infoSubSys 中的资源

infoSubSys 项目部署成功后，下面访问项目中的 test.html，步骤如下。

(1) 启动 Tomcat 服务器。选中 Servers 视图中的 Tomcat v9.0 Server at localhost 服务器配置项，然后右击，在弹出的菜单中单击 Start 命令启动服务器。服务器的启动信息如图 2-17 所示。

(2) 打开浏览器，在地址栏中输入"http://localhost:8080/infoSubSys/test.html"，并单击 Enter 键触发请求。如果请求结果如图 2-18 所示，则说明 Web 项目自动部署成功了。

注意：在本书的后续内容中，都将采用在 STS 中部署项目、启动 Tomcat，不再用人工部署项目，也不再通过 DOS 命令行启动 Tomcat。

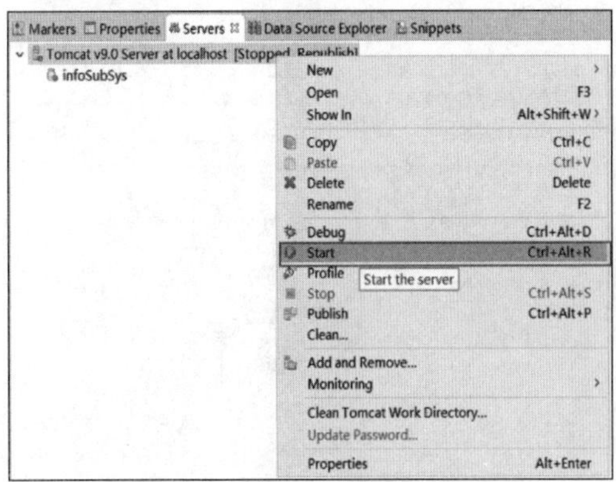

图 2-17　启动 Tomcat

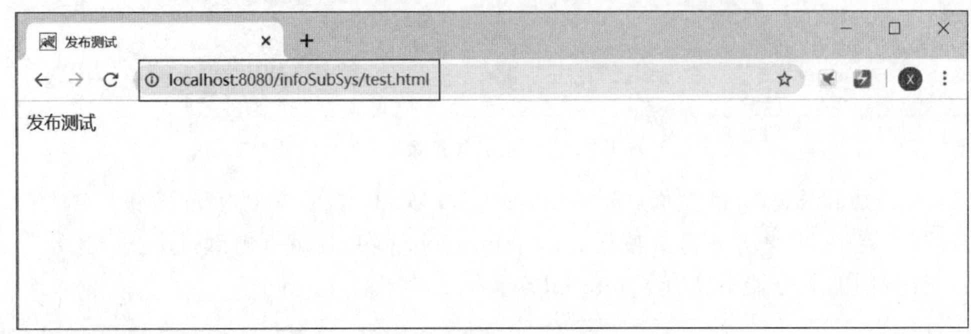

图 2-18　访问 infoSubSys 项目中的 test. html

2.5　非受限资源的绝对 URL 求解方法

视频讲解

要访问互联网上的资源就必须要用 URL(Uniform Resource Locator,统一资源定位符),互联网上服务器中的非受限资源的 URL 的求解步骤如下。

(1) 找到服务器中要访问的资源的物理地址,并复制粘贴到浏览器的地址栏中,如图 2-19 所示。

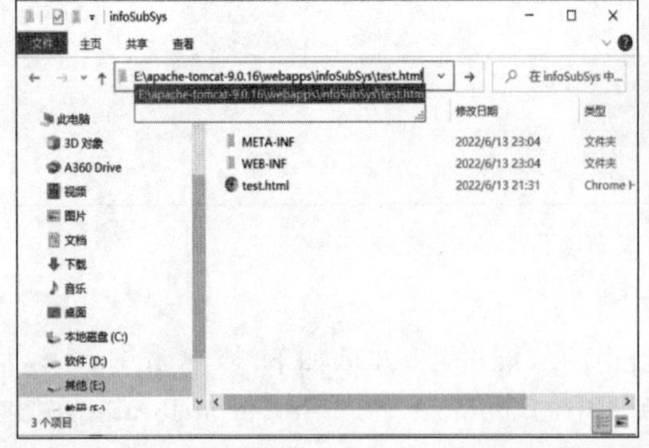

图 2-19　找到并复制服务器上 test. html 的物理地址

(2) 恒等替换,即将物理地址中的"E:\apache-tomcat-9. 0. 16\webapps"子目录替换为"http://localhost:8080",替换后的地址为"http://localhost:8080\infoSubSys\test. html"。

(3) 将地址中的"\"替换为"/",替换后就是要访问的资源的 URL 地址"http://localhost:8080/infoSubSys/test. htm"。

本章小结

本章首先介绍 Web 服务器的概念和 Tomcat 服务器的常用操作，接着详细介绍 Tomcat 的目录结构，特别是 Web 项目的目录结构；然后，详细介绍 Web 项目的发布；最后详细介绍服务器中非受限资源的 URL 的求解方法。使读者对 Tomcat、Web 项目的发布以及非受限资源绝对 URL 的求解有所了解，为后续后端动态页面技术的学习打下基础。

习题

一、单项选择题

1. 在 Tomcat 中默认放置 Web 项目的目录是(　　)。

A. webapps　　B. lib　　C. work　　D. logs

2. Tomcat 默认监听的端口号是(　　)。

A. 80　　B. 8080　　C. 3306　　D. 8009

3. Tomcat 中的 Web 项目的访问受限目录名是(　　)。

A. conf　　B. lib　　C. WEB-INF　　D. logs

4. 在 Tomcat 中默认放置 JSP 编译生成的 Servlet 类的目录是(　　)。

A. logs　　B. work　　C. lib　　D. conf

5. Web 项目中放置其部署描述文件 web. xml 的目录是(　　)。

A. WEB-INF　　B. classes　　C. lib　　D. 其他目录

二、判断题

1. Web 服务器就是 Servlet 容器。(　　)

2. Tomcat 既是 Web 服务器又是 Servlet 容器。(　　)

3. Tomcat 的 lib 目录和 Web 项目中的 lib 目录都用来放置 Jar 文件，因此它们的作用是完全一样的。(　　)

4. Web 项目中受限目录 WEB-INF 中的资源完全无法访问。(　　)

5. Web 项目中的所有资源都可以用与其物理地址相对于的 URL 来访问。(　　)

三、填空题

1. Tomcat 是由 Apache 提供的开源________。

2. Tomcat 默认监听的端口号是________，默认放置 Web 项目的目录名是________。

3. Web 项目的部署描述文件名是________，被放在 Web 项目的________根目录下。

4. WEB-INF 目录中，放置 Java 类的子目录名是________，放置第三方 Java 库文件的子目录是________。

5. 采用默认配置的本地 Tomcat 服务器，其上 test. png 的物理地址是“D:\tomcat9\webapps\test\test. png”，访问 test. png 的 URL 为________________________。

四、简答题

1. 简述 Tomcat 的 lib 目录和 Web 项目的 lib 的异同。

2. 简述求解 Web 项目中非受限资源的 URL 的步骤。

第3章 Web前端技术简介

动态 Web 项目由动态页面构成。动态页面是在静态页面的基础上加入处理数据的高级语言代码演化而来。静态页面在动态 Web 项目中起到人机交互的作用。具体来说，首先静态页面会提供图形界面让客户在控件中输入待处理的数据。然后，静态页面会提供合适的图形控件触发一个请求，此请求会包含待处理的数据，并且此请求会发给处理这些数据的程序。最后，程序处理完请求后又需要用静态页面来对处理结果进行可视化展示。因此，在动态 Web 项目中静态页面不可或缺，只有通过静态页面才能图形化地触发请求，提交数据，显示请求处理结果。而静态网页需要用 Web 前端技术实现，因此本章将简单介绍 Web 前端技术中 HTML 语言、CSS 语言、JavaScript 语言和 JQuery 技术。

学习目标

(1) 了解 HTML、CSS、JavaScript 和 JQuery 的含义和作用。

(2) 理解 CSS 代码规则、CSS 选择器，在 HTML 代码中引入 CSS。

(3) 理解 JavaScript 代码放置方式、JavaScript 语法、JQuery 编码。

(4) 掌握 HTML 标签中 URL 的求解方法和表单标签的作用。

(5) 掌握在 Web 项目中如何提交数据。

3.1 HTML

互联网技术出现后，人们可以通过电子邮件、互传文件等方式进行信息交流，使得信息交流更加及时、方便。但还是急需一个在互联网中对交流的信息进行集中管理、可视化展示的技术，HTML 由此应运而生。

HTML 的英文全称是 Hyper Text Markup Language，即超文本标记语言。HTML 是由 Web 的发明者 Tim Berners-Lee 和同事 Daniel W. Connolly 于 1990 年创立的一种标记语言。自 1990 年以来，HTML 就一直被用作互联网的信息展示语言，使用 HTML 语言编写的文件需要通过互联网浏览器才能显示出效果。HTML 是一种建立网页文件的语言，通过标记式的指令(Tag，即标签)，将文本、声音、图片、影视等内容以可视化方式显示出来。

在 Web 应用开发中，在需求阶段可以用 HTML 来制作项目的静态原型网站以确认需求。在编码阶段可以将 HTML 页面直接作为最终图形用户界面，并在 HTML 页面中加入高级语言代码进而将静态页面转化为动态页面。

3.1.1 HTML 标签及其分类

1. HTML 标签的结构

HTML 语言通过标签将文本、声音、图片、影视等信息进行可视化展示。HTML 中每个标签都由开始标签、结束标签、标签体和属性构成，如图 3-1 所示。

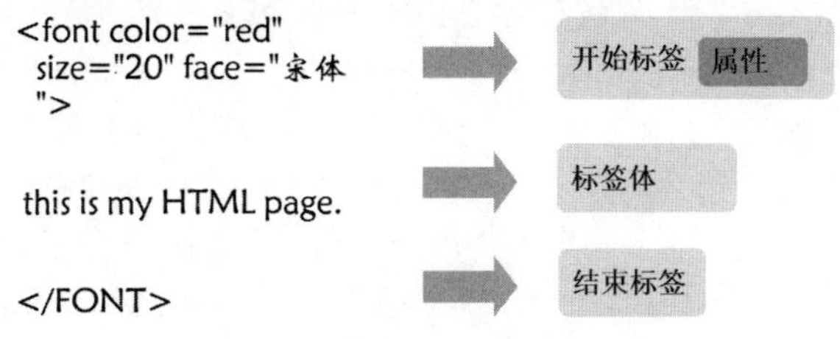

图 3-1　HTML 标签的构成

1）开始标签

开始标签以“<”开头，以“>”结尾，中间放置标签名。

2）结束标签

结束标签以“</”开头，以“>”结尾，中间放置标签名。

3）标签体

标签体是开始标签和结束标签之间的内容，即需要进行可视化展示的信息。

4）属性

属性用于提供标签的更多信息，例如，标签体的格式、布局等。属性总是以属性名称/属性值对的形式出现，要求放置在开始标签中。在 HTML 中属性分为全局属性和专用属性。全局属性是指所有标签都具有的属性，专用属性是指某个标签特有的属性。

HTML 的全局属性分为标准全局属性和事件全局属性。标准全局属性用于修饰标签体，赋予 HTML 元素(标签)特定的意义和语境，而事件全局属性用于捕获和处理 HTML 元素上触发的事件。HTML 全局属性的详细内容请扫描右侧的二维码进行自学。

自学资料

所有 HTML 标签都必须有开始标签，但是结束标签、标签体和属性有些标签有，有些标签没有。

注意：在 HTML 5 中不再支持 HTML 4.01 中的布局属性。建议使用 CSS 来为 HTML 标签指定布局。

2. HTML 标签的两种视图

HTML 标签有两种视图(见图 3-2)：一是标签源代码视图，编码人员使用此视图在 HTML 网页文件中设计、编码 Web 页面；二是运行结果视图，用户在互联网浏览器中解释运行此标签所在 HTML 页面时，展示给用户的结果图形界面。

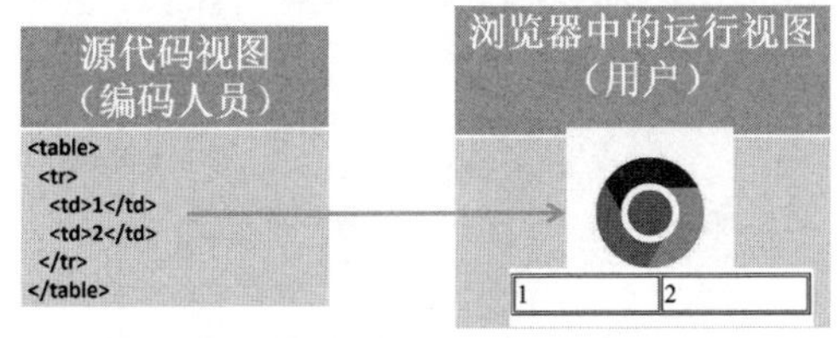

图 3-2　HTML 标签的两种视图

3. HTML 标签分类

HTML 语言主要用于编写网页，而网页是一种用户图形界面，主要用于人机交互，即用户用图形界面将数据提交给后台程序，后台程序处理完数据后将结果显示在图形界面上。因此可以将 HTML 中的常用标签分为两类：一类是显示数据的标签；另一类是提交数据的标签。每类标签中又包含很多具体标签，如图 3-3 所示。

提交数据类标签将在 3.1.4 节详细讲解。显示数据类标签根据 HTML 元素控件的不同有很多不同的标签，详细内容请扫描右侧的二维码进行自学。

自学资料

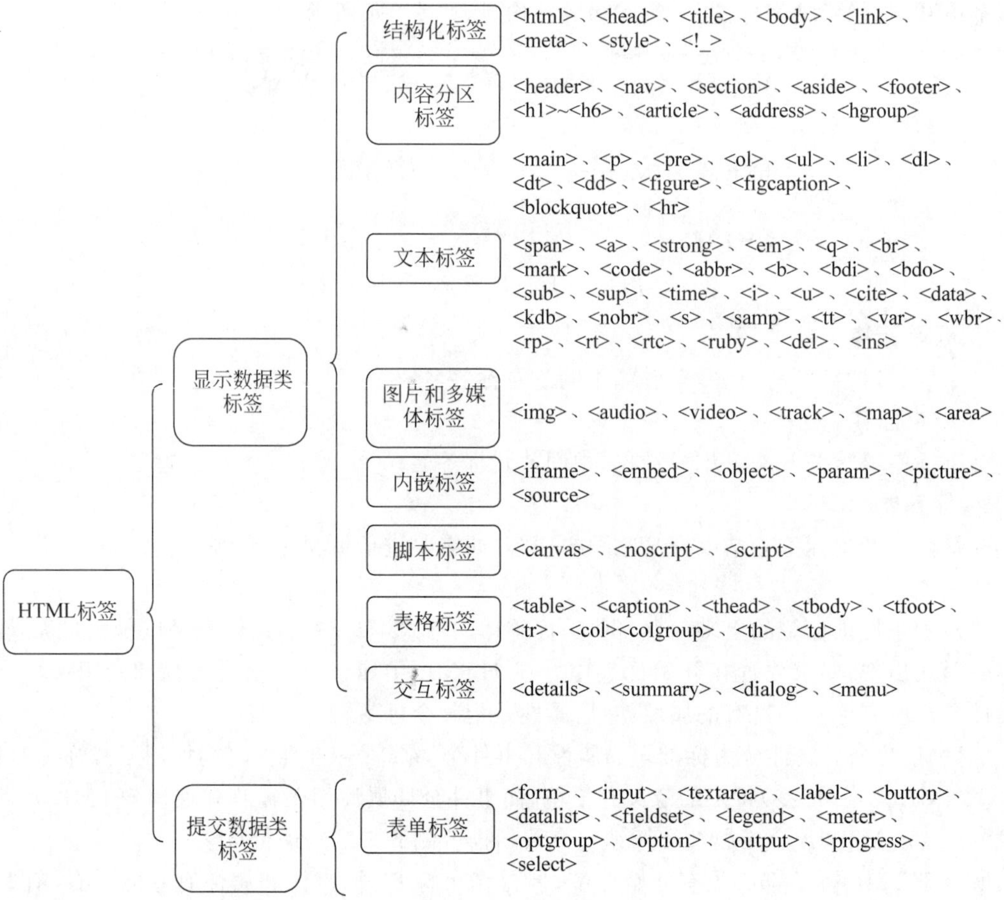

- HTML标签
  - 显示数据类标签
    - 结构化标签：<html>、<head>、<title>、<body>、<link>、<meta>、<style>、<!_>
    - 内容分区标签：<header>、<nav>、<section>、<aside>、<footer>、<h1>~<h6>、<article>、<address>、<hgroup>
    - 文本标签：<main>、<p>、<pre>、<ol>、<ul>、<li>、<dl>、<dt>、<dd>、<figure>、<figcaption>、<blockquote>、<hr>；<span>、<a>、<strong>、<em>、<q>、
、<mark>、<code>、<abbr>、<b>、<bdi>、<bdo>、<sub>、<sup>、<time>、<i>、<u>、<cite>、<data>、<kdb>、<nobr>、<s>、<samp>、<tt>、<var>、<wbr>、<rp>、<rt>、<rtc>、<ruby>、<del>、<ins>
    - 图片和多媒体标签：<img>、<audio>、<video>、<track>、<map>、<area>
    - 内嵌标签：<iframe>、<embed>、<object>、<param>、<picture>、<source>
    - 脚本标签：<canvas>、<noscript>、<script>
    - 表格标签：<table>、<caption>、<thead>、<tbody>、<tfoot>、<tr>、<col><colgroup>、<th>、<td>
    - 交互标签：<details>、<summary>、<dialog>、<menu>
  - 提交数据类标签
    - 表单标签：<form>、<input>、<textarea>、<label>、<button>、<datalist>、<fieldset>、<legend>、<meter>、<optgroup>、<option>、<output>、<progress>、<select>

图 3-3 HTML 标签分类

3.1.2 HTML5 源代码结构

HTML 语言最新版本是 HTML5，HTML5 源代码标准结构如图 3-4 所示。在 HTML5 源代码标准结构中，首先第一行用<!DOCTYPE html>标签表示当前文件的文档类型为 HTML；然后用< html >标签作为网页的根标签；然后在< html >标签内部，用< head >标签表示 HTML 文档的头部信息，用< body >标签表示 HTML 文档的主体信息。在< head >标签内部可以包含< title >、< link >、< meta >、< script >、< style >等全局公共标签来指定整个 HTML 的整体信息。

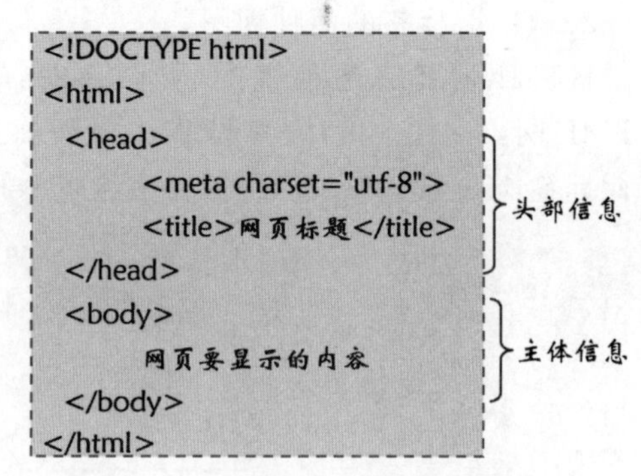

图 3-4 HTML5 源代码标准结构

视频讲解

3.1.3 HTML 标签中的 URL

很多 HTML 标签的属性值是 URL，例如< img >、< a >、< link >、< iframe >等。URL(Uniform Resource Locator)即统一资源定位符，用于唯一确定互联网上的某个资源。在 Web 项目中有两类 URL：一类是绝对 URL；另一类是相对 URL。

1. 绝对 URL

绝对 URL 由协议名(http://)、Web 服务器路径(服务器 IP: 端口号)和资源在服务器内部的路径构成,各部分用 URL 分隔符"/"分隔。例如,访问 127.0.0.1 上 Tomcat(8080 端口)中 infoSubSys 项目里的 login.html 的绝对 URL 为"http://localhost:8080/infoSubSys/login.html"。绝对 URL 的优点是 HTML 既能请求当前项目内部的资源,又能请求当前项目外部的资源;缺点是请求当前项目内部资源时,每个 URL 中都有相同的服务器路径和项目路径,而且服务器路径和项目路径都是硬编码,导致当服务器路径或项目路径改变时,所有 URL 都要修改。鉴于绝对 URL 在请求项目内部资源时的缺点,就出现了相对 URL。

2. 相对 URL

相对 URL 就是省略了绝对 URL 中协议名和 Web 服务器路径这两个部分而得到的 URL 路径。相对 URL 有两种写法:一种是以"/"开头的相对路径;另一种是不以"/"开头的路径。由于这两种相对 URL 的相对起点不同,导致相对 URL 的求解方法也不一样。

1) 以"/"开头的相对 URL

以"/"开头的相对 URL,其相对起点为 Web 服务器路径,即 http://服务器地址:端口号。例如,http://localhost:8080。以"/"开头的相对 URL 的求解步骤如下。

(1) 求解出终点(需要访问的资源的绝对 URL),例如 http://localhost:8080/infoSubSys/images/portrait.jpg。

(2) 终点—起点,即所需要访问的资源的绝对 URL 与服务器 URL 的差,例如/infoSubSys/images/portrait.jpg。

2) 不以"/"开头的相对 URL

不以"/"开头的相对 URL,其相对起点为当前请求目录。

求解当前请求目录的步骤如下。

(1) 获得当前请求。当前请求就是访问相对 URL 所在的 HTML 页面的那个请求。例如,http://localhost:8080/infoSubSys/login.html。

(2) 获得当前请求后,从当前请求 URL 中删除末尾的资源名。例如,http://localhost:8080/infoSubSys/。

求解出当前请求目录后,不以"/"开头的相对 URL 的求解步骤如下。

例如,在 http://localhost:8080/infoSubSys/pages/URL.html 中访问 http://localhost:8080/infoSubSys/images/portrait.jpg。

(1) 求解出起点(当前请求目录),得到 http://localhost:8080/infoSubSys/pages。

(2) 求解出终点(需要访问的资源的绝对 URL),得到 http://localhost:8080/infoSubSys/images/portrait.jpg。

(3) 求起点、终点的相同部分(交叉点),得到 http://localhost:8080/infoSubSys。

(4) 从起点到交叉点,得到../。"./"表示进入当前目录,"../"表示后退进入上一级目录。

(5) 在步骤(4)的路径的基础上追加上终点和交叉点之差,得到../images/portrait.jpg。

3. 编写 URL 的建议

通过前面对绝对 URL 和相对 URL 的讲解可知相对 URL 只能访问项目内部资源,要访问外部资源必须要用绝对路径。通过前面对相对 URL 的求解可知,以"/"开头的相对 URL 的相对起点是固定的,因此求解十分简单,而不以"/"开头的相对 URL 的相对起点是随当前请求变化的,因此求解十分麻烦。综上所述,今后在 Web 项目中编写 URL 的建议如下。

(1) 访问当前项目外部的资源,必须用绝对路径。

(2) 访问当前项目中的内部资源,建议用以"/"开头的相对 URL。

3.1.4 数据提交标签

用 HTML 语言编写的静态页面不仅能用显示标签来对请求处理结果进行可视化展示,更重要的是要提供图形控件让客户输入待处理的数据,并将数据放在一个请求中提交给后台程序进行处理。而在 HTML 语言中数据提交标签就是用来提交数据的,包括超链接标签和表单标签。超链接标签既可以显示数据又可以提交数据,在前面已有讲解,此处不再赘述。本节重点讲解表单标签。

1. 数据提交统一格式

在 HTML 中,不管是用表单标签提交数据,还是用超链接提交数据,它们提交数据的常用格式都是"被请求资源的 URL?参数名 1=值 1& 参数名 2=值 2"。例如,在下面的 URL "http://localhost:8080/infoSubSys/postAndGet/registerInfo.jsp?name=ZhangXiaohua&login_name=zxh&password=123456"中,向 registerInfo.jsp 提交了 3 个数据,分别是 ZhangXiaohua、zxh 和 123456,提交这 3 个数据的参数名分别为 name、login_name 和 password。

2. 表单标签

表单标签用于提供让用户输入数据的图形控件,并将用户输入的数据进行提交。表单标签包括 form 标签、select 标签、option 标签、textarea 标签、input 标签。因为所有表单标签都要提交数据,因此每个表单标签基本上都有 name 和 value 属性。value 属性的值就是要提交的数据,而 name 属性的值就是所提交数据的参数名。下面具体介绍每个表单标签。

1) form 标签

form 标签用于声明表单,而且其他表单标签只能在其范围内才能随表单传输数据。其常用的属性如表 3-1 所示。

表 3-1 form 标签常用属性

属性名	含义
action	其属性值用于指定处理表单数据的应用程序的位置,是一个 URL
method	其属性值用于指定传输表单数据的方式,其常用属性值有 get 或 post
enctype	其属性值用于指定在发送表单数据之前如何对其进行编码,可选择的值有 application/x-www-form-urlencoded、multipart/form-data 和 text/plain,其中默认值是 application/x-www-form-urlencoded

2) select 标签

select 标签用于声明下拉列表控件,让用户可以用选择数据的方式输入数据。其常用属性如表 3-2 所示。

表 3-2 select 标签常用属性

属性名	含义
name	其属性值用于指定传输数据的参数名
size	其属性值用于指定可见的下拉列表项个数,默认可见一个下拉列表项
multiple	multiple 属性是个标识属性,标识下拉列表可同时选择多个选项,multiple 属性可以有"multiple"属性值也可以无属性值。对于 Windows 系统来说,可按住 Ctrl 键来选择多个选项;对于 Mac 系统来说,可按住 command 键来选择多个选项

在 select 标签中没有 value 属性，因此 select 标签单独使用是没办法提交数据的，它必须和 option 标签联合使用，并将 option 标签作为 select 标签的子标签，表示下拉列表的列表项。

3）option 标签

option 标签用于指定下拉列表控件中的列表项，其常用属性如表 3-3 所示。

表 3-3　option 标签常用属性

属性名	含义
value	其属性值用于指定此选项被选中时要提交的数据值
selected	selected 属性是个标识属性，标识此选项被默认选中，selected 属性可以有"selected"属性值也可以无属性值

4）textarea 标签

textarea 标签用于声明多行文本控件，让用户可以输入多行文本。其常用属性如表 3-4 所示。

表 3-4　textarea 标签常用属性

属性名	含义
name	其属性值用于指定传输数据的参数名
cols	其属性值用于指定一行可看见多少个字符。如果数据行中的字符数超过 cols 属性值，那么多行文本控件会自动附带水平滑条
rows	其属性值用于指定可以显示多少行。如果数据行数超过 rows 属性值，那么多行文本控件会自动附带垂直滑条

注意：textarea 标签没有 value 属性，其提交的数据值就是 textarea 标签体的内容，也就是用户在多行文本控件中输入的数据。

5）input 标签

input 标签以不同的 type 属性值表示不同的输入控件，这些控件都有 name 和 value 属性，其中 value 属性的值就是要提交的数据，而 name 属性的值就是所提交数据的参数名。下面将详细介绍各个输入控件。

（1）单行文本框。

当 input 标签的 type 属性值为 text 时，input 标签表示单行文本框，可以在单行文本框中录入一行数据，并且数据是明文显示的。单行文本框常用属性如表 3-5 所示。

表 3-5　单行文本框常用属性

属性名	含义
name	其属性值用于指定传输数据的参数名
value	其属性值用于指定传输数据的数据值
size	其属性值用于指定单行文本框中可见的文本字符数
maxlength	其属性值用于指定单行文本框能录入的最多字符数

（2）密码框。

当 input 标签的 type 属性值为 password 时，input 标签表示密码框，可以在密码框中录入密码，并且密码数据会用掩码显示。密码框的常用属性名和含义与单行文本框一样，此处不再赘述。

（3）隐藏域。

当 input 标签的 type 属性值为 hidden 时，input 标签表示隐藏域。隐藏域控件不会显示在 HTML 页面的运行结果界面中,但其源代码会出现在 HTML 页面的源代码中。隐藏域只有 name 和 value 属性。

隐藏域主要用于提交那些必须要提交,但是又不想让用户看到的数据,例如,数据记录的序号等。

(4) 单选按钮。

当 input 标签的 type 属性值为 radio 时,input 标签表示单选按钮。对于 name 属性值相同的多个单选按钮来说,只能选择其中的一个。

单选按钮的常用属性如表 3-6 所示。

表 3-6 单选按钮的常用属性

属 性 名	含 义
name	其属性值用于指定传输数据的参数名
value	其属性值用于指定传输数据的数据值
checked	checked 属性是个标识属性,标识此单选按钮被默认选中,checked 属性可以有"checked"属性值也可以无属性值

(5) 复选按钮。

当 input 标签的 type 属性值为 checkbox 时,input 标签表示复选按钮。name 属性值相同的多个复选按钮可以选择多个。

复选按钮的常用属性与单选按钮一致,此处不再赘述。

注意:具有相同 name 属性值的多个复选按钮提交数据时,被选中的多个复选按钮的值(即每个复选按钮的 value 属性值)将会用同一个参数名(即每个复选按钮的 name 属性值)提交。

(6) 提交按钮。

当 input 标签的 type 属性值为 submit 时,input 标签表示提交按钮。从功能上理解提交按钮要把握 4 个要点:一是当用户在 HTML 运行结果页面单击提交按钮时,提交按钮会自动提交数据;二是提交按钮会自动提交其所在表单中所有表单控件的数据(即数据参数名为控件的 name 属性值,数据值为控件的 value 属性值);三是提交按钮会将数据提交给其所在表单 action 属性值所指定的资源;四是提交按钮提交数据时的传输方式由其所在表单的 method 属性值决定。

(7) 复位按钮。

当 input 标签的 type 属性值为 reset 时,input 标签表示复位按钮。复位按钮不能自动提交表单的数据,其主要作用是当客户单击复位按钮时,会自动将其所在表单中所有表单控件的 value 属性值设置为初始值。

(8) 普通按钮。

当 input 标签的 type 属性值为 button 时,input 标签表示普通按钮。普通按钮也不能自动提交表单的数据,如果要提交其所在表单的数据就要用事件捕获属性来捕获并处理事件。事件捕获属性名格式为 onXXX,其中 XXX 表示事件名,例如,鼠标的单击事件为 click,那么其捕获属性名为 onclick。事件捕获属性的值通常是一个 JavaScript 函数调用,此 JavaScript 函数包含一段处理此事件的 JavaScript 代码。JavaScript 语言将在 3.3 节介绍。

普通按钮一般用于将表单中的数据提交到多个资源进行处理,如果只提交到一个资源,则用提交按钮最简单。

(9) 图片按钮。

当 input 标签的 type 属性值为 image 时，input 标签表示图片按钮。图片按钮的作用和普通按钮一样，只是在按钮上面可以链接一张图片，因此图片按钮比普通按钮多了个 src 属性，该属性用于指定要链接的图片的 URL。

(10) 文件域。

当 input 标签的 type 属性值为 file 时，input 标签表示文件域。当用户单击文件域控件时，会弹出一个文件资源浏览窗口来选择将要上传的本地文件，但是不会自动提交本地文件数据。如果要提交本地文件数据，那么就需要用提交按钮触发一个请求来提交，而且还要求表单的 method 属性值必须是 post、enctype 属性值必须是 multipart/form-data。

3.1.5　在 Web 项目中提交数据

视频讲解

动态 Web 项目由动态页面构成，而动态页面的核心是处理请求中的数据，因此请求中必须要有数据。在动态 Web 项目中，数据通常是由客户随请求提供的。因此在动态 Web 项目中提交数据非常重要，本节将它作为一个专题进行详细讲解。

在 Web 项目中，前端页面可以用超链接和表单来提交数据，但是不管是用超链接还是表单，都需要触发一个 HTTP 请求，并将数据放到此 HTTP 请求中才能提交数据，而且提交数据的常用格式都是相同的，都是“被请求资源的 URL?参数名 1=值 1&参数名 2=值 2”。因此要掌握 Web 项目中的数据提交就必须先了解 HTTP 请求。

1. HTTP 请求

一个 HTTP 请求的内容由请求行、请求头和数据体 3 部分构成，如图 3-5 所示。

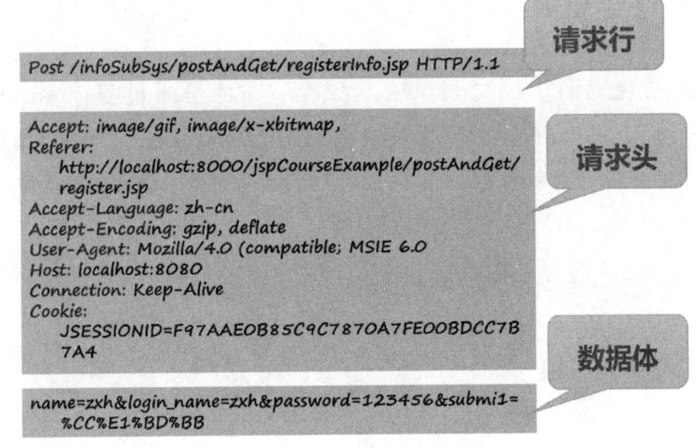

图 3-5　HTTP 请求内容

1) 请求行

请求行对当前 HTTP 请求进行了概要说明，其中指定了请求的方法、请求目标资源的 URL、请求的协议名和协议版本号。

2) 请求头

请求头中指定了发出请求的客户端浏览器的一些属性数据，每个属性数据都用“属性名：属性值”的方式进行指定。

3) 数据体

数据体指定了 POST 请求传递的数据，GET 请求将数据放到了请求行中，例如，“GET/infoSubSys/postAndGet/registerInfo. jsp?login _ name = zxh&password = 123456&submi1 =

%E6%8F%90%E4%BA%A4 HTTP/1.1”。

了解了 HTTP 请求后，下面将分别讲解用表单提交数据和用超链接提交数据。

2. 用表单提交数据

用表单提交数据是指将提交的数据放在一个表单的表单控件中，提交时，表单控件的数据会随着表单一起提交，提交的数据就是每个表单控件的 value 属性值，数据的参数名就是每个表单控件的 name 属性值。因此用表单提交数据应满足一些条件：要有表单，表单中要有表单控件，表单中要有触发请求的控件(如按钮)。表单数据提交方法通常有 GET 和 POST。

1) 用表单提交数据的 GET/POST 方式

表单中的数据传输有两种方式：一种是 GET 方式，另一种是 POST 方式。

用表单提交数据的 GET 方式指表单的 method 属性值为 GET，其特点是将参数数据放入 HTTP 请求的请求行中，导致浏览器的地址栏中会显示完整的请求字符串，包括请求资源和参数数据。之所以在浏览器的地址栏中会显示数据，是因为 HTTP 请求的请求行会显示在地址栏，而 GET 请求恰好就将数据放到了请求行。同时，因为浏览器对请求字符串的长度进行了限制，因此 GET 无法提交大量的数据。

用表单提交数据的 POST 方式指表单的 method 属性值为 POST，其特点是将参数数据放入 HTTP 请求的数据体，而数据体内容不会显示在浏览器地址栏中，而且数据体没有数据大小的限制。

因此常常将 GET 方式提交数据称为明文传输数据，而 POST 方式提交数据称为暗文传输数据。

2) 提交表单数据的请求的触发实现

表单中的数据要放到 HTTP 请求中才能提交，而请求则是需要用户操作界面中的控件来触发。

有两种常用方式来触发请求提交表单中的数据：一种是通过表单 action 属性值和 submit 按钮实现；另一种是通过 JavaScript 代码和普通按钮实现，即在普通按钮上将单击事件捕获属性的值指定为一个 JavaScript 函数，而在 JavaScript 函数中通过代码来提交表单数据。示例代码如下：

```
< input type = "button" value = "按钮" onclick = "register()">

function register()
{
var thisForm = document.forms[0];
thisForm.action = "registerInfo.jsp";
}
```

3. 用超链接提交数据

除了可以用表单提交数据外，还可以用超链接提交数据。

用超链接提交数据指用超链接标签< a >来提交数据。需要特别注意的是，超链接提交数据只能是 GET 方式，而没有 POST 方式。

用超链接提交数据也要触发请求，触发方式也有两种：一种是用超链接标签< a >的 href 属性值实现，例如，当< a href="registerInfo.jsp?name=zxh&login_name=zhangxiaohua">被单击时，提交数据 zxh、zhangxiaohua，对应的参数名分别是 name 和 login_name；另一种也是通过 JavaScript 代码来实现，即在超链接上将单击事件捕获属性的值指定为一个 JavaScript 函数，而在 JavaScript 函数中通过代码来模拟用超链接提交数据。示例代码如下。

```
< input type = "button" value = "按钮 2" onclick = "regist1()">

function regist1()
{
  location.href = "registerInfo.jsp?name = zxh&login_name = zhangxiaohua";
}
```

4. 总结及建议

通过前面的讲解,综合考虑数据提交的途径和传输方式,数据提交方式有以下 3 种。

(1) 表单 GET 方式。

(2) 表单 POST 方式。

(3) 超链接 GET 方式。

考虑到数据传输的安全性和提交数据量的大小,建议今后做动态 Web 项目时,无特殊原因都采用表单 POST 方式来提交数据。

3.2 CSS 语言

HTML 标签原本被设计用于定义网页文档内容。网页文档布局由浏览器根据标签及其属性来完成,而不使用任何的格式化标签。但是随着网页越来越复杂,由浏览器根据标签和其属性来对文档进行布局越来越力不从心。CSS 技术由此出现。

CSS(Cascading Style Sheets,层叠样式表)是一种用来表现 HTML 文件样式的计算机语言。CSS 不仅可以以静态方式修饰网页,还可以配合各种脚本语言(如 JavaScript)动态地对网页各个元素进行格式化。

3.2.1 CSS 代码规则

每个 CSS 代码都由选择器、属性和属性值构成,如图 3-6 所示。

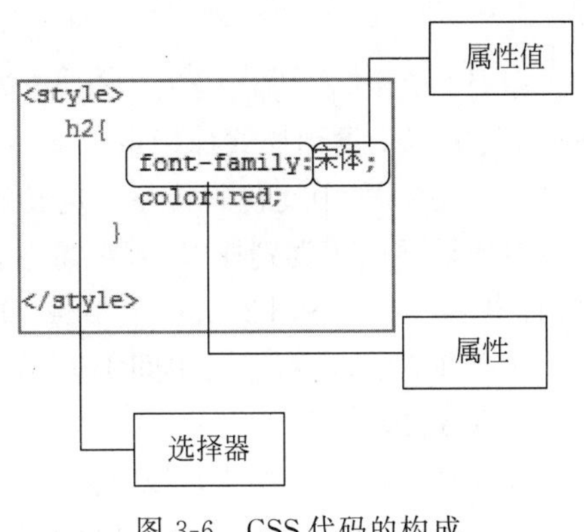

图 3-6 CSS 代码的构成

(1) CSS 选择器用于“查找”(或选取)要设置样式的 HTML 元素。

(2) CSS 属性与 CSS 属性值经常配对使用,用于设置控件的一个样式。其中 CSS 属性表示此样式的名称,CSS 属性值表示此样式的具体值。CSS 属性可以分类为字体属性、文本属性、背景属性、布局属性、边界属性、列表项目属性、表格属性。

CSS 属性的详细内容请扫描右侧的二维码进行自学。

自学资料

3.2.2 CSS 选择器

CSS 选择器用于“查找”(或选取)要设置样式的 HTML 元素。CSS 选择器根据其功能可以分为以下五大类。

(1) 简单选择器(根据标签名称、id 属性值、class 属性值来选取元素)。

(2) 组合器选择器(将多个简单选择器组合在一起来选取元素)。

(3) 伪类选择器(根据特定状态来选取元素)。

(4) 伪元素选择器(选取元素的一部分并设置其样式)。

自学资料

(5) 属性选择器(根据属性或属性值来选取元素)。

本书只讲解简单选择器,其他类别的选择器请扫描左侧的二维码进行自学。

简单选择器这一类别包括标签选择器、类别选择器和 id 选择器,下面逐一介绍。

1. 标签选择器

标签选择器用来声明页面中哪些标签采用哪些 CSS 样式,标签选择器名就是要指定样式的标签的名字,例如,a{font-size:9px; color:#F93;}用来指定当前 HTML 页面中所有超链接标签字号都是 9 像素,字体颜色都是#F93。

2. 类别选择器

类别选择器的书写以英文点号开头,后面紧跟着是类别名,即".类别名{}"。类别选择器用于选择当前 HTML 页面中具有相同 class 属性值的所有控件,选择出这些控件后就能统一指定它们的样式,如图 3-7 所示。

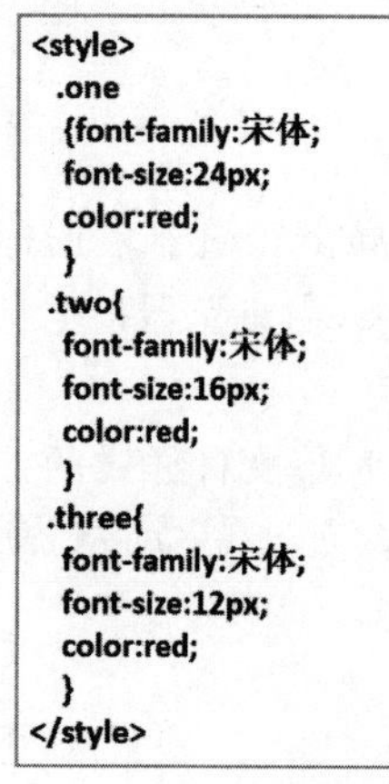

```
<style>
  .one
  {font-family:宋体;
  font-size:24px;
  color:red;
  }
 .two{
  font-family:宋体;
  font-size:16px;
  color:red;
  }
 .three{
  font-family:宋体;
  font-size:12px;
  color:red;
  }
</style>
```

```
<body>
  <h2 class="one"> 应用了选择器one </h2>
  <p> 正文内容1</p>
  <h2 class="two">应用了选择器two</h2>
  <p>正文内容2 </p>
  <h2 class="three">应用了选择器three
</h2>
  <p>正文内容3 </p>
</body>
```


图 3-7 类别选择器的使用示例

在图 3-7 中,左边代码用 CSS 定义了 3 个类别选择器样式,类别名分别为 one、two 和 three,其中每个类别样式都指定了文字字体、文字大小和文字颜色。

在图 3-7 中,中间代码将左边定义的 3 个类别样式用于一段 HTML 代码中,即在 HTML 标签中如果要引用类别样式,则只需把要引用的类别样式名作为此标签的 class 属性值即可。例如,图 3-7 中代码<h2 class="one">应用了选择器 one</h2>。

在图 3-7 中,最右边是中间 HTML 代码块在浏览器中的运行结果。

3. id 选择器

id 选择器的书写形式是以英文#号开头,后面紧跟着是 id 名,即"#id 名{}"。id 选择器用于选择当前 HTML 页面中 id 属性值等于 id 样式名的某个控件。id 选择器的使用示例如图 3-8 所示。

在图 3-8 中,左边代码用 CSS 定义了 3 个 id 选择器样式,id 名分别为 first、second 和 three,其中每个 id 样式都指定了不同的文字大小。

在图 3-8 中,中间代码将左边定义的 3 个 id 样式用于一段 HTML 代码中,即在 HTML 标签中如果要引用 id 样式,则只需把要引用的 id 样式名作为此标签的 id 属性值即可。例如,图 3-8 中代码<p id="first">ID 选择器</p>。

在图 3-8 中,最右边是中间 HTML 代码块在浏览器中的运行结果。

```
<style>
  #first{
    font-size:18px;
  }
  #second{
    font-size:24px;
  }
  #three{
   font-size:36px;
  }
</style>
```

```
<body>
  <p id="first">ID选择器</p>
  <p id="second">ID选择器2</p>
  <p id="three">ID选择器3</p>
</body>
```

ID选择器
ID选择器2
ID选择器3

图 3-8　id 选择器的使用示例

3.2.3　在 HTML 代码中引入 CSS

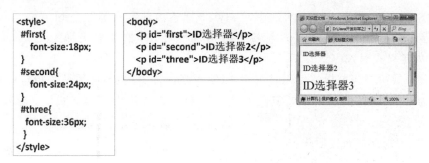

如果 HTML 代码中要使用预先定义好的样式，那么首先要将 CSS 样式引入 HTML 页面。在 HTML 页面中引入 CSS 样式有 3 种方式，分别为链接式引入、内嵌式引入和行内定义式引入。

1. 链接式引入

当一些样式在多个 HTML 都要使用时，可以将这些样式的定义代码放在一个单独的 CSS 文件中(扩展名为. css 的文件)。如果当前 HTML 页面要使用此 CSS 文件中的样式，那么必须将此 CSS 文件引入 HTML 页面，就要用到链接式引入。用链接方式引入的样式被称为链接样式。

链接式引入用 link 标签实现。例如，代码< link rel＝"stylesheet" href＝"test. css" type＝"text/css">，引入了当前请求目录下的 test. css 样式文件。详细示例代码如图 3-9 所示。

在图 3-9 中，左边的 test. css 样式文件中定义了 3 个 id 样式 first、second、three，右边的 test. html 中用 link 标签将 test. css 样式文件引入后，在 3 个< p >标签中用 id 属性引用了 test. css 中的 3 个 id 样式。

2. 内嵌式引入

当一些样式只在当前 HTML 使用时，就可以使用< style >标签在当前页面中定义样式，样式定义好后只能在当前页面使用。用内嵌方式引入的样式被称为内嵌样式。详细示例代码如图 3-10 所示。

test.css

```
#first{
   font-size:18px;
 }
 #second{
   font-size:24px ;
 }
 #three{
  font-size:36px;
 }
```

test.html

```
<!doctype html>
<html>
  <head>
  <meta charset="utf-8">
  <title>无标题文档</title>
  <link rel="stylesheet" href="test.css"
        type="text/css">
  </head>
  <body>
    <p id="first">ID选择器</p>
    <p id="second">ID选择器2</p>
    <p id="three">ID选择器3</p>
  </body>
</html>
```

图 3-9　链接样式的使用示例

```
<!doctype html>
<html>
  <head>
  <meta charset="utf-8">
  <title>无标题文档</title>
  <style>
   #first{
     font-size:18px;
   }
   #second{
     font-size:24px;
   }
   #three{
    font-size:36px;
    }
  </style>
  </head>
  <body>
    <p id="first">ID选择器</p>
    <p id="second">ID选择器2</p>
    <p id="three">ID选择器3</p>
  </body>
</html>
```

图 3-10　内嵌样式的使用示例

在如图 3-10 所示的 HTML 页面中,< style >标签内部定义了 3 个 id 样式 first、second、three,然后在 HTML 中的 3 个< p >标签中用 id 属性引用了这 3 个 id 样式。

3. 行内定义式引入

当一些样式只在当前标签使用时,就可以使用当前标签的 style 属性来指定样式,即将样式代码作为 style 属性值。用行内定义方式引入的样式被称为行内样式。详细示例代码如图 3-11 所示。

```
<table width="200" border="1" align="center">
    <tr>
      <td><p style="color:#F00; font-size:36px;">行内样式一</p></td>
    </tr>
    <tr>
      <td><p style="color:#F00; font-size:24px;">行内样式二</p></td>
    </tr>
    <tr>
      <td><p style="color:#F00; font-size:18px;">行内样式三</p></td>
    </tr>
    <tr>
      <td><p style="color:#F00; font-size:14px;">行内样式四</p></td>
    </tr>
</table>
```

图 3-11　行内样式的使用示例

在如图 3-11 所示的代码中,3 个< p >标签中用 style 属性值指定了本标签要使用的 CSS 样式。

4. 样式的优先级

当 HTML 页面的某个标签中,链接样式、内嵌样式和行内样式都有定义时,优先采用行内样式,次之采用内嵌样式,最后才是链接样式。

3.3 JavaScript

用 HTML 和 CSS 制作的网页,因为网页上的数据(包括标签、样式、显示的数据)都是硬编码的,因此网页没有动态效果。要使得网页有动态效果,就需要动态地更改网页的数据,即需要一种能对网页中数据进行处理的编程语言,JavaScript 由此产生。

JavaScript 是一种基于对象和事件驱动并具有安全性的解释型脚本语言。它不需要进行编译,而是直接嵌入在 HTML 页面中,把静态页面转变成支持用户交互并响应事件的动态页面。JavaScript 具有解释性、基于对象、事件驱动、跨平台等特点。

用 JavaScript 编写的代码(JavaScript 代码)被放置在 HTML 页面中,JavaScript 代码会被客户端浏览器解释运行,而不会在 Web 服务器上运行。

3.3.1 JavaScript 代码放置方式

放置 JavaScript 代码有两种方式：一种是内嵌式；另一种是链接式。

1. 内嵌式

如果 JavaScript 代码只在当前 HTML 页面使用,则采用内嵌方式放置 JavaScript 代码,即在当前 HTML 页面的< script >标签中编写 JavaScript 代码,示例代码如图 3-12 所示。

```
<!doctype html>
<html>
    <head>
        <meta charset="utf-8">
        <title>内嵌式JS代码示例</title>
    </head>
    <body>
        <script language="javascript">
            var now=new Date();
            var hour=now.getHours();
            var minu=now.getMinutes();
            alert("现在是"+hour+":"+minu);
        </script>
    </body>
</html>
```

图 3-12　内嵌式 JavaScript 代码示例

2. 链接式

如果 JavaScript 代码要在多个 HTML 页面使用,则采用链接式放置 JavaScript 代码,即先将 JavaScript 代码放在一个公共 JS 文件中(扩展名为.js 的文件),然后在要运行此 JavaScript 代码的 HTML 页面中用< script >标签引入 JS 文件,示例代码如图 3-13 所示。

```
<!doctype html>
<html>
    <head>
        <meta charset="utf-8">
        <title>链接式JS代码示例</title>
    </head>
    <body>
        <script language="javascript" src="javascript.js">
        </script>
    </body>
</html>
```

图 3-13 链接式 JavaScript 代码示例

3.3.2 JavaScript 语法

JavaScript 语法和其他高级语言语法一样，分为面向数据处理过程的语法和面向对象语法，再加上事件处理。面向数据处理过程的语法包括数据(常量、变量)、数据存取(变量定义)、数据运算(表达式、程序流程控制)、代码复用(函数)；面向对象语法包括对象定义和创建、内置对象。

JavaScript 语法和 Java 语法很相似，标识符都区分字母大小写，但是和 Java 语言又有以下不同。

(1) JavaScript 每条语句结尾的分号可有可无，而 Java 每条语句必须以分号结尾。

(2) JavaScript 是弱类型语言，而 Java 是强制类型语言。

JavaScript 在编码阶段无须定义数据的类型，在运行阶段由浏览器根据数据值动态指定数据类型；而在 Java 中首次使用数据时必须指定数据的类型。

(3) JavaScript 是脚本语言，而 Java 是编译语言。

JavaScript 代码被浏览器解释运行，而不用像其他高级语言一样需要编译，因此 JavaScript 语言被划归到脚本语言类别。而 Java 代码必须编译成 Java 类才能运行。

JavaScript 语法的详细内容请扫描右侧二维码自学。

自学资料

3.4 JQuery 技术

JavaScript 语言出现后，就能用 JavaScript 代码对 HTML 页面进行处理，从而使 HTML 页面具有动态效果。但是用原生 JavaScript 编写代码效率比较低，因此出现了很多对原生 JavaScript 进行封装的 JavaScript 库(简称 JS 库)来提高 JavaScript 代码的编写效率。其中 JQuery 是目前最流行的 JS 库，它提供了大量的扩展，很多大公司都在使用 JQuery。

本书只对 JQuery 技术进行简要介绍，JQuery 技术的详细内容请扫描右侧二维码自学。

自学资料

1. 导入 JQuery 库

在用 JQuery 库编写代码之前要从 JQuery 官方网站 http://jquery. com 下载 JQuery 库，然后将 JQuery 库导入到动态 Web 项目中，如图 3-14 所示。

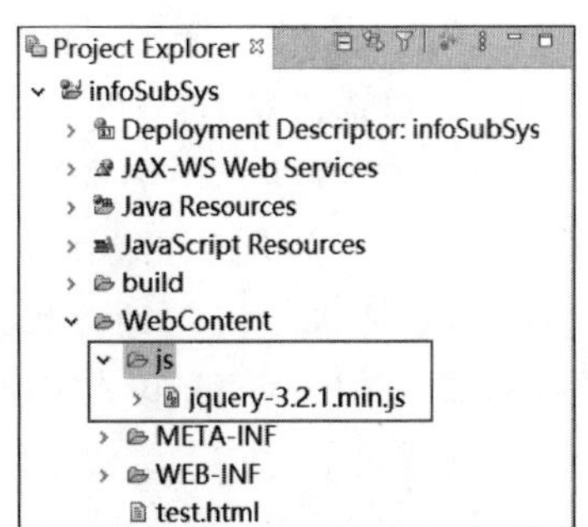

图 3-14 将 JQuery 库导入到动态 Web 项目

2. JQuery 编码

使用 JQuery 库编码的通用流程如下。

(1) 首先使用 JQuery 选择器在当前 HTML 中查找出要操作的控件。JQuery 选择器的语法如下。

```
$("选择规则") 或 $(DOM 对象)
```

(2) 然后可以针对查找出来的控件获取或修改控件的内容和属性值,获取或修改控件的样式值,指定控件的事件处理函数等。例如,下面的代码。

```
$("[name = 'member']").focus(function(){
$(this).addClass("input_ focus");
});
```

在上面的代码中,首先从当前 HTML 页面选择出 name 属性值为'member'的控件,然后指定此控件的 focus 事件处理函数,最后在事件处理函数中给控件新增了一个名称为"input_focus"的类样式。

本章小结

本章简单讲解了 Web 前端核心技术,包括 HTML、CSS、JavaScript 和 JQuery。需重点掌握的是 HTML 标签中的 URL、表单标签、在 Web 项目如何提交数据,而其他内容只做了简单介绍,详细内容请读者扫描书中对应二维码自学。

读者学完本章内容后,就能看懂 UI 工程师设计的 UI 界面源代码,并在看懂源代码的情况下进行修改。

习题

一、单项选择题

1. 在 HTML 标签中用于捕获和处理鼠标单击事件的属性是(　　)。

A. onclick　　B. click　　C. ondblclick　　D. onfocus

2. img 标签中指定图片 URL 地址的属性是(　　)。

A. src　　B. href　　C. action　　D. file

3. HTML 的超链接标签中指定连接资源 URL 地址的属性是(　　)。

A. src　　B. href　　C. action　　D. file

4. input 标签中 type 属性值是(　　)时表示隐藏域控件。

A. text　　B. hidden　　C. password　　D. file

5. 如果要用文件域上传文件,那么文件域所在 form 标签的 enctype 属性值必须是(　　)。

A. text/plain　　B. multipart/form-data

C. text/html　　D. application/x-www-form-urlencoded

6. CSS 简单选择器不包括(　　)。

A. 标签选择器　　B. 类别选择器　　C. id 选择器　　D. 属性选择器

7. 当某个标签中链接样式、内嵌样式和行内样式都有定义时,优先级最高的是(　　)。

A. 链接样式　　B. 内嵌样式　　C. 行内样式　　D. 没有优先级

8. 分析如下的 JavaScript 代码段,运行后在页面上输出(　　)。

```
var c = "10",d = 10; document.write(c + d);
```

A. 10　　B. 20　　C. 1010　　D. 页面报错

9. 下面在 JavaScript 中调用名称为 myFunction 的函数,正确的是(　　)。

A. call function myFunction　　B. call myFunction()

C. myFunction()　　D. 以上都不对

10. 以下选项中不能正确地得到标签的是(　　)。

```
< input id = "btnGo" type = "buttom" value = "单击" class = "btn">
```

A. $("#btnGo")　　B. $(".btnGo")

C. $(".btn")　　D. $("input[type='button']")

二、判断题

1. <a>标签定义超链接,用于从一个网页链接到另一个网页。(　　)
2. name 属性规定了元素的唯一 id。(　　)
3. <b>标签中的文字显示为斜体。(　　)
4. <table>标签定义 HTML 表格。(　　)
5. ID 选择器与类选择器完全相同。(　　)
6. JavaScript 对字母不区分大小写。(　　)
7. JavaScript 声明函数使用关键词 var。(　　)
8. HTML DOM 定义了访问和操作 HTML 文档的标准方法。(　　)
9. JQuery 是一个 JavaScript 库。(　　)
10. 通过 $("div.intro")能够选取的元素是 class="intro"的首个 div 元素。(　　)

三、填空题

1. 所有 HTML 标签用________属性指定元素的唯一标识,用________属性指定类 CSS 值。

2. 在 HTML 中用于元素换行的标签是________,分块标签是________。

3. 在 table 的所有子标签中,数据行标签是________,数据列标签是________。

4. 在 option 标签中用________属性表示选中,在单选和多选按钮控件中用________属性表示选中。

5. 在 form 标签中用________属性指定表单提交的资源 URL 地址,用________属性指定表单数据传输方式。

6. CSS 代码由________、属性和________构成。

7. CSS 的类别选择器以符号________开头,id 选择器以符号________开头。

8. JavaScript 有两种特殊数据类型,分别是________、________。

9. 如果已知 HTML 页面中的某标签对象的 id="username",在 Javascript 中用________获得该标签,在 JQuery 中用________获得该标签。

10. JQuery 选择器主要分为两大类,分别是________和________。

四、简答题

1. 简述用 GET、POST 传输数据的异同。
2. 简述在 HTML 代码中引入 CSS 的 3 种方式。
3. 简述 JavaScript 对象、函数、数组的定义。
4. JQuery 如何来设置和获取 HTML 和文本的值?

第4章 综合实践一

在了解了 HTML、CSS 和 JavaScript 的基本知识后，就能用它们设计并编码实现一个个 HTML 网页。在这些 HTML 网页中，HTML 代码负责图形控件的编码；CSS 负责指定图形控件的布局和样式；JavaScript 负责处理页面中的数据，使页面具有动态效果。

但是如果只用原生的 HTML、CSS 和 JavaScript 来设计编码页面，那么设计出来的 HTML 页面既不规范，而且编码工作量十分大，编码效率低下。为了使设计的 HTML 页面更加规范，提高编码效率，出现了很多基于 HTML、CSS 和 JavaScript 的前端框架，例如，Twitter 推出的 Bootstrap、基于 Vue 的 Element UI、国内的 Layui。本书采用 Bootstrap 前端框架，下面将进行简要的介绍。

4.1 Bootstrap 前端框架

Bootstrap 来自 Twitter，是目前最受欢迎的前端开源框架。Bootstrap 基于 HTML、CSS、JavaScript，它简洁灵活，使得 Web 开发更加快捷。

4.1.1 Bootstrap 核心功能

Bootstrap 构成模块从大的方面可分为布局框架、页面排版、基本组件、JQuery 插件以及动态样式语言 LESS 几个部分。

1. 布局框架

Bootstrap 提供了网格系统、响应式布局，适用于各种设备。不但可以支持 PC 端的各种分辨率的显示，还支持移动端 PAD、手机等屏幕的响应式切换显示。

2. 页面排版

Bootstrap 的页面排版从全局概念出发，定制了主体文本、段落文本、标题、按钮、表单、表格等格式。

3. 基本组件

Bootstrap 包含了十几个可重用的组件，用于创建下拉菜单、导航、警告框等。

4. JQuery 插件

Bootstrap 包含了十几个自定义的 JQuery 插件，用来帮助开发者实现与用户交互的功能。

5. 动态样式语言 LESS

LESS 是一门 CSS 预处理语言，它扩充了 CSS 语言，增加了诸如变量、混合(mixin)、函数等功能，让 CSS 更易维护和扩充。基于 LESS，开发人员可以定制 Bootstrap 组件、LESS 变量和 JQuery 插件。

4.1.2 Bootstrap 的导入

在 Web 项目中，在用 Bootstrap 框架设计编码前端页面之前，需要下载、导入和测试 Bootstrap 库。

1. 下载 Bootstrap

从官网 http://www.bootcss.com 下载 Bootstrap 库，下载后解压，解压后 Bootstrap 库的目录如图 4-1 所示。

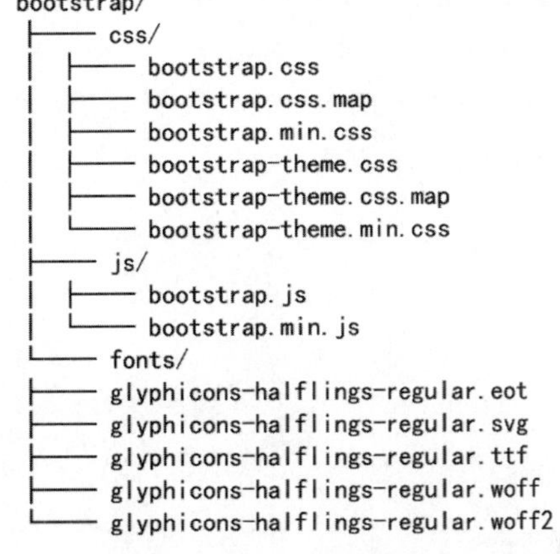

```
bootstrap/
├── css/
│   ├── bootstrap.css
│   ├── bootstrap.css.map
│   ├── bootstrap.min.css
│   ├── bootstrap-theme.css
│   ├── bootstrap-theme.css.map
│   └── bootstrap-theme.min.css
├── js/
│   ├── bootstrap.js
│   └── bootstrap.min.js
└── fonts/
├── glyphicons-halflings-regular.eot
├── glyphicons-halflings-regular.svg
├── glyphicons-halflings-regular.ttf
├── glyphicons-halflings-regular.woff
└── glyphicons-halflings-regular.woff2
```

图 4-1 Bootstrap 库目录结构

在图 4-1 中 css 目录中存放的是 Bootstrap 预先定义好的样式文件，js 目录中存放的是 Bootstrap 预先定义好 JavaScript 文件，fonts 目录存放的是 Bootstrap 的图标字体文件。

2. 导入 Bootstrap 并编写测试代码

导入 Bootstrap 库并编写测试代码的步骤如下。

(1) 首先将解压后得到的 css、js、font 三个目录复制到案例项目的 WebContent 目录下，结果如图 4-2 中标号①所示。

(2) 在 WebContent 目录下创建 HTML 文件，bootstrapDemo.html，结果如图 4-2 中标号②所示。

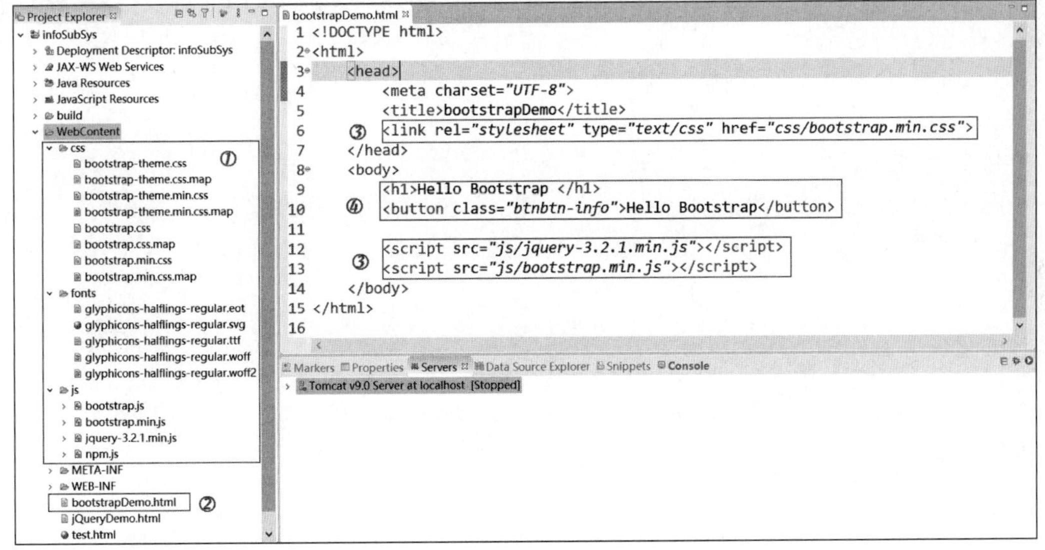

图 4-2 导入 Bootstrap 并编写测试代码的案例

(3) 在 bootstrapDemo.html 中用< link >导入 Bootstrap 的 CSS 样式，用< script >导入 Bootstrap 的 JavaScript 文件，代码如图 4-2 中标号③所示。

(4) 在 bootstrapDemo.html 中加入测试代码，代码如图 4-2 中标号④所示。

(5) 在硬盘上找到 bootstrapDemo.html，然后双击运行，如果运行结果如图 4-3 所示，则说明 Bootstrap 已正常导入，可以使用了。

Hello Bootstrap

Hello Bootstrap

图 4-3 Bootstrap 测试代码运行结果

3. Bootstrap 的使用

Bootstrap 中提供了众多的、已经预先定义好样式(CSS)和操作(JavaScript)的 HTML 控件元素，制作

HTML页面时直接使用它们即可，而且在Bootstrap中文网(https://www.bootcss.com/)上给出了每个控件元素的案例代码，此处不再赘述。由于初次接触Bootstrap中的网格系统和字体图标，故进行简要介绍。

1) Bootstrap网格系统

Bootstrap采用网格系统来排版布局HTML页面的控件元素，所谓网格系统，是指Bootstrap将设备屏幕(或视口)首先按行分割，然后将每行再按列进行分割，默认每行分割成12列，最多只能有12列，这样就形成了一个个单元格，即网格，而控件元素就放置在每个网格中。Bootstrap网格分割方式见图4-4。在图4-4中，每行的网格数量之和都是12，表示将屏幕整个宽度都占满了，如果小于12，则表示本行中最右边还有空间没有使用。通常将宽度为1的网格称为基准单元格。

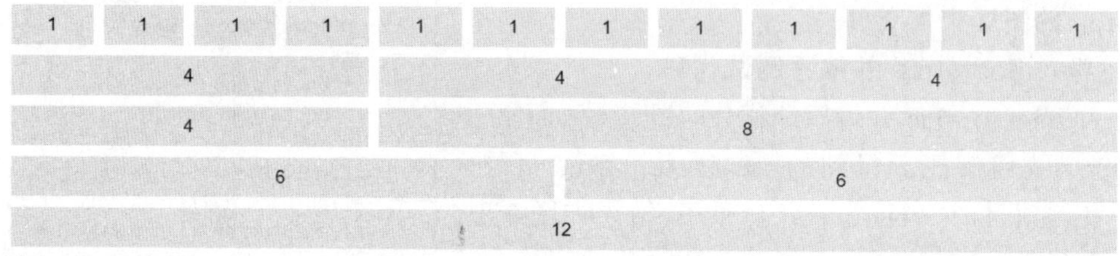

图4-4 Bootstrap网格分割方式

由于Bootstrap可用于所有设备屏幕，因此Bootstrap的网格系统也要能用于所有设备屏幕。设备如果按屏幕的宽度分类，经常用到的是超小屏幕设备(手机)、小屏幕设备(平板)、中等屏幕设备(桌面显示器)和大屏幕设备(大桌面显示器)。

综上所述，Bootstrap用网格来排版布局控件元素时，对于网格宽度的值既要考虑当前网格占几个基准单元格，又要考虑当前设备的类型。

(1) 网格实现。

在Bootstrap中，每个网格就是一个DIV块，而网格的宽度由DIV块的class属性指定，class属性值就是Bootstrap预先定义好的网格样式类型名。此网格样式类型名的命名格式如下：

```
col-设备类型名-单元格占有数量
```

设备类型名：xs表示超小屏幕设备(手机)，sm表示小屏幕设备(平板)，md表示中等屏幕设备(桌面显示器)，lg表示大屏幕设备(大桌面显示器)。单元格占有数量：见图4-4 Bootstrap网格分割方式。

例如，网格<div class="col-xs-3 col-sm-3 col-md-6 col-lg-4"></div>表示如果用于超小屏幕设备上(手机)或小屏幕设备上(平板)，则占3个基准单元格宽度，即屏幕宽度的1/4；如果用于中等屏幕设备(桌面显示器)上，则占6个基准单元格宽度，即屏幕宽度的1/2；如果用于大屏幕设备(大桌面显示器)上，则占4个基准单元格宽度，即屏幕宽度的1/3。

(2) 网格的移动设备优先策略。

为了让Bootstrap开发的网站对移动设备友好，确保适当的绘制和触屏缩放，需要在网页的head之中添加meta标签来设置viewport属性值。viewport属性值用于设置屏幕和设备等宽，以及是否允许用户缩放，及缩放比例的问题。代码如下：

```
<meta name = "viewport" content = "width = device - width,
                                   initial - scale = 1.0,
```

```
              maximum - scale = 1.0,
              user - scalable = no">
```

(3) 网格编码规范。

① 使用行块来创建列的水平组。

② 在行块中创建列块,内容应该放置在每行的列块内,且只有列块可以是行块的直接子元素。

③ 预定义的栅格类,例如.row 和.col-xs-4,可用于快速创建栅格布局。

④ 网格,即列块必须放在行块中,而行块又必须放置在容器块(即 DIV 标签的 class 属性值为 container)中,以便获得适当的对齐和内边距效果。

Bootstrap 网格的标准基本结构如下:

```
<div class = "container">
   <div class = "row">
      <div class = "col - * - * "></div>
      <div class = "col - * - * "></div>
   </div>
   <div class = "row">...</div></div>
</div>
```

2) 字体图标

在 HTML 网页的制作过程中,为了追求用户体验经常会用到很多小图标,如果每个小图标都用图片来实现,则会发送很多小图标图片请求,这将严重拖慢网页加载速度。为了解决小图标的加载问题,出现了字体图标。字体图标运行结果是图标,但是源代码是一种字体,而且 Bootstrap 将图标字体封装在了一个个 CSS 类样式中,这些图标字体 CSS 类样式被放在 Bootstrap 总样式文件 bootstrap.min.css 中。如需使用 Bootstrap 字体图标,只需要简单地使用< span >并指定< span >的 class 属性值为某个图标 CSS 类样式名即可。

例如,< span class="glyphicon glyphicon-search"></span >就引入了查询图标。

Bootstrap 每个字体图标的 CSS 类样式名请参考 Bootstrap 中文网站(https://v3.bootcss.com/components/),此处不再赘述。

4.2 案例项目的 Web UI 设计

视频讲解

在对 Web 项目进行真正的系统设计和编码之前,一定要弄清楚项目需求,并且要和用户确认需求,否则最终的产品不会被用户认可,就会存在违约风险。对于 Web 项目,向用户了解需求、确认需求的最简单、最直观的方式就是将最终的用户界面(UI)制作出来,发布到 Web 服务器上,让用户使用,提意见。然后根据用户意见修改界面,直到用户再无意见提出。

但是,如果要用界面将需求展现清楚,用户界面必须满足以下要求:

(1) 如果系统按照子系统、子模块、子功能三级结构划分,那么每个功能都对应一个 HTML 页面。

(2) 展现每个功能的 HTML 页面必须要将所处理数据的内容和展现形式表示清楚。

(3) 每个功能 HTML 页面不能孤零零地存在,要将子模块下的所有功能 HTML 页面用超链接或按钮整合在一起,同样,子系统下的所有模块的 HTML 页面也要整合在一起,最终整合成系统的一个完整的静态网站。

如果项目工期紧张,为了在需求阶段不耽误工期,也可以做出系统的白板静态网站来了解和确认需求，而不用立刻做出最终的用户界面。所谓白板页面，是指 HTML 页面只有 HTML 标签，而没有 CSS 和 JavaScript 代码。

本书案例项目的 Web UI 是基于 Bootstrap 前端框架设计的，效果如图 4-5 所示。此 Web UI 的源代码被放在程序代码包"/第 4 章/html 原型 UI. rar"中，仅供参考。

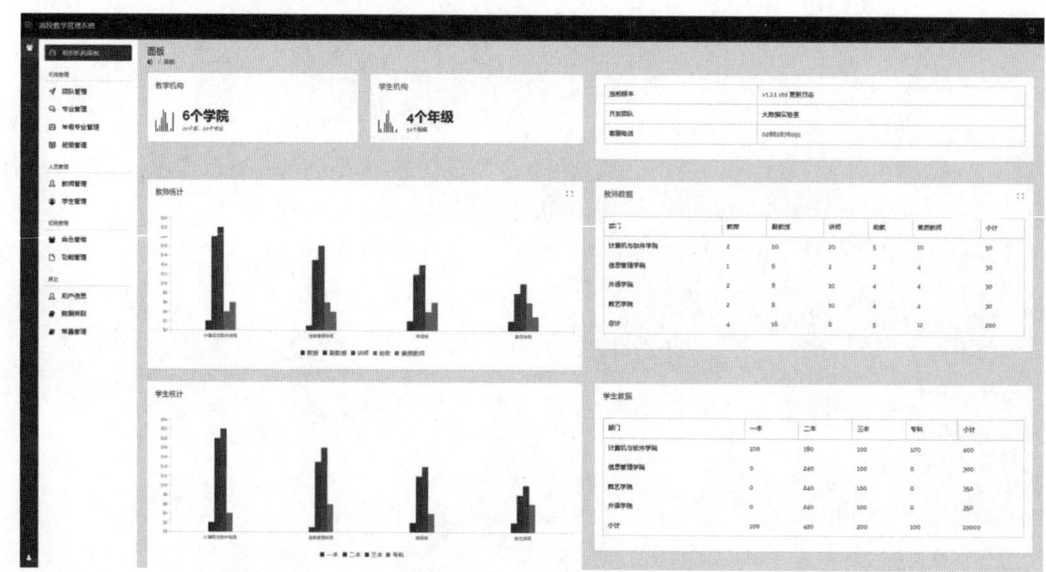

图 4-5 案例项目 Web UI 主页效果图

本章小结

本章首先讲解了 Bootstrap 前端 UI 框架，使用 Bootstrap 前端 UI 框架设计的 HTML 页面更加美观、更加标准、更加高效；然后讲解了如何用 UI 原型确认需求，以及制作 UI 原型的要求。

学习了网页前端开发技术，即第 3 章和第 4 章的内容，开发人员就能看懂 UI 工程师设计的 UI 界面代码，甚至用 Bootstrap 前端 UI 框架完成简单 HTML 页面的设计、编码，这些是后续学习动态页面编码技术的基础。

习题

一、单项选择题

1. Bootstrap 插件依赖的脚本语言库是(　　)。

   A. JavaScript　　B. JQuery　　C. AngularJS　　D. NodeJS

2. 网格系统小型设备平板电脑屏幕使用的类前缀是(　　)。

   A. . col-xs-　　B. . col-sm-　　C. . col-md-　　D. . col-lg-

3. 下列关于网格系统说法不正确的是(　　)。

   A. 网格系统每一行不能少于 12 列

   B. 通过"行(row)"在水平方向创建一组"列(column)"

   C. "行(row)"必须包含在. container(固定宽度)或. container-fluid(100%宽度)中，以便为其赋予合适的排列(aligment)和内补(padding)

   D. 如果一"行(row)"中包含的"列(column)"大于 12，多余的"列(column)"所在的元素将被作为一个整体另起一行排列

4. 如下代码中，想要在超小屏幕和小屏幕显示 2 列，在中等屏幕和大屏幕显示 3 列，3 个 div 的 class 正确的写法是(　　)。

```
<div class = "row">
    <div class = ""> item1 </div>
    <div class = ""> item2 </div>
    <div class = ""> item3 </div>
</div>
```

A. col-sm-6 col-md-4，col-sm-6 col-md-4，col-sm-6 col-md-4

B. col-sm-6 col-lg-4，col-sm-6 col-lg-4，col-sm-6 col-lg-4

C. col-xs-6 col-lg-4，col-xs-6 col-lg-4，col-xs-6 col-lg-4

D. col-xs-6 col-md-4，col-xs-6 col-md-4，col-xs-6 col-md-4

5. 如果想要绘制带边框的表格，那么需要添加的类是(　　)。

A. table-condensed　B. table-hover　C. table-bordered　D. table-striped

6. 表单元素要加上(　　)类，才能给表单添加圆角属性和阴影效果。

A. form-group　B. form-horizontal　C. form-inline　D. form-control

二、判断题

1. bootstrap 默认每行至少分割成 12 列。　(　　)

2. 网格系统中等屏幕设备使用的类前缀是 md。　(　　)

3. 网格系统中类后缀的数字表示 div 块的真实宽度值。　(　　)

4. 浏览器在显示 Bootstrap 字体图标时会请求图标图片。　(　　)

三、填空题

1. Bootstrap 的网格系统默认每行分割成________个单元列。

2. 如果用 Bootstrap 的网格系统布局控件，要在一行中均匀放置 3 个控件，那么每个控件占据________个单元列。

3. Bootstrap 的网格类样式“col-x-y”中，x 表示________，y 表示________。

4. Bootstrap 的网格类样式中，小屏幕设备标识是________，中等屏幕设备标识是________。

四、简答题

1. 简述 Bootstrap 的网格编码规范。

2. 请写出 Bootstrap 网格的标准基本结构代码。

第二篇 数据库设计与可行性分析

在前一篇中，读者学习了 Web 项目开发的预备知识，特别是学习了 Web 前端技术后，就能制作出项目的静态原型系统来与客户确认项目需求。在确认项目需求后，动态 Web 项目开发的下一个阶段就是数据库设计与可行性分析。

本篇讲解数据库设计与可行性分析的知识和技能，内容如下：

(1) MySQL 数据库的安装、配置和常用操作。

(2) 数据库设计理论，包括概念数据模型、物理数据模型和数据库设计步骤。

(3) 用 PowerDesigner 建模工具设计数据库，创建数据库。

(4) 用 SQL 对设计好的数据库进行可行性分析。

读者学习完本篇内容后，就能根据项目需求设计项目数据库，项目数据库经过可行性分析后就能交付给 Java 程序员对数据库进行编码。数据库的 Java 编码将在下一篇进行讲解。

第 5 章

MySQL 数据库

计算机通过数据的运算来解决现实问题,这样就必须存储被运算的数据。

在计算机中,数据最早是存放在内部存储设备中的,但是内部存储设备存储的数据是瞬态的,无法永久保存,因此出现了外部存储设备,常用的外部存储设备有硬盘、U 盘等。

在外部存储设备上,数据被存放在文件中,而文件被放在外部存储设备中,这样就达到了永久存储数据的目的。但是存储在文件中的数据不便于操作,那么就需要一种新的技术,既可以永久存储数据,又可以很方便地对数据进行操作,数据库技术由此产生。

在数据库技术中,数据还是以文件的形式存放到外部存储设备上,被称为数据库(Data Base),简称 DB。在数据库技术中,为了便于对数据进行操作,会采用某种数据模型存储数据,而且在数据之上还提供了一个对数据进行管理的系统,即数据库管理系统(DataBase Management System),简称 DBMS。

数据库管理系统是位于用户与操作系统(OS)之间的数据管理软件,它为用户或应用程序提供访问数据库的方法,包括数据库的创建、查询、更新及各种数据控制,它是数据库系统的核心。数据库管理系统一般由计算机软件公司提供,目前比较流行的 DBMS 有 Oracle、MySQL、SQL Server、PostgreSQL 等。

学习目标

(1) 了解 MySQL 的安装与配置。

(2) 掌握 MySQL 服务器的常用操作。

(3) 掌握数据库的常用操作。

(4) 掌握表的常用操作。

(5) 掌握外键约束的常用操作。

自学资料

本书选用的 DBMS 是 MySQL,本章将讲解 MySQL 的安装、配置和常用操作。关于数据库的基本理论,如果读者不熟悉,请扫描左侧的二维码进行自学。

5.1 MySQL 概述

MySQL 是一款安全、跨平台、高效的,并与 PHP、Java 等主流编程语言紧密结合的数据库系统,由瑞典 MySQL AB 公司开发,目前属于 Oracle 公司。MySQL 是一种关系数据库管理系统,关系数据库将数据保存在不同的表中,而不是将所有数据放在一个大仓库内,这样就提高了速度和灵活性。

在 MySQL 的演变过程中出现了众多版本。为了更好地了解这些版本,可以根据操作系统和用户群体进行分类。

1. 根据操作系统分类

根据操作系统的类型，MySQL 大体可以分为 Windows 版、UNIX 版、Linux 版和 Mac OS 版。因为 UNIX 和 Linux 操作系统版本很多，不同的 UNIX 和 Linux 版本又对应不同的 MySQL 版本。因此，如果要下载 MySQL，就必须先了解自己使用的是什么操作系统，然后根据操作系统来下载相应类型的 MySQL。

2. 根据用户群体分类

针对不同用户群体，MySQL 分为两个版本。

(1) MySQL Community Server(社区版)。该版本完全免费，自由下载，但官方不提供技术支持。如果是个人学习，可选择此版本。

(2) MySQL Enterprise Server(企业版)。该版本能够以很高的性价比为企业提供完善的技术支持，需要付费使用。

5.2 安装与配置 MySQL8

5.2.1 安装 MySQL8

Windows 平台下 MySQL 提供两种安装方式：一种是 MySQL 二进制分发版(.msi 安装文件)和免安装版(.zip 压缩文件)。一般来讲，应当使用二进制分发版，因为该版本比免安装版使用起来要简单，不再需要其他工具来启动就可以运行 MySQL。本书选用二进制分发版安装方式。MySQL 安装步骤如下。

(1) 双击开源工具包中的"/2-数据库-MySQL 相关工具/1-mysql-installer-community-8.0.23.0.msi"文件，如图 5-1 所示。

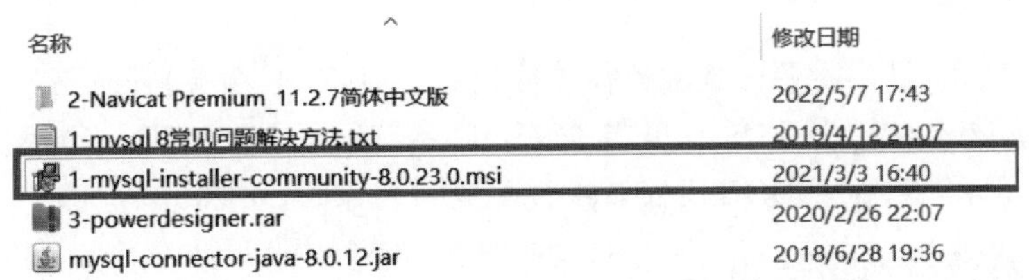

图 5-1 MySQL 安装文件名

(2) 经过一系列安装准备，包括验证和信息收集(见图 5-2)，最终弹出 Choosing a Setup Type 窗口，如图 5-3 所示。

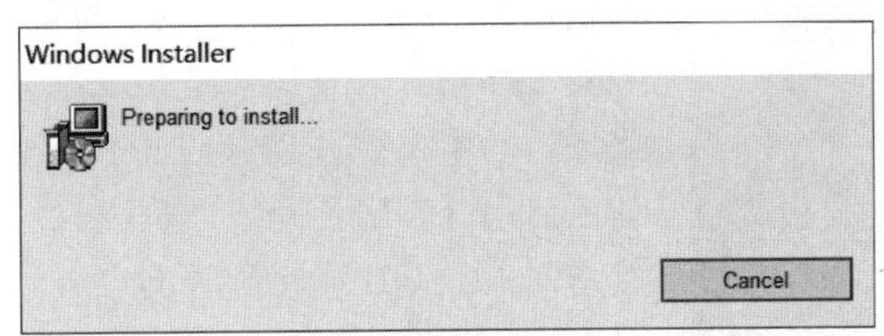

图 5-2 MySQL 准备安装界面

提示：MySQL 默认安装路径为 C:\Program Files\MySQL\MySQL Server 8.0，当安装方式为 Custom 时，可以修改安装路径。

(3) 在图 5-3 中，选择默认的 Developer Default(开发版本)，然后单击 Next 按钮。在后续每个安装步骤中都选择默认选项并单击 Next 按钮，直到安装结束。

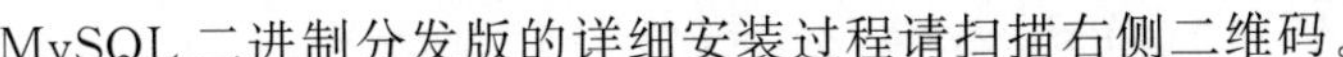

MySQL 二进制分发版的详细安装过程请扫描右侧二维码。

自学资料

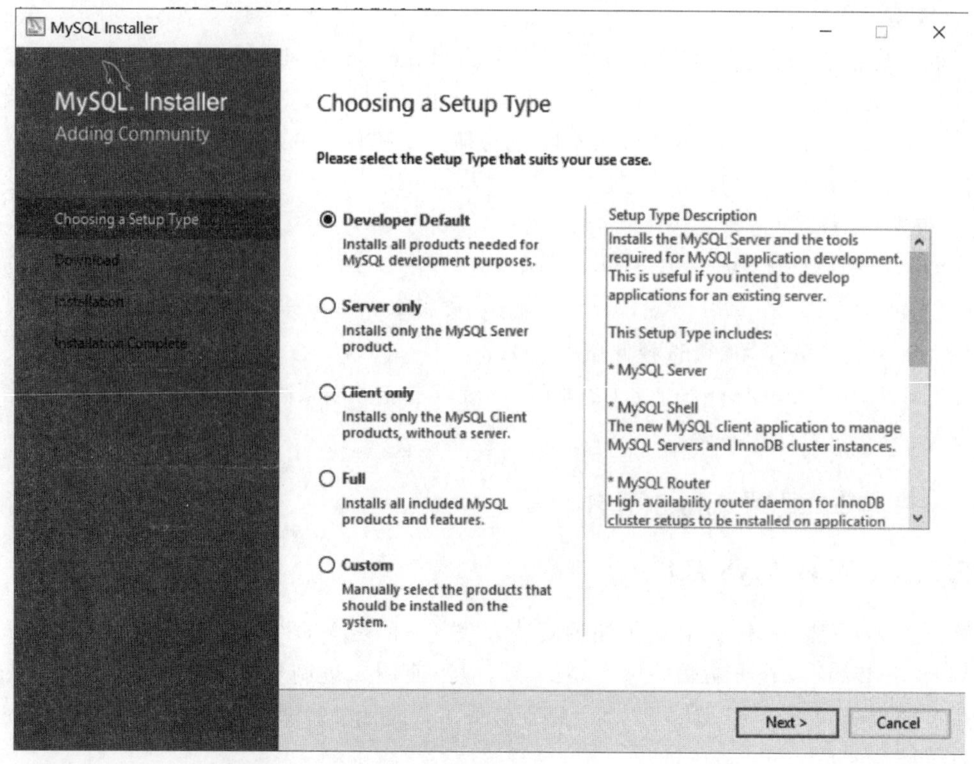

图 5-3 选择安装类型窗口

5.2.2 配置 MySQL8

MySQL 安装完毕后，需要配置服务器才能使用。MySQL 服务器的配置步骤如下。

(1) 在 Windows 的开始菜单中单击 MySQL 菜单组下的 MySQL Installer-Community 选项，如图 5-4 所示，进入 MySQL 已安装组件配置列表界面，如图 5-5 所示。

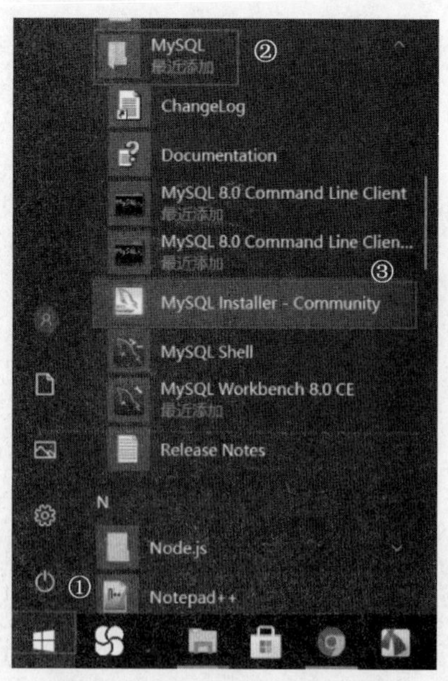

图 5-4 MySQL Installer 菜单

(2) 在图 5-5 中单击 MySQL Server 组件行最右边的 Reconfigure 链接，进入 Type And Networking 界面，如图 5-6 所示。

(3) 在图 5-6 中，Config Type 下拉列表有 3 个配置类型选项：Development Computer(开发机)、Server Computer(服务器)、Dedicated MySQL Server Computer(专用 MySQL 服务器)，本书选择 Development Computer(开发机)。默认已启用 TCP/IP 网络，默认端口号为 3306。如果想要更改访问 MySQL 服务器的端口号，可以直接输入新的端口号，但要保证选择的端口号没有被占用。如果选中 Open Windows Firewall ports for network access 复选框，那么 Windows 防火墙将允许通过该端口的访问，在这里选中该选项。

(4) 在图 5-6 中单击 Next 按钮，进入安全认证方式界面。为了后面便于用 JDBC 连接 MySQL，本书采用 Use Legacy Authentication Method(Retain MySQL 5. x Compatibility

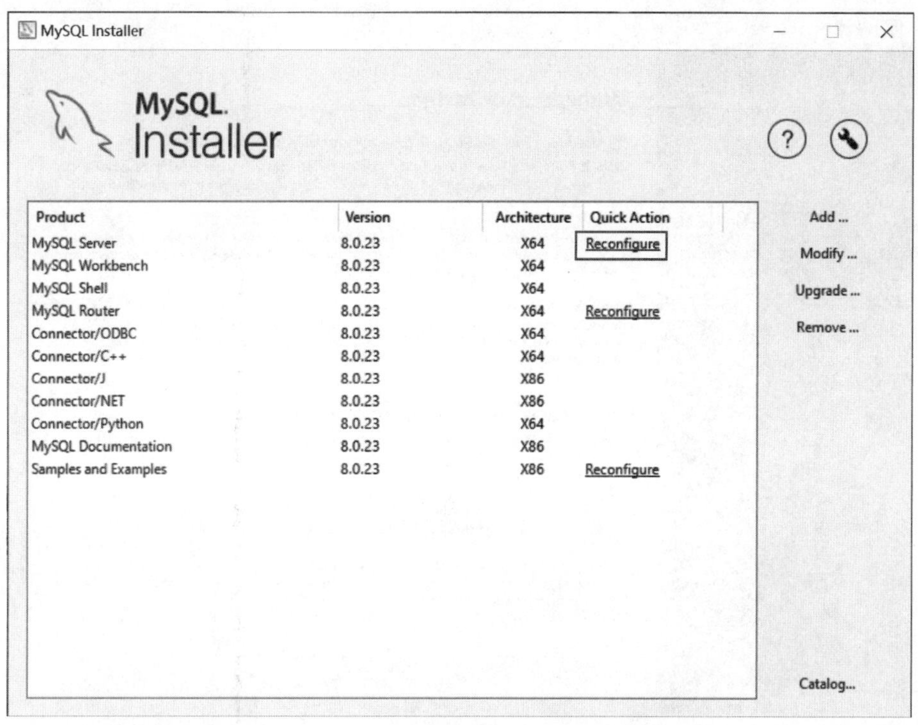

图 5-5　MySQL 已安装组件配置列表界面

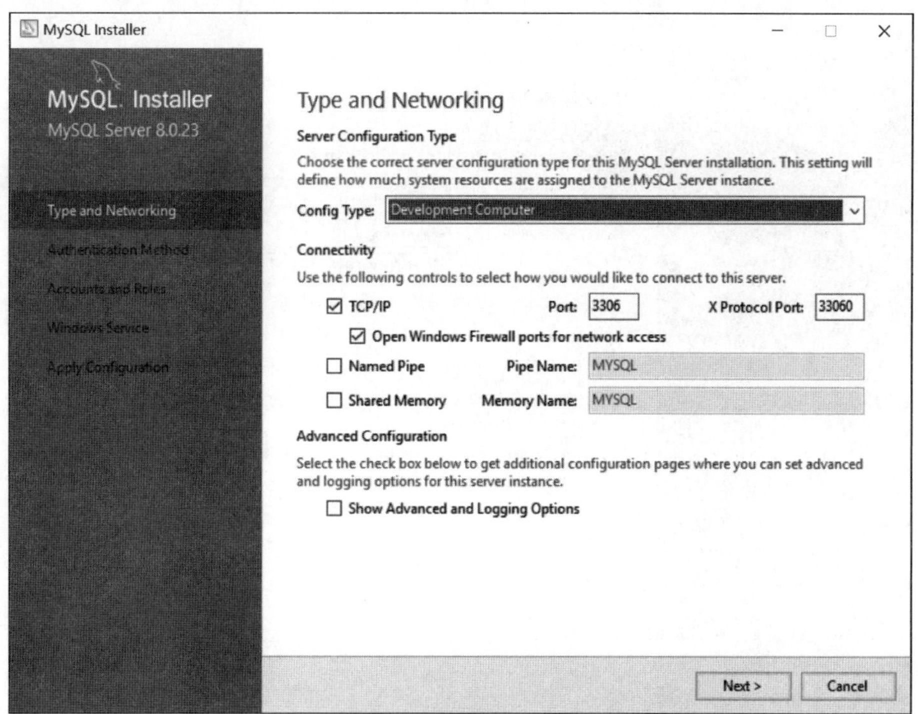

图 5-6　类型和网络配置

方式，即选中其之前的单选按钮，如图 5-7 所示。

(5) 在图 5-7 中单击 Next 按钮，进入创建账号和角色界面，如图 5-8 所示。在此界面中，MySQL Root Password 用于为 root 用户设置密码，root 用户是 MySQL 的超级管理员账户。Repeat Password 用于再次输入密码，要保证两次输入的密码一致。MySQL User Accounts

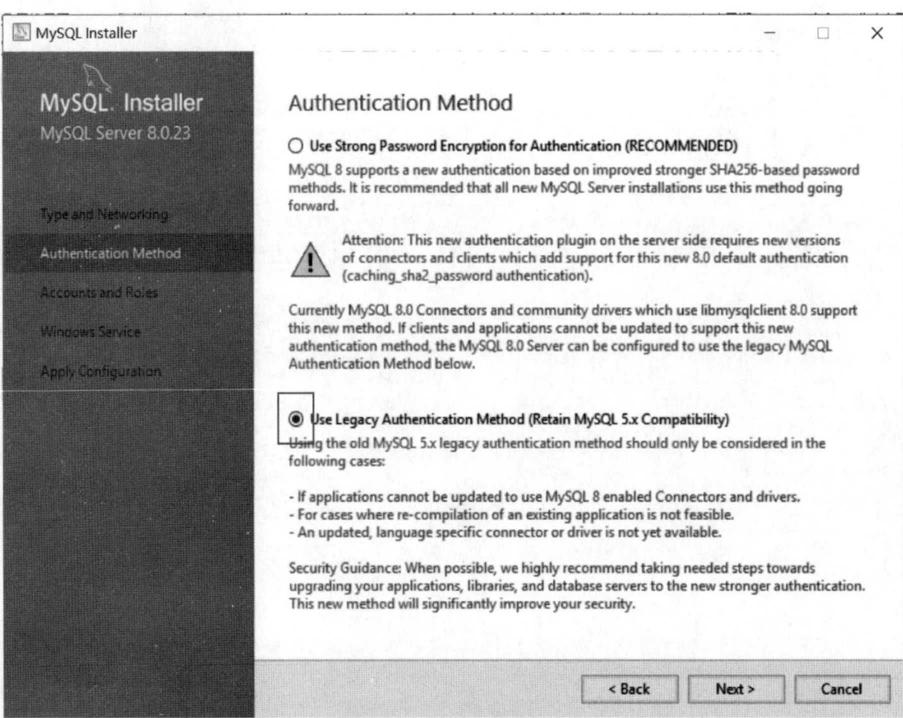

图 5-7 安全认证方式配置界面

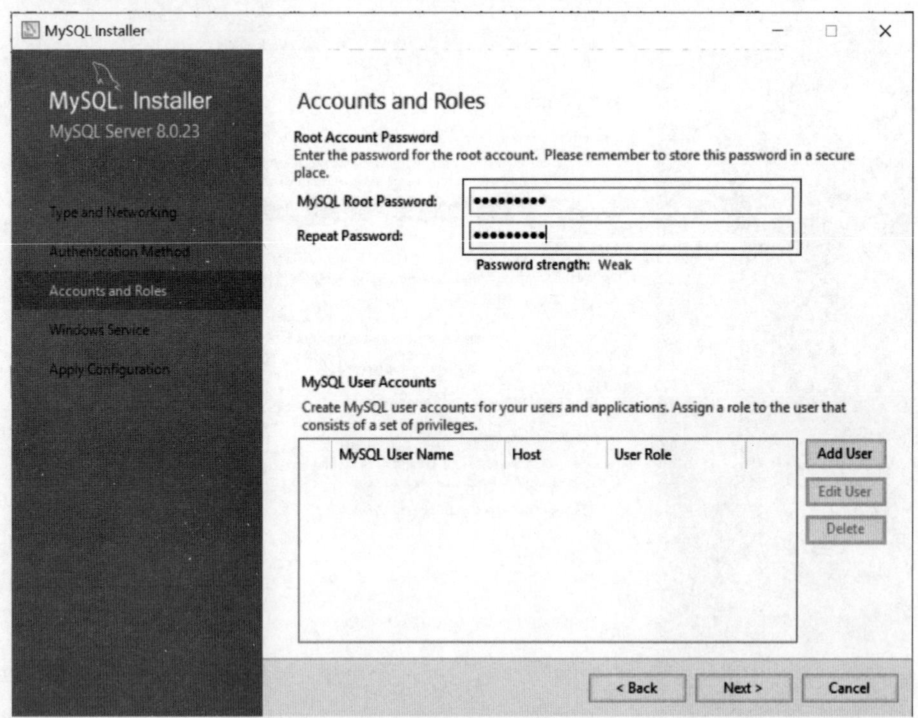

图 5-8 账号和角色配置界面

表示可以创建新的用户角色，并为角色分配权限。为简单起见，本书不添加新的用户角色，只设置 root 账号密码。为了和后面的案例代码保持一致，建议用 password 作为 root 账号的密码。

（6）在图 5-8 中单击 Next 按钮，进入配置 Windows 服务界面，如图 5-9 所示。在该界面中，Windows Service Name 用于设置服务的名称，默认为 MySQL80，也可以修改为其他名称。选中 Start the MySQL Server at System Startup，表示 MySQL 服务随着操作系统的启动而启动。

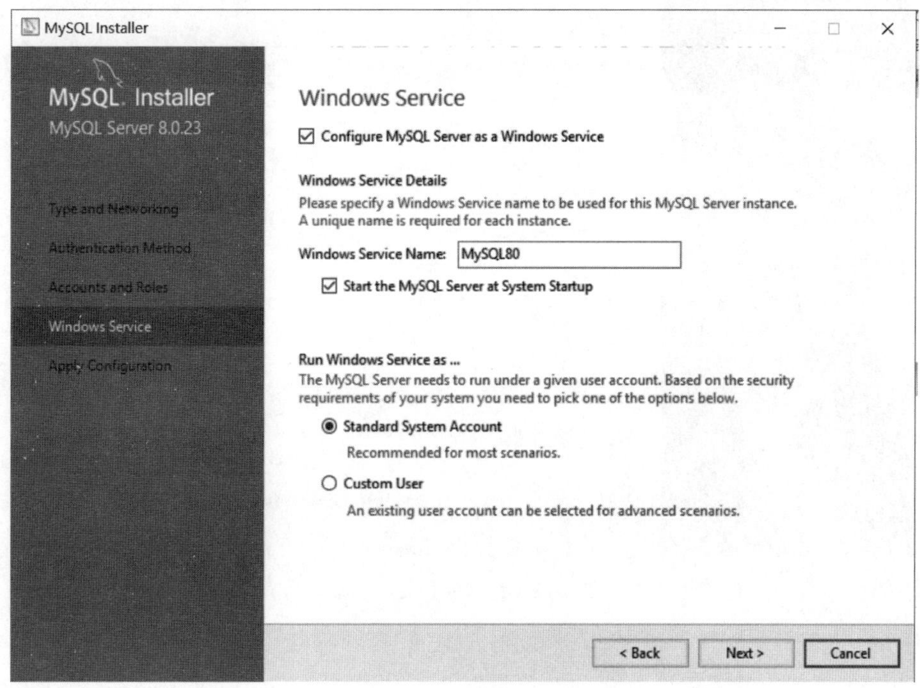

图 5-9　Windows 服务配置界面

（7）在图 5-9 中设置好相应选项后，单击 Next 按钮，进入配置确认界面，如图 5-10 所示。在界面中单击右下角的 Execute 按钮来使前面所有配置生效。

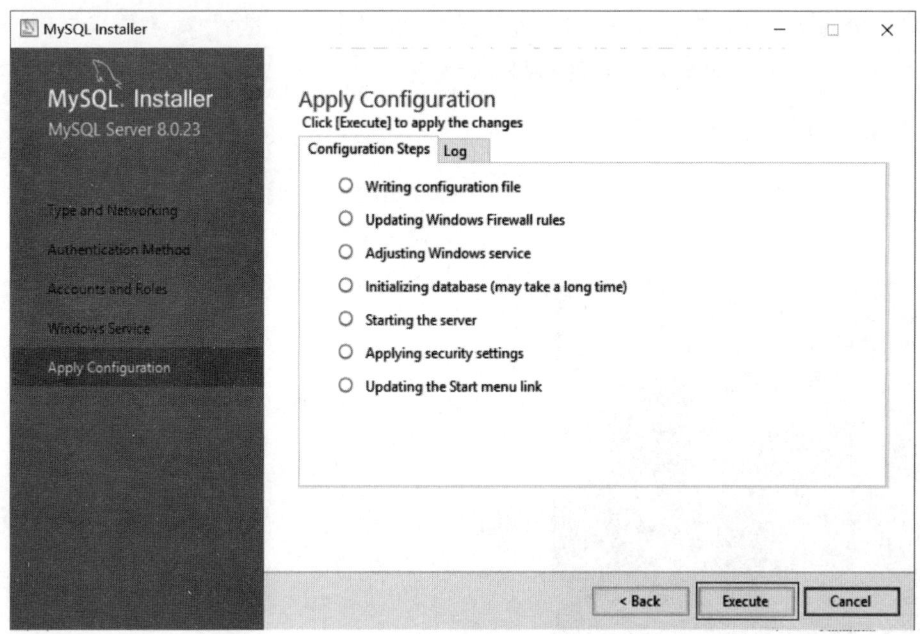

图 5-10　确认配置界面

(8) 经过一段时间,所有配置都生效后,会进入如图 5-11 所示的完成所有配置的界面,在该界面中单击 Finish 按钮结束 MySQL 的配置。

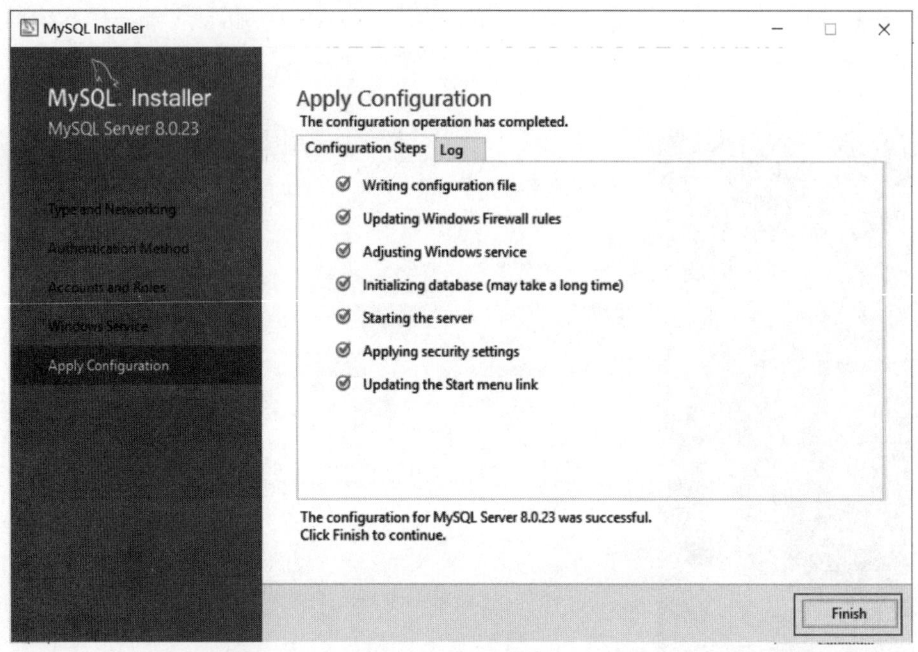

图 5-11　配置完成提示界面

自学资料

注意:如果 MySQL8 采用二进制分发版安装有问题,则可以采用免安装版安装。MySQL8 免安装版安装的详细教程请扫描左侧的二维码。

5.3 MySQL 常用操作

当 MySQL 安装配置成功后,就能对 MySQL 进行操作了。根据操作对象,MySQL 的常用操作可以分为 4 类,分别是 MySQL 服务器操作、数据库操作、表操作、主外键操作。下面将首先讲解 MySQL 操作的两种方式,然后再逐一讲解每类操作。

5.3.1 MySQL 操作方式

操作 MySQL 既可以用命令,又可以用图形客户端。下面将分别对这两种方式进行介绍。

1. 命令方式

MySQL 提供了与每个操作相对应的命令。要执行 MySQL 命令,首先要打开 MySQL 命令行,然后在命令行中编写命令,最后回车提交命令。这里先讲解如何打开 MySQL 命令行。

1) 启动 MySQL 命令行

在 Windows 操作系统中启动 MySQL 命令行的步骤如下:

(1) 右击 Windows 的开始图标,并选择"运行"命令,进入"运行"对话框,如图 5-12 所示。

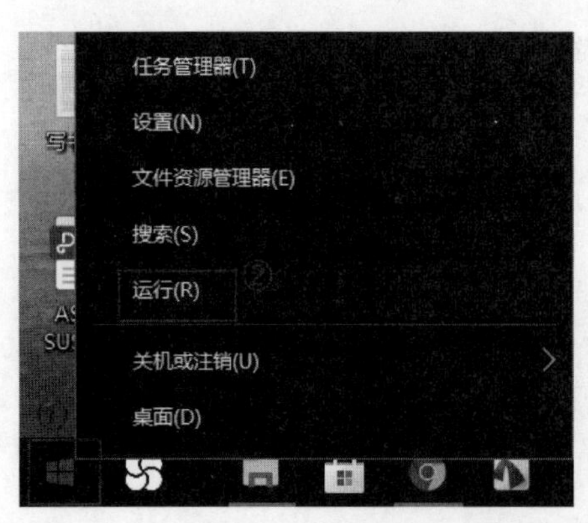

图 5-12　运行菜单

(2) 在"运行"对话框的"打开"文本框中,输入 cmd 命令,如图 5-13 所示。

（3）在图 5-13 中，单击“确定”按钮，进入命令行工具界面，如图 5-14 所示。

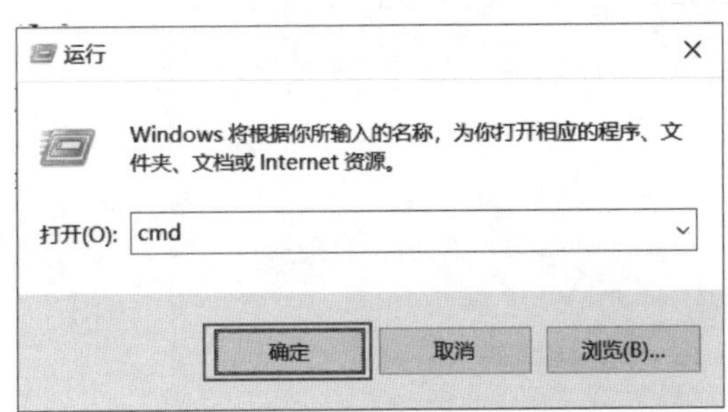

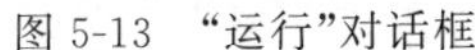
图 5-13　“运行”对话框

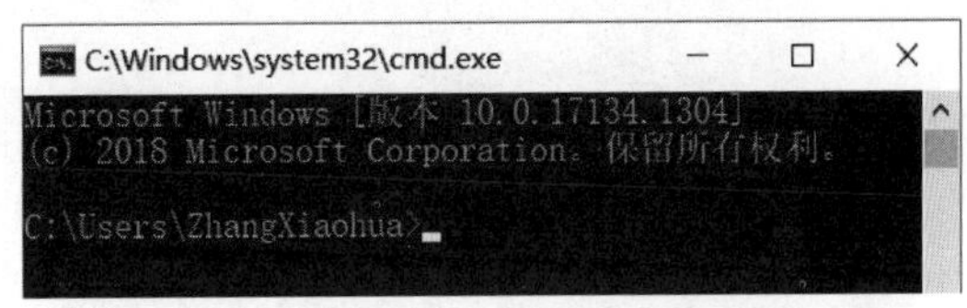

图 5-14　Windows 命令行工具界面

（4）用 cd 命令进入 MySQL 安装主目录下的 bin 目录，如图 5-15 中①所示。

（5）在命令提示符后输入“mysql -u root -p”命令，然后回车执行命令后就进入了 MySQL 命令行，如图 5-15 中②所示。

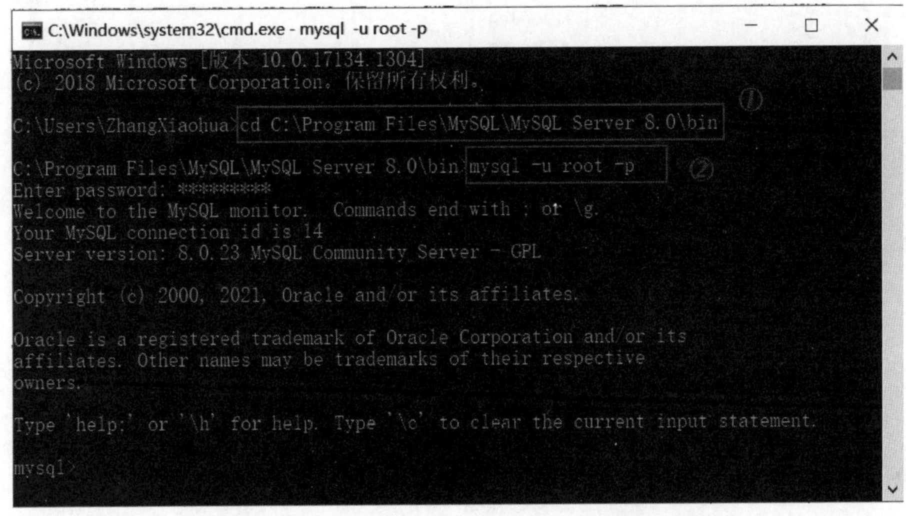

图 5-15　在 DOS 命令行中执行 MySQL 命令

2）配置 Path 环境变量

如果每次执行 MySQL 的命令都要先用 cd 命令进入 MySQL 命令所在的 bin 目录，这样将十分不方便。可以通过将 MySQL 命令所在的 bin 目录，例如，将 C:\Program Files\MySQL\MySQL Server 8.0\bin 添加到 Windows 系统的 Path 环境变量中，这样就可以直接输入命令并运行，而不用进入 MySQL 命令所在 bin 目录。配置 Path 环境变量的步骤如下。

（1）在桌面上右击“此电脑”图标，在弹出的快捷菜单中选择“属性”命令，如图 5-16 所示。

（2）在打开的计算机设置界面中，选择“高级系统设置”，如图 5-17 所示。

（3）在图 5-17 中，单击“环境变量”按钮，打开“环境变量”对话框，在“系统变量”列表框中选择 Path 变量，如图 5-18 所示。

（4）在图 5-18 中，单击“编辑”按钮，打开“编辑环

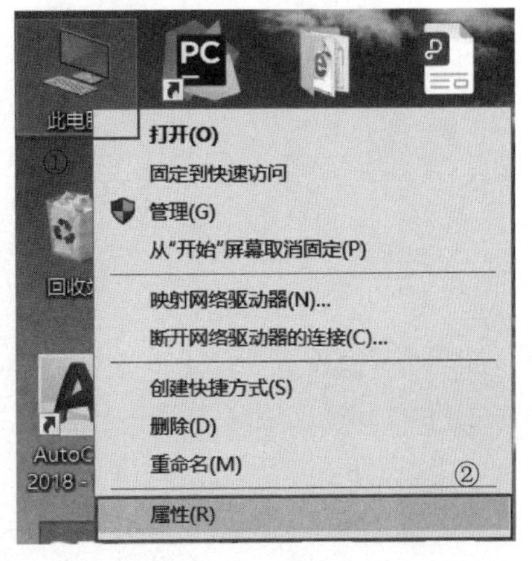

图 5-16　计算机属性菜单

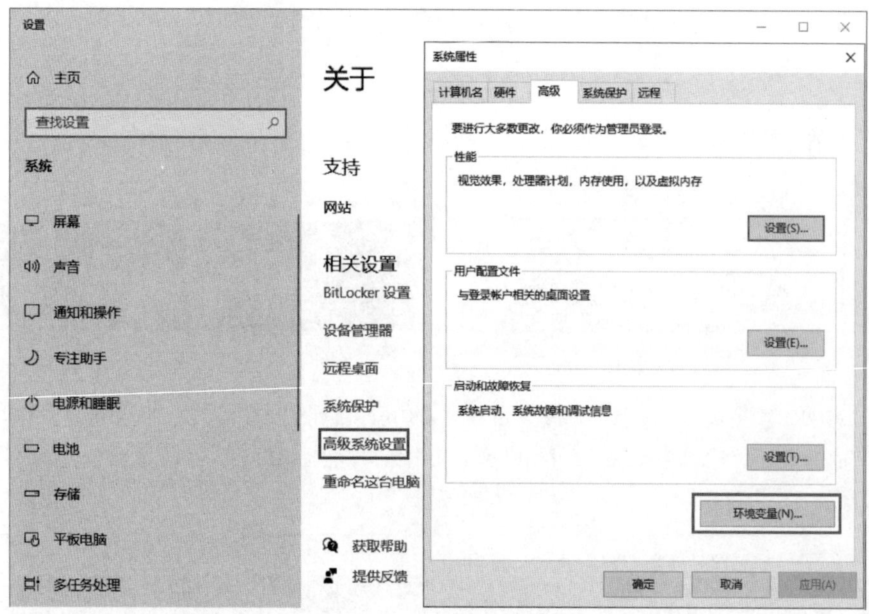

图 5-17 “高级系统设置”界面

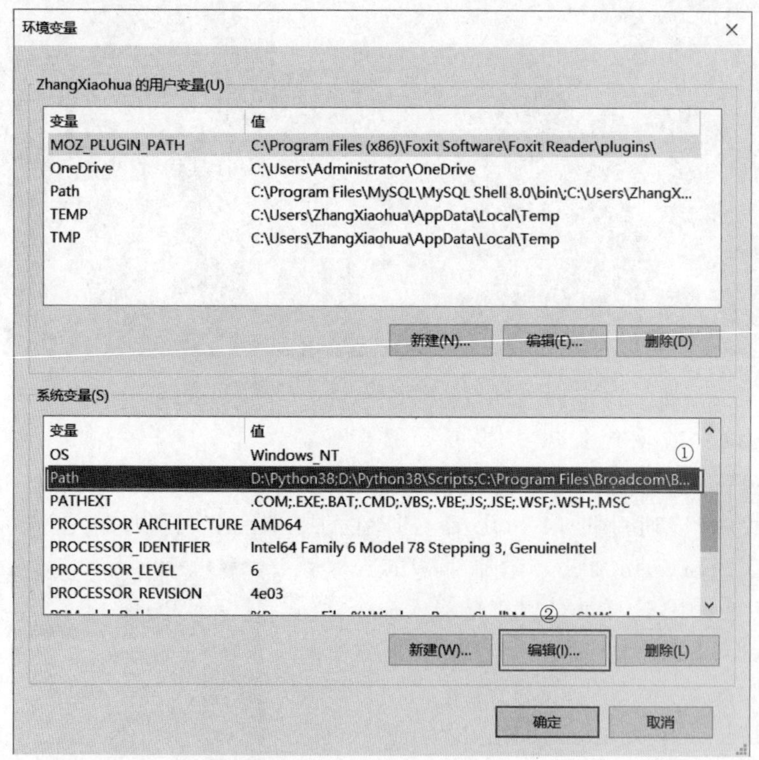

图 5-18 “环境变量”对话框

境变量”对话框。在“编辑环境变量”对话框中，首先单击右边的“新建”按钮，然后将 MySQL 命令所在的 bin 目录(C:\Program Files\MySQL\MySQL Server 8.0\bin)添加到变量值中，如图 5-19 所示。

(5) 在图 5-19 中，单击“确定”按钮，完成配置 Path 环境变量的操作，然后就可以在命令行中直接输入 MySQL 命令了。

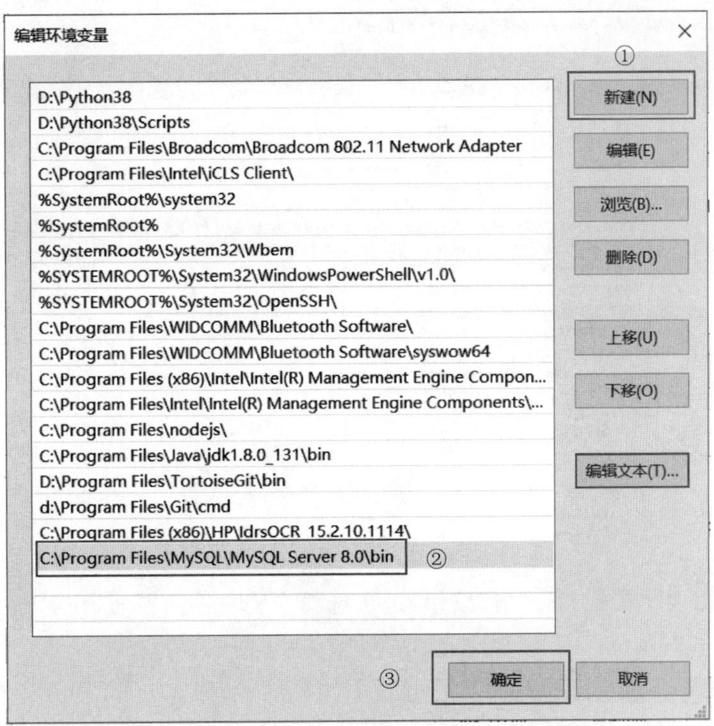

图 5-19 “编辑环境变量”对话框

2. MySQL 图形客户端方式

在命令行中可以用一个个命令来操作 MySQL 数据库，但是操作很不方便，效率低下。鉴于这个原因，市面上出现了很多管理、操作 MySQL 数据库的图形客户端工具。用户通过在图形客户端工具中的控件操作达到了用命令操作数据库同样的目的。

本书采用的 MySQL 图形客户端工具是 Navicat Premium，其安装步骤如下：

(1) 双击开源工具包中文件“/2-数据库-Mysql 相关工具/2-Navicat Premium_11.2.7 简体中文版/navicat112_premium_cs_x64.exe”，打开 Navicat Premium 的欢迎安装界面，如图 5-20 所示。

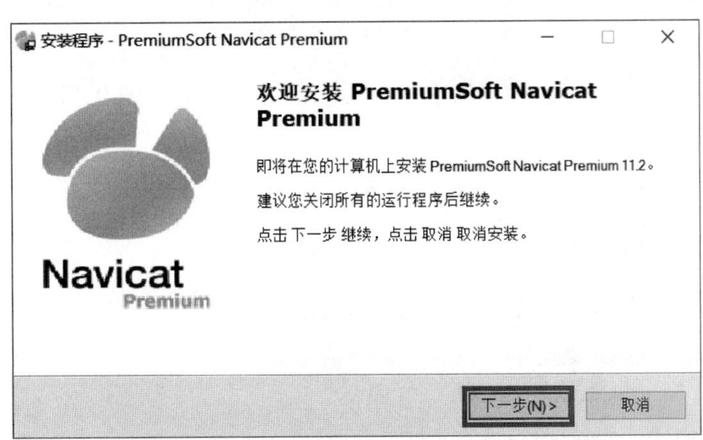

图 5-20 Navicat Premium 的欢迎安装界面

(2) 在图 5-20 中，单击“下一步”按钮，进入“许可证”界面，在该界面中选中“我同意”单选按钮，如图 5-21 所示。

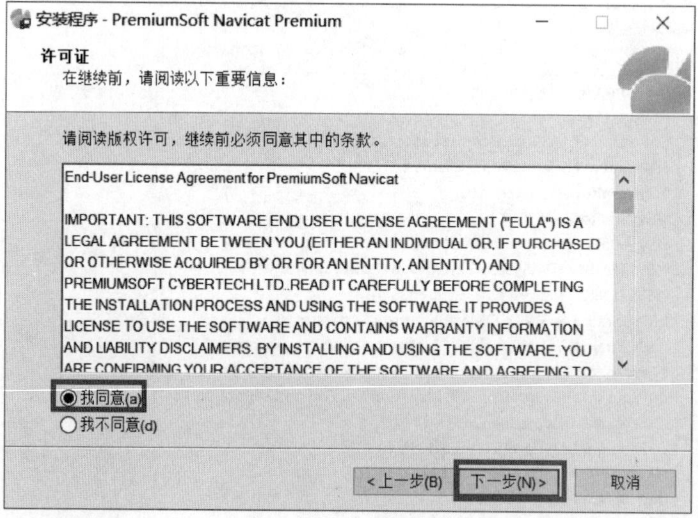

图 5-21 “许可证”界面

(3) 在图 5-21 中，单击“下一步”按钮，进入选择安装文件夹界面，在界面中指定要安装到哪个目录，如图 5-22 所示。

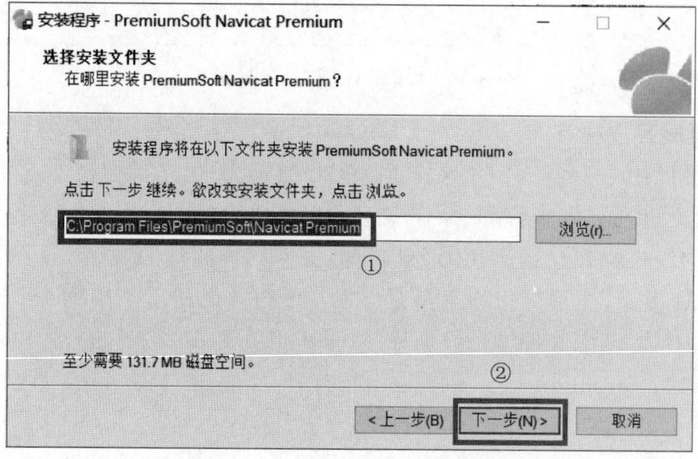

图 5-22 “选择安装文件夹”界面

(4) 在图 5-22 中，单击“下一步”按钮，进入创建快捷方式界面，采用默认的快捷方式，如图 5-23 所示。

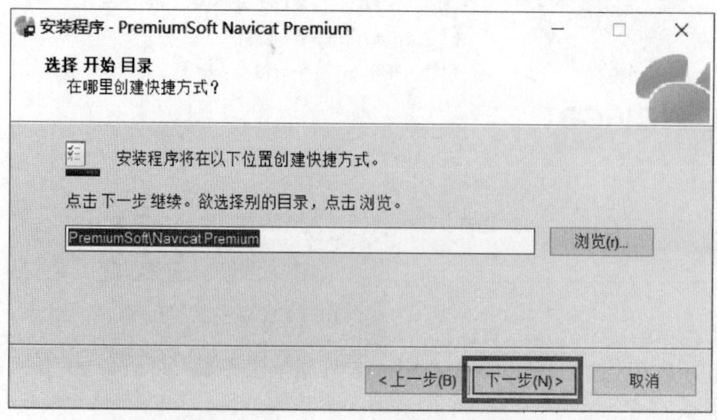

图 5-23 创建快捷方式界面

(5) 在以后的每个步骤都单击“下一步”按钮，直到安装结束。

为了提高项目开发效率，本书采用 MySQL 图形客户端 Navicat Premium 来对 MySQL 进行操作。如果读者要用命令对 MySQL 进行操作，请扫描右侧的二维码进行自学。

自学资料

5.3.2 操作 MySQL 服务器

MySQL 服务器操作包括启动、停止和登录 MySQL 服务器，下面逐一进行介绍。由于在前面的 MySQL 配置过程中，已经将 MySQL 安装为 Windows 服务，并随 Windows 一起启动，因此这里先讲解停止已启动的 MySQL 服务器，然后再讲解启动 MySQL 服务器。

1. 停止 MySQL 服务器

在 Windows 操作系统中，可以用 Windows 服务管理器停止 MySQL 服务器，操作步骤如下：

(1) 右击 Windows 的开始图标，在弹出的菜单中单击“运行”命令，在弹出的“运行”对话框中输入 services. msc，如图 5-24 所示。

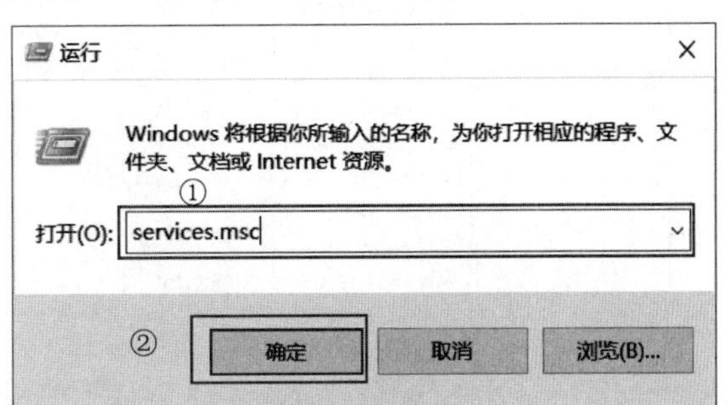

图 5-24　打开 services. msc

(2) 在图 5-24 中，单击“确定”按钮，打开 Windows 的服务管理器，如图 5-25 所示。

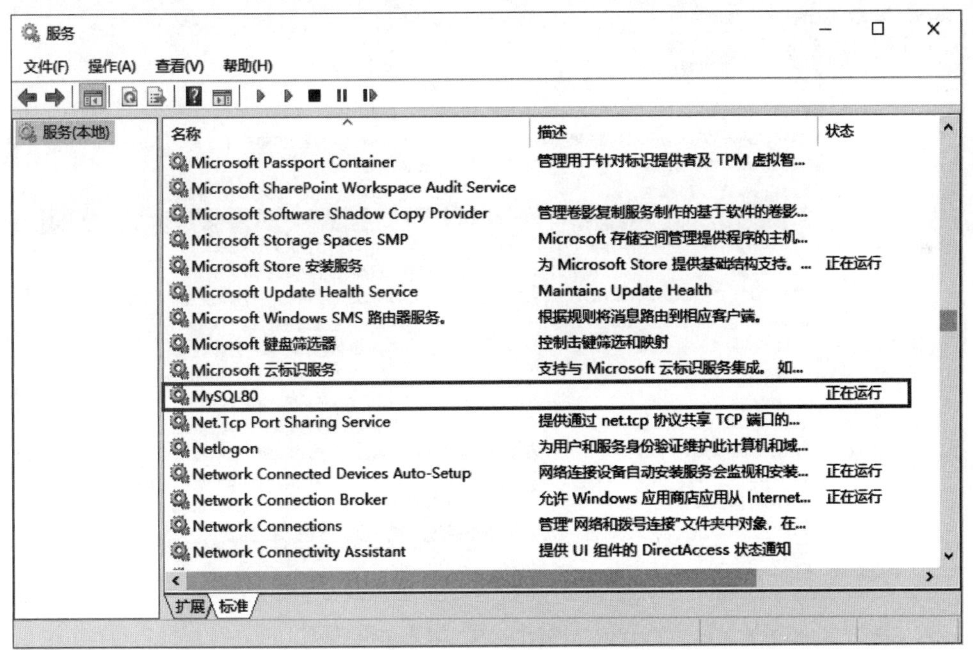

图 5-25　Windows 的服务管理器界面

(3) 在图 5-25 中，选中 MySQL80 选项，然后右击，在弹出的菜单中单击“停止”命令就能停止 MySQL 服务器，如图 5-26 所示。

2. 启动 MySQL 服务器

用 Windows 服务管理器启动 MySQL 服务器时，首先也要打开 Windows 服务管理器，然后选中 MySQL80 选项，最后在其右键快捷菜单中单击“启动”命令就能启动 MySQL 服务器，如图 5-27 所示。

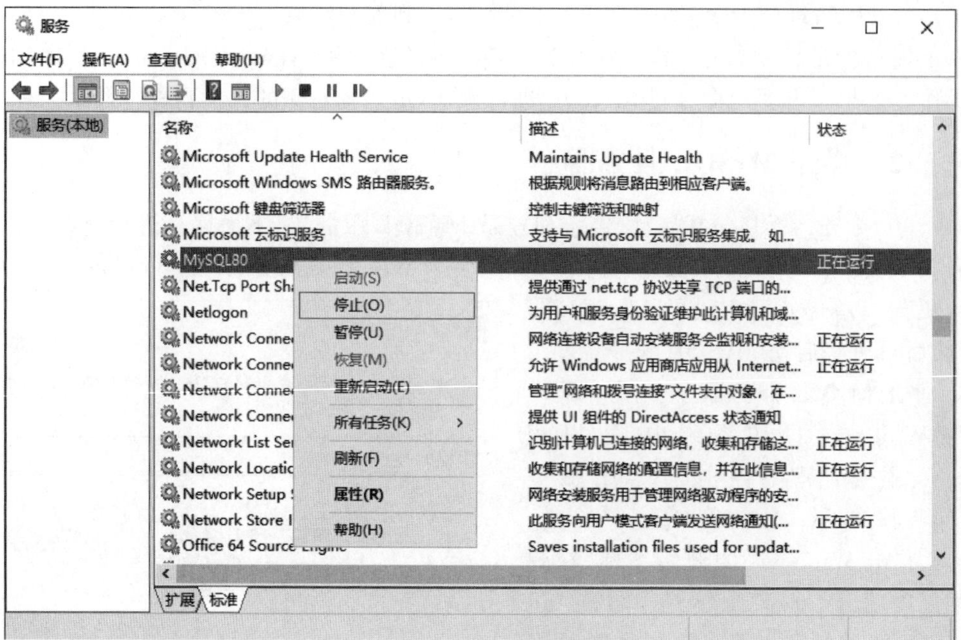

图 5-26　停止 MySQL 服务菜单界面

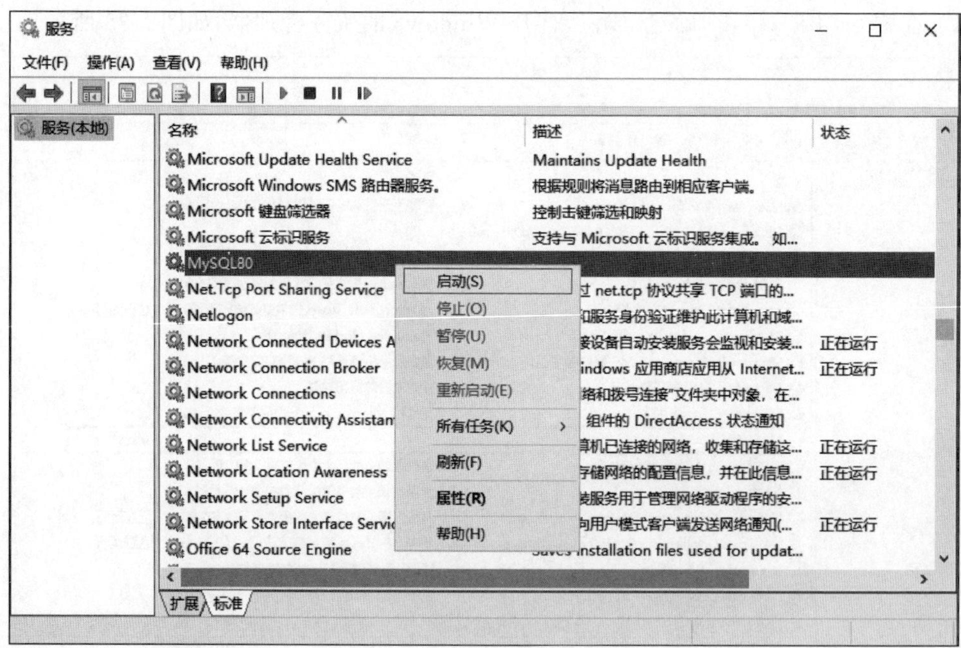

图 5-27　启动 MySQL 服务菜单界面

3. 登录 MySQL 服务器

MySQL 服务器启动后，便可以用 Navicat Premium 登录 MySQL 服务器。用 Navicat Premium 登录 MySQL 服务器的步骤如下：

(1) 双击桌面上的 Navicat Premium 快捷方式图标，打开 MySQL 图形客户端工具 Navicat Premium，如图 5-28 所示。

(2) Navicat Premium 首次运行的结果如图 5-28 所示，在左侧连接栏中没有任何连接项目。单击“连接”按钮，在弹出菜单中单击 MySQL 选项，打开“MySQL-新建连接”界面，如

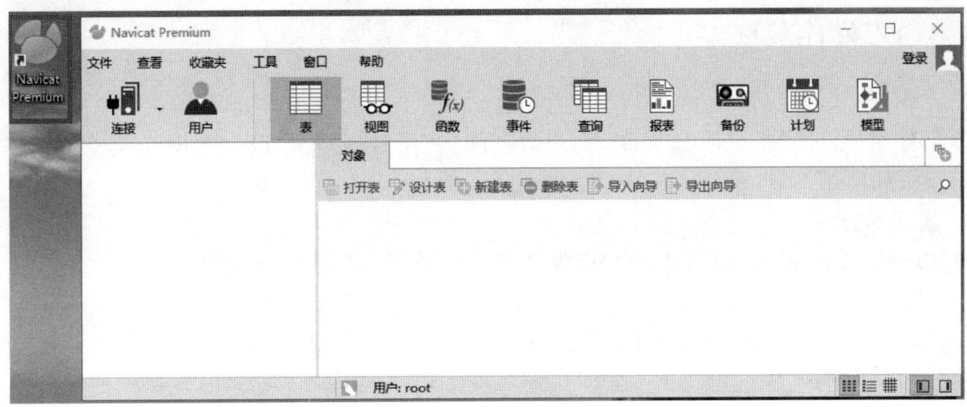

图 5-28　打开 Navicat Premium

图 5-29 所示。

(3) 在“MySQL-新建连接”界面输入当前连接的名称，此名称用户可以随意命名，例如 MySQL-localhost，输入 root 账户密码，如图 5-30 所示。

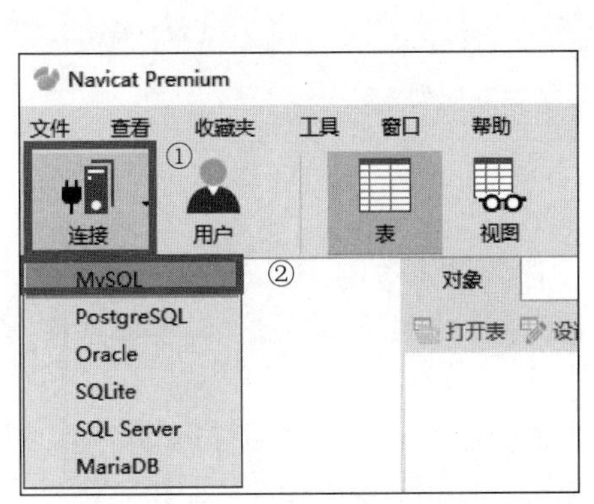

图 5-29　新建连接操作流程图

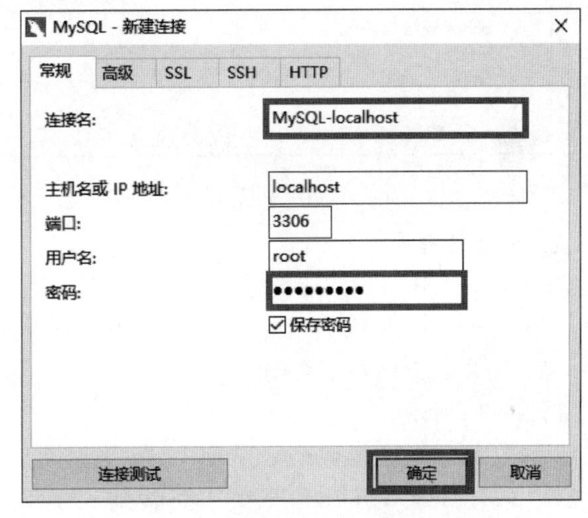

图 5-30　输入新建连接名称和密码

(4) 在图 5-30 中，单击“确定”按钮后，在左侧连接栏中就会出现新建的名称为 MySQL-localhost 的数据库连接。

(5) 在 Navicat Premium 的左侧连接栏中，双击连接 MySQL-localhost，就会登录此连接对应的数据库服务器，如图 5-31 所示。

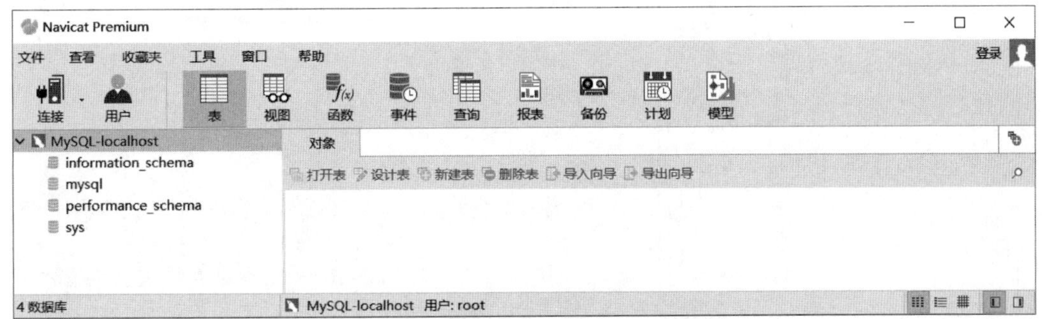

图 5-31　双击连接登录数据库服务器

视频讲解

5.3.3 操作数据库

登录 MySQL 服务器后，就可以对 MySQL 服务器上的数据库进行操作了。对数据库的常用操作有 5 种，分别是显示数据库、创建数据库、使用数据库、修改数据库和删除数据库。下面逐一介绍如何用 Navicat Premium 显示、创建、使用、修改、删除数据库。

1. 显示数据库

用 Navicat Premium 显示 MySQL 服务器上的数据库列表的步骤如下：

（1）打开 Navicat Premium。

（2）双击左侧的 MySQL-localhost 选项，登录本地 MySQL 服务器后，就可以看到数据库列表，如图 5-32 所示。

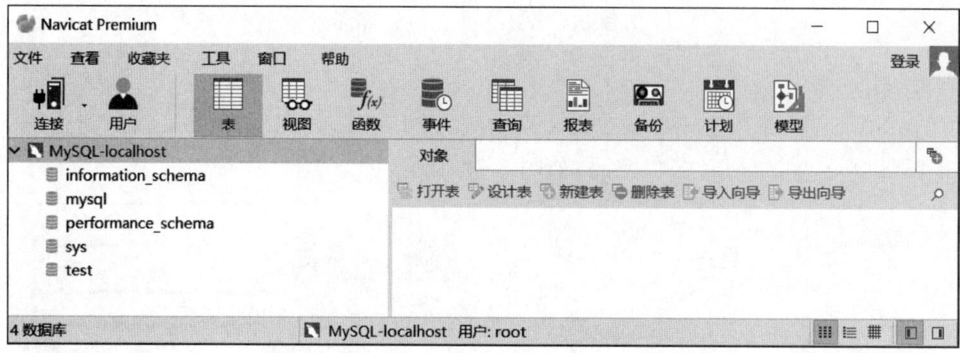

图 5-32 在 Navicat Premium 中显示数据库列表

2. 创建数据库

用 Navicat Premium 创建数据库的步骤如下：

（1）打开 Navicat Premium，双击 MySQL-localhost 选项登录本地 MySQL 服务器。

（2）在左侧连接栏中右击 MySQL-localhost 选项，在弹出的菜单中单击“新建数据库”命令，如图 5-33 所示。

（3）在打开的“新建数据库”界面中，在“数据库名”文本框中输入 test；在“字符集”下拉列表框中选择“utf8--UTF-8Unicode”；在“排序规则”下拉列表框中选择 utf8_general_ci，如图 5-34 所示。

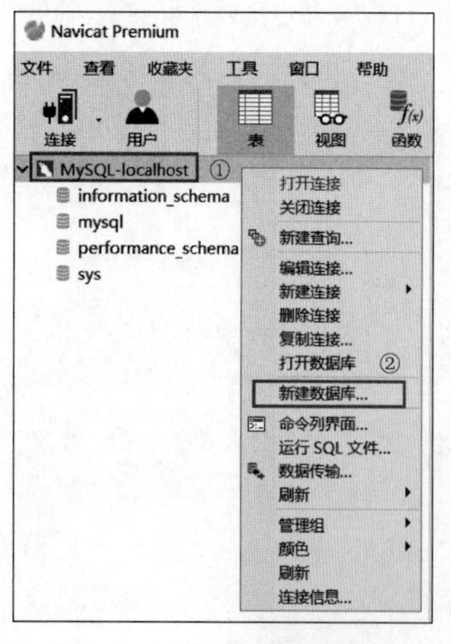

图 5-33 “新建数据库”命令

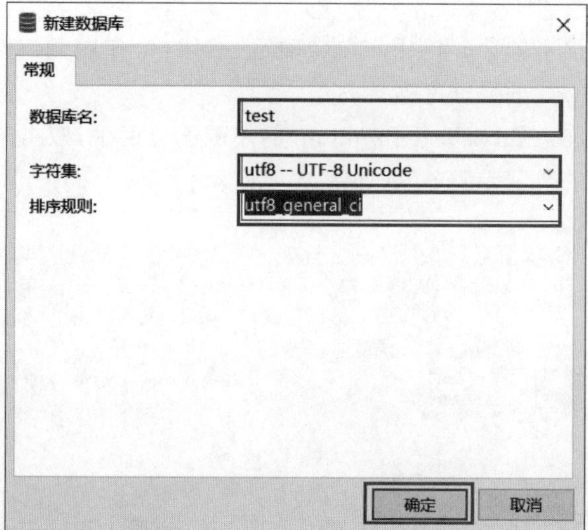

图 5-34 “新建数据库”界面

(4) 在图 5-34 中,单击“确定”按钮后,本地 MySQL 服务器上就新建了一个名称为 test 的数据库,如图 5-35 所示。

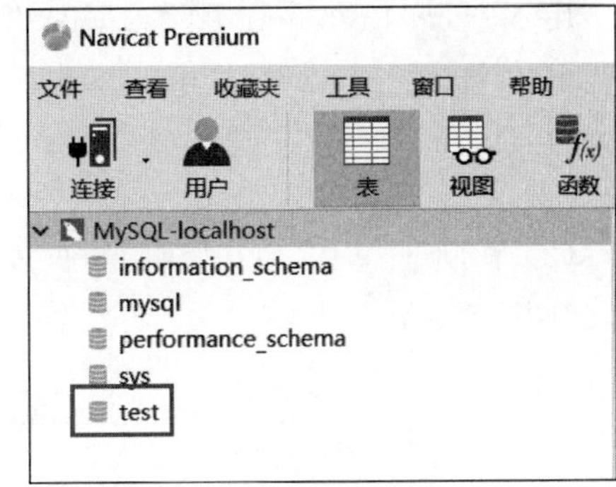

图 5-35　新建数据库结果

3. 使用数据库

用 Navicat Premium 使用数据库的步骤如下:

(1) 打开 Navicat Premium,双击 MySQL-localhost 选项登录本地 MySQL 服务器。

(2) 在左侧数据库列表中选中要使用的数据库 test,然后双击打开数据库,就达到了使用数据库的目的,如图 5-36 所示。

4. 修改数据库

用 Navicat Premium 修改数据库的步骤如下:

(1) 打开 Navicat Premium,双击 MySQL-localhost 选项登录本地 MySQL 服务器。

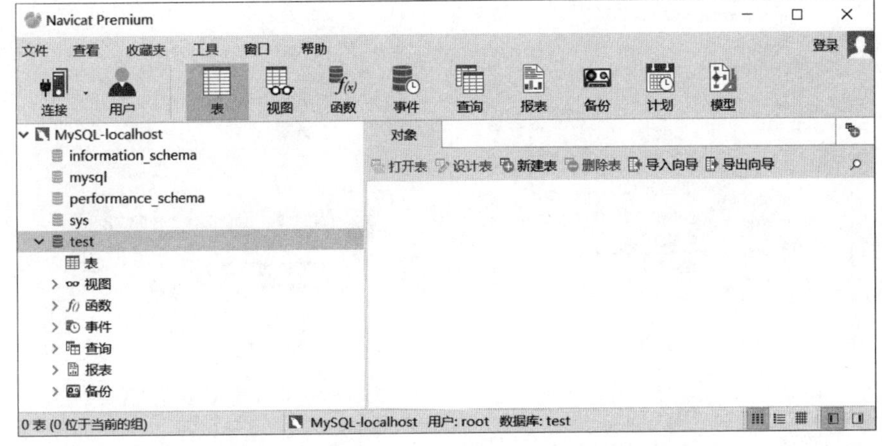

图 5-36　在 Navicat Premium 中使用数据库

(2) 在左侧数据库列表中选中 test 数据库,右击,在弹出的菜单中单击“编辑数据库”命令,如图 5-37 所示。

(3) 在图 5-37 中,单击“编辑数据库”命令后打开“编辑数据库”界面,在此界面中选择要修改的字符集和排序规则,然后单击“确定”按钮,如图 5-38 所示。

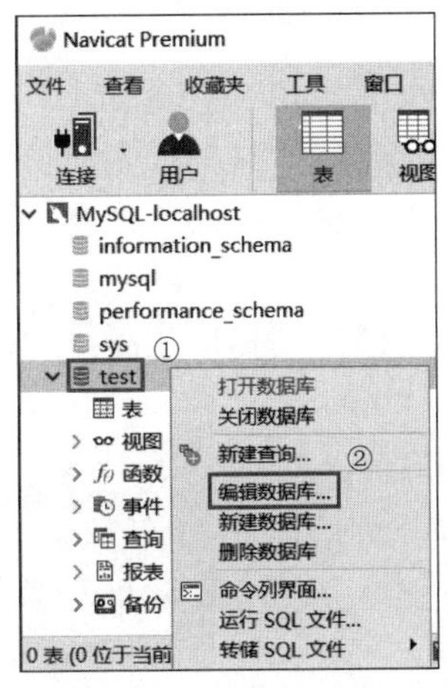

图 5-37　“编辑数据库”命令

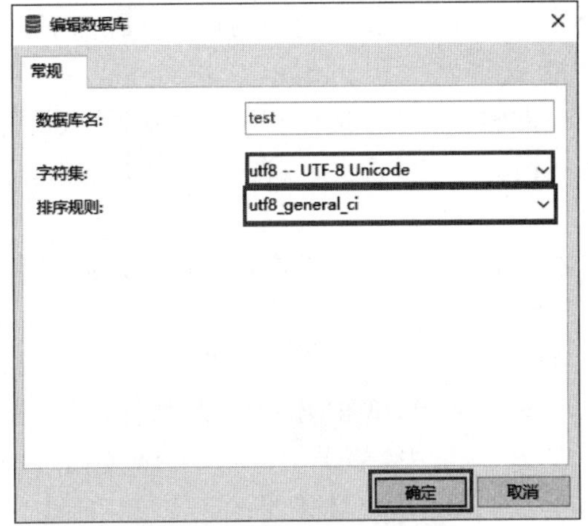

图 5-38　“编辑数据库”界面

5. 删除数据库

用 Navicat Premium 删除数据库的步骤如下：

(1) 打开 Navicat Premium，双击 MySQL-localhost 选项登录本地 MySQL 服务器。

(2) 在左侧数据库列表中选中 test 数据库，右击，在弹出的菜单中单击“删除数据库”命令，如图 5-39 所示。

(3) 在图 5-39 中，单击“删除数据库”命令后会弹出“确认删除”界面，单击“删除”按钮即可，如图 5-40 所示。

图 5-39 “删除数据库”命令

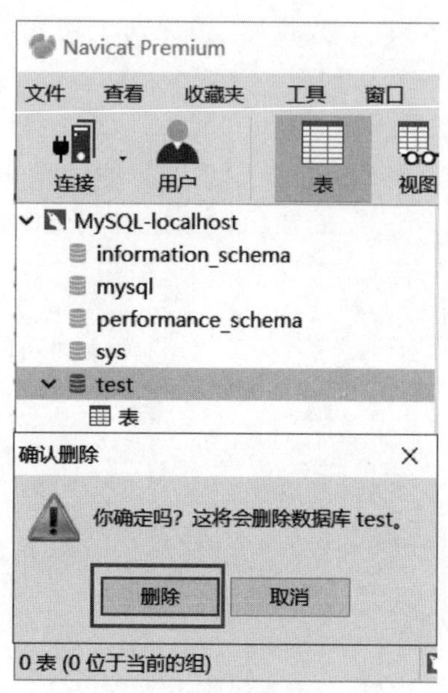

图 5-40 “确认删除”界面

5.3.4 操作表

视频讲解

在 MySQL 服务器中创建数据库后就能对此数据库中的表进行操作了。对表的常用操作有 3 种，分别是创建表、修改表和删除表。下面逐一介绍如何用 Navicat Premium 创建、修改、删除表。

1. 创建表

用 Navicat Premium 创建表的操作步骤如下：

(1) 打开 Navicat Premium，双击 MySQL-localhost 选项登录本地 MySQL 服务器。

(2) 在左侧连接栏中选择 test 数据库，并双击打开 test 数据库，如图 5-41 所示。

(3) 在图 5-41 中，选中“表”选项，右击，在弹出的菜单中单击“新建表”命令，如图 5-42 所示。

(4) 在图 5-42 中单击“新建表”命令后打开“无标题@test(MySQL-localhost)-表”界面，如图 5-43 所示。

(5) 在如图 5-43 所示的界面中指定主键列 functions_id 的信息，如图 5-44 所示。

(6) 在图 5-44 中，单击“添加字段”快捷按钮，然后指定新增列的信息，如图 5-45 所示。

(7) 在图 5-45 中，单击“保存”快捷按钮，在弹出的“输入表名”对话框中输入表名 functions，然后单击“确定”按钮保存新建表，如图 5-46 所示。

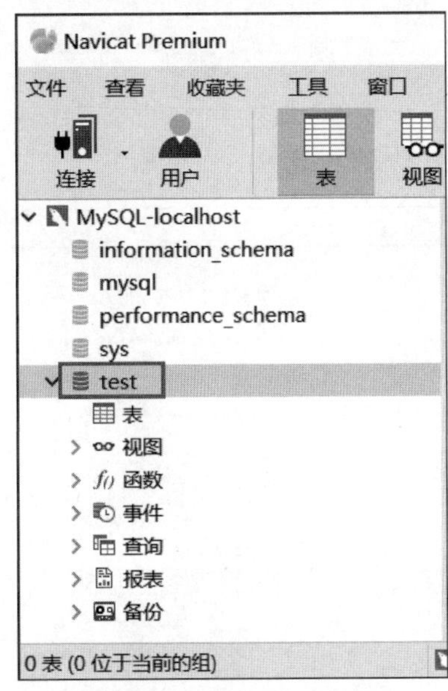

图 5-41　打开 test 数据库

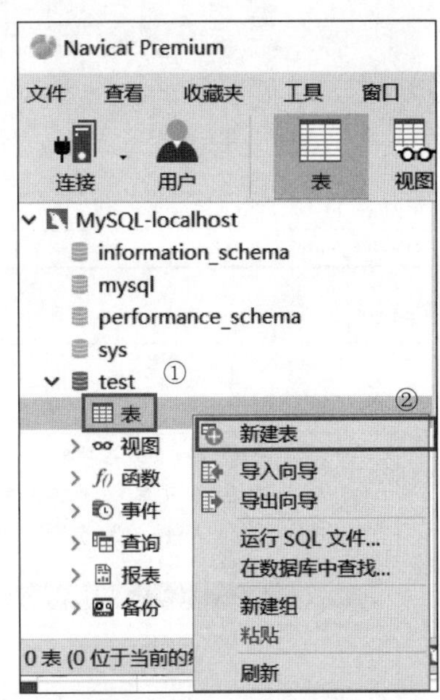

图 5-42　“新建表”命令

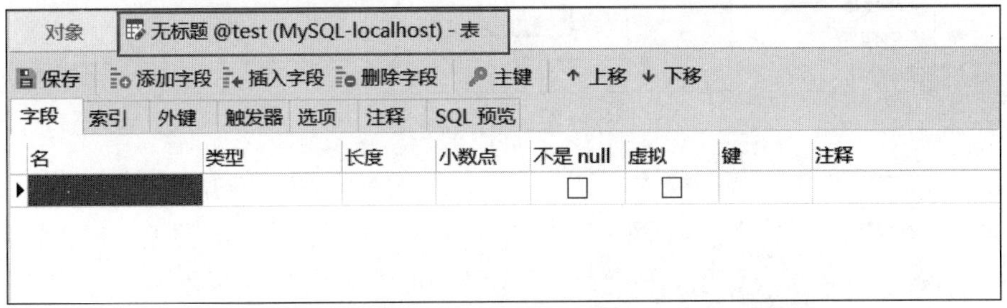

图 5-43　新建表界面

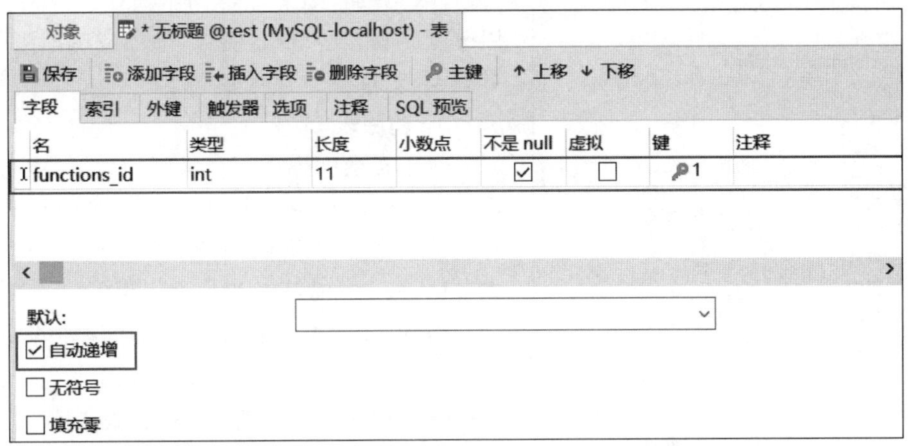

图 5-44　指定主键列 functions_id 的信息

2. 修改表

用 Navicat Premium 修改表的操作步骤如下：

(1) 打开 Navicat Premium，双击 MySQL-localhost 选项登录本地 MySQL 服务器。

(2) 在左侧连接栏中选择 test 数据库，并双击打开 test 数据库。

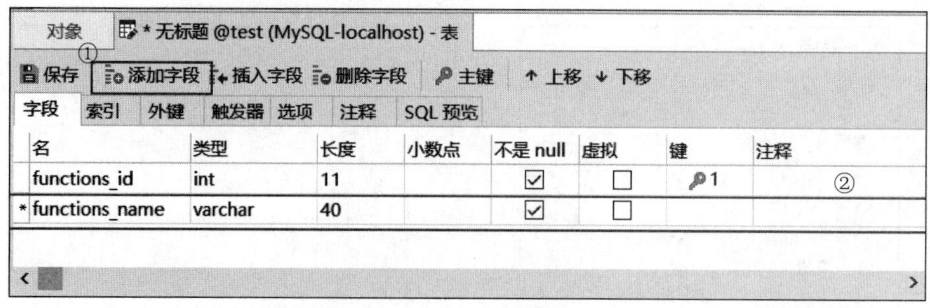

图 5-45 指定新增列信息

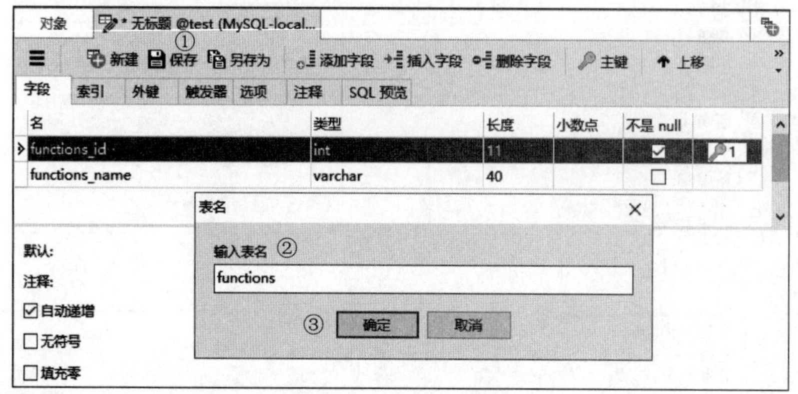

图 5-46 保存新建表

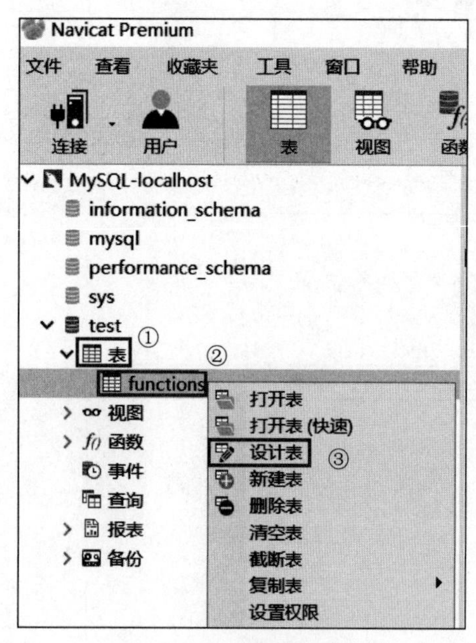

图 5-47 “设计表”命令

(3) 双击“表”选项展开所有表，在表对象列表中选中 functions 表，右击，在弹出的菜单中选择“设计表”命令，如图 5-47 所示。

(4) 在图 5-47 中单击“设计表”命令后，打开“设计表”界面，如图 5-48 所示。在“设计表”界面可以改变原有表的结构，例如，增加或删减列、更改原有列类型、重新命名列等。

3. 删除表

对于在数据库中不再需要的表，可以将其从数据库中删除。在删除表的同时，表的结构和表中所有的数据都会被删除，因此在删除数据表之前最好先备份，以免造成无法挽回的损失。

用 Navicat Premium 删除表的操作步骤如下：

(1) 打开 Navicat Premium，双击 MySQL-localhost 选项登录本地 MySQL 服务器。

(2) 在左侧连接栏中双击打开 test 数据库。

(3) 双击“表”选项展开所有表，在表对象列表中选中 functions 表，右击，在弹出的菜单中单击“删除表”命令，如图 5-49 所示。

(4) 在图 5-49 中单击“删除表”命令后会弹出“确认删除”界面，单击“删除”按钮，删除 functions 表，如图 5-50 所示。

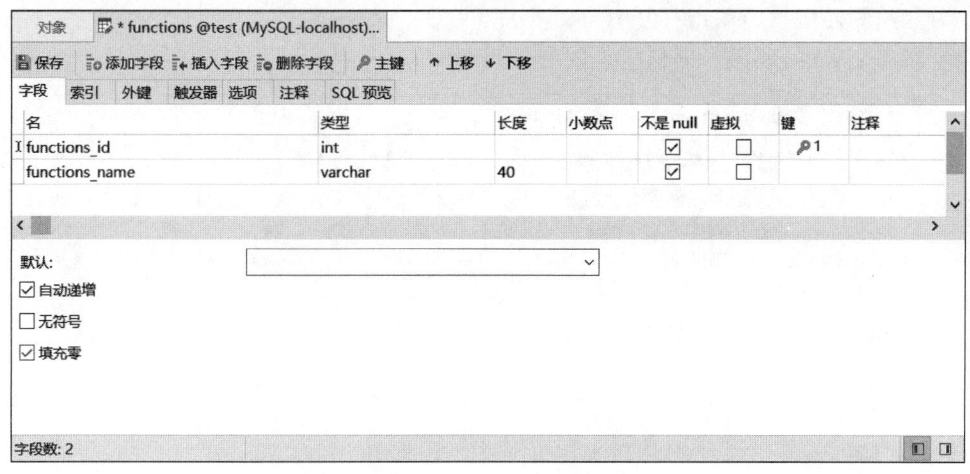

图 5-48 设计表界面

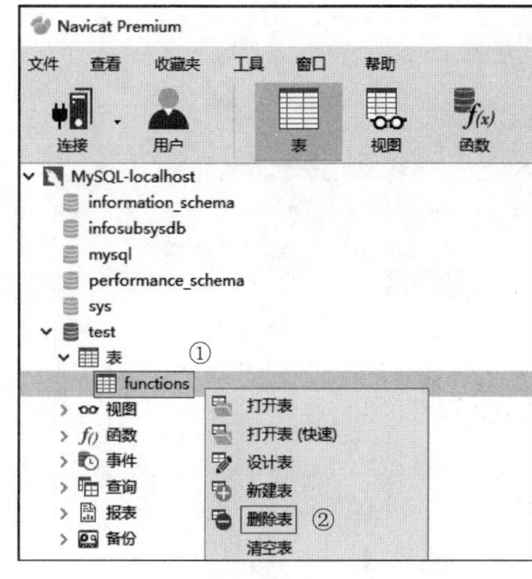

图 5-49 “删除表”命令

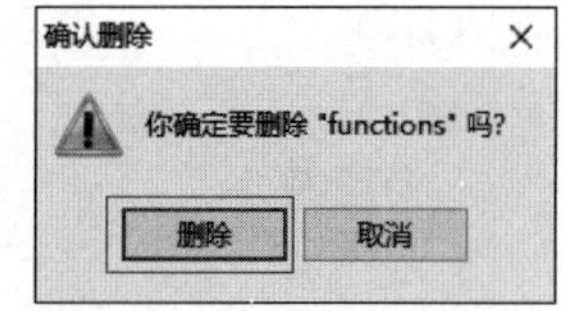

图 5-50 “确认删除”界面

5.3.5 操作外键约束

外键(foreign key)是表中的一个特殊列，参照本表或其他表的主键，用于表示关联关系。对于两个具有关联关系的表而言，相关联列中主键所在的表就是主表(父表)，外键所在的表就是从表(子表)。

外键用来建立主表与从表的关联关系，为两个表的数据建立连接，约束两个表中数据的一致性和完整性。例如，系统中用户组只有“学生”“老师”“辅导员”“行政人员”4 个，那么新增用户或修改用户时，此用户所属的用户组要么为空，表示暂无用户组；要么必须是上面的 4 个用户组之一。

外键约束操作包括设置外键约束和删除外键约束。下面逐一介绍如何用 Navicat Premium 设置外键约束和删除外键约束。

1. 设置外键约束

用 Navicat Premium 设置外键约束的操作步骤如下。

(1) 打开 Navicat Premium，双击 MySQL-localhost 选项登录本地 MySQL 服务器。

(2) 在左侧连接栏中双击打开 test 数据库。

(3) 新建 userGroup 表,表信息如图 5-51 所示。

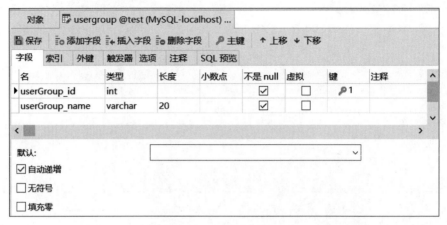

对象 | usergroup @test (MySQL-localhost) ...

保存 添加字段 插入字段 删除字段 主键 上移 下移

字段 索引 外键 触发器 选项 注释 SQL 预览

名	类型	长度	小数点	不是 null	虚拟	键	注释
userGroup_id	int			☑	☐	1	
userGroup_name	varchar	20		☑	☐		

默认:

☑自动递增

☐无符号

☐填充零

图 5-51 userGroup 表信息

(4) 新建 users 表,表信息如图 5-52 所示。

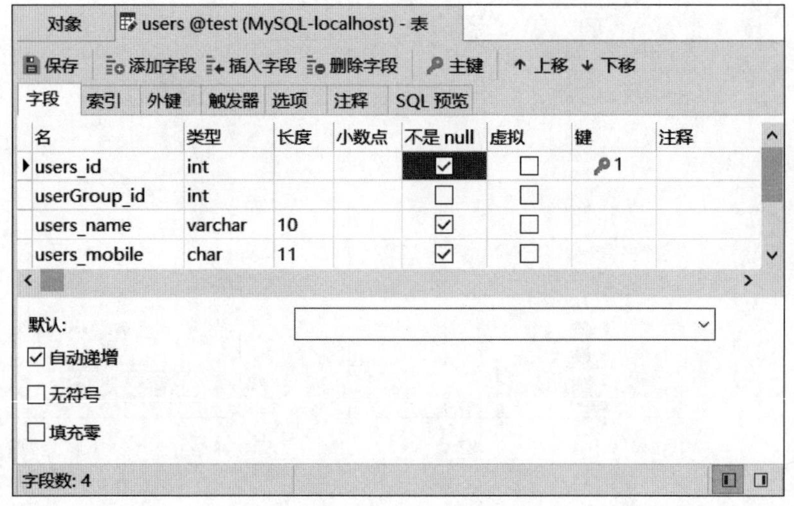

图 5-52 users 表信息

(5) 在表展开列表项中选择新建的 users 表,右击,在弹出的菜单中单击"设计表"命令,如图 5-53 所示。

(6) 在图 5-53 中单击"设计表"命令后打开设计表界面,然后在界面中单击"外键"选项卡,如图 5-54 所示。

(7) 在图 5-54 中,指定外键信息。其中,"名"列指定外键的名称;"字段"列指定当前表的 userGroup_id 列是外键;被引用的模式、被引用的表、被引用的字段分别指定外键参照 test 数据库中 usergroup 表的主键列 userGroup_id,结果如图 5-55 所示。最后单击"保存"按钮即可添加外键约束。

2. 删除外键约束

当一个表中不需要某个外键约束时,就需要从表中将其删除。外键一旦删除,就会解除主表和从表间的关联关系。

用 Navicat Premium 删除外键约束的操作步骤如下:

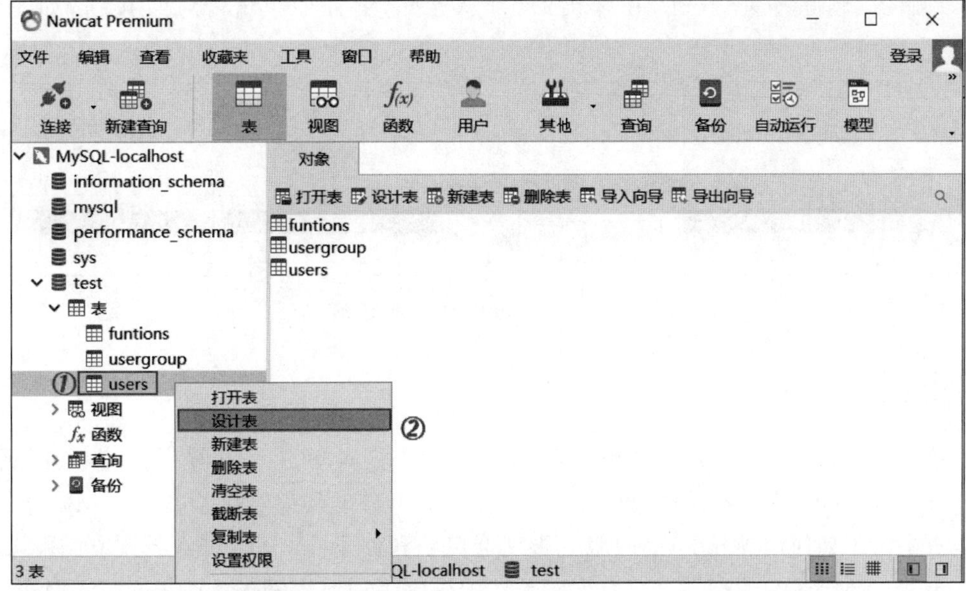

图 5-53 “设计表”命令

图 5-54 “外键”选项卡

对象　users @test (MySQL-localhost) - 表

保存　添加外键　删除外键

字段　索引　外键　触发器　选项　注释　SQL 预览

名	字段	被引用的模式	被引用的表 (父)	被引用的字段	删除时	更新时
fk_users_userGroup	userGroup_id	test	usergroup	userGroup_id	CASCADE	CASCADE

图 5-55 指定外键信息

(1) 打开 Navicat Premium，双击 MySQL-localhost 选项登录本地 MySQL 服务器。

(2) 在左侧连接栏中双击打开 test 数据库。

(3) 在表展开列表项中选择 users 表，右击，在弹出的菜单中选择“设计表”命令，打开设计表界面。

(4) 在设计表界面中单击“外键”选项卡，进入外键信息设置界面。

(5) 在外键信息设置界面选中要删除的外键约束 fk_users_userGroup，如图 5-56 所示。

图 5-56 选择要删除的外键约束

(6) 单击“删除外键”按钮,在弹出的“确认删除”界面中单击“删除”按钮,如图 5-57 所示。

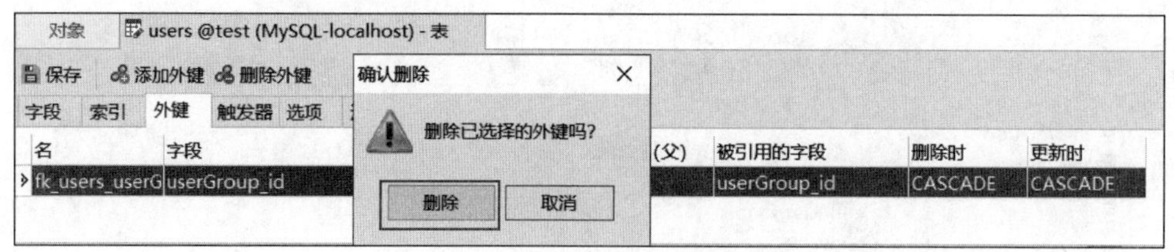

图 5-57 删除外键约束确认界面

本章小结

本章首先讲解了 MySQL 的安装与配置,然后讲解了 MySQL 常用操作。MySQL 常用操作可以分为 MySQL 服务器操作、数据库操作、表操作和外键约束操作 4 类。在 MySQL 服务器操作中讲解了如何用 Windows 的服务管理器启动和停止 MySQL 服务器,如何用 Navicat Premium 登录 MySQL 服务器。在数据库操作中讲解了如何用 Navicat Premium 创建、修改和删除数据库。在表操作中讲解了如何用 Navicat Premium 创建、修改和删除表。在外键约束操作中讲解了如何用 Navicat Premium 设置外键约束、删除外键约束。

读者学完本章内容后就能安装、配置、操作 MySQL 数据库,为第 6 章(数据库设计和可行性分析)打下基础。

习题

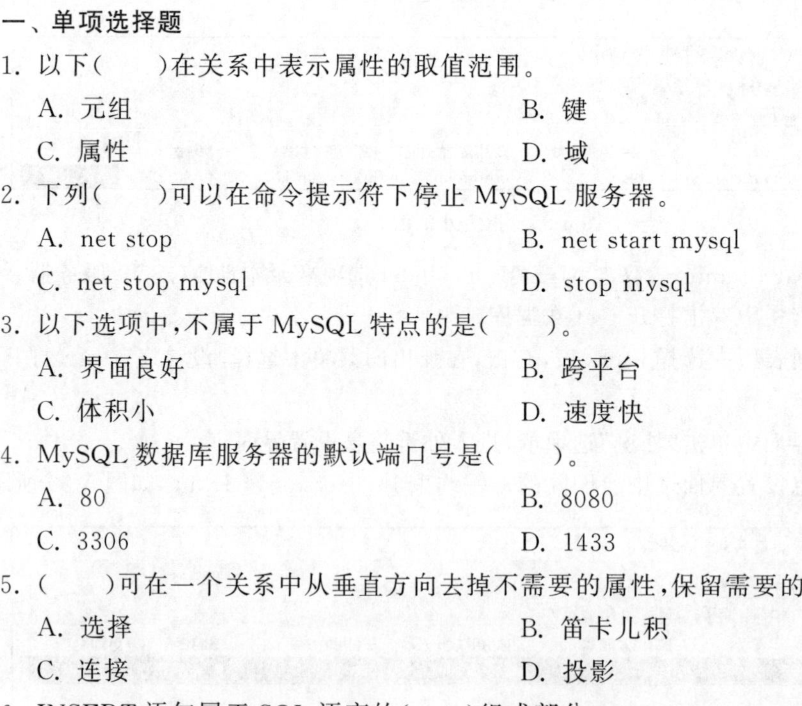

一、单项选择题

1. 以下(　　)在关系中表示属性的取值范围。

A. 元组　　B. 键

C. 属性　　D. 域

2. 下列(　　)可以在命令提示符下停止 MySQL 服务器。

A. net stop　　B. net start mysql

C. net stop mysql　　D. stop mysql

3. 以下选项中,不属于 MySQL 特点的是(　　)。

A. 界面良好　　B. 跨平台

C. 体积小　　D. 速度快

4. MySQL 数据库服务器的默认端口号是(　　)。

A. 80　　B. 8080

C. 3306　　D. 1433

5. (　　)可在一个关系中从垂直方向去掉不需要的属性,保留需要的属性。

A. 选择　　B. 笛卡儿积

C. 连接　　D. 投影

6. INSERT 语句属于 SQL 语言的(　　)组成部分。

A. DDL　　B. DML

C. DQL　　D. DBS

7. 下面列出的(　　)是数据库管理系统的简称。

A. DB　　B. DBA

C. DBMS　　D. DBS

8. 下列(　　)可以在命令提示符下启动 MySQL 服务器。

A. net start　　B. net start mysql

C. net stop mysql　　D. start mysql

9. 下列选项中用于查询数据的是(　　)。

A. INSERT　　B. SELECT

C. UPDATE　　D. DELETE

10. 下列选项中(　　)能保证表中字段值的唯一性。

A. 默认约束　　B. 非空约束

C. 唯一约束　　D. 以上答案都不正确

11. 以下组合中与主键约束功能相同的是(　　)。

A. 默认约束与非空约束　　B. 默认约束与唯一约束

C. 唯一约束与非空约束　　D. 以上答案都不正确

12. 以下(　　)可用于在 SELECT 语句中对查询数据进行排序的是(　　)。

A. WHERE　　B. ORDER BY

C. LIMIT　　D. GROUP BY

二、判断题

1. 实体完整性要求关系中的主键不能重复,且不能取空值。(　　)

2. 用户利用数据库应用程序与 DBMS 进行通信、访问和管理 DBMS 中的数据。(　　)

3. UPDATE 语句属于 SQL 的数据库定义语言。(　　)

4. SQL 是关系型数据库语言的标准,所以不同数据库产品的 SQL 完全相同。(　　)

5. 创建数据表时必须为字段设置数据类型。(　　)

6. 主键约束的字段值要同时满足非空和唯一性。(　　)

7. 一张数据表中最多只允许包含一个主键约束。(　　)

8. 唯一约束与主键约束的共同特点是不允许出现 NULL 值。(　　)

9. 主键用于唯一标识表中的记录。(　　)

10. NULL 通常表示没有值或值不确定等含义。(　　)

三、填空题

1. 数据模型所描述的内容包括 3 个部分：________、________、________。

2. MySQL 就是一种________系统。

3. 关系模型允许定义 3 类完整性约束：________、________和________。

4. 关系模型中常用的操作包括________操作和________操作两大部分,而更新操作又包括________、删除、________。

5. 关系的查询的 5 种基本操作是________、________、________、差、笛卡儿积。

6. 数据定义语言的 SQL 语句关键字有________、________和________。

7. 数据操作语言的 SQL 语句关键字有________、________和________。

8. 数据查询语言的 SQL 语句关键字有________、________、________、GROUP BY 和 HAVING。

9. MySQL 针对不同用户群体分为________、________两个版本。

10. 用 root 账号登录本地 MySQL 服务器的完整命令是____________________，退出登录 MySQL 服务器的 SQL 指令是____________________。

四、简答题

1. 简述实体完整性规则。
2. 简述参照完整性规则。
3. 简述 DB、DBS 和 DBMS 的含义以及相互之间的关系。
4. 简述关系型数据库的 6 种 SQL 命令。
5. 请写出创建表、查看表结构、修改表、删除表的 SQL 关键字。

第 6 章

数据库设计和可行性分析

数据库设计就是根据项目的具体需求，结合所选用的数据库，建立好表结构及表与表之间的关系，为项目构造出最优秀的数据存储模型的过程。好的数据库设计使项目能有效地对应用数据进行存储，并高效地对已经存储的数据进行访问。

数据库设计的最终结果是表结构和表之间的关系。表用于存储现实中一类事物的数据，而表中的每条记录用于存储此类事物中的某个具体事物，例如，学生表用于存储所有学生的数据，学生表的某个记录用于存储某个具体学生的信息。通常将需要永久存储数据的事物称为实体(Entity)，因此数据库中的表与项目需求中的实体相对应，而表间关系就转化成了实体间的关系(Relationship)。综上所述，进行数据库设计(即表和表之间的关系设计)首先要找到项目需求中的实体和实体间的关系，并对它们进行设计建模，建立的模型被称为实体-关系模型(Entity-Relationship 模型，简称 E-R 模型)。

无论是创建动态网站，还是创建桌面窗口应用程序，数据库设计的重要性都不言而喻。只有优良的数据库设计，才能提高系统的性能，提供更好的服务。良好的数据库设计表现在：

(1) 访问效率高、减少数据冗余。

(2) 节省存储空间，便于进一步扩展。

(3) 可以使应用程序的开发变得更容易。

学习目标

(1) 理解概念数据模型和物理数据模型。

(2) 理解数据库设计步骤。

(3) 理解如何对设计好的数据库进行可行性分析。

(4) 掌握用 PowerDesigner 根据项目需求设计数据库。

6.1 概念数据模型和物理数据模型

数据库设计中涉及两个数据模型，分别是概念数据模型和物理数据模型。

6.1.1 概念数据模型

视频讲解

概念数据模型(Conceptual data model)可以简单理解为实体-关系模型，即 E-R 模型。E-R 模型用于描述项目中的实体和实体间的关系，是面向用户、面向现实世界的数据模型，是与 DBMS 无关的，因此也称为概念数据模型。

E-R 模型由 E(Entity，实体)和 R(Relationship，关系)构成。

1. 实体

实体指需要永久性存储数据的事物。每个实体由实体名和实体属性构成。实体名用于标识实体，用于将当前实体和其他实体进行区分。实体属性用于存储实体的某个特征数据，实体属性又由属性名、值域、是否是关键属性、能否取空值、默认值等成分加以描述。

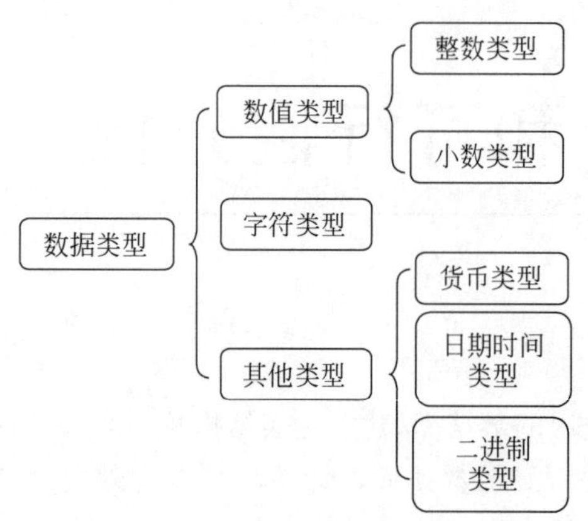

图 6-1 E-R 模型中的数据类型分类

1）属性名

属性名用于标识属性，将当前属性和其他属性进行区分。

2）值域

属性值域指属性的取值范围，通常用数据类型表示。E-R 模型中的数据类型分类如图 6-1 所示。

在图 6-1 中，属性类型根据属性值的外形可分为数值类型、字符类型和其他类型。数值类型根据是否有小数，又分为整数类型和小数类型。其他类型包括货币类型、日期时间类型和二进制类型。因为数值类型和字符类型是所有数据库都支持的类型，因此在设计数据库时优先选择数值类型和字符类型。每种类型根据取值范围又细分成多个具体类型，如表 6-1 所示。

表 6-1 E-R 模型中的数据类型

分　类	数 据 类 型
整数类型	Integer，Short Integer，Long Integer，Byte
小数类型	Float，Short Float，Long Float，Number，Decimal
字符类型	Characters，Long Characters，Variable Characters，Long var Characters，Text
货币类型	Money
日期时间类型	Date，Time，Date & Time，Timestamp
二进制类型	Binary，Long Binary，Image

在表 6-1 中，整数类型根据其取值范围从小到大又可以细分为 Byte、Short Integer、Integer 和 Long Integer。小数类型根据其精度由低到高又可以细分为 Short Float、Float 和 Long Float。字符类型根据其字符长度是否能改变以及字符数量大小可分为定长字符型(Characters)和定长长字符类型(Long Characters)、变长字符型(Variable Characters)和变长长字符类型(Long var Characters)以及文本类型(Text)。

3）关键属性

在实体的所有属性中，如果通过某个或某几个属性能唯一地确定实体，那么这个(这些)属性称为关键属性。

4）能否取空值

在录入记录时，如果未对某属性设定值，那么此属性就能取空值，否则此属性就不能为空。

5）默认值

属性默认值的作用是：在录入记录时，如果没有给某属性指定值，则用此属性的默认值填充。

实体通常用图 6-2 所示的实体矩形框表示。此矩形框分为 3 行：第一行是实体名称，第二行是实体的属性列表，第三行是主属性标识。在属性列表中，每个属性占一行，此属性行的第一列是属性名称，第二列是主属性标识

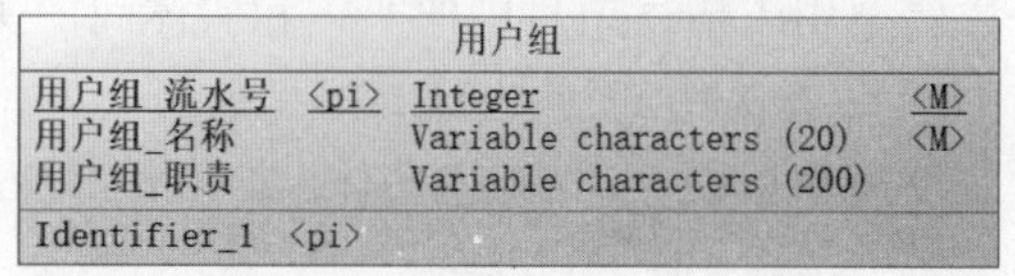

用户组
用户组_流水号 <pi> Integer <M>
用户组_名称 Variable characters (20) <M>
用户组_职责 Variable characters (200)
Identifier_1 <pi>

图 6-2 实体图

< pi >，第三列是属性数据类型，第四列表示此属性能否为空，< M >表示不能为空。

2. 关系

关系用于表示实体间的联系。关系由名称、参与的实体和对应关系构成。关系名称是关系的标识，参与的实体表示此关系是哪个实体和哪个实体产生的关系，对应关系有一对一（标识为 1∶1）、一对多（标识为 1∶m）、多对 1（标识为 m∶1）、多对多（标识为 m∶n）4 种。例如，如果一个用户属于一个用户组，而一个用户组有多个用户，那么用户组实体和用户实体就是一对多关系。

关系通常用两端带有爪子的线段表示，如果爪子是一个表示 1，如果是 3 个表示多，如图 6-3 所示。要求线段两端的爪子分别放到两个实体中，关系名标注到线段上。图 6-3 表示用户和用户组之间的多对一关系，关系名为“r_用户_用户组”。

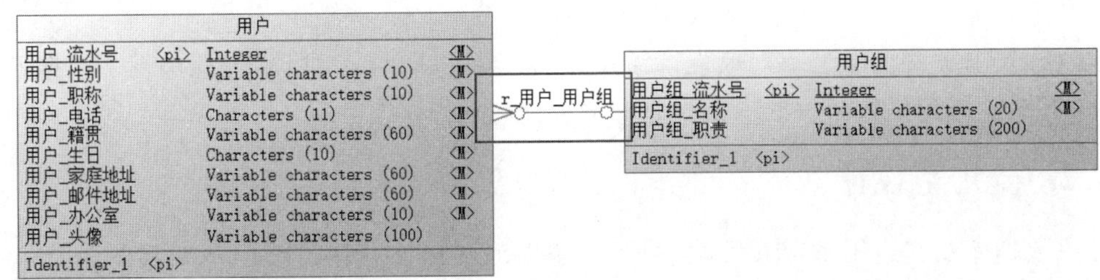

图 6-3　关系图

6.1.2　物理数据模型

视频讲解

数据库中表和表之间的参照关系模型被称为物理数据模型。有了物理数据模型，就能根据模型中的表信息创建数据库中的表，根据模型中表间参照关系创建数据库中表与表间的主外键参照。因此要创建数据库就必须要有物理数据模型，而物理数据模型可以由概念数据模型转换得到。

1. 实体的转换

概念数据模型中的 E(Entity，实体)会转化为物理数据模型中的表，实体中的每个元素会对应地转化为表的元素，如表 6-2 所示。

表 6-2　实体转化表

概念数据模型元素	物理数据模型元素
实体	表
实体名称	表名
实体的属性	表中的列
属性名	列名
属性的数据类型	列的数据类型
关键属性	主键

2. 关系的转换

既然概念数据模型中的实体可以转化为物理数据模型中的表，那么概念数据模型中的实体间关系就可以转化为物理数据模型中的表和表之间的参照关系，即外键参照主键。实体间关系主要有 3 类：一对一（标识为 1∶1）、一对多（标识为 1∶m）和多对多（标识为 m∶n），它们的转化规则如表 6-3 所示。

表 6-3 关系转化表

实体 A、B 间的对应关系	表 A、B 间的参照关系
1∶1	将 A 表的主键放在 B 表中,并作为 B 表的外键 或 将 B 表的主键放在 A 表中,并作为 A 表的外键
1∶m	将 1 端表的主键放在 m 端的表中,并作为 m 端表的外键
m∶n	新建一个表(AB)来表示 A,B 实体间的关系 将 A 表的主键放在 AB 表中,并作为 AB 表的主键和外键 将 B 表的主键放在 AB 表中,并作为 AB 表的主键和外键

6.2 数据库设计步骤

项目开发中对数据库进行规范设计需要经历 6 个阶段,十分烦琐,因此出现了数据库的简化设计,下面分别介绍数据库的规范设计和简化设计。

6.2.1 规范设计

考虑数据库及其应用系统开发全过程,按照规范设计的方法可将数据库设计分为 6 个阶段,分别为需求分析阶段、概要设计阶段、逻辑结构设计阶段、物理设计阶段、数据库实施阶段、数据库运行和维护阶段。

1. 需求分析阶段

需求分析是数据库设计的第一步,是最困难、最耗费时间的一步,也是整个设计过程的基础。

本阶段的主要任务是对现实世界中要处理的对象(公司、部门及企业,也可以理解成客户)进行详细调查,然后通过分析,逐步明确客户/用户对系统的需求,包括数据需求和业务处理需求。

2. 概要设计阶段

概要设计是数据库设计的关键,通过综合、归纳与抽象用户需求,形成一个具体 DBMS 的概念模型,也就是绘制数据库的 E-R 模型。

E-R 模型主要是在项目团队内部供设计人员和客户之间进行沟通时使用,以确认需求信息的正确性和完整性。

3. 逻辑结构设计阶段

将 E-R 图转换为多张表,进行逻辑设计,确认各表的主外键,并应用数据库设计的三大范式进行审核,对其优化。

4. 物理设计阶段

经项目组开会讨论确定 E-R 图后,根据项目的技术实现,团队开发能力及项目的成本预算,选择具体的数据库(如 MySQL 或 Oracle 等)进行物理实现。

5. 数据库实施阶段

运用 DBMS 提供的数据语言(如 SQL)、工具及宿主语言(如 Java),根据逻辑设计和物理设计的结果建立数据库,编制与调试应用程序,组织数据入库,并进行试运行。

6. 数据库运行和维护阶段

数据库应用系统经过试运行后即可投入正式运行。在运行过程中必须不断地对其进行评价、调整与修改。

总之，设计一个完善的数据库是不可能一蹴而就的，它往往是上述 6 个阶段的不断反复。

6.2.2　简化设计

在实际项目开发中，经常对规范化数据库设计的 6 个步骤进行简化，简化为 4 个步骤，分别为：

(1) 绘制 E-R 模型简图。

(2) 绘制 E-R 模型详图。

(3) 将 E-R 模型转化为物理模型。

(4) 根据物理模型创建数据库。

1. 绘制 E-R 模型简图

从项目需求中找出与数据永久存储相关的需求语句，此需求语句中的主语和宾语就有可能是实体，而语句的谓语就是实体间的关系。例如，表 6-4 就是对案例项目“高校基础信息子系统(infoSubSys)”进行实体与实体之间关系分析的结果表。

表 6-4　实体与实体之间关系分析表

需求分析	名词(实体)	动词(关系)
教师隶属教学团队	教师、教学团队	隶属
教学团队管理专业	教学团队、专业	管理
专业管理年级专业	专业、年级专业	管理
年级专业管理班级	年级专业、班级	管理
学生隶属班级	学生、班级	隶属
教师指导学生	教师、学生	指导
教师是用户	教师、用户	是
学生是用户	学生、用户	是
用户属于用户组	用户、用户组	属于
用户组能使用功能	用户组、功能	使用

将表 6-4 中的实体和实体间的关系绘制成 E-R 模型简图，如图 6-4 所示。图 6-4 只关注项目中有哪些实体和这些实体间有哪些关系，而暂时无须关注每个实体的具体属性。E-R 模型简图用于在项目组内进行初期的讨论和评审。

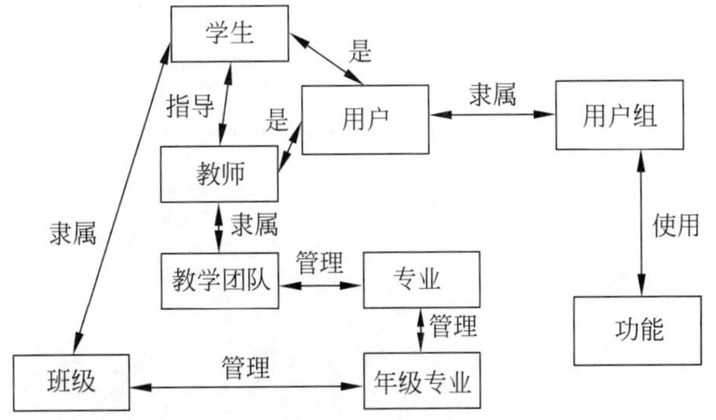

图 6-4　infoSubSys 项目的 E-R 模型简图

2. 绘制 E-R 模型详图

将上一个步骤中经过评审的 E-R 模型简图进行细化，即指定每个实体的所有属性，每个属性的数据类型、是否是关键属性、是否能为空等；指定实体间的对应关系。

3. 将 E-R 模型转化为物理模型

将 E-R 模型中的 E(实体)转化为表，实体中的元素转化为表中的对应元素，实体间的关系转化为表间的主外键参照关系。

4. 根据物理模型创建数据库

根据物理模型创建数据库时，首先新建一个数据库，然后根据物理数据模型中表的信息创建数据库中的表，最后根据物理数据模型中表间的主外键参照创建数据库中对应表间的主外键参照。创建数据库中的表和表之间的主外键参照有两种方式：一种是命令行方式，另一种是利用图形客户端工具。

6.3 用 PowerDesigner 设计数据库

为了提高数据库设计的效率，一般都用设计工具来设计数据库，本书将讲解如何使用 Sysbase 公司的 PowerDesigner 设计工具进行数据库设计。用 PowerDesigner 设计数据库时，首先要安装 PowerDesigner，然后用 PowerDesigner 设计概念数据模型和物理数据模型，最后用 PowerDesigner 生成数据库创建脚本。

下面以图 6-4(infoSubSys 项目的 E-R 模型简图)中用户实体、用户组实体、功能实体及其关系为例来讲解如何用 PowerDesigner 设计数据库。本书案例项目 infoSubSys 完整数据库的设计将在第 7 章进行讲解。

6.3.1 PowerDesigner 安装

PowerDesigner 的安装步骤如下：

(1) 解压开源工具包中的文件“/2-数据库-Mysql 相关工具/3-powerdesigner. rar”，然后进入解压后的目录，双击文件 PowerDesigner160_Evaluation. exe 进入安装向导，如图 6-5 所示。

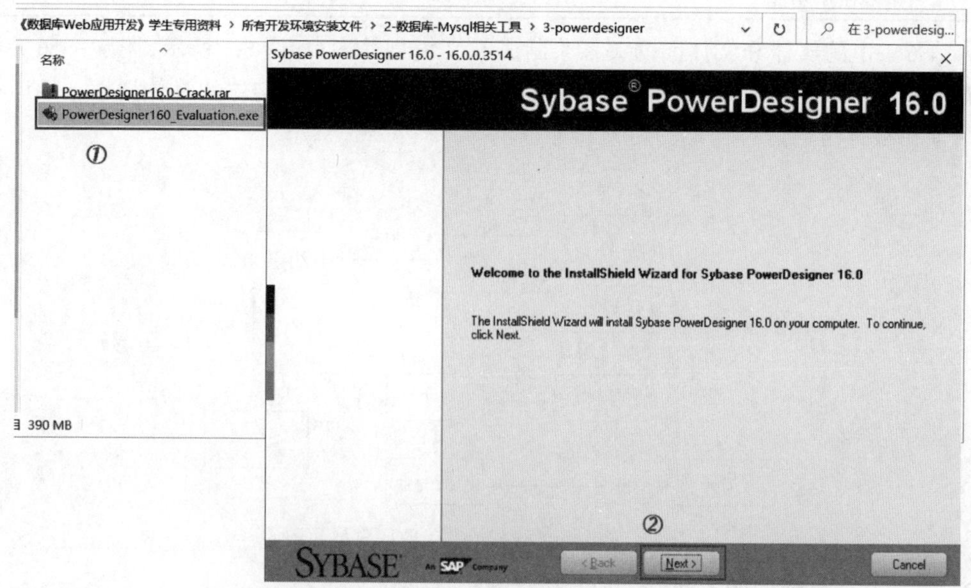

图 6-5 PowerDesigner 安装向导首页

(2) 单击 Next 按钮,进入安装协议界面,在该界面中首先选择软件安装的国家是 Peoples Republic of China(PRC),然后选中同意协议单选按钮,如图 6-6 所示。

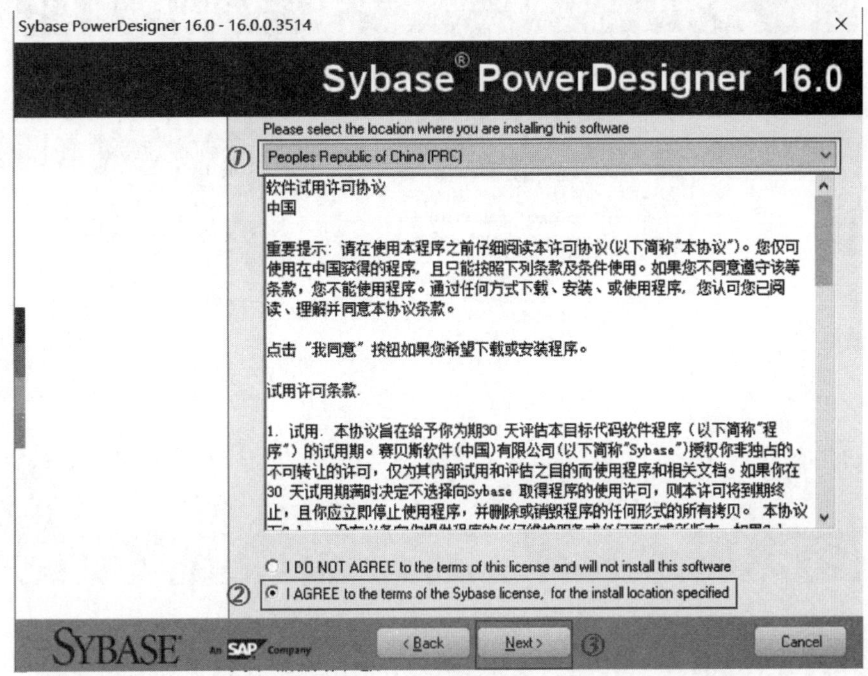

图 6-6　同意协议界面

(3) 在图 6-6 中单击 Next 按钮进入指定安装位置界面,在该界面中单击 Browse 按钮选择安装位置,如图 6-7 所示。

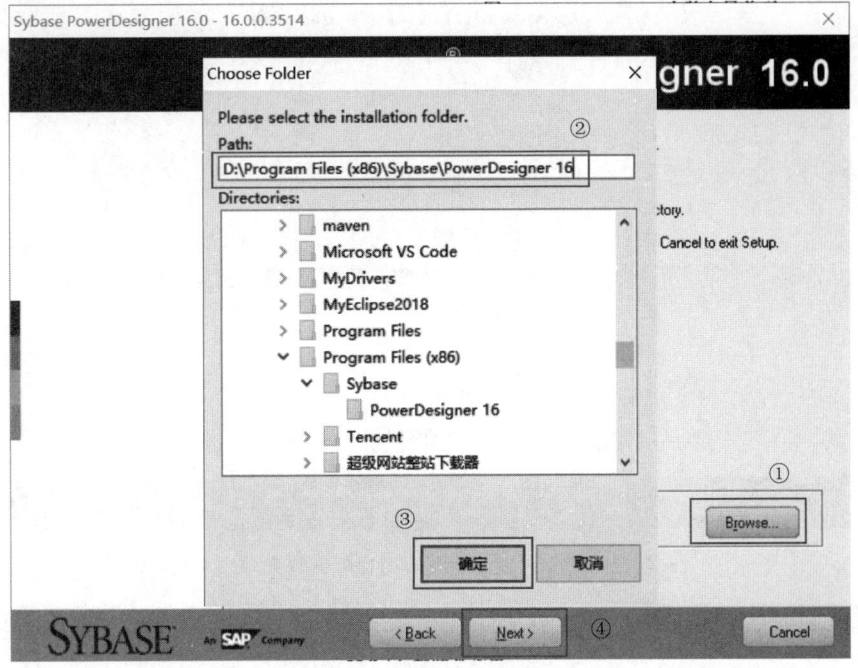

图 6-7　选择安装位置界面

(4) 在图 6-7 中单击"确定"按钮确认安装位置,然后单击 Next 按钮进入选择安装组件界面,如图 6-8 所示。

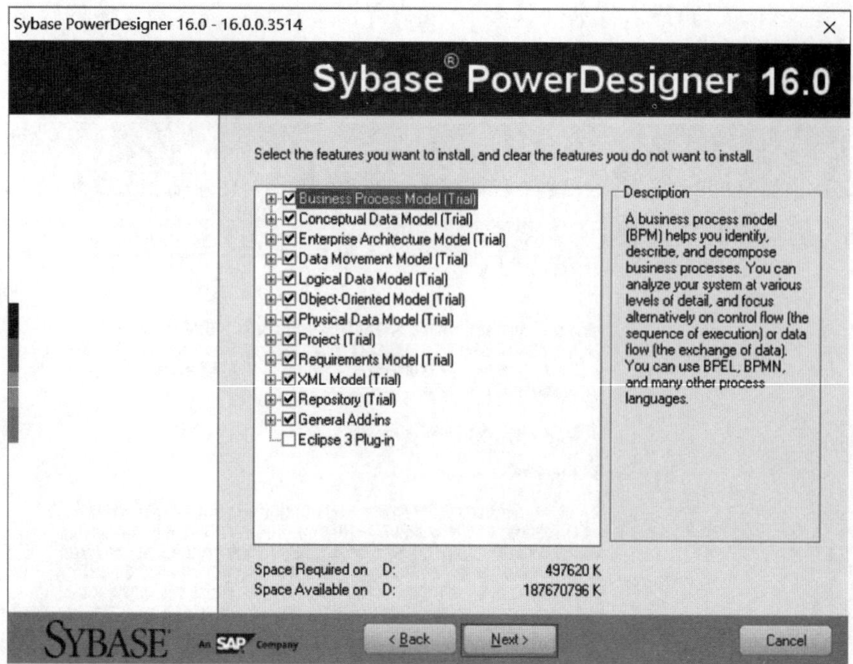

图 6-8 选择要安装的组件界面

(5) 在图 6-8 中单击 Next 按钮进入选择需安装的用户配置界面，如图 6-9 所示。

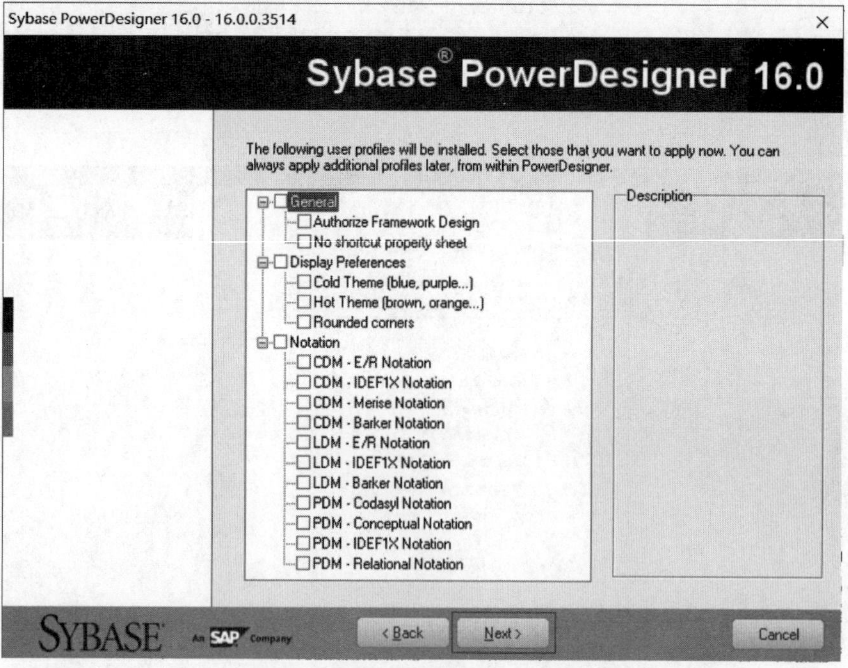

图 6-9 选择安装的用户配置界面

(6) 在图 6-9 中不做任何选择，直接单击 Next 按钮进入指定开始菜单目录界面，如图 6-10 所示。

(7) 在图 6-10 中单击 Next 按钮进入安装信息确认界面，如图 6-11 所示，然后单击 Next 按钮开始安装，直至最后单击 Finish 按钮结束安装。

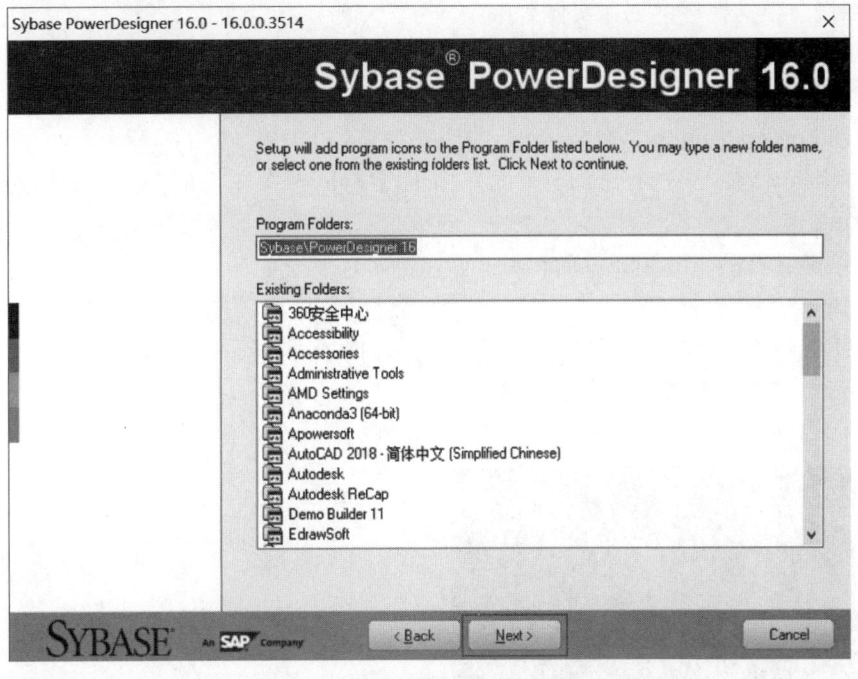

图 6-10　指定开始菜单目录界面

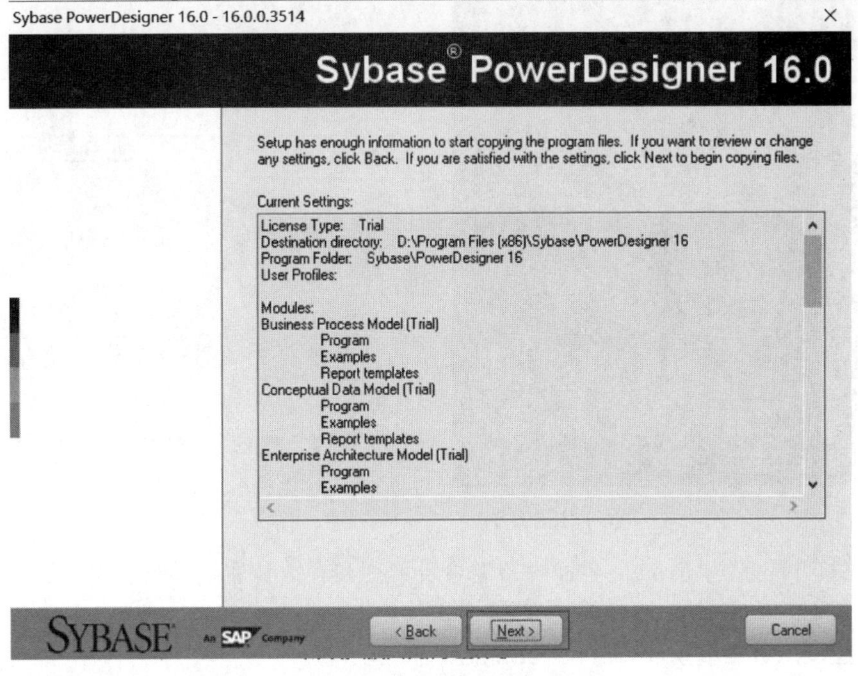

图 6-11　安装信息确认界面

6.3.2　用 PowerDesigner 设计概念数据模型

视频讲解

用 PowerDesigner 设计概念数据模型的步骤如下：

(1) 启动 PowerDesigner。

(2) 新建模型项目。

(3) 在项目中新建概念数据模型。

(4) 在概念数据模型中创建实体。

(5) 在概念数据模型中创建实体间关系。

下面将依次进行详细讲解。

1. 启动 PowerDesigner

单击 Windows 图标,在打开的开始菜单中单击 Sybase 菜单下的 PowerDesigner 命令,如图 6-12 所示。

2. 新建模型项目 infoSubSysDemo

启动 PowerDesigner 后,为了便于管理项目下的所有模型,需要新建模型项目 infoSubSysDemo,然后将概念数据模型和物理数据模型都放在新建的模型项目中。在 PowerDesigner 中新建模型项目的步骤如下:

(1) 单击 File→New Project 命令,如图 6-13 所示。

图 6-12 PowerDesigner 开始菜单

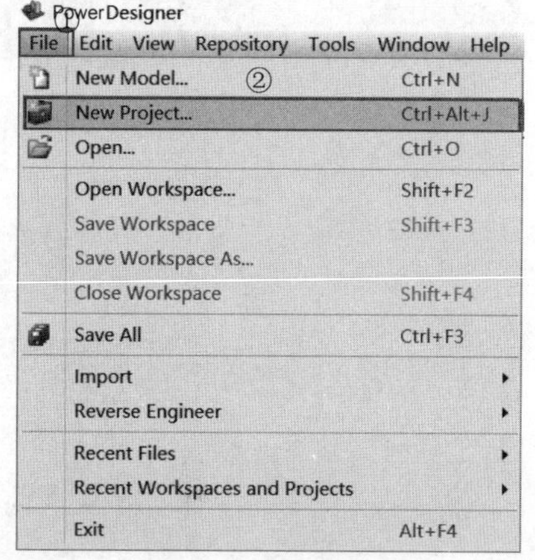

图 6-13 新建项目

(2) 在打开的 New Project 界面中指定项目名称和存放位置后,单击 OK 按钮创建项目,如图 6-14 所示。

3. 新建概念数据模型 infoSubSysDemo

模型项目创建成功后,就可以在项目中创建概念数据模型了。在 PowerDesigner 中,创建概念数据模型的步骤如下:

(1) 单击 File→New Model 命令,如图 6-15 所示。

(2) 在打开的 New Model 界面中首先选择最左边的 Categories 按钮,然后在 Category 列表中选择 Information 选项,然后在 Category items 列表中选择 Conceptual Data 模型,指定模型名为 infoSubSysDemo,最后单击 OK 按钮完成概念数据模型的创建,如图 6-16 所示。

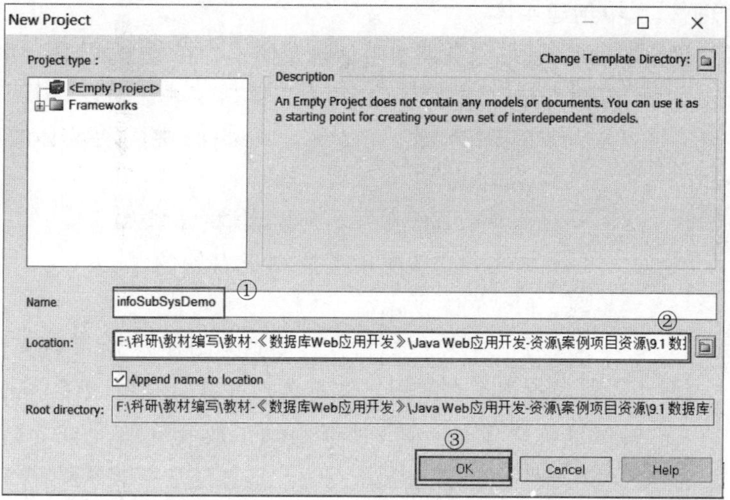

图 6-14　指定新项目信息界面

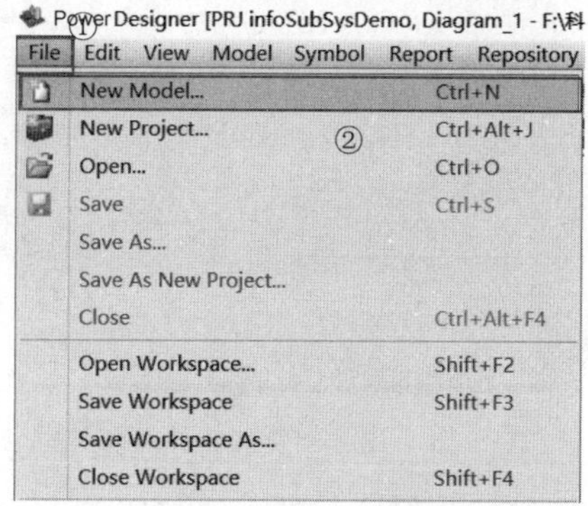

图 6-15　新模型菜单

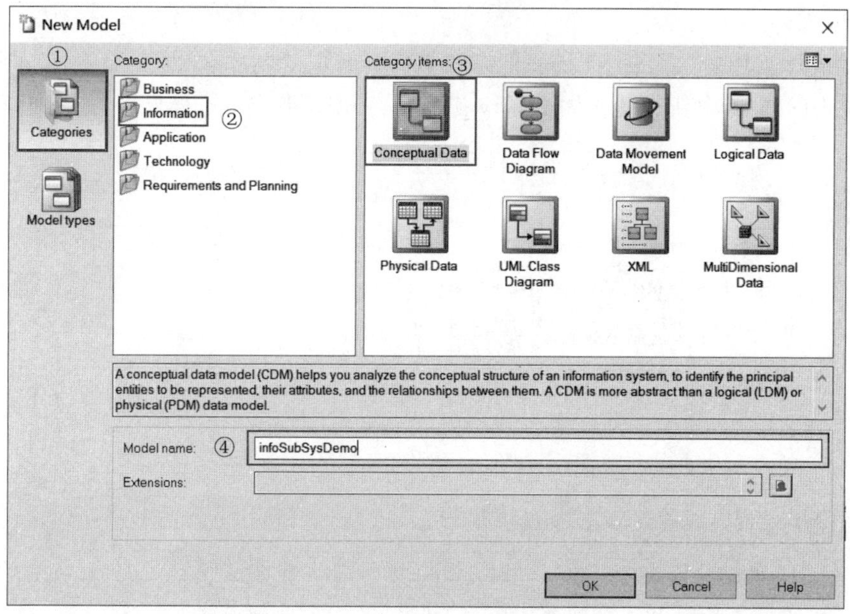

图 6-16　创建概念数据模型界面

4. 在概念数据模型中创建实体

概念数据模型创建成功后,就可以在模型中创建实体了。在概念数据模型中创建实体需要经过新建实体、实体改名、为实体指定属性列表3个步骤,每个步骤又分为多个操作步骤。在PowerDesigner中,创建实体的具体步骤如下:

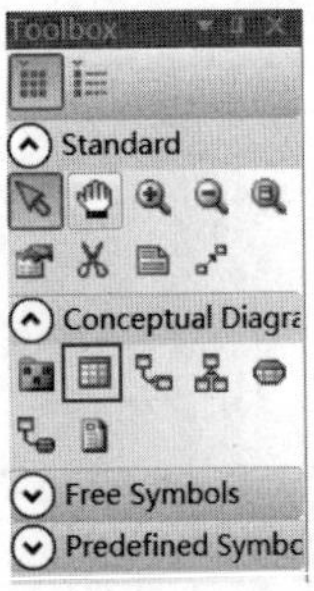

图6-17 实体工具按钮

1) 新建实体

在概念数据模型中,新建实体的步骤如下:

(1) 在概念数据模型绘图板右侧的Toolbox面板中选中Entity工具,如图6-17所示。

(2) 然后将鼠标指针移动到绘图板内部(发现光标变成了实体形状,表示现正在使用实体工具),并在合适的位置单击,画图板上的此位置就会放置一个实体Entity_1,如图6-18所示。

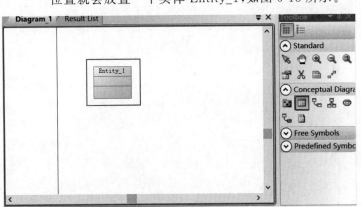

图6-18 创建实体界面

(3) 如果还要创建实体,则继续在绘图板的合适位置单击,否则右击结束实体的创建,使鼠标指针还原为箭头图标。这里右击终止实体的创建。

2) 实体改名

新建的实体采用随机名称,下面将此随机名改为真正的实体名,步骤如下:

(1) 双击图6-18中新建的实体Entity_1,打开Entity Properties界面,如图6-19所示。

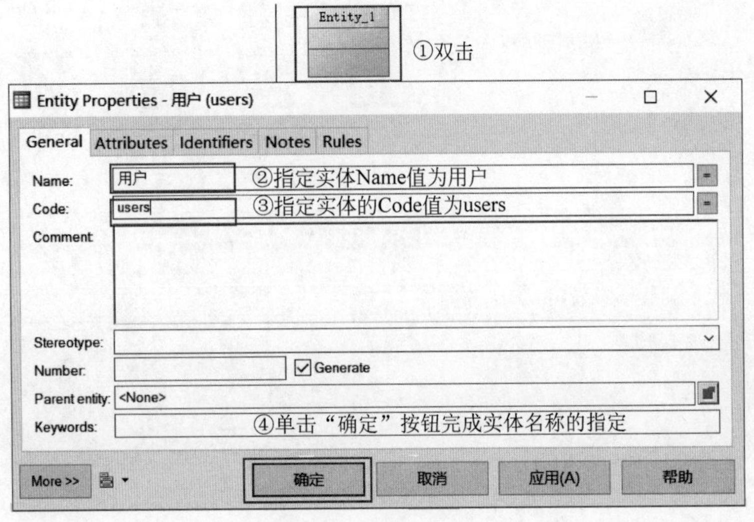

图6-19 指定实体名称

(2) 在图 6-19 中输入实体的 Name 值为用户、Code 值为 users，然后单击“确定”按钮结束实体改名。实体改名后在绘图板中的结果如图 6-20 所示。

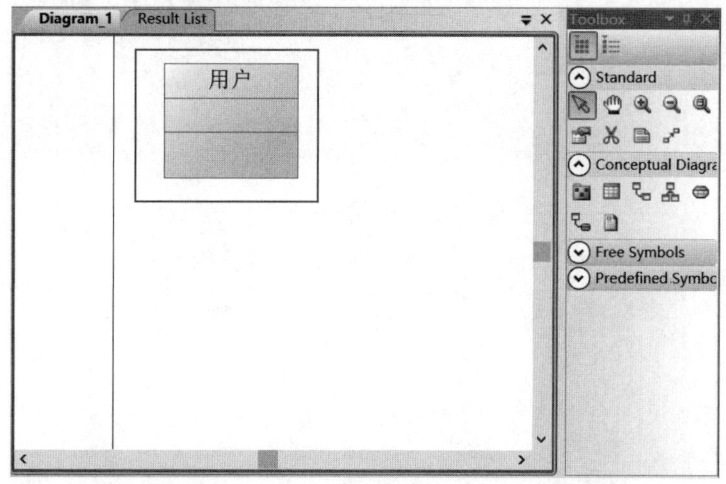

图 6-20 改名后的实体图

注意：实体的 Name 值用于对实体进行文档说明，因此可以使用中文命名，而 Code 值用于指定将来在数据库中生成的表的名字，因此必须为英文。记住，后面所有操作中所有元素的 Name 值可用中文命名，但是 Code 值必须是英文。

3) 为实体指定属性列表

实体改名后，实体名称正确了，但是实体还没有属性。下面指定实体的属性，步骤如下：

(1) 双击图 6-20 中更名后的实体“用户”，打开 Entity Properties 界面后单击 Attributes，打开实体属性编辑界面，如图 6-21 所示。

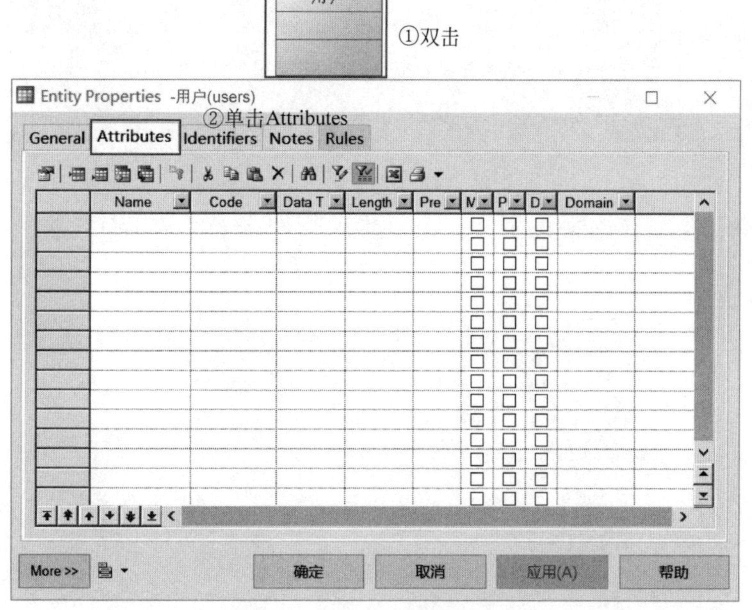

图 6-21 实体属性编辑界面

(2) 在图 6-21 中，选中第一个属性空白行，然后指定属性的 Name 为“用户_流水号”、Code 为 users_id，结果如图 6-22 所示。

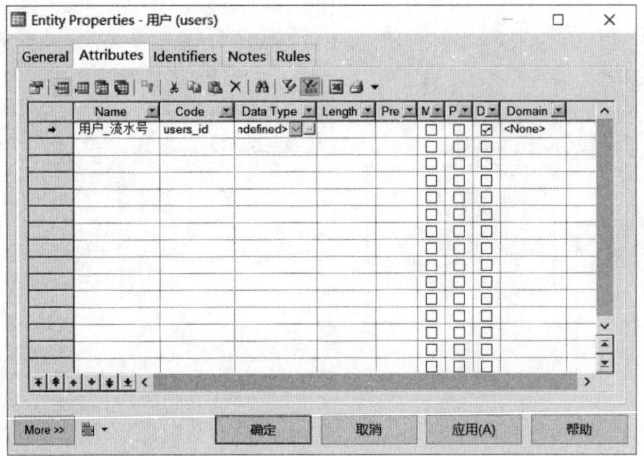

图 6-22　指定属性 Name 和 Code

规定：为了避免属性命名冲突，本书所有属性的 Name 和 Code 都采用“实体名_属性名”的方式命名。

(3) 在图 6-22 中接着指定属性的 Data Type。单击 Data Type 列中最右边的“...”按钮，如图 6-23 所示。

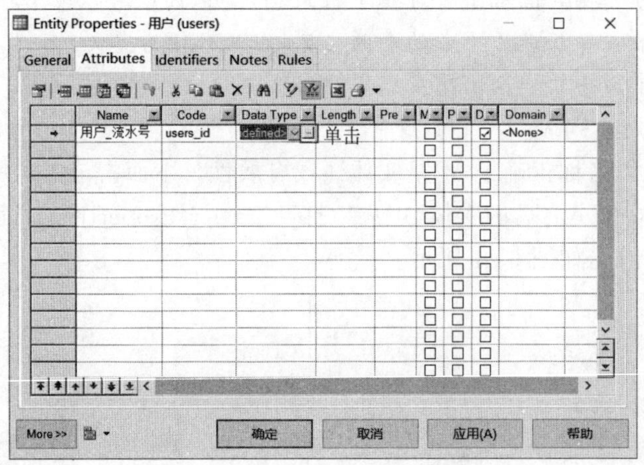

图 6-23　实体属性编辑界面

在打开的数据类型选择框中选择 Integer 类型，并单击 OK 按钮确认，如图 6-24 所示。

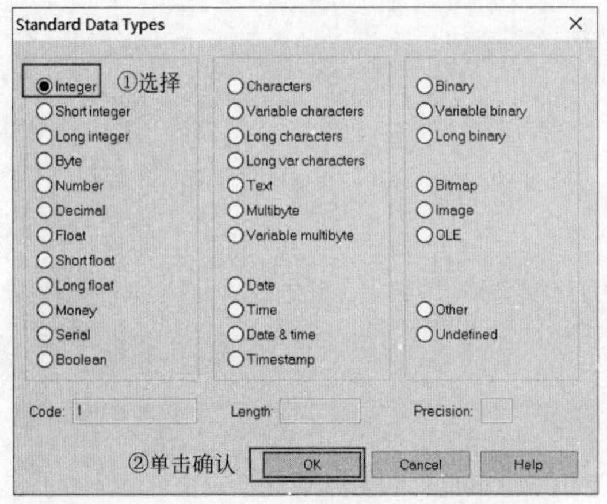

图 6-24　在数据类型选择界面选择数据类型

技巧：如何确定属性的数据类型。

为了数据库结构的通用性，建议只使用数值类型和文本类型。某个属性具体数据类型的确认步骤如图 6-25 所示。具体步骤如下：

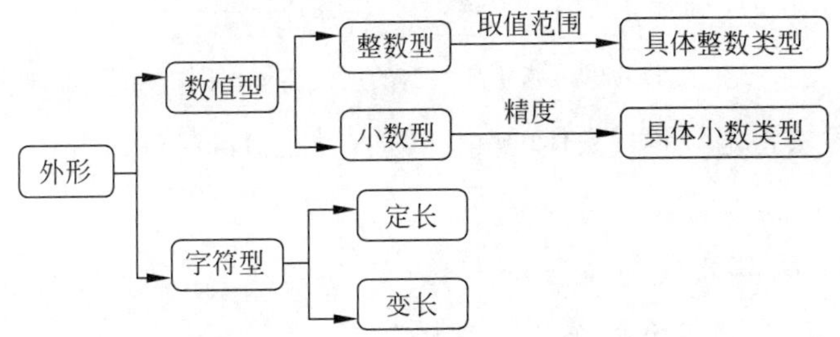

图 6-25　确定属性的数据类型步骤示意图

① 首先根据属性值的外形确定是数值型还是字符型。

② 如果是数值型，则根据数值数据是否有小数分为整数型和小数型。整数型又可以根据数据的取值范围来选择具体整数类型(Byte、Short Integer、Integer、Long Integer 之一)。小数型又可以根据精度的要求来选择具体小数类型(Float、Short Float、Long Float 之一)。

③ 如果是字符型，则根据字符数据的长度是否固定来决定使用定长字符型(Characters、Long Characters)还是变长字符型(Variable characters、Long Var characters、Text)。字符类型中字符数的最大长度根据现实字符数据的最大长度扩大 2 倍来确定。

例如，"用户_流水号"属性，根据其取值的外形可知是数值型，由于没有小数因此是整数型，根据其值没有取值范围要求，因此用最常用的 Integer 类型。

又例如，"用户_姓名"属性，根据其取值的外形可知是字符型，由于其数据中字符长度不固定因此为变长字符，根据其值没有取值范围要求，因此用最常用的 Variable characters 类型。

(4) 指定属性是否为关键属性，是否为空，以及是否显示出来。

在实体属性编辑界面中，每行属性的最后面都有 3 个复选框。第 1 个复选框的名称为 Mandatory(强制性的)，表示能否为空，选中表示不能为空，不选中表示可以为空。这里选中表示"用户_流水号"属性必须要输入值。第 2 个复选框的名称为 Primary Identifier(主要标识符)，表示是否是主属性，选中表示是主属性，不选中表示不是主属性。这里选中表示"用户_流水号"属性是"用户"实体的主属性。第 3 个复选框的名称为 Displayed(显示)，表示属性是否显示在实体框图中，默认是选中的表示显示在框图中。

操作结束后"用户_流水号"属性的信息如图 6-26 所示，单击"确定"按钮完成属性的指定。

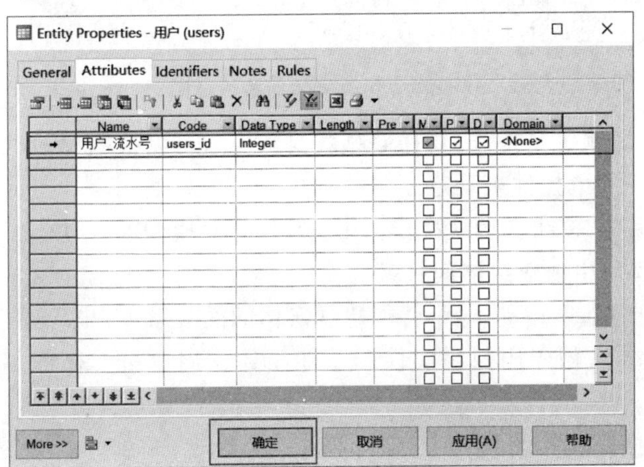

图 6-26　"用户_流水号"属性信息

属性指定完后,“用户”实体的框图如图 6-27 所示。

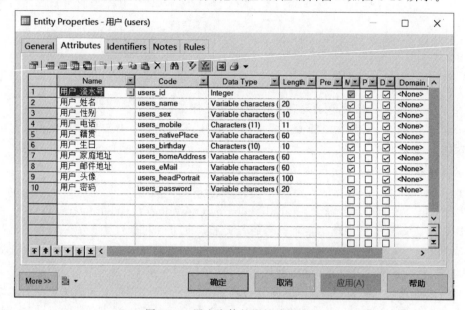

用户			
用户_流水号	<pi>	Integer	<M>
Identifier_1 <pi>			

图 6-27 指定属性后的用户实体框图

(5) 用同样的方法指定“用户”实体的其他属性,属性编辑窗口如图 6-28 所示。

Entity Properties - 用户 (users)

General | Attributes | Identifiers | Notes | Rules

	Name	Code	Data Type	Length	Pre	M	P	D	Domain
1	用户_流水号	users_id	Integer			☑	☑	☑	<None>
2	用户_姓名	users_name	Variable characters (	20		☑	☐	☑	<None>
3	用户_性别	users_sex	Variable characters (	10		☑	☐	☑	<None>
4	用户_电话	users_mobile	Characters (11)	11		☑	☐	☑	<None>
5	用户_籍贯	users_nativePlace	Variable characters (	60		☑	☐	☑	<None>
6	用户_生日	users_birthday	Characters (10)	10		☑	☐	☑	<None>
7	用户_家庭地址	users_homeAddress	Variable characters (	60		☑	☐	☑	<None>
8	用户_邮件地址	users_eMail	Variable characters (	60		☑	☐	☑	<None>
9	用户_头像	users_headPortrait	Variable characters (	100		☐	☐	☑	<None>
10	用户_密码	users_password	Variable characters (	20		☑	☐	☑	<None>

More >> 确定 取消 应用(A) 帮助

图 6-28 用户实体的属性编辑窗口

实体框图编辑结果如图 6-29 所示。

用户			
用户_流水号	<pi>	Integer	<M>
用户_姓名		Variable characters (20)	<M>
用户_性别		Variable characters (10)	<M>
用户_电话		Characters (11)	<M>
用户_籍贯		Variable characters (60)	<M>
用户_生日		Characters (10)	<M>
用户_家庭地址		Variable characters (60)	<M>
用户_邮件地址		Variable characters (60)	<M>
用户_头像		Variable characters (100)	
用户_密码		Variable characters (20)	<M>
Identifier_1 <pi>			

图 6-29 用户实体的最终框图

至于用户实体需要哪些属性(即要存储哪些要素值),可以根据 Web UI 原型中对应的“添加用户”功能页面上的表单控件来确定。

(6) 最后单击“保存”按钮或用快捷键 Ctrl+S 保存对模型的改动。

5. 在概念数据模型中创建实体间关系

在概念数据模型中创建好实体后,就能建立实体间的关系了,步骤如下:

(1) 仿照上面的方法创建用户组实体和功能实体。用户组实体的属性编辑窗口信息如图 6-30 所示。

功能实体的属性编辑窗口信息如图 6-31 所示。

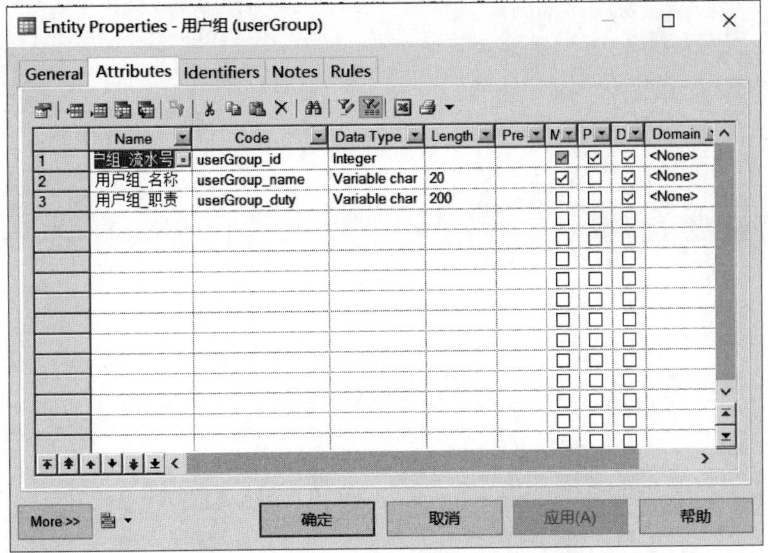

图 6-30　用户组实体的属性编辑窗口信息

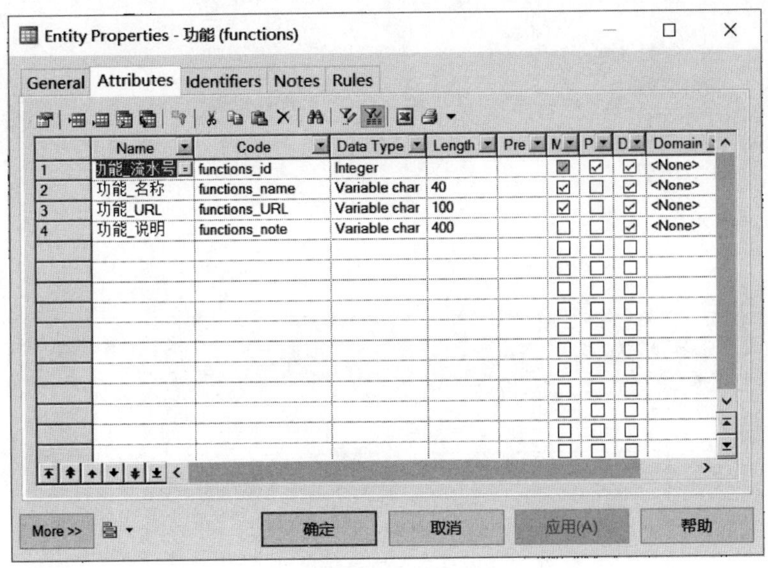

图 6-31　功能实体的属性编辑窗口信息

(2) 根据需求,一个用户属于一个用户组,一个用户组包含多个用户,因此"用户组"和"用户"实体之间是 1 ∶ m 关系。在 PowerDesigner 的工具箱中选择关系工具按钮并单击,如图 6-32 所示。

(3) 将光标移动到绘图板中的用户实体的内部(会发现光标外形变成了关系的外形,表示现在正在绘制关系),按住鼠标左键不放,拖动鼠标到用户组实体的内部,然后松开鼠标左键,这样就绘制出了用户和用户组实体之间的关系,如图 6-33 所示。如果不再绘制关系,则右击结束关系的绘制。

(4) 双击图 6-33 中的关系图形,可打开关系属性窗口,如图 6-34 所示。

图 6-32　关系工具按钮

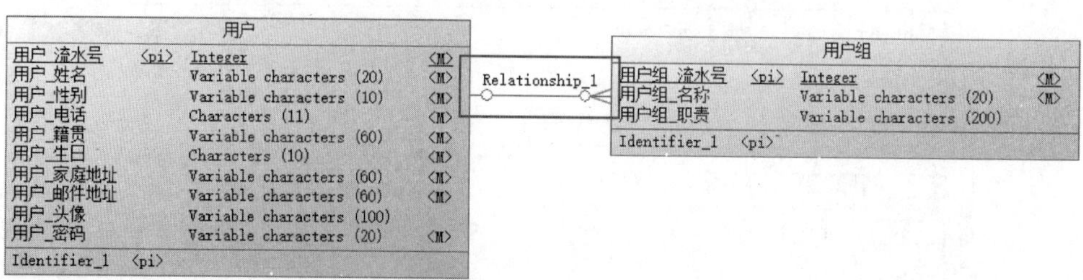

图 6-33　创建关系

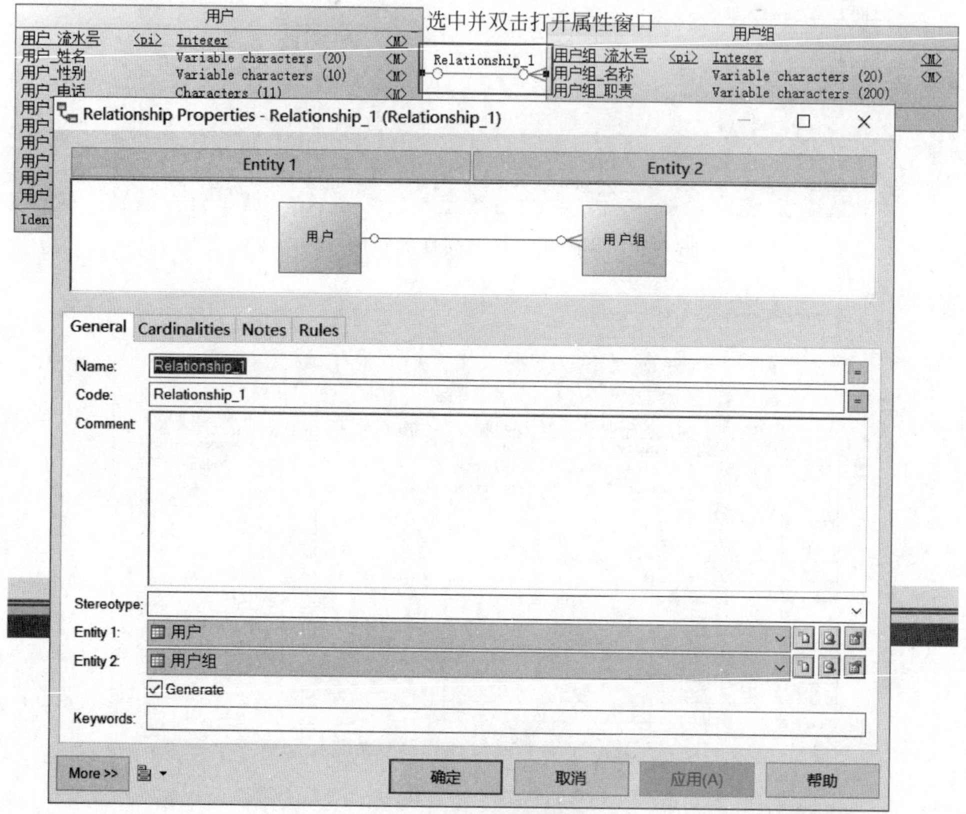

图 6-34　关系属性界面

(5) 在关系属性窗口的 General 界面，指定关系 Name 为"关系_用户_用户组"，Code 为 r_users_userGroup，如图 6-35 所示。

(6) 单击关系属性窗口 Cardinalities 选项卡，进入指定关系对应基数的界面，并在该界面的 Cardinalities 选项组中选择 Many-One 单选按钮，如图 6-36 所示。

(7) 最后在如图 6-36 所示的界面中单击"确定"按钮结束关系属性的指定，然后保存对模型的修改。

(8) 用同样的方法为用户组实体和功能实体创建多对多($m:n$)关系，此关系的 Name 和 Code 设置如图 6-37 所示，此关系的对应基数如图 6-38 所示。

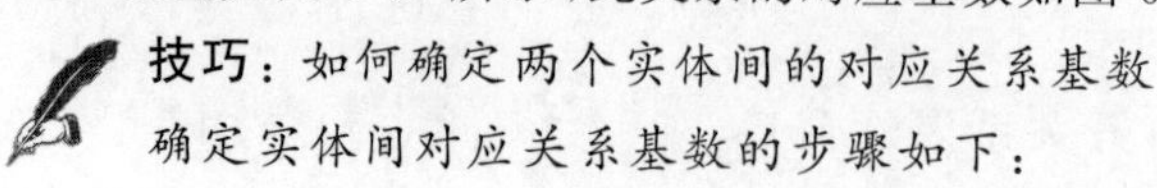

技巧：如何确定两个实体间的对应关系基数

确定实体间对应关系基数的步骤如下：

(1) 将单个双向关系拆分为 2 个单项关系，如图 6-39 中①所示。

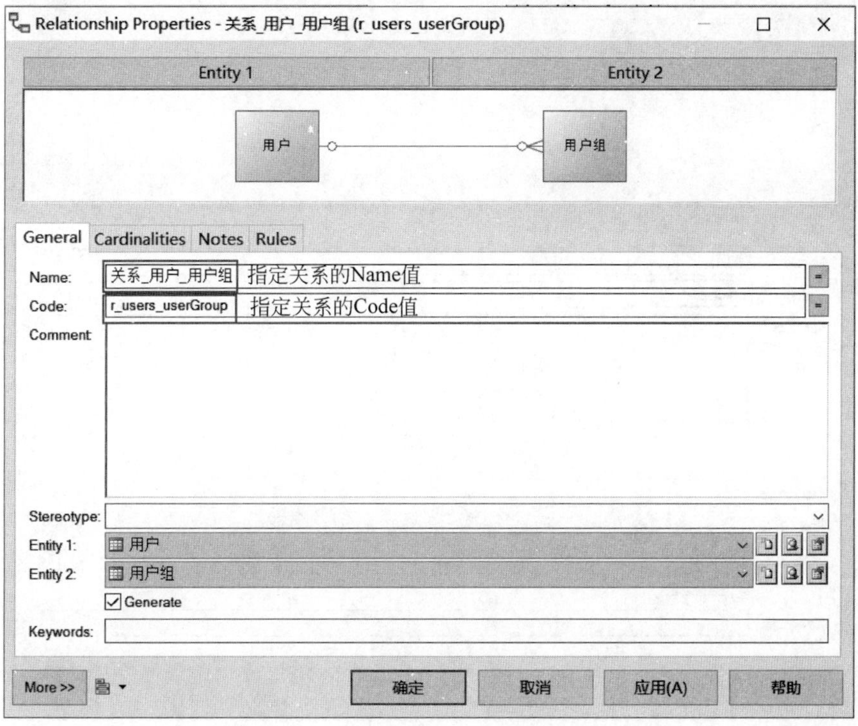

图 6-35　指定关系的 Name 和 Code

图 6-36　指定关系的对应基数

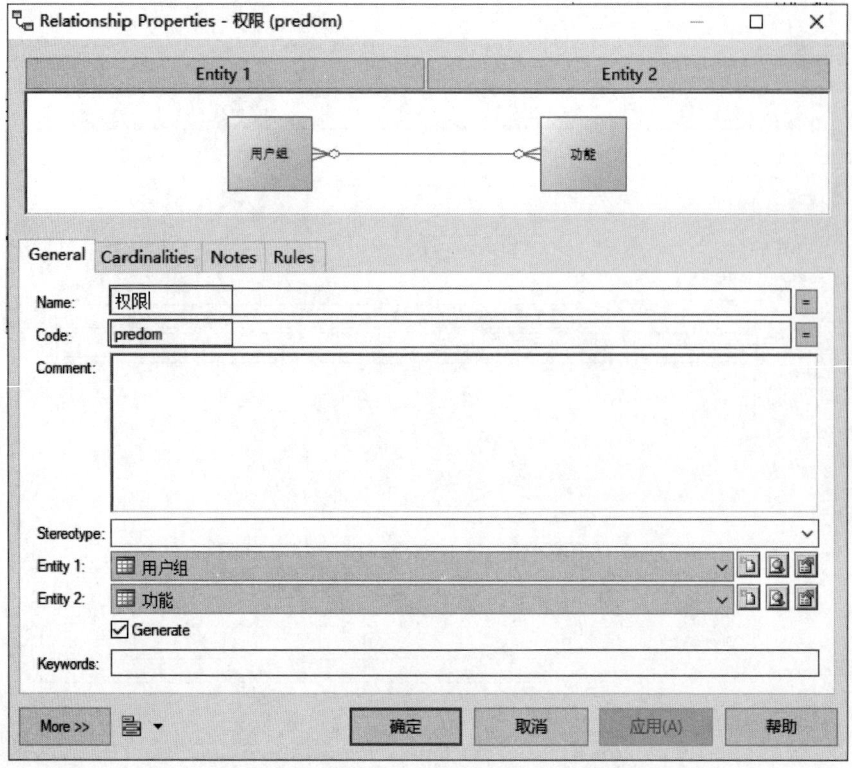

图 6-37　用户组和功能实体的关系属性名

图 6-38　用户组和功能实体的关系对应基数

(2) 在每个单项关系中,将起始点看作一,根据项目需求确定终点是一还是多(m),如图 6-39 中②所示。

(3) 最后将两个单向关系合成一个双向关系,合并时对应数量的合并只看基数,不看具体数值,如图 6-39 中③所示。

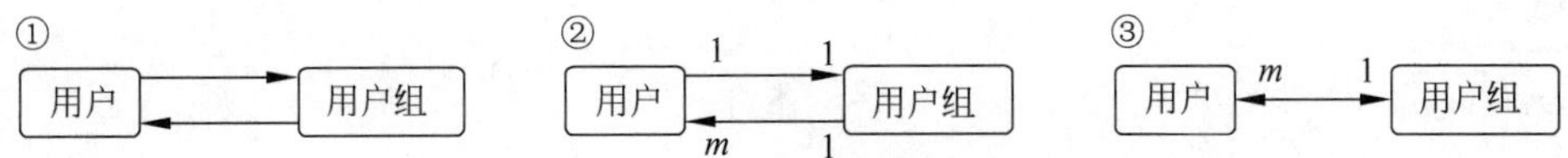

图 6-39 用户和用户组关系基数的确定方法示意图

6.3.3 用 PowerDesigner 设计物理数据模型

视频讲解

在 PowerDesigner 中设计好概念数据模型后,就可以使用 PowerDesigner 工具将之转化为对应的物理数据模型。转化规则是:实体转化为表,实体间的关系转化为表间的主外键参照。具体操作步骤分为如下 3 个大步骤。

(1) 检查概念数据模型。

(2) 将概念数据模型转化为对应的物理数据模型。

(3) 修改自动生成的物理数据模型。

下面依次讲解用 PowerDesigner 设计物理数据模型的每个步骤。

1. 检查概念数据模型

在将概念数据模型转化为物理数据模型之前,要对概念数据模型进行检查,没有错误才能转化。具体操作步骤如下:

(1) 在概念数据模型绘图板空白处右击,在弹出的菜单中选择 Check Model 命令,如图 6-40 所示。

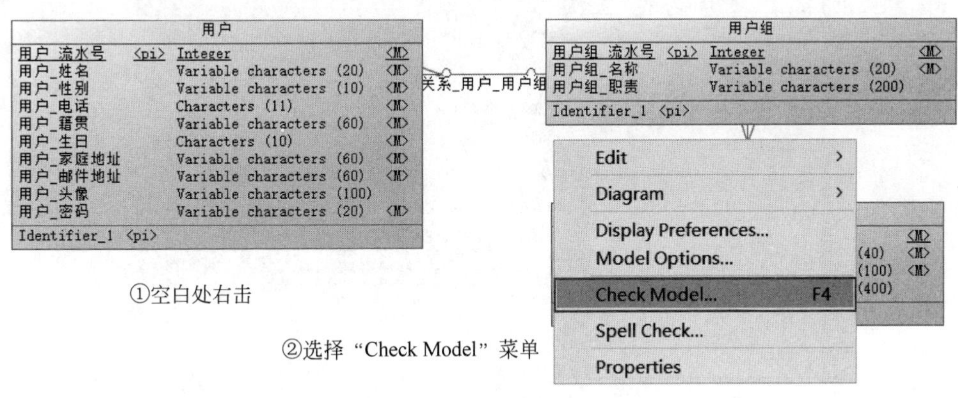

图 6-40 Check Model 命令

(2) 在弹出的 Check Model Parameters 界面单击"确定"按钮,如图 6-41 所示。

(3) 模型检查完后的结果如图 6-42 所示,表示模型无错,也无警告。

2. 将概念数据模型转化为对应的物理数据模型

概念数据模型没有错误后,就可以转化为物理数据模型,具体步骤如下:

(1) 打开概念数据模型,单击 PowerDesigner 的 Tools→Generate Physical Data Model 命令,如图 6-43 所示。

(2) 在弹出的 PDM Generation Options 对话框中的 DBMS 处选择 MySQL 5.0,将 Name 和 Code 都指定为 infoSubSysDemo,如图 6-44 所示。

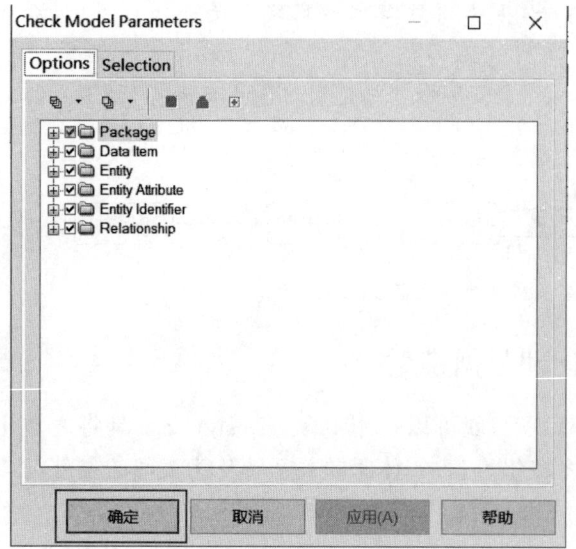

图 6-41 模型检查参数界面

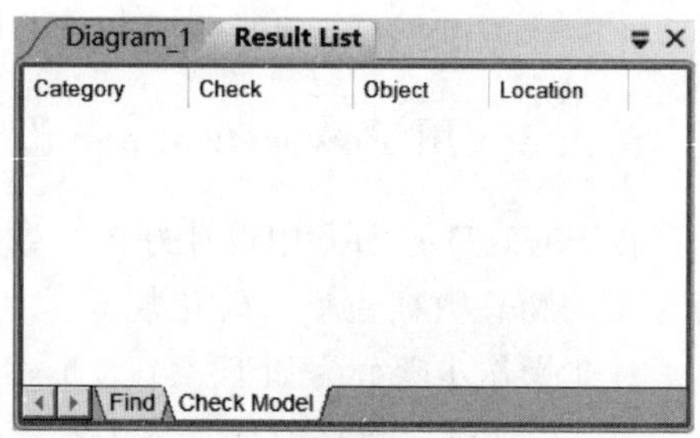

图 6-42 模型检查结果

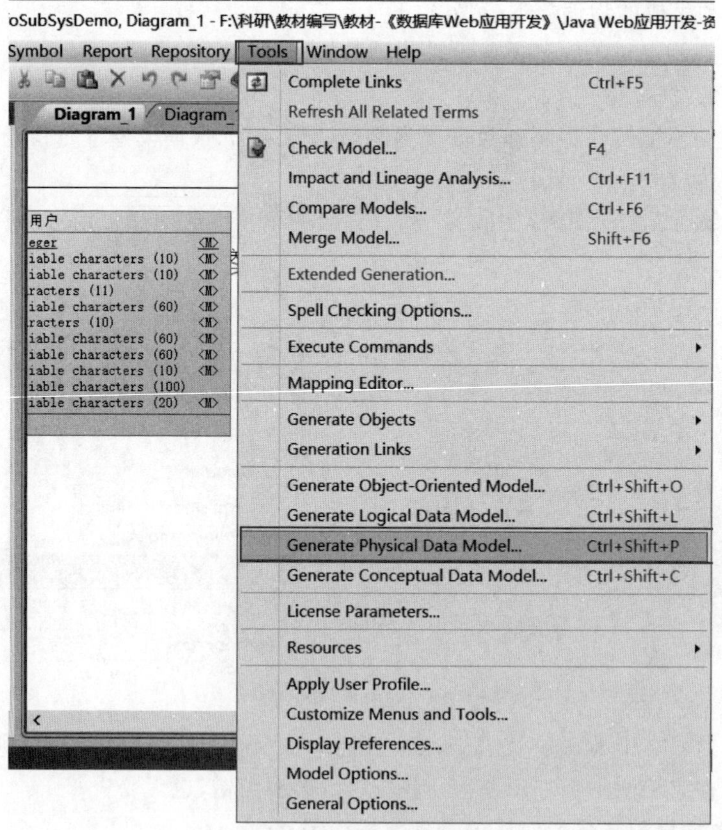

图 6-43 创建物理数据模型命令

(3) 在图 6-44 中，单击 Detail 选项卡，进入详情界面，在此界面中将主外键参照的更新和删除规则都更改为 Cascade，并单击“确定”按钮开始生成物理数据模型，如图 6-45 所示。

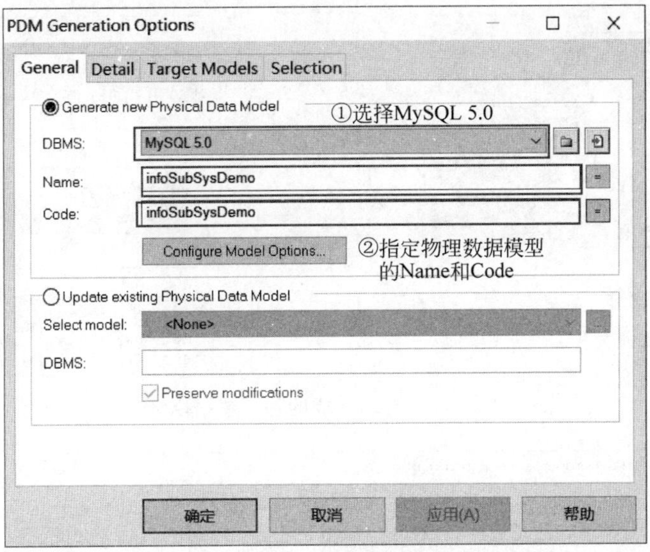

图 6-44　指定物理数据模型的信息

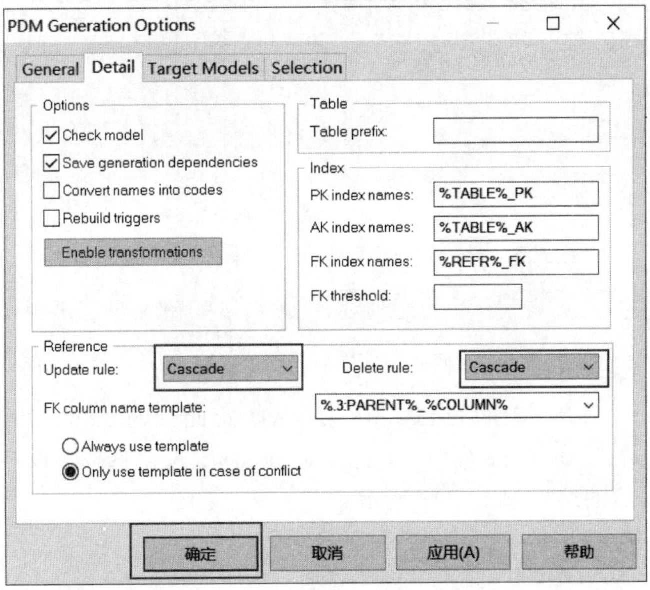

图 6-45　指定物理数据模型的参照规则

3. 修改自动生成的物理数据模型

自动生成的物理数据模型如图 6-46 所示。

对自动生成的物理数据模型一般还需要进行以下修改。

（1）修改中间关系表的联合主键为单一主键。

（2）设定流水号主键种子自增。

（3）为每个表的唯一字段设置唯一索引。

下面依次进行详细的讲解。

1）修改中间关系表的联合主键为单一主键

在物理数据模型中，修改中间关系表的联合主键为单一主键的步骤如下：

（1）在图 6-46 中，双击“权限”表，打开 Table Properties 界面，选择 Columns 选项卡，打开列编辑界面，在此界面中选中表格中的第一行，并单击 Insert a Row 按钮，如图 6-47 所示。

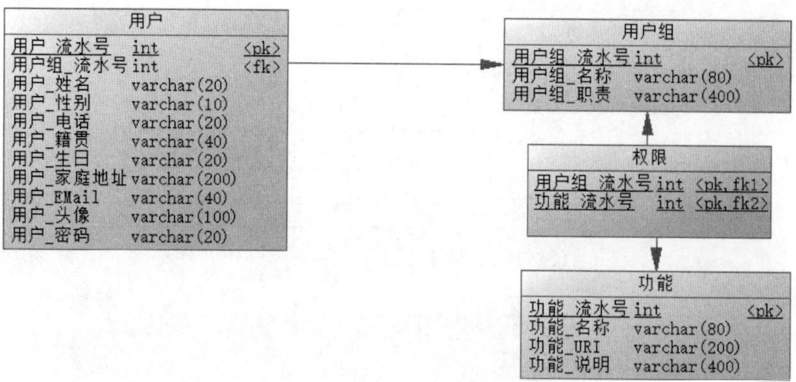

图 6-46 自动生成的物理数据模型

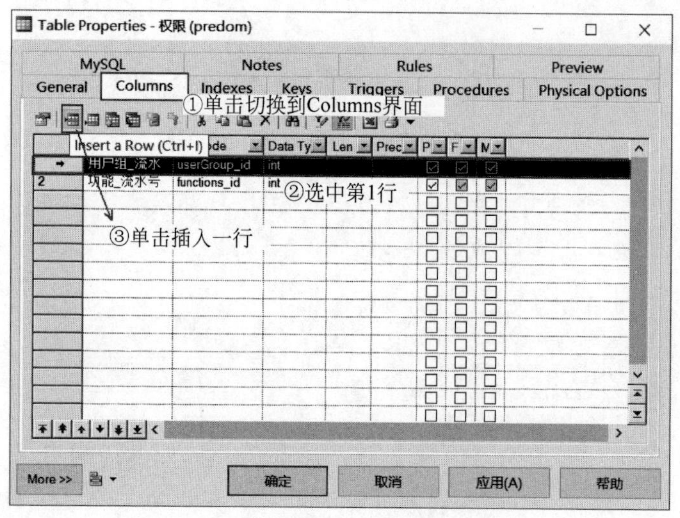

图 6-47 表的列编辑界面

(2) 单击 Insert a Row 按钮后会插入一新行,指定此行的 Name 列为“权限_流水号”、Code 列为 predom_id、Data Type 列为 int,选中 Primary key 复选框。取消选中原来的联合主键的主键复选框,最后的结果如图 6-48 所示。

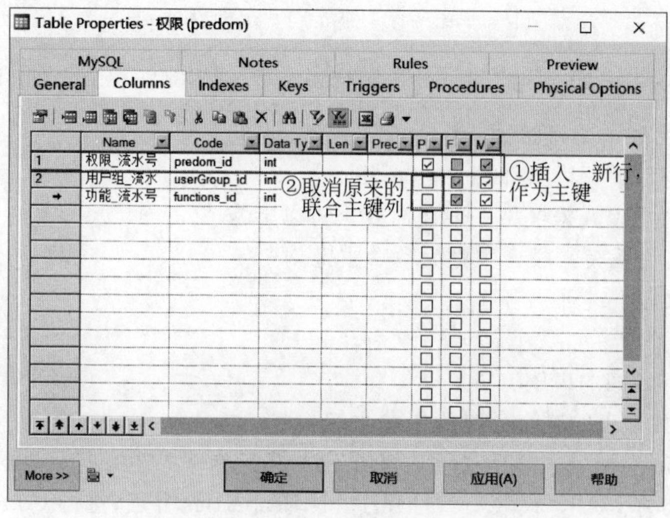

图 6-48 修改联合主键为单一主键

（3）单击图 6-48 中的“确定”按钮完成列的修改，并单击“保存”按钮保存对模型的修改。修改联合主键为单一主键后的物理模型如图 6-49 所示。

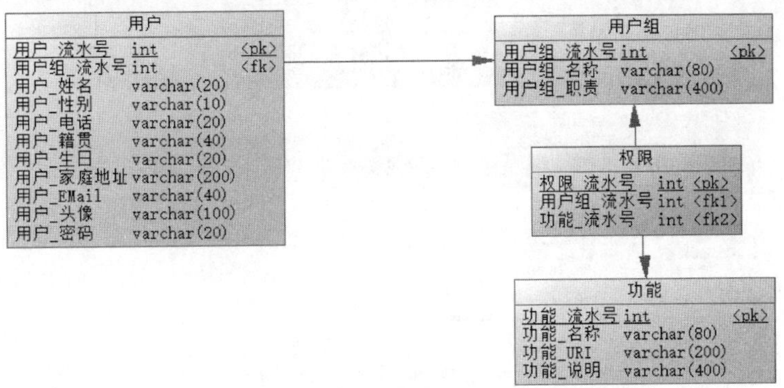

图 6-49　修改联合主键为单一主键后的物理模型

2）设定流水号主键种子自增

流水号表示记录入库的序号，可以让数据库根据最后一条记录的流水号值加 1 得到，即将流水号列设置为种子自增，设置步骤如下：

（1）选择“用户”表并双击，打开 Table Properties 界面。在此界面中首先选择 Columns 选项卡，然后选中主键流水号行“用户_流水号”，如图 6-50 所示。

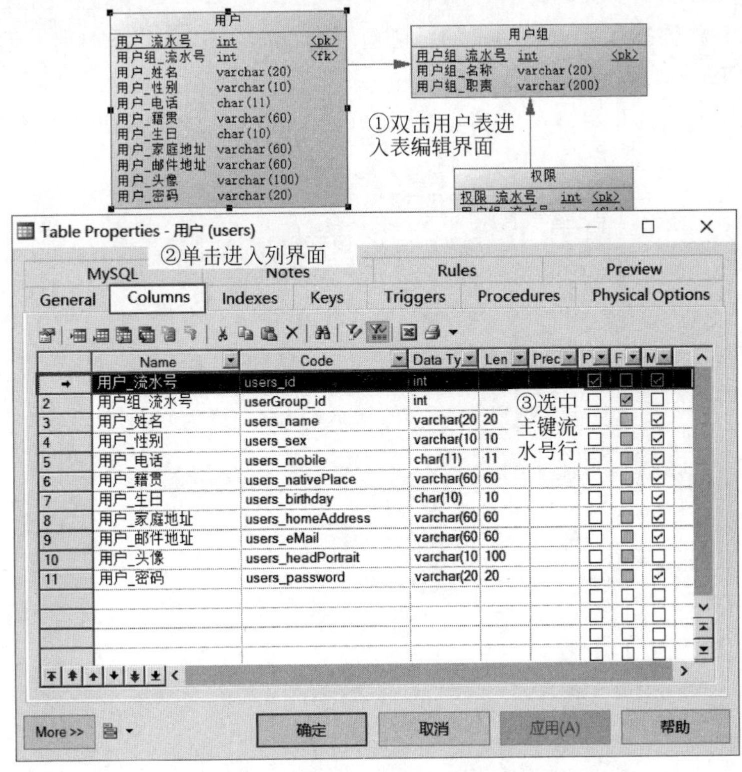

图 6-50　选择用户表的主键流水号行

（2）在图 6-50 中双击选择的主键流水号行，在打开的 Column Properties 界面中选中 Identity 复选框，最后单击“确定”按钮完成种子自增的设置，如图 6-51 所示。

（3）其他表的主键流水号的自增都采取此方法进行设置。

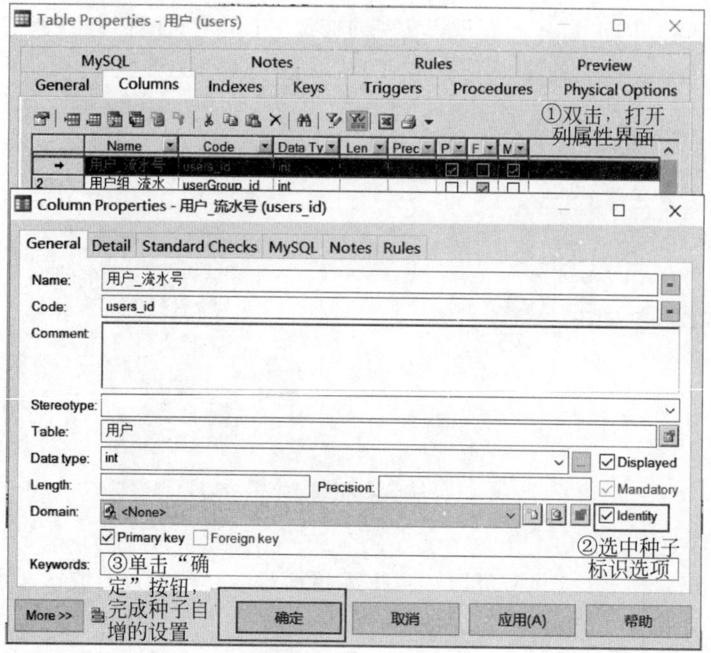

图 6-51 选中种子标识按钮

3）为每个表的唯一字段设置唯一索引

在表中，总有些数据列要求是唯一的，不能重复，此时可以通过添加唯一索引来完成此目标，操作步骤如下：

（1）双击用户表，打开用户表的属性界面，单击 Indexes 选项卡切换到索引编辑界面，如图 6-52 所示。

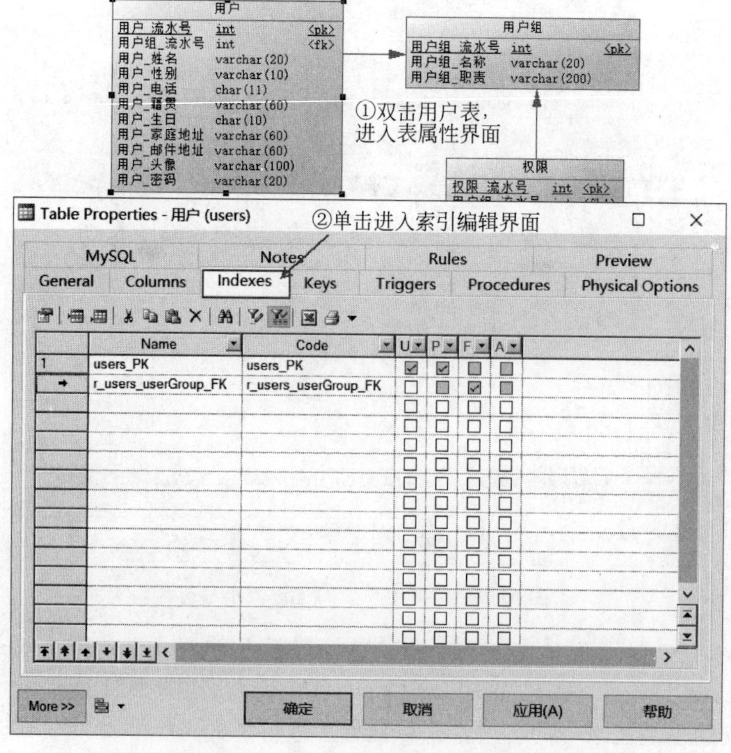

图 6-52 用户表的索引编辑界面

(2) 在图 6-52 中单击 Add a Row 按钮新增一索引,并指定此新增索引的 Name 和 Code 都为 users_mobile_UQ,然后选中 Unique 列下的复选按钮,如图 6-53 所示。

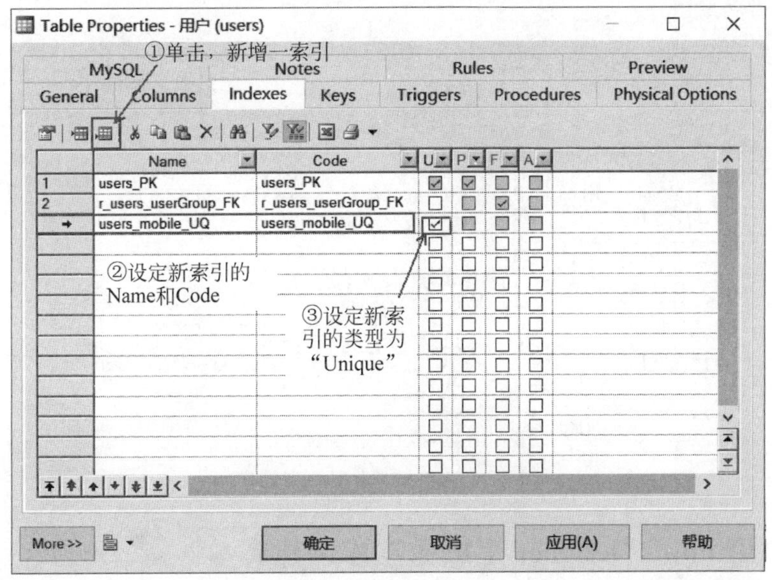

图 6-53 设置唯一索引信息

(3) 将新建的唯一索引与用户表的"用户_手机"列相关联,表示用户手机号不能重复。双击图 6-53 中的新建索引弹出确认界面,如图 6-54 所示。

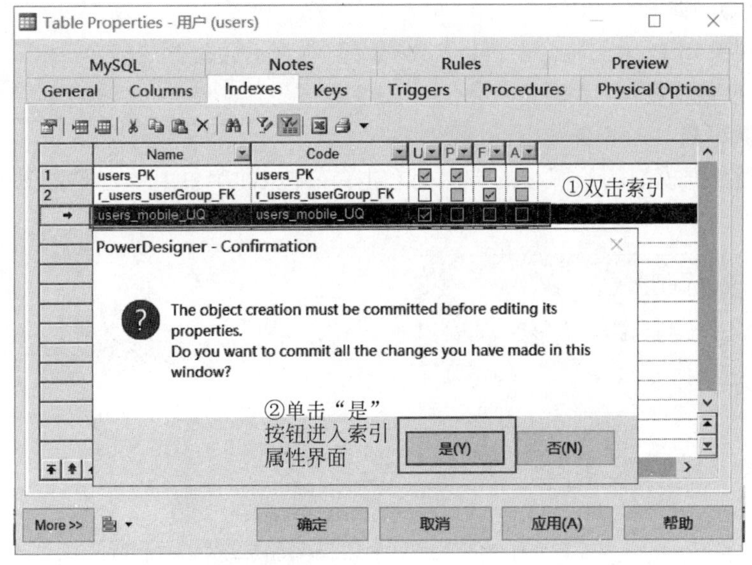

图 6-54 用户表的索引编辑界面

在确认界面中单击"是"按钮进入 Index Properties 界面,并单击 Columns 选项卡。在 Columns 界面单击 Add Columns 按钮,在打开的选择列的界面中,选择"用户_电话"列,然后单击 OK 按钮完成列的选择,最终单击"确定"按钮完成新建索引与列的绑定操作,如图 6-55 所示。

(4) 表中其他列或其他表中列的唯一索引也采取这样的方式创建。例如,用户表中的"用户_邮件地址"列、用户组表中的"用户组_名称"列、功能表中的"功能_URL"列。

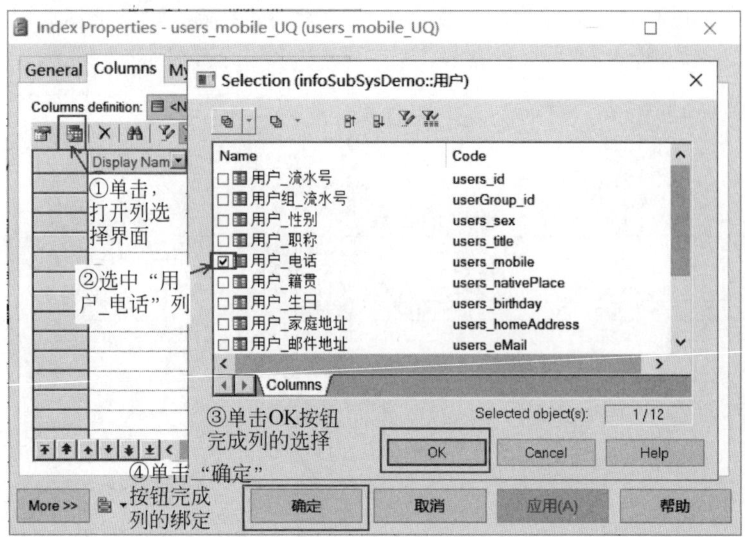

图 6-55 将唯一索引与列绑定

视频讲解

6.3.4 用 PowerDesigner 生成数据库创建脚本

当物理数据模型准备好后，PowerDesigner 就可以根据物理数据模型生成创建数据库的 SQL 脚本文件。操作步骤分为如下 2 个步骤。

(1) 检查物理数据模型。

(2) 生成 SQL 脚本文件。

下面依次讲解用 PowerDesigner 生成数据库创建脚本的具体步骤。

1) 检查物理数据模型

检查物理数据模型的步骤如下：

(1) 在物理数据模型的绘图板的空白处右击，在弹出的菜单中单击 Check Model 命令，如图 6-56 所示。

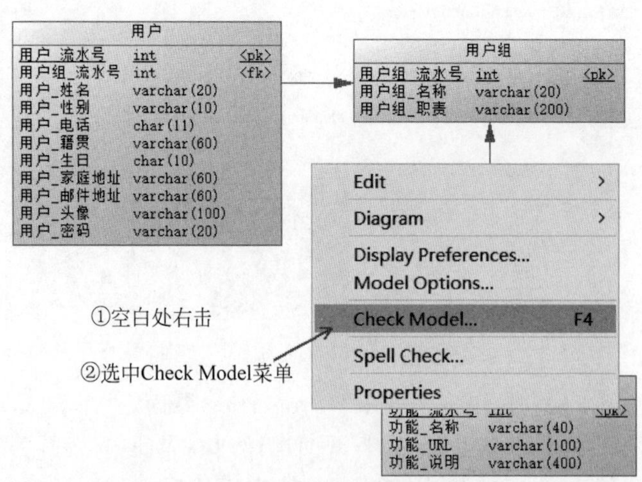

图 6-56 物理数据模型的检查菜单

(2) 在弹出的 Check Model Parameters 界面单击“确定”按钮开始检查模型，如图 6-57 所示。

(3) 如果模型检查结果如图 6-58 所示，则表示物理数据模型没有错误和警告。

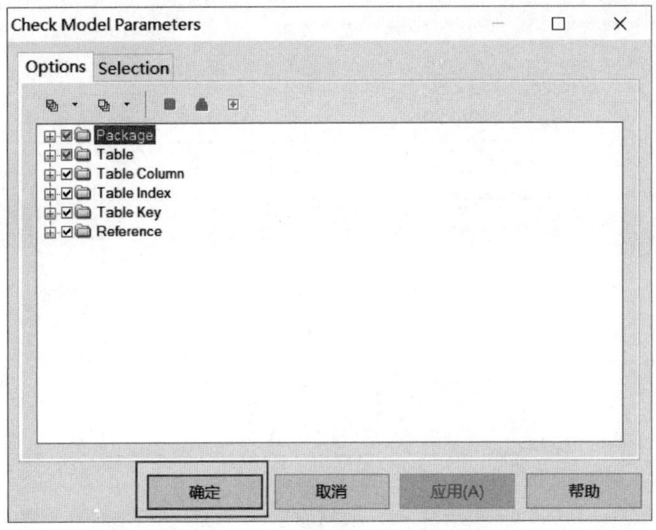

图 6-57　物理模型检查参数界面

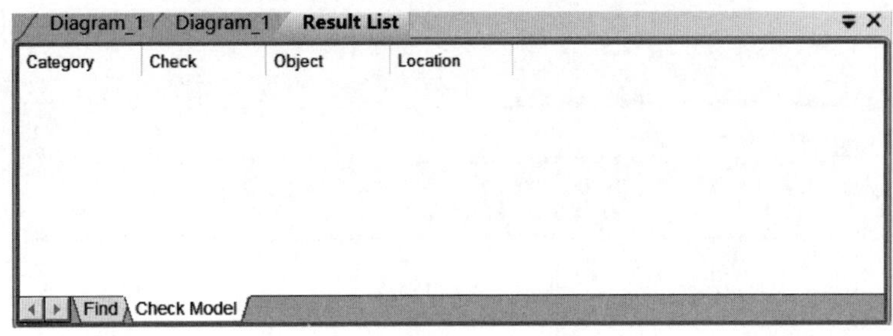

图 6-58　物理数据模型检查结果

2）生成 SQL 脚本文件

生成 SQL 脚本文件的步骤如下：

(1) 在物理数据模型界面，单击 Database→Generate Database 命令，如图 6-59 所示。

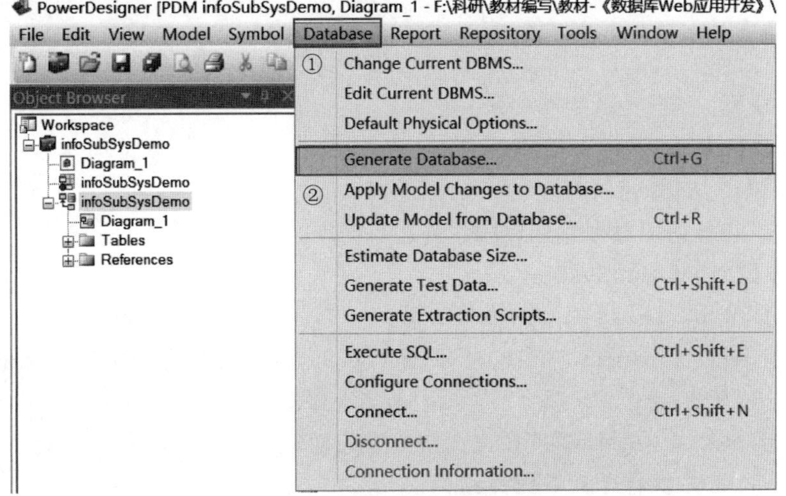

图 6-59　生成数据库菜单

(2) 在打开的 Database Generation 界面中指定 SQL 脚本文件存放目录和 SQL 脚本文件名后，单击“确定”按钮开始创建数据库的 SQL 脚本文件，如图 6-60 所示。

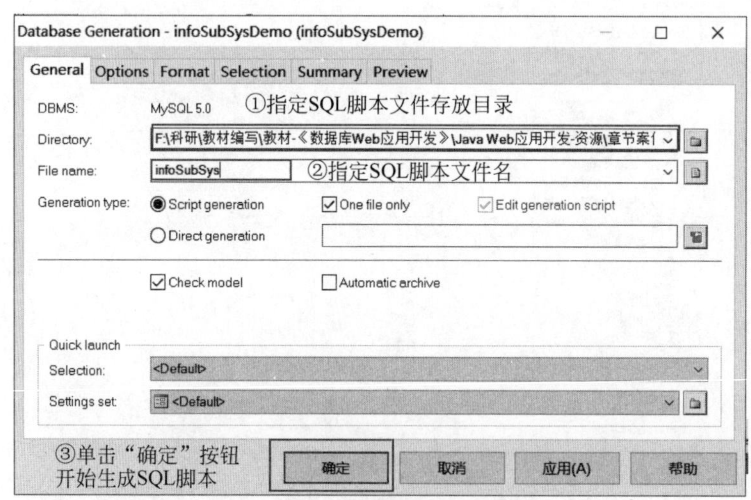

图 6-60 数据库创建界面

(3) 当 SQL 脚本文件创建完成后，弹出图 6-61 所示的提示框，单击 Edit 按钮可以在记事本中查看生成的 SQL 文件脚本代码，如图 6-61 中②所示。

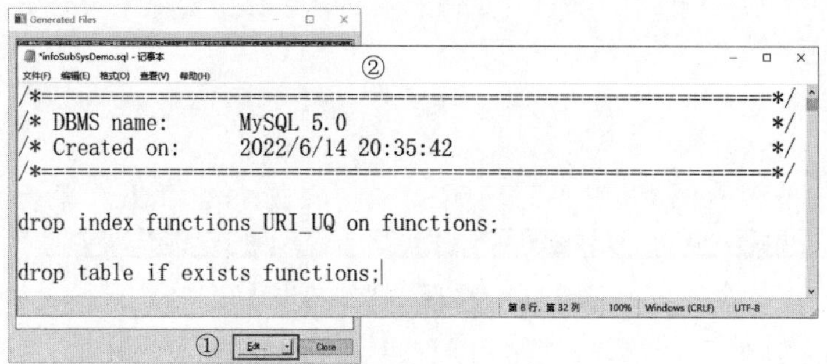

图 6-61 查看生成的 SQL 脚本文件

视频讲解

6.4 创建数据库

有了数据库的创建 SQL 脚本文件后，就可以执行此脚本文件来创建数据库了。具体操作分为如下两个步骤。

(1) 新建数据库 infoSubSysDemo。

(2) 执行 SQL 脚本文件创建数据库结构。

下面依次讲解如何用数据库创建脚本创建数据库。

1. 新建数据库 infoSubSysDemo

新建数据库 infoSubSysDemo 的步骤如下：

(1) 打开 Navicat Premium，连接本地 MySQL 服务器，然后新建数据库 infoSubSysDemo，数据库信息如图 6-62 所示。

(2) 单击图 6-62 中的“确定”按钮完成数据库的创建。

2. 执行 SQL 脚本文件创建数据库结构

执行 SQL 脚本文件创建数据库结构的步骤如下：

(1) 双击数据库列表中的 infoSubSysDemo 数据库，打开此数据库，如图 6-63 所示。

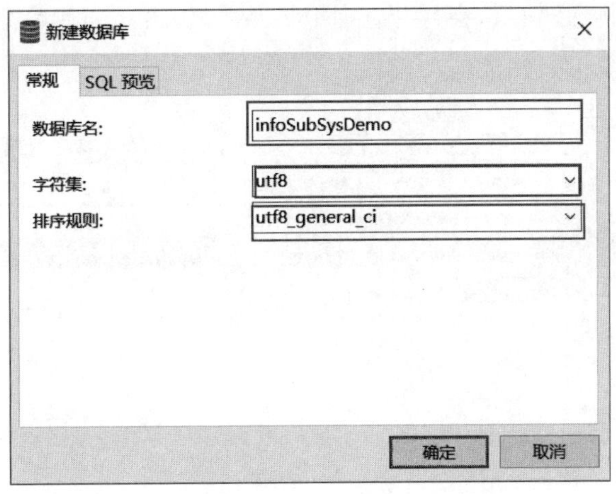

图 6-62　新建 infoSubSysDemo 数据库

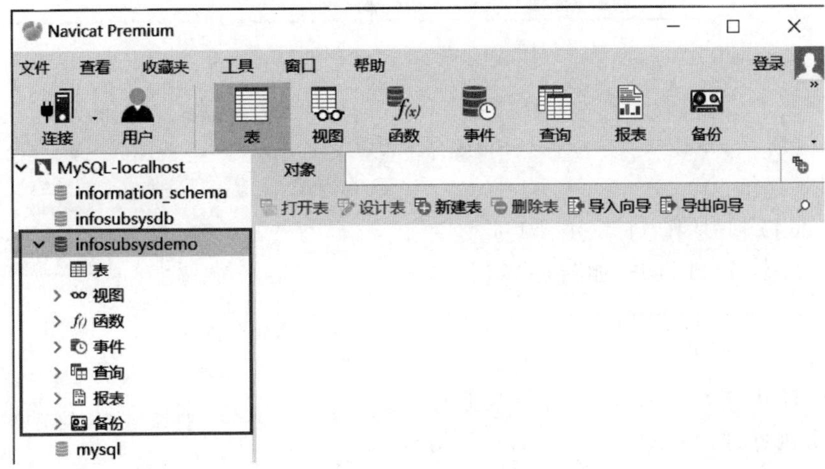

图 6-63　打开 infoSubSysDemo 数据库

(2) 单击"查询"工具按钮，然后在打开的查询工具列表中单击"新建查询"按钮，如图 6-64 所示。

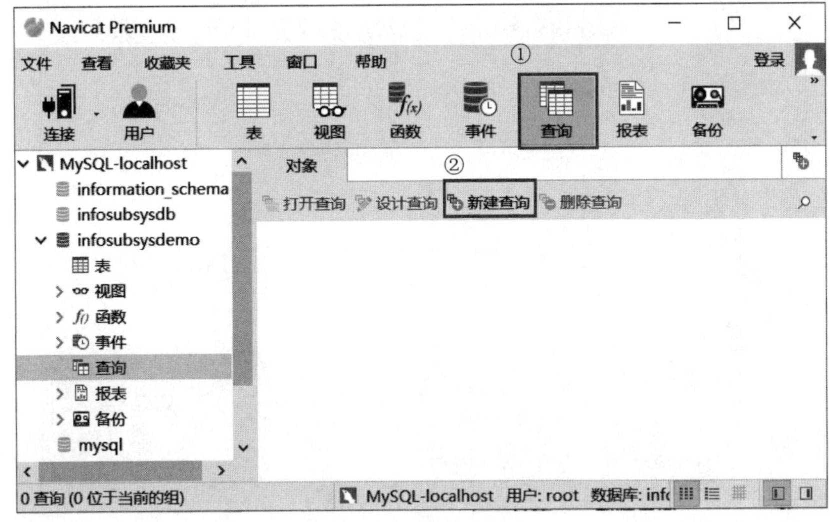

图 6-64　新建查询按钮

(3) 单击“新建查询”按钮后，会打开查询工具界面，如图 6-65 所示。

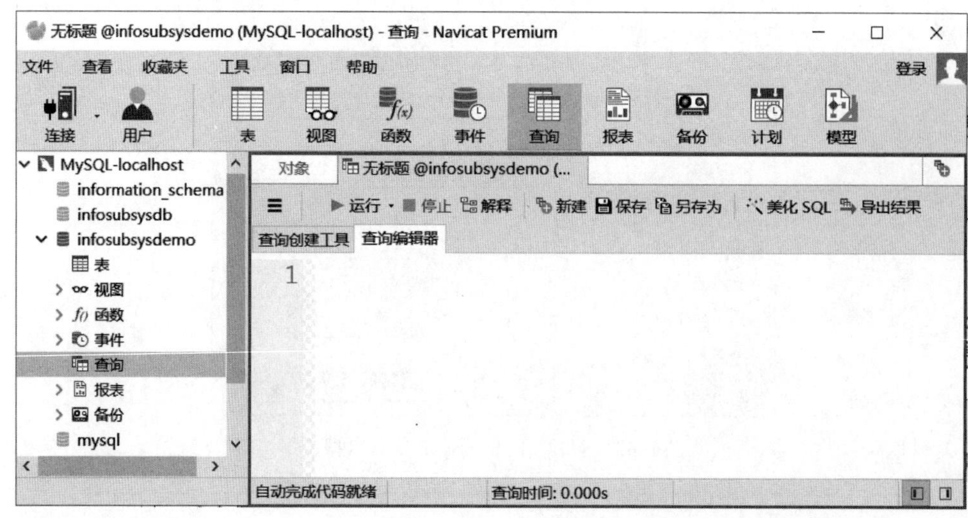

图 6-65 查询工具界面

(4) 在查询工具界面中导入 SQL 脚本文件。如图 6-66 所示，单击文件→导入 SQL 命令，打开文件选择框。

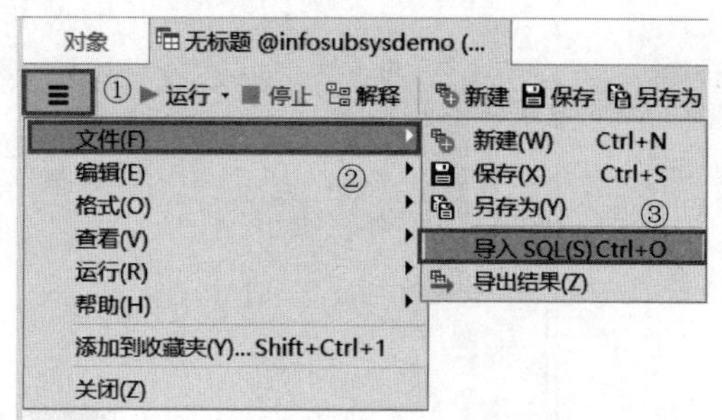

图 6-66 打开外部文件菜单

在文件选择框中找到 SQL 脚本文件 infoSubSysDemo.sql，并打开，如图 6-67 所示。

在查询工具中打开 infoSubSysDemo.sql 的最终结果如图 6-68 所示。

(5) 执行打开的 SQL 脚本文件创建数据库结构。首次执行时，将 SQL 文件中开始部分的所有 drop 代码删除，如图 6-69 所示。

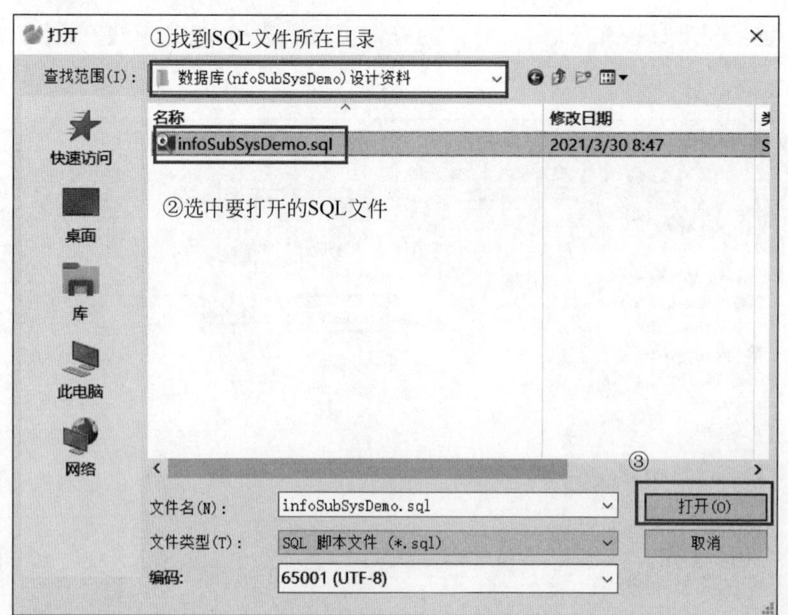

图 6-67 选择要打开的 SQL 脚本文件

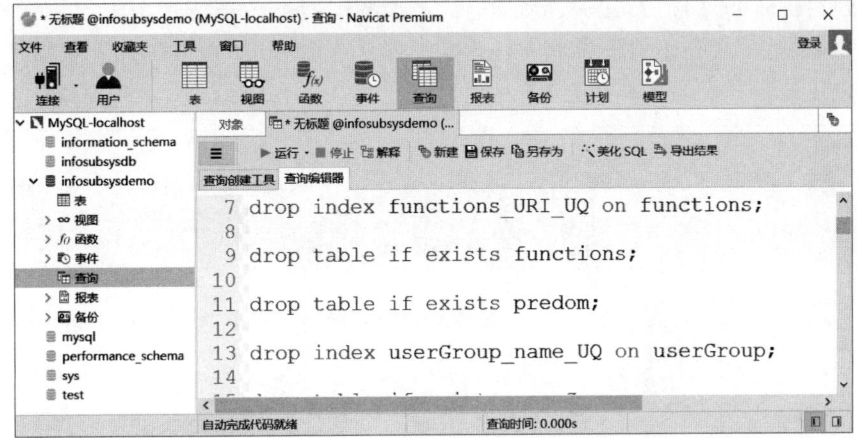

图 6-68 在查询工具中打开 SQL 文件的最终结果

```
drop index functions_URI_UQ on functions;

drop table if exists functions;

drop table if exists predom;

drop index userGroup_name_UQ on userGroup;

drop table if exists userGroup;

drop index users_EMail_UQ on users;

drop index users_mobile_UQ on users;

drop table if exists users;

/*==========================================================
```

首次执行时需删除

图 6-69 删除 drop 语句

删除完所有 drop 代码后，单击查询工具栏中的“运行”按钮，如图 6-70 所示。

```
/*==========================================================
/* Table: functions
/*==========================================================
create table functions
(
   functions_id         int not null auto_increment,
   functions_name       varchar(80) not null,
   functions_URI        varchar(200) not null,
   functions_note       varchar(400),
   primary key (functions_id)
);

/*==========================================================
/* Index: functions_URI_UQ
/*==========================================================
create unique index functions_URI_UQ on functions
(
   functions_URI
```

图 6-70 单击“运行”按钮

正确执行完SQL文件后，先关闭数据库infoSubSysDemo(右击此数据库，在弹出的菜单中单击"关闭数据库"命令)，然后再双击打开数据库。这时infoSubSysDemo数据库中就有上面用SQL创建的表和表间关系了，如图6-71所示。

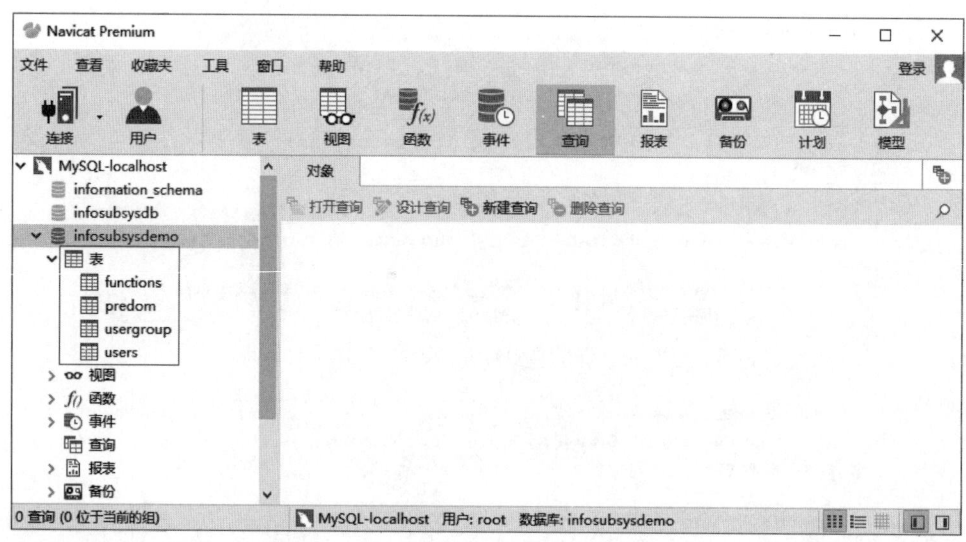

图6-71 查看用创建脚本创建的数据库

6.5 数据库可行性分析

数据库创建好后并不能立即交付给客户使用，因为此时还无法保证需求中要求的数据操作都能在当前数据库中完成，无法保证使用当前数据库进行编码实现时没有问题(例如，该存的数据是否能存入，存入的数据是否能取出等)。因此在交付数据库之前要进行评审和数据库的可行性分析。

数据库可行性分析的评判标准是：设计的数据库能完成所有功能中的所有数据操作。但是如何进行数据库可行性分析呢？

我们知道，数据库中数据的常用操作有插入数据记录(INSERT)、查询数据记录(READ)、修改数据记录(UPDATE)和删除数据记录(DELETE)，通常将这4类操作简称为CRUD。可以通过SQL语句中的DML语句来实现这些数据操作，其中通过INSERT语句实现插入数据记录、通过UPDATE语句实现更新数据记录、通过DELETE语句实现删除数据记录，通过SELECT语句实现查询数据记录。

因此可以通过运行实现数据库操作的SQL语句来达到对数据库进行可行性分析的目的。具体来说，如果一个功能中的所有数据库操作都能用SQL模拟实现，那么此数据库对此功能可行。如果一个模块下的所有功能都能用SQL模拟实现则此模块可行。同理，如果一个子系统下的所有模块都能用SQL模拟实现则此子系统可行。如果系统中的所有子系统都能用SQL模拟实现那么整个系统就可行。总而言之，数据库的可行性分析就是编写每个功能中所有数据库操作的SQL语句。

读者如果不熟悉SQL，请扫描左侧的二维码进行自学。

自学资料

本章小结

本章首先讲解了数据库设计理论，包括数据库概念模型、数据库物理模型、数据库设计步骤；然后详细讲解了如何用PowerDesigner设计数据库，包括如何用PowerDesigner设计概念数据模型，用概念数据模型生成物理数据模型，对生成的数据物理模型进行修改，用物理数据模型生成数据库的创建脚本，用创建脚本创建数据库；最后讲解了如何对数据库进行可行性分析。

读者学完本章内容后不仅能掌握如何设计数据库，还能掌握如何对数据库进行可行性分析，为下一篇（数据库 JDBC 编码）的学习打下基础。

习题

一、单项选择题

1. 下列(　　)不能称为实体。

A. 班级　　B. 专业　　C. 图书　　D. 姓名

2. 在数据库建模的过程中，E-R 图属于(　　)的产物。

A. 物理模型　　B. 逻辑模型　　C. 概念模型　　D. 以上答案都不正确

3. 一件商品仅有一个分类，而一个分类可有多件商品，则商品与分类的关系是(　　)。

A. 1∶1　　B. 1∶n　　C. n∶1　　D. n∶m

4. 在数据库设计中，概念数据模型中的 1∶n 关系转化为物理数据模型时的规则是(　　)。

A. 将 1 端表的主键放到 n 端表中作外键

B. 将 n 端表的主键放到 1 端表中作外键

C. 用中间关系表实现

D. 将任意一端表主键放到另外一端表作外键

5. 在数据库设计中，概念数据模型中的 m∶n 关系转化为物理模型时的规则是(　　)。

A. 将 1 端表的主键放到 n 端表中作外键

B. 将 n 端表的主键放到 1 端表中作外键

C. 用中间关系表实现

D. 将任意一端表主键放到另外一端表作外键

6. 下面关于数据查询的描述正确的是(　　)。

A. 查询数据的条件仅能实现相等的判断

B. 查询的数据必须包括表中的所有字段

C. 星号“*”通配符代替数据表中的所有字段名

D. 以上答案都正确

7. 有订单表 order，包含用户信息 uid，商品信息 gid，以下(　　)语句能够返回至少被购买两次的商品 id。

A. SELECT gid FROM order WHERE COUNT(gid)>1;

B. SELECT gid FROM order WHERE MAX(gid)>1;

C. SELECT gid FROM order GROUP BY gid HAVING COUNT(gid)>1;

D. SELECT gid FROM order WHERE HAVING COUNT(gid)>1 GROUP BY gid;

8. 下面在 sh_goods 表中根据 cat_id 升序排序，并对每个 cat_id 按 price 降序排序的语句是(　　)。

A. SELECT * FROM sh_goods ORDER BY price DESC,cat_id;

B. SELECT * FROM sh_goods ORDER BY price ,cat_id;

C. SELECT * FROM sh_goods ORDER BY cat_id,price DESC;

D. SELECT * FROM sh_goods ORDER BY cat_id DESC,price;

9. 下面对“ORDER BY pno,level”描述正确的是(　　)。
   A. 先按 level 全部升序后,再按 pno 升序
   B. 先按 level 升序后,相同的 level 再按 pno 升序
   C. 先按 pno 全部升序后,再按 level 升序
   D. 先按 pno 升序后,相同的 pno 再按 level 升序
10. 关于“SELECT * FROM tb_book LIMIT 5,10”描述正确的是(　　)。
   A. 获取第 6 条到第 10 条记录　　B. 获取第 5 条到第 10 条记录
   C. 获取第 6 条到第 15 条记录　　D. 获取第 5 条到第 15 条记录
11. 以下与“price>=599 && price<=1299”功能相同的选项是(　　)。
   A. price BETWEEN 599 AND 1299　　B. price IN(599,1299)
   C. 599<=price<=1299　　D. 以上答案都不正确
12. 下列选项中,(　　)可返回表中指定字段的平均值。
   A. MAX()　　B. MIN()　　C. AVG()　　D. SUM()
13. 下面关于“表 1 LEFT JOIN 表 2”的说法错误的是(　　)。
   A. 连接结果中只会保留表 2 中符合连接条件的记录
   B. 连接结果会保留所有表中的所有记录
   C. LEFT JOIN 可用 LEFT OUTER JOIN 代替
   D. 以上说法都不正确
14. 左外连接查询时,使用(　　)设置主表和从表连接的条件。
   A. WHERE　　B. ON　　C. USING　　D. HAVING
15. 以下哪些表的操作可用于创建视图?(　　)
   A. UPDATE　　B. DELETE　　C. INSERT　　D. SELECT

二、判断题

1. 学生与课程之间选课关系属于一对多的联系。(　　)
2. 修改数据时若未带 WHERE 条件,则表中对应字段都会被改为统一的值。(　　)
3. 在多数据插入时,若一条数据插入失败,则整个插入语句都会失败。(　　)
4. MySQL 中为所有字段插入记录时,省略字段名称,必须严格按照数据表结构插入对应的值。(　　)
5. 通常 Web 服务器管理用户上传的图片,数据库只保存它们的引用路径。(　　)
6. 插入数据时 VALUES 后的数据只需与“INSERT INTO 表”后设置的字段相对应即可。(　　)
7. 多个字段排序时只能统一设置为升序或降序。(　　)
8. WHERE 可在数据排序前对查询的数据进行筛选。(　　)
9. MySQL 默认查询会去除重复记录,只保留一条。(　　)
10. HAVING 分组筛选操作时不能使用 AS 设置的别名。(　　)
11. 左连接“表 1 LEFT JOIN 表 2”可与“表 2 RIGHT JOIN 表 1”互换使用。(　　)
12. 一个具有外键约束的从表在添加数据时,会自动为主表添加不存在的数据。(　　)
13. 删除视图同样也会删除视图依赖的数据表。(　　)
14. 用 ALTER VIEW 可修改视图的名称。(　　)
15. 联合查询必须保证查询字段的数量相同。(　　)

三、填空题

1. E-R 模型中 E 表示________,R 表示________。
2. 在 E-R 模型中,R 有一对一、________、多对一、________ 4 种。
3. 在将概念模型转化为物理模型时,实体会转化为________,关系会转化为________。
4. 在将概念模型转化为物理模型时,1 ∶ m 关系转化时会将________端主键放在________端作为外键。
5. 在将概念模型转化为物理模型时,m ∶ n 关系转化时会用________实现。
6. MySQL 提供________语句用于删除表中的数据。
7. 未添加数据的字段系统会自动为该字段添加默认值________。
8. LIKE 的匹配模式符________表示匹配任意 0 到多个字符。
9. 在 SUM()函数参数前添加________,表示对不重复的记录进行累加。
10. 表中已有的主键与插入的主键相同时将发生________问题。
11. 聚合函数________可在分组后将指定字段值连接成一个字符串。
12. MySQL 中数据的默认排序关键字是________。
13. MySQL 中外连接分为________和________。
14. 实现联合查询的关键字是________。
15. 在右外连接中,从表与主表不匹配的字段会被默认设置为________值。

四、简答题

1. 简述将概念模型转化为物理模型时,1 ∶ 1、1 ∶ m、m ∶ n 的转换规则。
2. 简述数据库设计的简化步骤。
3. 简述 HAVING 与 WHERE 的区别。
4. 简述 WHERE 与内连接查询中 ON 的区别。
5. 简述视图和基本表的区别。

第 7 章

综合实践二

读者在第 5 章中学习了 MySQL 数据库服务器的安装、配置和常用操作，在第 6 章中学习了如何设计数据库，如何对数据库进行可行性分析。但是在第 6 章中讲解如何设计数据库时，只以用户实体、用户组实体、功能实体以及它们的关系为例来进行讲解，而没有讲解本书案例项目 infoSubSys 的完整数据设计。因此本章作为第二篇的结尾章节，将讲解案例项目 infoSubSys 的完整数据库的设计、案例项目 infoSubSys 的完整数据库可行性分析，并将这两部分的实践内容作为本篇的项目作业。

学习目标

(1) 理解案例项目数据库的完整设计。

(2) 掌握案例项目数据库的可行性分析。

7.1 案例项目数据库的完整设计

视频讲解

在第 6 章中以用户实体、用户组实体、功能实体以及这 3 个实体间的关系为例讲解了，如何用 PowerDesigner 设计数据库的概念模型、物理模型，如何生成数据库的创建脚本以及创建数据库，但是对完整项目的数据设计和最终完整的项目数据库还没有讲解，下面将分别介绍。

7.1.1 概念数据模型设计

案例项目 infoSubSys 的完整概念数据模型如图 7-1 所示。

根据案例项目 infoSubSys 的需求，在图 7-1 中，

(1) 用户分为学生和教师两大类，图中用户实体存放学生和教师的公共信息，而教师实体和学生实体分别存放教师和学生的特有信息。用户实体和教师实体、学生实体间是一对一关系。

(2) 因为需求中教师可以担任多个职务，因此用户实体和职务实体间是多对多关系。

(3) 一个教学团队管理多个教师，一个教师隶属于一个教学团队，因此教师实体和教学团队实体间是多对一的隶属关系。

(4) 一个教学团队下辖多个专业，一个专业被一个教学团队管理，因此教学团队实体和专业实体间是一对多的设置关系。

(5) 一个专业可以招生多个年级专业，而一个年级专业只对应一个专业，因此专业实体和年级专业实体间是一对多的招生关系。

(6) 一个年级专业可以开设多个班级，而一个班级只隶属于一个年级专业，因此班级实体和年级专业实体间是多对一的开班关系。

(7) 一个班级可以有辅导员教师和专业指导教师，而一个教师可以指导多个班级，因此班级实体和教师实体是多对多的指导关系，图中用一个中间实体(教师班级)将此多对多关系转化为两个一对多关系。

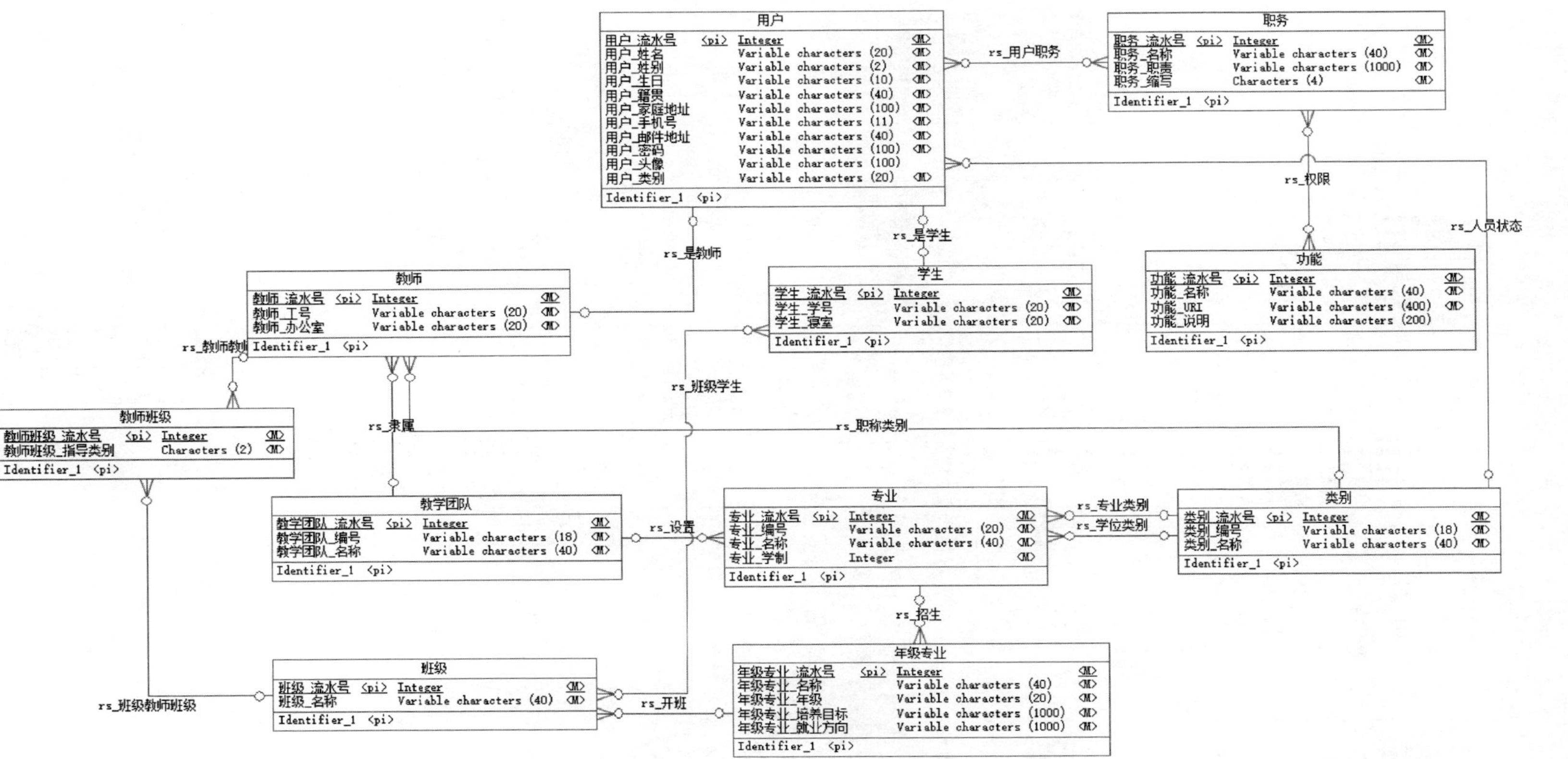

图 7-1 案例项目 infoSubSys 完整的概念数据模型图

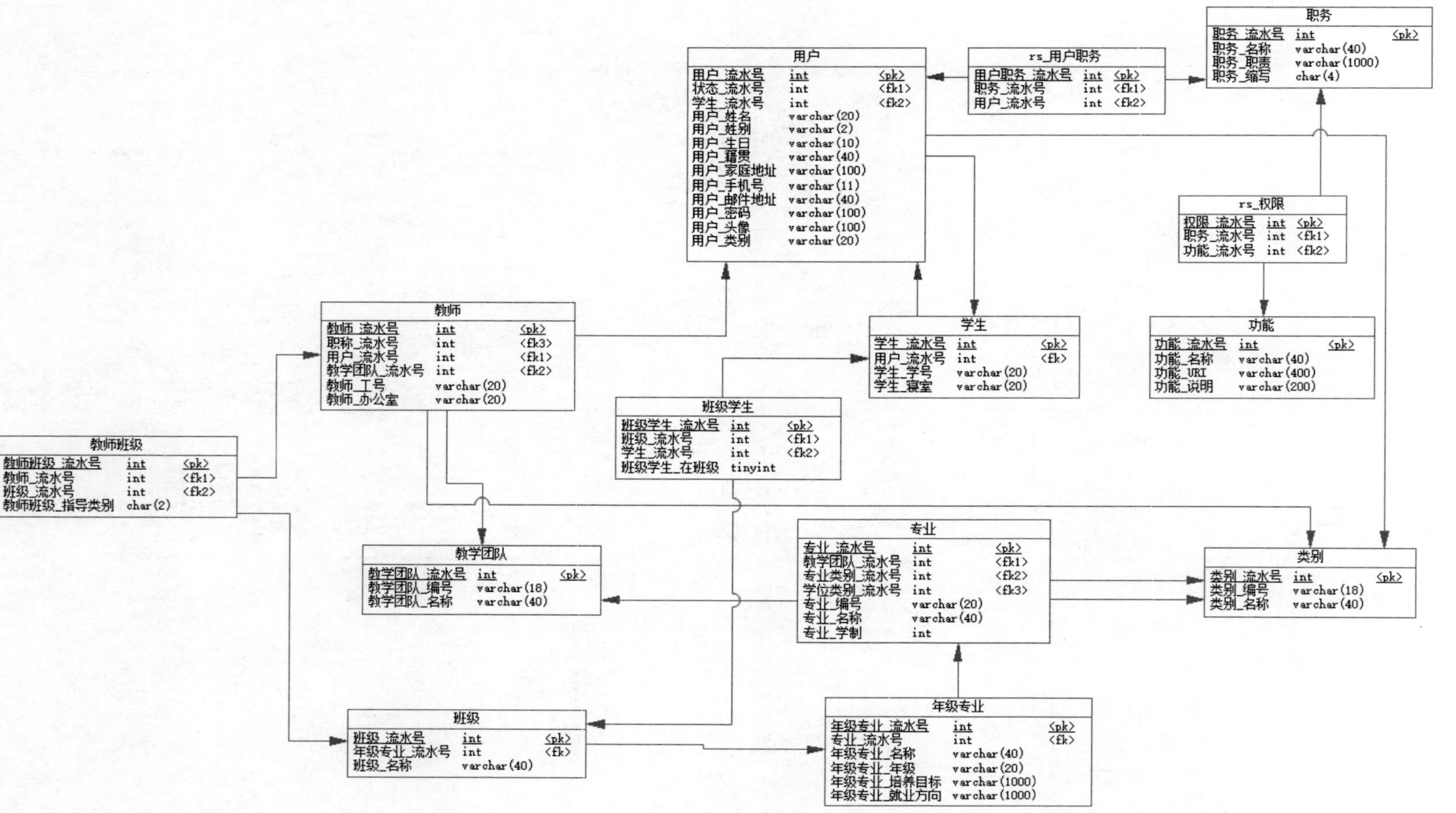

图 7-2 案例项目 infoSubSys 完整的物理数据模型图

(8) 系统中所有的类别数据保存在类别实体中,系统中的类别数据有:

① 用户状态类别数据,用户实体和类别实体间多对一的用户状态关系。

② 教师职称类别数据,教师实体和类别实体间多对一的职称类别关系。

③ 专业类别数据,专业实体和类别实体间多对一的专业类别关系。

④ 学位类别数据,学位实体和类别实体间多对一的学位类别关系。

(9) 因为需求中要求学生可以降级,休学,复学,因此学生可能隶属多个班级,学生实体和班级实体间是多对多关系。

7.1.2　物理数据模型设计

根据图 7-1 中的概念数据模型可以用 PowerDesigner 生成对应的物理数据模型,然后对生成的物理数据模型进行修改后得到如图 7-2 所示的案例项目 infoSubSys 完整的物理数据模型。

7.1.3　数据库创建

根据图 7-2 中的物理数据模型可以用 PowerDesigner 生成对应的数据库创建脚本文件 infoSubSys. sql,然后用 Navicat Premium 在本地 MySQL 数据库服务器中新建项目数据库 infoSubSys,然后执行脚本文件 infoSubSys. sql 创建数据库中表和表间的主外键参照关系。

7.2　还原案例项目数据库

视频讲解

因为刚刚设计、创建好的数据库中没有任何数据,这样不便于对数据库进行可行性分析,也不便于后续章节的操作实践,因此可以用程序代码包中的案例数据库备份文件"/第 7 章/完整 DB 设计参考/infosubsysdb 备份(结构和数据). sql",将数据库的结构和数据进行还原。具体操作步骤如下:

(1) 打开 Navicat Premium,并连接本地 MySQL 数据库服务器,然后新建数据库 infoSubSysDB。

(2) 在 Navicat Premium 中打开数据库 infoSubSysDB,并在此数据库上新建查询,然后在查询工具窗口中导入数据库备份 SQL 文件"infosubsysdb 备份(结构和数据). sql"。

(3) 在查询工具窗口单击"运行"快捷工具按钮运行所有 SQL 语句。经过一段时间,SQL 语句运行完后,案例项目的数据库结构和数据都还原了,如图 7-3 所示。

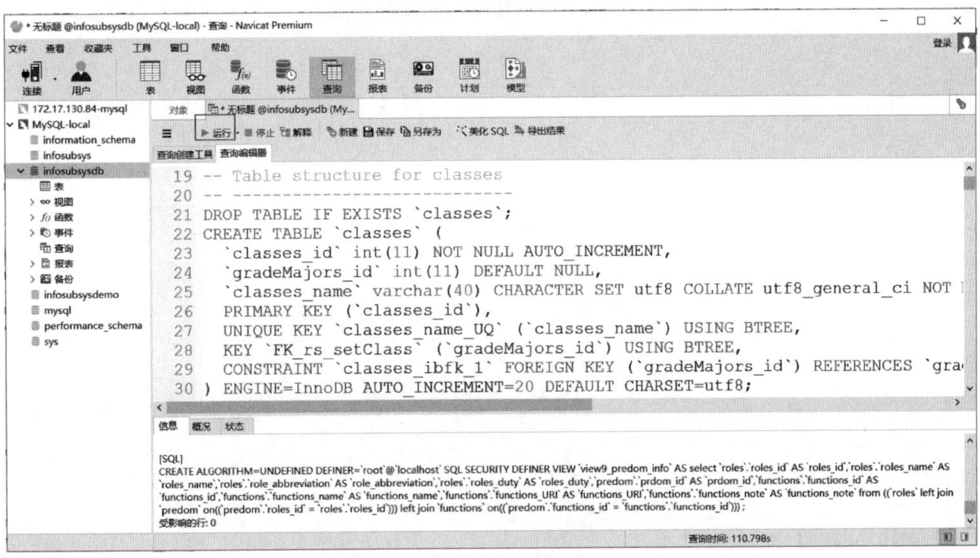

图 7-3　执行备份 SQL 还原案例项目数据库

(4) 在 Navicat Premium 中关闭数据库 infoSubSysDB,然后再重新打开,就能在表列表项中看到所有表,在视图列表项中看到所有视图,如图 7-4 所示。

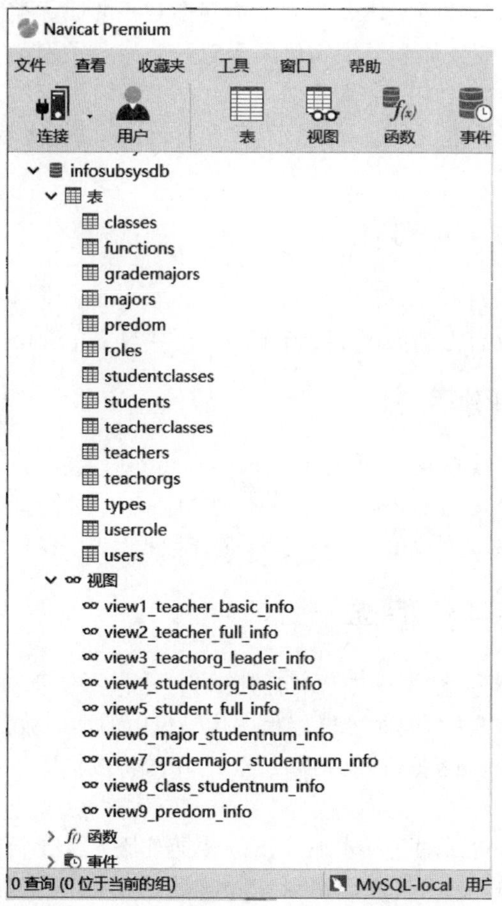

图 7-4 案例项目数据库中所有表和视图

在 infoSubSysDB 数据库中,每个表的作用如表 7-1 所示。

表 7-1 infoSubSysDB 数据库每个表的作用

表 名	作 用
types	分类数据表,存储项目中所有分类数据
users	用户表,用于存储所有用户的公共信息
roles	角色表,用于存储职位信息
userrole	用户角色表,用于存储用户担任的职位的配置信息
functions	功能表,用于存储项目中的所有功能
predom	权限表,用于存储角色能用功能的配置信息
teachers	教师表,用于存储教师的特有信息
students	学生表,用于存储学生的特有信息
teachorgs	教学组织表,用于存储教学组织信息
majors	专业表,用于存储专业信息
grademajors	年级专业表,用于存储年级专业信息
classes	班级表,用于存储行政班级信息
teacherclasses	教师班级表,用于存储教师带班信息
studentclass	学生班级表,用于存储学生所属班级的配置信息

在 infoSubSysDB 数据库中，每个视图的作用如表 7-2 所示。

表 7-2　infoSubSysDB 数据库每个视图的作用

表　名	作　用
view1_teacher_basic_info	教师基本信息视图，用于查询教师基本信息
view2_teacher_full_info	教师完整信息视图，用于查询教师完整信息
view3_teachorg_leader_info	教学组织领导视图，用于查询教学组织的领导信息
view4_studentorg_basic_info	学生组织基本视图，用于查询学生组织基本信息
view5_student_full_info	学生完整信息视图，用于查询学生完整信息
view6_major_studentnum_info	专业学生人数视图，用于查询每个专业的学生信息和学生人数
view7_grademajor_studentnum_info	年级专业学生人数视图，用于查询每个年级专业的学生信息和学生人数
view8_class_studentnum_info	班级学生人数视图，用于查询每个班级的学生信息和学生人数
view9_predom_info	权限视图，用于查询用户能用的所有功能

7.3　案例项目数据库的可行性分析

根据第 6 章的介绍，数据库的可行性分析就是编写每个功能的所有数据库操作的 SQL 语句，因此项目数据库的可行性分析可以按如下步骤实施。

(1) 将项目的所有功能按子系统、子模块、子功能三级结构进行划分。

(2) 针对创建好的项目数据库，编写每个功能的所有数据库操作的 SQL 语句。

例如，案例项目 infoSubSys 的可行性分析报告样例如表 7-3 所示。

表 7-3　案例项目 infoSubSys 的可行性分析报告样例表

子系统	子模块	子功能	SQL
高校基础信息管理子系统	教师登录	登录表单	无
		登录验证	SELECT * FROM users where users_mobilePhone='13668270600' and users_teacherOrStudent='T'
		退出系统	无
	类别管理	类别列表	select * from types
		打开添加类别页面	select * from types
		添加类别	insert into types(types_NO,types_name) values('001','专业类别')
		打开修改类别页面	select * from types where types_id=1 select * from types
		修改类别	update types set types_NO='001',types_name='专业类别 1' where types_id=1
		删除类别	delete from types where types_id=1
		查询类别	select * from types where types_name like '%专业%'
		类别详细信息	select * from types where types_id=1
	…	…	…

在编写功能的 SQL 语句时，有如下要求。

(1) 如果功能不对数据库进行操作，就不用编写此功能的 SQL 语句，例如，表 7-3 中的“退出系统”功能。

(2) 如果一个功能对数据库进行了多个操作，那么每个操作都要编写一条对应的 SQL 语句，例如，表 7-3 中的“打开修改类别页面”功能，既要查询出要修改的类型信息记录，又要查询出所有类型记录。

(3) 每条SQL语句应该在Navicat Premium的查询工具中编写并执行,而且SQL语句中的数据要用现实中的真实数据,这样才能起到验证数据库设计的目的,当SQL语句执行正确后,再将此SQL语句复制到可行性分析报告的对应SQL列。

7.4 项目作业

学习完第二篇的所有内容后,完成下面的项目作业。

(1) 案例项目infoSubSys的完整数据库设计。

按照7.1节内容设计案例项目infoSubSys的完整数据库,包括概念数据模型、物理数据模型、数据库创建SQL脚本、创建数据库。

(2) 案例项目完整数据库的可行性分析。

按照7.3节中的要求和规范完成案例项目infoSubSys中所有功能的数据库可行性分析,即针对还原的数据库(infoSubSysDB)填写程序代码包中文件"/第7章/学号_姓名_教学基础信息子系统的可行性分析报告.xls"中SQL列对应的SQL语句。

本章小结

本章首先讲解了案例项目的完整数据库设计,包括完整的概念数据模型、完整的物理数据模型,以及完整数据库的创建;然后讲解了案例项目完整数据库的可行性分析;最后将项目完整数据库设计、项目完整可行性分析作为本篇的项目作业。

读者学完本章内容后能设计并创建案例项目infoSubSys的数据库,能对案例项目infoSubSys的数据库进行可行性分析。本章设计并创建的数据库,以及可行性分析报告中的SQL将会在下一篇中用到。

第三篇　数据库JDBC编码

在前一篇中，对创建好的数据库进行可行性分析后，就能用数据库存储数据，并用 SQL 操作数据了。如果在项目中直接用 SQL 操作数据，那么项目的受众用户将十分受限，而且用户体验很差，因此，一般在项目开发中都要用高级语言对数据库中数据的操作进行编码封装。本书采用 Java 语言的 JDBC 技术来对数据库中数据的访问进行编码封装，简称 JDBC 编码。

本篇讲解如何用 JDBC 技术对数据库中数据的访问进行编码封装，内容如下：

(1) JDBC 核心技术简要介绍。

(2) 用 JDBC 技术编写查询和更新程序。

(3) 对编写的查询、更新程序进行多次分析、优化，最终得到 JDBC 编码框架。

(4) 如何使用 JDBC 编码框架，来加快项目的 JDBC 编码。

读者学习完本篇内容后，就能编写案例项目 infoSubSys 中的所有数据操作代码。在下一篇中，本篇的数据操作代码将作为模型层代码供动态页面调用来查询或更新数据库中的数据。

第8章 JDBC核心技术编码

数据库技术出现后，数据不仅可以永久性地存储在数据库中，而且还能方便地使用SQL语句对数据库中的数据进行增、删、改、查操作。但是这要求使用者要能编写命令登录数据库、能编写SQL语句对数据进行操作，这就要求使用者必须具有专业的数据库知识和技能，这显然不现实。为了使用户能够方便地操作数据库中的数据，需要在用户和数据库之间建立一个应用系统，此应用系统首先接收用户的数据操作请求，然后将此请求转换为对数据库中数据的操作(包括登录数据库服务器、编写SQL并执行，返回执行结果)，最后将操作结果呈现给用户。此应用系统需要用高级编程语言编写，因此几乎所有高级编程语言都提供了数据库编码技术，这样编程员就能编写出操作数据库中数据的应用程序。Java语言的数据库编码技术是JDBC技术，本章将详细介绍JDBC核心技术。

学习目标

(1) 理解JDBC的实现原理、JDBC API。

(2) 掌握用JDBC技术编写数据库查询程序。

(3) 掌握用JDBC技术编写单条更新SQL的更新程序。

(4) 掌握用JDBC技术编写多条更新SQL的更新程序。

(5) 了解JDBC编码框架的设计。

8.1 JDBC技术简介

JDBC(Java Database Connectivity，Java数据库连接)是Java语言中用来规范客户端程序如何访问数据库的应用程序接口，提供了诸如查询和更新数据库中数据的方法。

视频讲解

8.1.1 JDBC的跨平台实现原理

JDBC技术基于Java语言。Java语言最大的特点就是跨平台(即平台可移植性)，因此JDBC技术也必须是跨平台的。那么JDBC技术是怎么实现跨平台的呢？下面从跨平台的含义和JDBC跨平台实现两方面来讲解JDBC的跨平台实现原理。

1. 跨平台

跨平台是指开发的应用在不修改源代码的情况下，可以在多个平台上运行。跨平台可以分为跨硬件平台和跨软件平台，跨软件平台又可以分为跨操作系统平台和跨软件服务器平台，如图8-1所示。常用的硬件平台有X86和ARM等，常用的操作系统平台有Windows、Linux、macOS等，而常用的软件服务器有数据库服务器、Web服务器等。

Java应用程序跨硬件平台和跨操作系统平台运行都是通过JRE(Java Runtime Environment，Java运行环境)来实现，即如果应用程序需要在另外一个硬件平台或另一个操作系统平台下

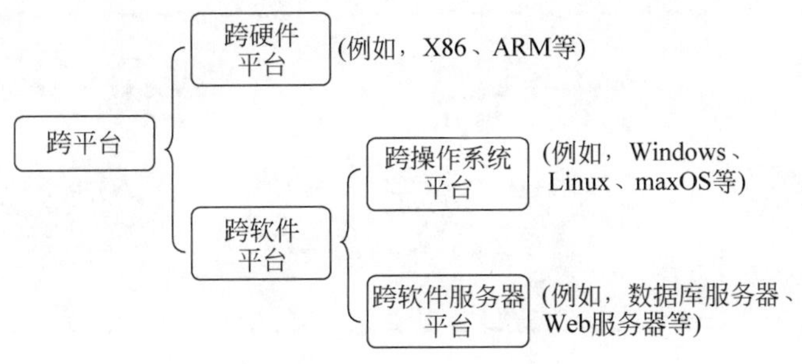

图 8-1　跨平台分类图

运行，那么只需下载与新硬件平台和新操作系统平台配套的 JRE 即可，而不需要改动源代码。

但是，Java 应用程序跨软件服务器平台就需要特殊实现。例如，用 JDBC 技术编写的数据库应用程序在不修改代码的情况下要能操作所有数据库中的数据(例如，MySQL 数据库、Oracle 数据库和 SQL Server 数据库等)，这就需要特殊实现。那么 JDBC 技术是如何实现跨数据库服务器平台的呢?

2. JDBC 技术的跨平台实现

JDBC 技术采用“委托”方式实现跨数据库服务器平台，具体来说，

(1) JDBC 技术将对数据库操作的每个逻辑都封装在方法中，方法又被放到类中，而类又被放到一个个 Java 包中，这样这些 Java 包和包中类就形成了 JDBC 技术的 API。

(2) 而 JDBC API 的类有以下几种情况。

① 如果所有方法都能写出统一的实现代码，那么此类就是一个可以创建对象运行的 Java 具体类。

② 如果有些方法写不出统一的实现代码，那么就将这些方法声明为抽象方法而不给出实现代码。包含抽象方法的类是 Java 抽象类，Java 抽象类不能创建对象运行，只能被子类继承，而在子类中需要将继承得到的抽象方法给出具体实现。

③ 如果所有方法都给不出统一的实现代码，那么此类中所有方法都是抽象方法，此类就演变成了 Java 接口。

由于 JDBC 技术的开发者不可能知道所有数据库的操作逻辑，因此 JDBC API 中存在大量的 Java 抽象类和 Java 接口，这些 Java 抽象类和 Java 接口中包含大量的没有实现代码的抽象方法。那么这些抽象方法最终由谁给出实现代码呢? JDBC 技术“委托”各大数据库厂家给出 JDBC API 中所有抽象方法的实现代码。数据库厂家会用一些具体子类实现 JDBC API 中的接口或继承 JDBC API 中的抽象父类，而在这些具体子类中给出继承得到的抽象方法的实现代码。最终数据库厂家会将这些具体子类放到一个个 Java 包中，并压缩成一个 Jar 文件，这种 Jar 文件通常称为此数据库的 JDBC 驱动。

(3) 数据库 JDBC 驱动。

数据库的 JDBC 驱动简单理解就是，由数据库厂家提供的一个 Jar 压缩文件，此 Jar 压缩文件中包含很多 Java 具体类，这些 Java 具体类实现了 JDBC API 中的所有未实现的抽象方法。

8.1.2　JDBC API

下面从 API 结构和 API 常用类两个方面来讲解 JDBC API。

1. JDBC API 的结构

JDBC API 被放到了 java.sql 包中，其构成如图 8-2 所示。

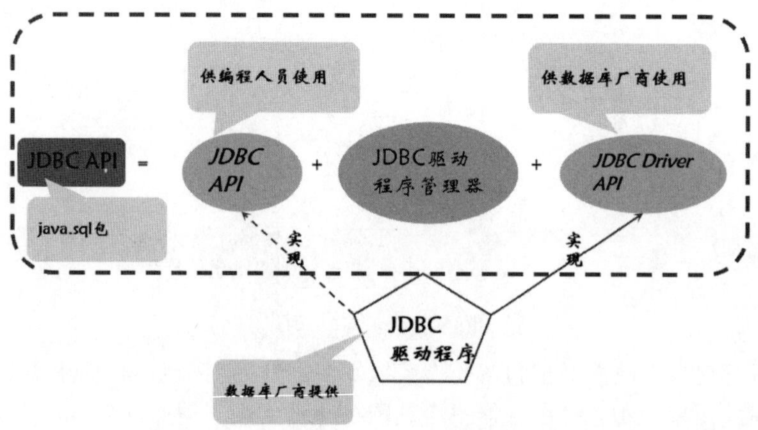

图 8-2 JDBC API 的结构图

由图 8-2 可知,JDBC API 由 JDBC API、JDBC Driver API 和 JDBC 驱动程序管理器 3 部分组成。

(1) JDBC API 供数据库应用开发人员来调用。数据库应用开发人员调用 JDBC API 提供的方法来编写操作数据库数据的逻辑代码。

(2) JDBC Driver API 供数据库厂家使用。数据库厂家用 JDBC Driver API 编写 JDBC 驱动。

(3) JDBC 驱动程序管理器用于管理、查找 JDBC 驱动程序。

其中,JDBC API 和 JDBC Driver API 中都存在大量的接口和抽象类,这些接口和抽象类中都存在大量没有给出实现代码的抽象方法,这些抽象方法都必须在数据库厂家提供的 JDBC 驱动程序中给出实现。

注意:用 JDBC 技术开发数据库应用程序时,源代码编写阶段和编译阶段可以不需要 JDBC 驱动程序,但在运行阶段必须要 JDBC 驱动程序,否则数据库应用程序无法运行,因为调用的 JDBC API 方法找不到实现代码。

2. JDBC API 中的常用接口和类

JDBC API 中的常用接口和类根据其功能可以分为两大类: JDBC API 中的常用类和 Driver API 中的常用类,如表 8-1 所示。JDBC API 供开发人员使用,用于编写数据库应用程序。而 Driver API 供数据库厂家使用,用于编写 JDBC 驱动程序。下面逐一介绍。

表 8-1 JDBC 技术常用类和接口

分类	功　能	类(正体)/接口(斜体)
JDBC API	驱动程序管理器(装载和管理数据库驱动程序)	java. sql. DriverManager
	与执行 SQL 语句相关(连接数据库服务器、封装 SQL 语句、执行 SQL 语句)	*java. sql. Connection* *java. sql. PreparedStatement*
	与返回 SQL 语句的结果集相关(将 SQL 语句的查询结果集封装成对象)	*java. sql. ResultSet* *java. sql. ResultSetMetaData*
	辅助类	特殊数据类型包装类、异常类
Driver API	数据库厂家必须实现的驱动程序 API	*java. sql. Driver* *java. sql. DatabaseMetaData*

1) JDBC API 中的常用接口和类

JDBC API 中的接口和类根据其在操作数据库中数据时的作用,又可以分为 4 类,如表 8-1 所示。

(1) 驱动程序管理器类(java. sql. DriverManager)。

DriverManager 具体类用于管理一组 JDBC 驱动程序。通常使用 DriverManager 类获得一个数据库连接对象(即 Connection 对象),数据库连接表示应用程序和数据库之间的一次会话。DriverManager 常用方法和方法使用说明如表 8-2 所示。

表 8-2　DriverManager 常用方法和方法使用说明

方法声明	方法使用说明
public static Connection getConnection (String url,String user,String password)	功能：获得一个到指定数据库的会话(即数据库连接) 参数：url——网络数据库的位置 user——数据库服务器的登录名 password——数据库服务器的登录密码 返回：数据库连接对象,即 Connect 接口实现类的对象

(2) 与执行 SQL 语句相关的类和接口。

① java. sql. Connection 接口。

Connection 接口用于封装数据库连接。通常调用 Connection 接口实现类对象中的方法来获得一个预编译的 SQL 语句对象(PreparedStatement 对象)。

拓展：如何理解预编译的 SQL 语句对象?

要理解预编译的 SQL 语句对象,首先就要了解 SQL 语句的执行过程。SQL 语句的执行经过了 3 个阶段,分别是编译(即检查语法)阶段、优化阶段和执行阶段。对于带真实数据的 SQL 语句,例如"select * from users where users_id=1",如果用 1000 个不同的 users_id 将此 SQL 语句执行了 1000 次,由于每次的 SQL 语句都不同,因此都要经历编译、优化和运行 3 个阶段。但是通过分析发现这 1000 条 SQL 语句的结构都是相同的,只是运行时所用的数据不同而已。因此,如果将 SQL 语句中的数据用占位符"?"代替,而在运行阶段再给"?"绑定真实值,那么这 1000 条 SQL 语句就完全一样了,都是"select * from users where users_id=?",那么只需编译一次,优化一次,就可以在执行前提前编译优化好,这样就显著提高了 SQL 语句的执行效率。这种用占位符"?"替代了真实数据、并提前编译和优化好的 SQL 语句被称为预编译的 SQL 语句,在 JDBC API 中预编译的 SQL 语句用 PreparedStatement 对象表示。

Connection 接口常用方法如表 8-3 所示。

表 8-3　Connection 接口常用方法

方法声明	方法说明
PreparedStatement prepareStatement(String sql)	功能：创建一个预编译的 SQL 语句对象(PreparedStatement 对象) 参数：sql——被执行的、用占位符"?"替代了真实数据的 SQL 语句 返回：预编译的 SQL 语句对象(PreparedStatement 对象)
PreparedStatement prepareStatement(String sql, int autoGeneratedKeys)	功能：创建一个 PreparedStatement 对象,此 PreparedStatement 对象具有检索自动生成的主键值的能力 参数：sql——被执行的、用占位符"?"替代了真实数据的 SQL 语句 autoGeneratedKeys——指示是否应返回自动生成的主键值的标志;其取值为 Statement. RETURN_GENERATED_KEYS,返回生成的主键值,或 Statement. NO_GENERATED_KEYS,不返回生成的主键值 返回：预编译的 SQL 语句对象(PreparedStatement 对象)
void setAutoCommit (boolean autoCommit)	功能：设置当前数据库连接的事务是否自动提交 参数：autoCommit,为 true 时表示事务自动提交。为 false 表示事务非自动提交。事务默认为自动提交

续表

方法声明	方法说明
void commit()	功能：提交事务
void rollback()	功能：撤销当前事务中所做的所有更改，并释放此连接对象当前持有的所有数据库锁。仅当禁用自动提交模式时，才应使用此方法
void close()	功能：立即释放此连接对象的数据库和 JDBC 资源，而不是等待它们自动释放

② java.sql.PreparedStatement 接口。

PreparedStatement 接口用于封装预编译的 SQL 语句。预编译的 SQL 语句存储在 PreparedStatement 对象（PreparedStatement 接口实现类的对象）中，可以使用该 PreparedStatement 对象多次有效地执行此 SQL 语句。

PreparedStatement 接口常用方法如表 8-4 所示。

表 8-4 PreparedStatement 接口常用方法

方法声明	方法说明
void setObject (int parameterIndex, Object x)	功能：给 SQL 语句中指定序号的占位符参数"?"赋真实的数据值 参数：parameterIndex——占位符参数的序号，第一个参数是 1，第二个是 2，以此类推 x——包含参数值的对象
ResultSet executeQuery()	功能：执行此 PreparedStatement 对象中的查询 SQL，并返回数据结果集 ResultSet 对象 返回：查询数据结果集 ResultSet 对象
int executeUpdate()	功能：执行此 PreparedStatement 对象中的更新 SQL，更新 SQL 必须是一个 SQL 数据操纵语言(DML)语句，如 INSERT、UPDATE 或 DELETE；或不返回任何内容的 SQL 语句，例如 DDL 语句 返回：如果 SQL 为 INSERT，UPDATE 或 DELETE，则返回 SQL 影响的记录数；如果为 DDL 语句，则返回 0
boolean execute()	功能：执行此 PreparedStatement 对象中的 SQL 语句，该对象可以是任何类型的 SQL 语句 返回：如果第一个结果是 ResultSet 对象，则返回 true；如果第一个结果是更新计数或没有结果，则返回 false

(3) 与查询结果集相关的类和接口。

① java.sql.ResultSet 接口。

ResultSet 对象(即 ResultSet 接口的实现类的对象)用于封装 SQL 查询的执行结果数据，是一个二维数据结果集。

从 ResultSet 对象中取结果集数据时要注意：ResultSet 对象并没有保存远端数据库中二维数据结果集，保存的是二维数据结果集的游标，而且此游标指向数据结果集中第一条记录的上一条记录。从 ResultSet 对象中取数据时，首先判定是否有下一条记录，如果有就将游标向下移动一条记录，然后再根据当前记录行(游标当前指向的记录行)中的列序号或列名来取出每个列的值。

ResultSet 接口常用方法如表 8-5 所示。

② java.sql.ResultSetMetaData 接口。

ResultSetMetaData 接口用于封装数据结果集(ResultSet 对象)的元数据，此元数据包括结果集的列数、每列的列名、每列的数据类型等。ResultSetMetaData 接口常用方法如表 8-6 所示。

表 8-5 ResultSet 接口常用方法

方法声明	方法说明
public boolean next()	功能：判断结果集中是否有下一条记录，如果有就将游标向下移动一条记录 返回：如果有下一条记录则返回 true，否则返回 false
public Object getObject (int columnIndex)	功能：获得当前记录行中指定列的值 参数：columnIndex——列的编号，第一列是 1，第二列是 2，以此类推 返回：当前记录行指定列的值
public Object getObject (String columnLabel)	功能：获得当前记录行中指定列的值 参数：columnLabel——结果集中列标签名，注意结果集中的列标签名是 SQL 语句中的投影名，不一定与表中的列名一致，例如指定了别名 返回：当前记录行指定列的值
public void close()	功能：关闭数据结果集。数据结果集关闭后将不能再获取其中的数据

表 8-6 ResultSetMetaData 接口常用方法

方法声明	方法说明
public int getColumnCount()	功能：获得 ResultSet 对象中的列的数量 返回：ResultSet 对象中的列的数量
public String getColumnName (int column)	功能：获取指定列在表中的名称 参数：column——列编号，第一列是 1，第二列是 2，以此类推 返回：表中的列名
String getColumnLabel (int column)	功能：获取指定列在结果集中的列名，即在 SQL 中的投影列名 参数：column——列编号，第一列是 1，第二列是 2，以此类推 返回：结果集中的列名

2）Driever API 中的常用类和接口

Driever API 中的常用接口有 java. sql. Driver 和 java. sql. DatabaseMetaData。

（1）java. sql. Driver 接口。

Driver 接口封装了每个驱动程序类都必须要实现的方法，即数据库厂家提供的每个驱动程序都应该提供一个实现 Driver 接口的类。

（2）java. sql. DatabaseMetaData 接口。

DatabaseMetaData 接口封装了获取所连接到的数据库的结构、存储等众多信息的方法，由数据库厂家实现。

8.2 用 JDBC 编写查询程序

上面讲解了 JDBC API，下面就用 JDBC API 来编写数据库查询程序。用 JDBC 编写数据库查询程序有以下 5 个步骤。

（1）编码前的准备工作。

（2）导入案例初始项目。

（3）创建 DAO 类。

（4）JDBC 编码步骤与代码。

（5）运行 DAO 类进行代码测试。

下面将依次进行讲解。

8.2.1 准备工作

在用 JDBC 技术编写数据库查询和更新程序之前，要完成两个准备工作：一是验证目标数据库是否能访问；二是将数据库的 JDBC 驱动库放到项目的构建路径中。

1. 验证目标数据库能否访问

最简单的验证目标数据库 infoSubSysDB 能否访问的方法就是：在 Navicate 中创建一个目标数据库所在的数据库服务器的连接，如果用此连接能打开目标数据库 infoSubSysDB，那么所编写的 JDBC 代码也能访问目标数据库 infoSubSysDB；如果不能，则是代码的问题而不是数据库的问题。

2. 将数据库的 JDBC 驱动库放到项目的构建路径中

因为 JDBC API 中有很多抽象方法没有实现代码，所以导致基于 JDBC API 的 Java 数据库应用程序无法运行。要能运行就要有这些抽象方法的实现代码，而这些抽象方法的实现代码被数据库厂家放到了 JDBC 驱动库中，因此要将 JDBC 驱动库放到项目的构建路径中，具体步骤如下：

(1) 在程序代码包的“第 8 章”目录中找到 MySQL JDBC 驱动文件 mysql-connector-java-8.0.12.jar。

(2) 将文件 mysql-connector-java-8.0.12.jar 复制到项目 infoSubSys 的“/WebContent/WEB-INF/lib”目录中。

视频讲解

8.2.2 导入案例初始项目

由于案例项目要包含很多前端资源(HTML 文件、CSS 文件和 JavaScript 文件)和后端公共初始代码(Java 类)，因此为了方便起见，教材的资源包中提供了案例项目的初始项目备份文件，其中包含了所有前端、后端的初始资源，只需将初始项目导入工作空间即可。

1. 准备工作

在 STS 中导入案例初始项目之前要做以下的准备工作。

(1) 复制案例初始项目的备份文件。

在程序代码包的“/第 8 章”目录中找到初始项目备份文件“infoSubSys_初始项目.zip”，并将之复制到计算机系统的桌面。

(2) 删除同名项目。

首先右击 infoSubSys 项目，在弹出的菜单中选择 Delete 命令，如图 8-3 所示。然后在打开的 Delete Resource 界面中，选中 Delete project contents on disk (cannot be undone)复选框，单击 OK 按钮，如图 8-4 所示。

2. 导入初始项目

在 STS 中导入案例初始项目的步骤如下：

(1) 单击 STS 的 File→Import 命令，如图 8-5 所示。

(2) 在打开的 Import 界面中首先选择 Existing Projects into Workspace 选项，然后单击 Next 按钮，如图 8-6 所示。

(3) 在打开的界面中，首先选中 Select archive file 单选按钮，然后单击 Browse 按钮，选择桌面上的“infoSubSys_初始项目.zip”，最后单击 Finish 按钮结束导入，如图 8-7 所示。

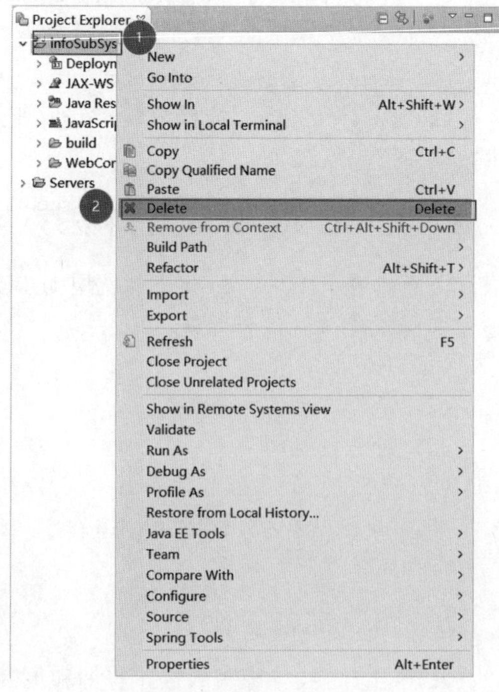

图 8-3　删除项目的菜单

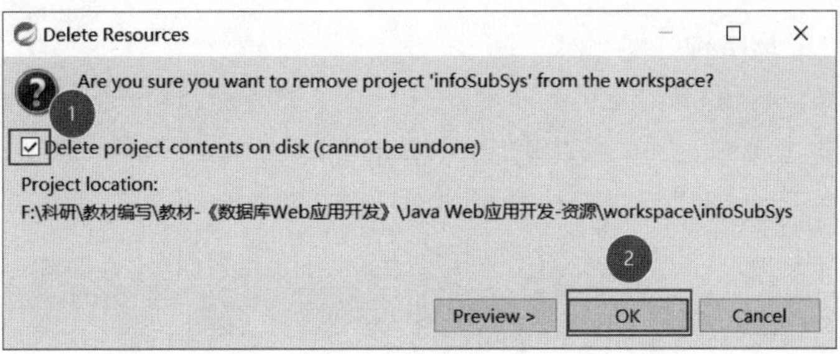

图 8-4　删除资源确认界面

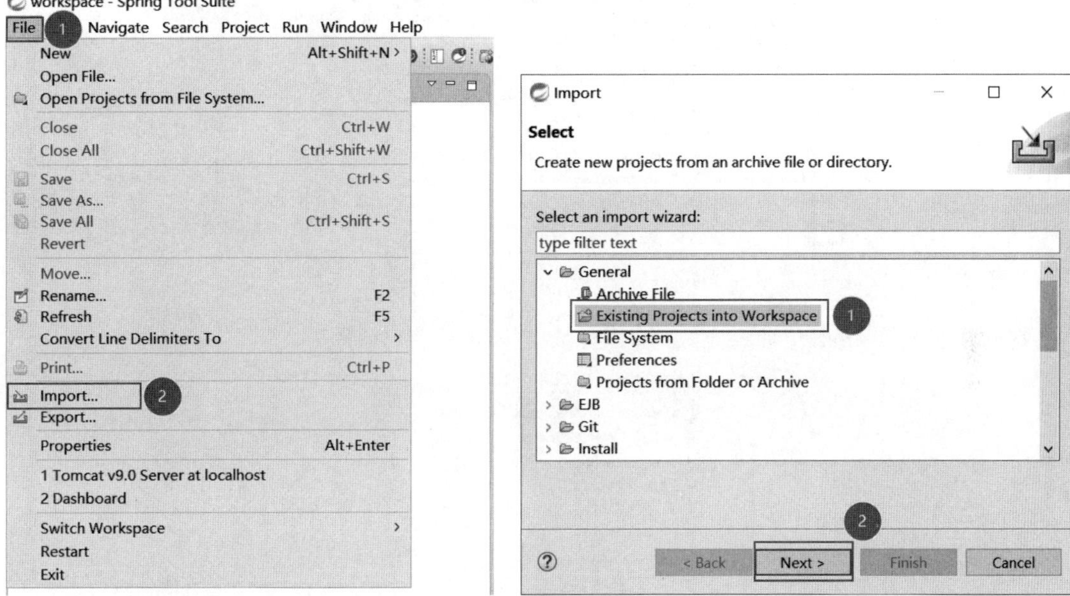

图 8-5　导入项目命令　　　　图 8-6　选择导入模板

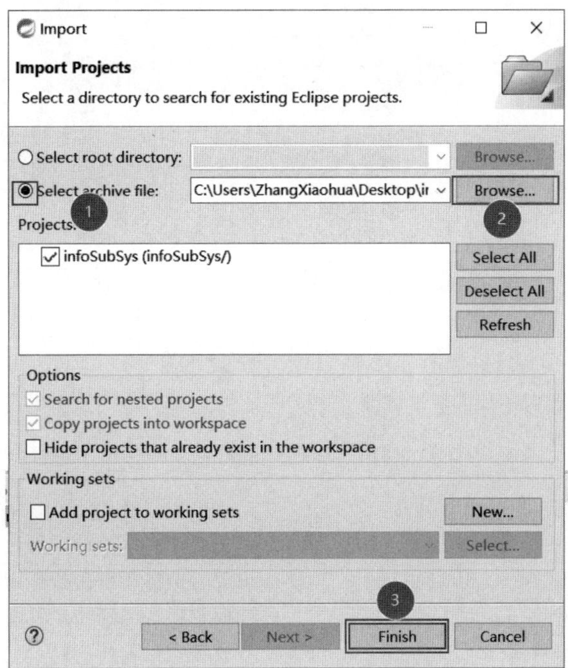

图 8-7　选择要导入的项目的备份文件

3. 初始项目的目录结构

新建或新导入的项目,Java 包默认以平面(Flat)方式展现,即每个子包呈现为一项。为了更直观呈现 Java 包之间的关系,可以用 Project Explorer 视图中的 Package Presentation→Hierarchical 选项将 Java 包以层级(Hierarchical)方式展现,如图 8-8 所示。

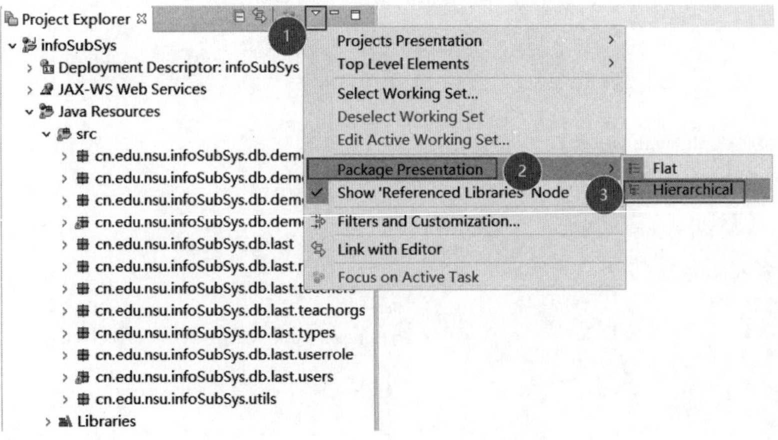

图 8-8 修改 Java 包的展现方式

初始项目改变 Java 包展现方式后,其目录结构如图 8-9 所示。

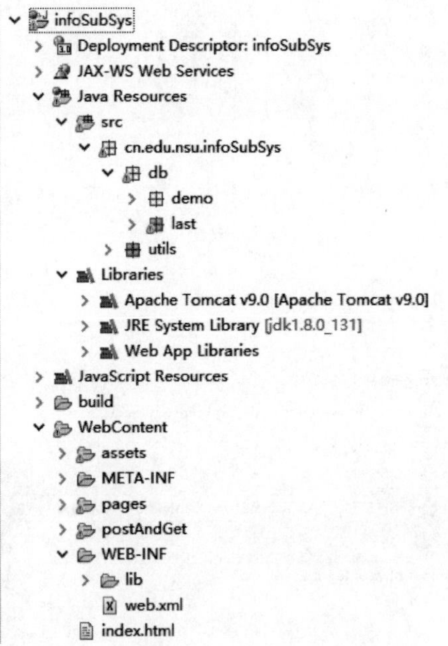

图 8-9 初始项目的资源结构图

图 8-9 中各目录及其作用如表 8-7 所示。

表 8-7 案例初始项目各目录及其作用

目 录 名	作 用
cn. edu. nsu. infoSubSys. db. demo 包	放置课堂案例的数据库数据操作类
cn. edu. nsu. infoSubSys. db. last 包	放置最终项目的数据库数据操作类
cn. edu. nsu. infoSubSys. utils 包	放置项目的通用工具类
/WebContent/pages 目录	放置项目的所有网页文件

续表

目　录　名	作　　用
/WebContent/postAndGet 目录	放置 get、post 请求案例资源
/WebContent/WEB-INF/lib 目录	放置项目所需的所有第三方 Jar 库文件
/WebContent/WEB-INF/web. xml	项目的部署描述文件，即配置文件

8.2.3　创建 DAO 类

视频讲解

导入案例项目的初始项目后，就能用 JDBC 技术编写数据库查询和更新程序。下面以“根据用户主键值查询单条用户记录”为例来说明如何用 JDBC 技术编写数据库查询程序。由于处理数据的 Java 代码要放到 Java 方法中，而 Java 方法要放到 Java 类中，因此写代码之前首先要创建放置代码的 Java 类，具体步骤如下：

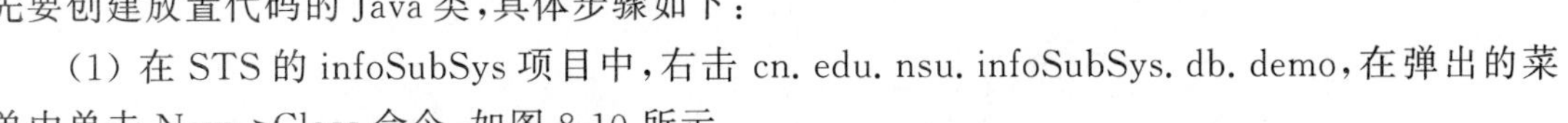

(1) 在 STS 的 infoSubSys 项目中，右击 cn. edu. nsu. infoSubSys. db. demo，在弹出的菜单中单击 New→Class 命令，如图 8-10 所示。

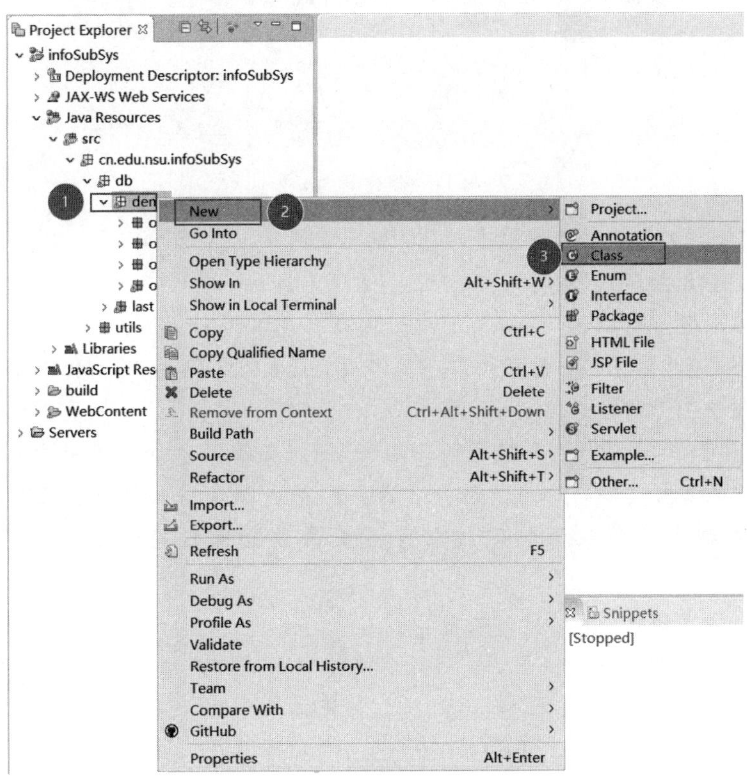

图 8-10　新建类的操作菜单

(2) 在打开的 New Java Class 界面中，首先在 Name 文本框中指定类名 UsersDAO，然后选中 public static void mian(String[] args)和 Generate comments 复选框，最后单击 Finish 按钮结束类的创建，整个操作流程如图 8-11 所示。

【技巧 8.1】 Java 包的作用及其命名规范

Java 包的主要作用是解决 Java 类集成时的命名冲突问题，Java 的每个子包对应着物理磁盘上项目目录下的一个子目录，如果要在一个目录中放置两个同名的 Java 类，则需要将这两个同名 Java 放到此目录的不同子目录中，即不同 Java 子包中。

Java 包采取三级命名规范，分别是组织子包名、项目子包名和项目中的模块子包名，各级

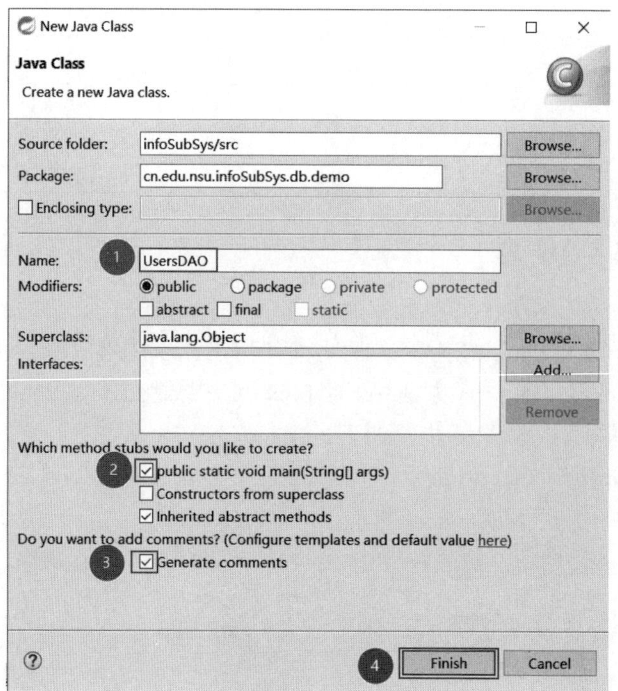

图 8-11 新建类向导界面

包名之间用"."号分隔。具体规则如下：

(1) 组织子包名，主要解决不同组织进行代码集成时的冲突问题，一般是组织域名的反写，例如，成都东软学院的域名为 nsu.edu.cn，因此其包名为 cn.edu.nsu；

(2) 项目子包名，主要解决同一组织下不同项目进行代码集成时的冲突问题，一般是项目名，例如，本书案例项目的子包名为 infoSubSys；

(3) 项目下子模块包名，主要解决同一组织、同一项目下负责不同功能的代码集成时的冲突问题，这个要根据代码的作用进行命名，例如，对数据库中数据进行操作的代码的子包名为 db，因此成都东软学院的教学信息子系统的数据操作包的完整名为 nsu.edu.cn.infoSubSys.db。

【技巧 8.2】 类和对象的命名规范

Java 类的命名规范有两点要求：一是要见名思义；二是遵循首字母大写的驼峰规则。Java 对象的命名规范和 Java 类基本一致，只是要将首字母改为小写。例如，类名 UsersDAO 表示数据库中 users 表的数据访问类(Data Access Class)。

(3) 在新建类中定义方法。

打开新建的类文件 UsersDAO.java，在其中加入如下代码：

```
private void selectById()
{
}
```

上面的代码定义了 Java 方法 selectById()，此方法用来放置实现"根据用户主键值查询单条用户记录"的代码。selectById()方法的逻辑实现代码的编写将在 8.2.4 节进行讲解。

【技巧 8.3】 如何定义 Java 方法？

初学者可以采用如下步骤来定义 Java 方法。

(1) 指定方法名。方法名的命名规则和对象名的命名规则一致，只是在方法名后面要追加一对圆括号"()"，例如，实现"根据用户主键值查询单条用户记录"的方法命名为 selectById()。

(2) 指定形参列表。如果不知道要定义哪些形参，则默认定义为空参数列表。将来在编写逻辑实现代码时，如果发现要处理的某个数据需要从方法外部传入，则定义接收此数据的对应形参。

(3) 指定返回数据的类型。如果不知道是否要返回数据以及返回什么数据，则默认定义为不返回数据，即返回类型为 void，将来在编写逻辑实现代码时，如果发现需要将结果数据返回给调用者，则将 void 修改为返回的数据的类型。

(4) 指定访问修饰符。Java 的常用访问修饰符按作用范围从小到大排列分别为 private、protected、public，如果不知道方法的作用范围，则默认定义为最小的 private，将来发现作用范围太小时，再逐级放大。

8.2.4　JDBC 编码步骤与代码

视频讲解

用 JDBC 技术编写数据库查询程序的实现代码需要以下 8 个步骤。

(1) 加载和注册 JDBC 驱动类。

(2) 获得数据库连接。

(3) 封装 SQL 语句。

(4) 参数绑定。

(5) 执行 SQL 语句。

(6) 处理 SQL 执行结果。

(7) 关闭数据库连接。

(8) 编写测试代码。

下面将依次详细讲解每个步骤的实现代码。

1. 加载和注册 JDBC 驱动类

```
Class.forName("com.mysql.cj.jdbc.Driver");
```

【技巧 8.4】 Java 方法中异常处理方式的选择。

Java 方法中的异常有两种处理方式：一是用 try/catch 块自己处理；二是用 throws 子句抛给方法的调用者处理。

一般如果出现异常的方法不处于自定义方法调用链的最顶层，则用 throws 子句将异常抛给调用者处理，否则用 try-catch 块处理。例如，在代码中，main()调用 f1()，f1()调用 f2()，f2()又调用 f3()，在这个方法调用链中最顶层是 main()，因此底层 f1()、f2()、f3()中的异常用 throws 子句抛出，而在 main()中用 try-catch 块统一处理所有异常。

【技巧 8.5】 在 STS 中如何快速编写异常处理代码？

在 STS 中快速编写异常处理代码的步骤如下：

(1) 将光标放到需要异常处理的代码行最左边的错误图标上；

(2) 右击，在弹出的快捷菜单中选择 Quick Fix 菜单项；

(3) 在打开的修改建议列表中双击 Surround with try/catch 或 Add throws declaration。如果要添加 catch 子块，则选择 Add catch clause surrounding try。

整个操作过程如图 8-12 所示。

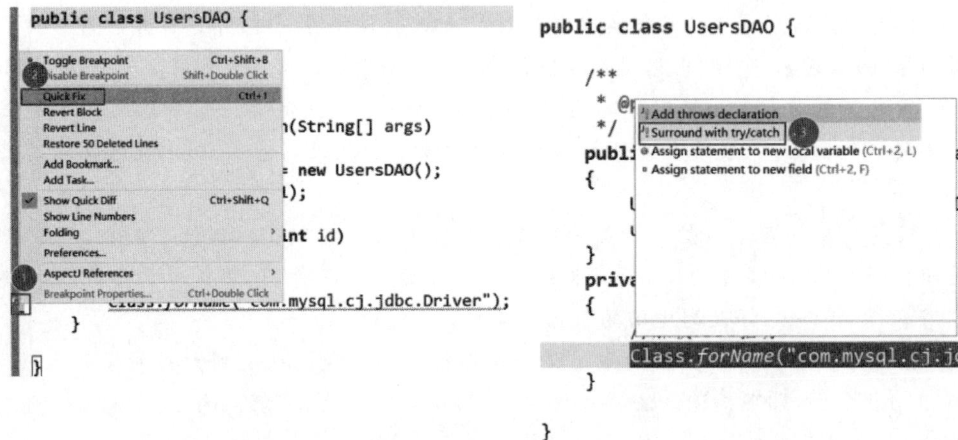

图 8-12　用 Quick Fix 工具快速编写异常处理代码

2. 获得数据库连接

```
Connection con = DriverManager.getConnection(
"jdbc:mysql://localhost:3306/infosubsysdb?useUnicode = true&characterEncoding = utf - 8
&serverTimezone = UTC&useSSL = false", "root", "password");
```

【技巧 8.6】　在 STS 中如何用智能提示快速编写代码？

1. 在 STS 中可以用智能提示快速编写类名，步骤如下：

(1) 首先在需要的地方，写出类名的前几个字母；

(2) 然后用代码智能提示快捷键 Alt+/，使用时先按下键盘的 Alt 键不放，然后再按键盘的“/”键即可；

(3) 最后在弹出的类提示列表中选中类并按 Enter 键确认，或单击选中类，然后双击确认；

(4) 代码智能提示不仅写出了完整类名，同时如果需要导入，则还会自动在类源代码的顶部添加 import 子句导入当前类。

整个过程如图 8-13 所示。

```
private void selectById(int id)
{
    try {
        //加载JDBC驱动
        Class.forName("com.mysql.cj.jdbc.Driver");
      ①con ② alt+/
    } catch  ③ Connection - java.sql ④
        // T   ConCatRepository - oracle.jrockit.jfr.tools
        e.pr   ConcentricShapePair - com.sun.javafx.geom
    }          Concurrency - com.mysql.cj.protocol.Resultset
               ConcurrentCache - org.apache.el.util
}              ConcurrentCache - org.apache.tomcat.util.collections
               ConcurrentDateFormat - org.apache.catalina.util
```

A connection (session) with a specific database. SQL statements are executed and results are returned within the context of a connection.

A Connection object's database is able to provide information describing its tables, its supported SQL grammar, its stored procedures, the capabilities of this connection, and so on. This information is obtained with the getMetaData method.

图 8-13　用 Alt+/快捷键智能提示编写类名

2. 如何用代码智能提示编写调用方法的代码？

用代码智能提示编写调用方法的代码与编写类名的方式一致，都是先写所调方法的开头几个字母，然后用快捷键 Alt+/调出方法列表，再选择并确认，最后智能提示工具会将方法调用代码补全。

【技巧 8.7】　如何在 STS 中如何无错编写代码？

(1) 首选智能提示。

(2) 如果不能用智能提示，则就用复制代码。

(3) 如果智能提示和复制代码都不能使用，最后才选择手写。

3. 封装 SQL 语句

```
String sql = "select * from users where users_id = ?";
PreparedStatement pst = con.prepareStatement(sql);
```

【技巧 8.8】 如何正确编写调用 Java 方法的代码？

要正确编写调用 Java 方法的代码，必须分析以下 4 点。

(1) 在编码处是否有权调用方法。主要看被调方法的访问修饰符。

(2) 在编码处是用类调用方法，还是用对象调用方法。主要看被调方法是否有 static 关键字，如果有就用类名调用方法，如果没有就必须先创建方法所在类的对象，然后用此对象来调用方法。

(3) 方法调用时是否要提供数据。主要看被调方法的形参列表，如果方法没有形参列表，则不用提供数据，否则就要提供和形参列表一一对应的数据。

(4) 方法调用的结果数据是否要接收。这主要看方法的返回类型，如果方法的返回类型是 void，则无须定义变量接收，否则当后面的代码需要用到此返回数据时就需要定义与返回类型一致的变量来接收数据。

4. 参数绑定

参数绑定用于指定 SQL 语句执行时数据占位符问号(?)的值，selectById()方法中的 SQL 是"select * from users where users_id=?"，其中的"?"表示 users 表中的 users_id 列，表示要查询的用户记录的流水号，此值需要调用者提供，因此 selectById()必须要定义一个 int 类型的参数接收此数据，因此 selectById()方法的定义修改为：

```
public void selectById(int id){}
```

参数绑定的实现代码为：

```
pst.setObject(1, id);
```

5. 执行 SQL 语句

```
rst = pst.executeQuery();
```

6. 处理 SQL 执行结果

```
ResultSetMetaData resultSetMetaData = rst.getMetaData();
 while(rst.next())
 {
      for(int i = 1; i <= resultSetMetaData.getColumnCount(); i++)
      {
           System.out.print(rst.getObject(resultSetMetaData.getColumnName(i)) + "\t");
      }
      System.out.println();
 }
```

7. 关闭数据库连接

```
if(rst != null)
       {rst.close(); }
 if(pst != null)
```

```
            {pst.close(); }
    if(con != null)
            {con.close(); }
```

视频讲解

8.2.5 编写测试代码

在 main()方法中编写 selectById()方法的测试代码，测试代码如下：

```
UsersDAO usersDAO = new UsersDAO();
usersDAO.selectById(1);
```

8.2.6 完整代码

编写完 selectById()方法的实现代码和其测试代码后，UsersDAO 的完整代码请参考程序代码包的"/第 8 章/selectById 方法完整代码参考/UsersDAO.java"。

8.2.7 运行 DAO 类

运行 UsersDAO 类对代码进行测试，具体步骤为：在 UsersDAO 类源代码中右击，然后在弹出的菜单中单击 Run As→2 Java Application 命令，如图 8-14 所示。

图 8-14 Java 应用程序的运行子菜单图

UsersDAO 类的运行结果会打印到输出控制台，如图 8-15 所示。

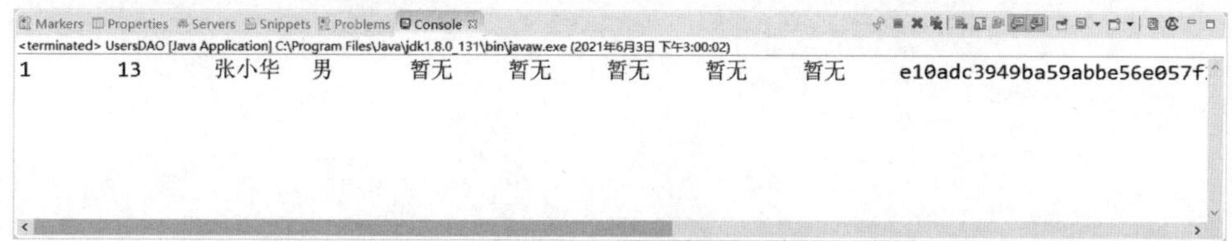

图 8-15　UsersDAO 类的 selectById()方法的运行结果

8.3　用 JDBC 编写更新程序

数据库的更新程序就是执行更新 SQL，包括 insert、update 和 delete。由于更新 SQL 的执行会改变数据库中的数据，为了保证数据一致性，要求更新 SQL 要放在一个事务中执行。在 JDBC 中，默认采用自动事务，即每条更新 SQL 执行完后都会自动提交事务。JDBC 默认的自动提交事务方式对单条更新 SQL 的执行是很合适、很方便的，但是对于多条更新 SQL 的执行则无法保证多条更新 SQL 执行的原子性，这种情形必须采用手工提交事务。

本节主要讨论如下两个问题：

(1) 如何用 JDBC 编写单条更新 SQL 的更新程序(其中事务采用默认的自动提交方式)？

(2) 如何用 JDBC 编写多条更新 SQL 的更新程序(其中事务采用手工提交方式)？

8.3.1　编写单条更新 SQL 的更新程序

视频讲解

下面以添加一条用户记录为例讲解如何用 JDBC 技术编写单条更新 SQL 的更新程序，其实现代码放在 UsersDAO 类的 insert()方法中，insert()方法的声明代码如下：

```
public void insert(Object[ ] params){}
```

其中，形参 params 用于接收调用者提供的要插入的用户记录中的每个列的值。

【技巧 8.9】 在 Java 中如何存储多个数据？

在 Java 语言中存储多个数据有 3 种方式，分别是：

(1) 数组对象。如果数据的数据类型不一致，可以用 Object[]。

(2) 集合对象。可以用 List 对象根据索引存取数据，用 Set 对象存取非重复数据，用 Map 对象存储有映射对应关系的数据。

(3) 自定义类对象。新建一个类，并将每个数据定义为此类的成员变量(属性)，然后创建此类的一个具体对象来存储这些数据。

insert()方法采取的是用数组对象存储调用者传递的参数值，也可以用集合对象和自定义类对象。

insert()方法的实现也需要 8 个步骤，下面依次进行详细讲解。

1. 加载和注册 JDBC 驱动类

```
Class.forName("com.mysql.cj.jdbc.Driver");
```

2. 获得数据库连接

```
Connection con = DriverManager.getConnection(
```

```
"jdbc:mysql://localhost:3306/infosubsysdb?useUnicode = true&characterEncoding = utf - 8
&serverTimezone = UTC&useSSL = false", "root", "password");
```

3. 封装 SQL 语句

```
String sql = "INSERT INTO users ( state_id, users_name, users_gender, users_birthday,
          users_nativePlace, users_homeAddress, users_mobilePhone, users_Email, users_password,
           users_headPortrait, users_teacherOrStudent ) VALUES (?,?,?,?,?,?,?,?,?,?,?)";
 PreparedStatement pst = con.prepareStatement(sql);
```

4. 参数绑定

```
for(int i = 0; i < params.length; i ++ )
 {
      pst.setObject(i + 1,params[i]);
 }
```

5. 执行 SQL 语句

```
pst.executeUpdate();
```

executeUpdate()的返回值表示此 SQL 语句的执行所影响的记录数，我们并不关心具体的数值，我们关心的是此 SQL 语句是否正常执行完毕，在 Java 中用是否有异常来表示代码是否正常运行。因此，我们不定义变量来接收 executeUpdate()方法的返回值。

6. 处理 SQL 执行结果

更新 SQL 语句用 executeUpdate()方法执行，由于我们不关心而没有接收 executeUpdate()方法的返回值，因此此处无须写任何处理执行结果的代码。

7. 关闭数据库连接

```
if(rst != null)
       {rst.close(); }
 if(pst != null)
        {pst.close(); }
 if(con != null)
        {con.close(); }
```

8. 编写测试代码

在 main()方法中编写 insert()方法的测试代码，测试代码如下：

```
 UsersDAO usersDAO = new UsersDAO();
usersDAO.insert(new Object[ ] {13,"测试","男","1985 - 02 - 04","四川省成都市都江堰市","四川省成都
          市都江堰市青城山镇","13968270601","13968270601@qq.com","123456",null,"T"});
```

9. 完整代码

UsersDAO 的完整代码请参考程序代码包的"/第 8 章/insert 方法完整代码参考/UsersDAO.java"。

10. 运行 DAO 类

运行 UsersDAO 类后，数据库 infosubsysdb 的 users 表中会新增一条记录，如图 8-16 所示。

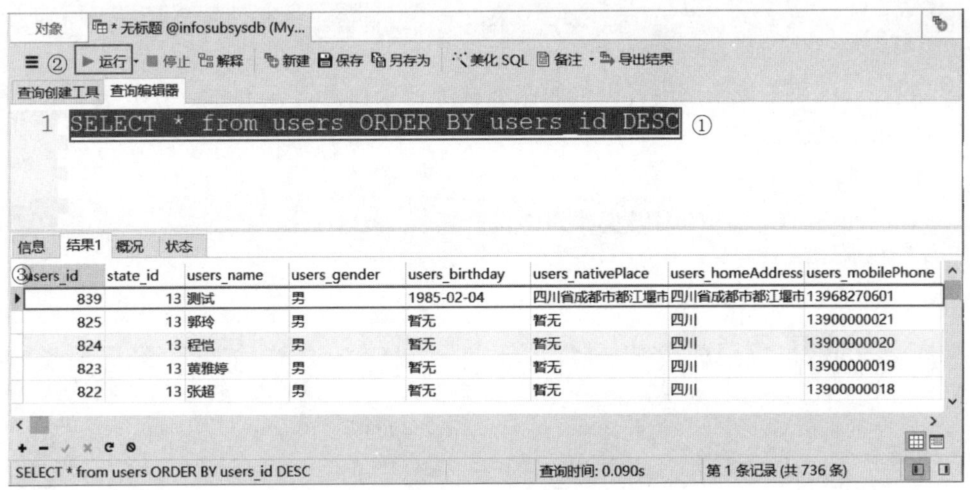

图 8-16 UsersDAO 类的 insert()方法运行结果

8.3.2 编写多条更新 SQL 的更新程序

视频讲解

在案例项目数据库 infosubsysdb 中，一个教师的完整记录被拆分成了两条记录：第一条记录保存教师作为用户的共有属性信息，包括姓名、性别、电话、密码等，第一条记录被放在 users 表中；第二条记录保存教师特有的属性信息，包括工号、职称、办公室等，第二条记录被放在 teachers 表中。因此要插入一条完整的教师记录，首先要向 users 表中插入一条用户共有信息记录，然后再向 teachers 表中插入一条对应教师特有的信息记录，要执行两条 insert 语句，而且这两条 insert 语句要么都执行成功，要么都不成功，因此要用事务保证，而且要用手工提交事务方式。

在 JDBC 中，手工提交事务的更新代码相对于自动提交事务的更新代码多了 3 个步骤。

(1) 在执行第一条更新 SQL 前要将自动事务提交关闭，实现方法是调用数据库连接对象中的 setAutoCommit()方法，关键代码如下：

```
con.setAutoCommit(false);
```

(2) 在最后一条更新 SQL 执行完成后提交事务，实现方法是调用数据库连接对象中的 commit()方法，关键代码如下：

```
con.commit();
```

(3) 如果出错，则回滚事务，实现方法是调用数据库连接对象中的 rollback()方法，关键代码如下：

```
con.rollback();
```

注意：在 JDBC 中，如果要在一个事务中执行多条更新 SQL 语句，那么关联的数据库连接对象必须是同一个对象。

下面就以添加一个完整的教师记录信息为例讲解如何用 JDBC 技术编写多条更新 SQL 的更新程序。其代码放在 UsersDAO 类的 addTeacherUser()方法中，addTeacherUser()方法的声明代码如下：

```
public void addTeacherUser(Map<String, Object> params)
```

其中,形参 params 用于接收调用者提供的完整教师记录信息,params 是 Map 类型,其中 key 是记录中的每个列名,value 是此列的值。

1. 实现代码

addTeacherUser()方法的编码步骤如下。

1) 获得数据库连接

代码如下:

```
    Class.forName("com.mysql.cj.jdbc.Driver");
    Connection con =
DriverManager.getConnection("jdbc:mysql://localhost:3306/infosubsysdb?useUnicode=
true&characterEncoding=utf-8&serverTimezone=UTC&useSSL=false", "root", "password");
```

2) 将事务设置为手动

代码如下:

```
con.setAutoCommit(false);
```

3) 执行所有更新 SQL

(1) 执行插入用户记录的 SQL,代码如下:

```
1  String userSql = "INSERT INTO users ( state_id, users_name, users_gender, users_birthday,
   users_nativePlace, users_homeAddress, users_mobilePhone, users_Email, users_password,
   users_headPortrait, users_teacherOrStudent ) VALUES (?,?,?,?,?,?,?,?,?,?,?)";
2  PreparedStatement userPst = con.prepareStatement(userSql, PreparedStatement.RETURN_
   GENERATED_KEYS);
3  Object[] userParams = new Object[] {params.get("state_id"),params.get("users_name"),
   params.get("users_gender"),
4                      params.get("users_birthday"),params.get("users_nativePlace"),
   params.get("users_homeAddress"),
5                      params.get("users_mobilePhone"),params.get("users_Email"),params.
   get("users_password"),
6                      params.get("users_headPortrait"),params.get("users_teacherOrStudent")};
7  for(int i=0; i<userParams.length; i++)
8   {
9       userPst.setObject(i+1,userParams[i]);
10  }
11  userPst.executeUpdate();
12  rst = userPst.getGeneratedKeys();
13  rst.next();
14 int users_id = rst.getInt(1);
```

在上面的代码中,

第 1~2 行代码用于封装 SQL。其中,第 2 行代码用 prepareStatement()方法封装插入用户记录的 SQL 时,设置第 2 个参数的值为 PreparedStatement.RETURN_GENERATED_KEYS,目的是将新插入的用户记录的主键值返回,因为下面在插入教师记录时要用此用户主键值作外键。

第 3~10 行代码用于指定 SQL 中的问号占位符值。

第 11 行代码用于执行 SQL。

第 12～14 行代码用于获得新插入的用户记录的主键值。

(2) 执行插入教师记录的 SQL,代码如下：

```
String teacherSql = "INSERT INTO teachers ( titleType_id, users_id, teachOrgs_id, teachers_employeeNO,
                    teachers_office, teachers_startworkDay ) VALUES (?,?,?,?,?,?)";
PreparedStatement teacherPst = con.prepareStatement(teacherSql);
Object[ ] teacherParms = new Object[ ] {params.get("titleType_id"),
                    users_id,params.get("teachOrgs_id"),
   params.get("teachers_employeeNO"),params.get("teachers_office"),
                    params.get("teachers_startworkDay")};
for(int i = 0; i < teacherParms.length; i ++ )
{
 teacherPst.setObject(i + 1,teacherParms[i]);
}
teacherPst.executeUpdate();
```

4) 提交事务

代码如下：

```
con.commit();
```

5) 出错时回滚事务

代码如下：

```
con.rollback();
```

2. 测试代码

addTeacherUser()方法的测试代码被放在 UsersDAO 类的 main()方法中,代码如下：

```
public static void main(String[ ] args)
{
     UsersDAO usersDAO = new UsersDAO();

     Map < String, Object > teacherUser = new HashMap < String, Object >();
     teacherUser.put("state_id",13);
     teacherUser.put("users_name","测试");
     teacherUser.put("users_gender","男");
     teacherUser.put("users_birthday","1985 - 02 - 04");
     teacherUser.put("users_nativePlace","四川省成都市都江堰市");
     teacherUser.put("users_homeAddress","四川省成都市都江堰市青城山镇");
     teacherUser.put("users_mobilePhone","13968270601");
     teacherUser.put("users_Email","13968270601@qq.com");
     teacherUser.put("users_password","123456");
     teacherUser.put("users_headPortrait",null);
     teacherUser.put("users_teacherOrStudent","T");
     teacherUser.put("titleType_id",25);        //外键值,参照 types 表的主键
     teacherUser.put("teachOrgs_id",3);         //外键值,参照 teachOrgs 表的主键
     teacherUser.put("teachers_employeeNO","A201501033");
     teacherUser.put("teachers_office","c2 - 301");
     teacherUser.put("teachers_startworkDay","2015 - 08 - 15");
     usersDAO.addTeacherUser(teacherUser);
}
```

3. 完整代码

UsersDAO 的完整代码请参考程序代码包的"/第 8 章/addTeacherUser 方法完整代码参

考/UsersDAO.java"。

4. 运行 DAO

运行 UsersDAO 类后,数据库 infosubsysdb 的 users 表和 teachers 表中都会新增一条对应的记录,如图 8-17 所示。

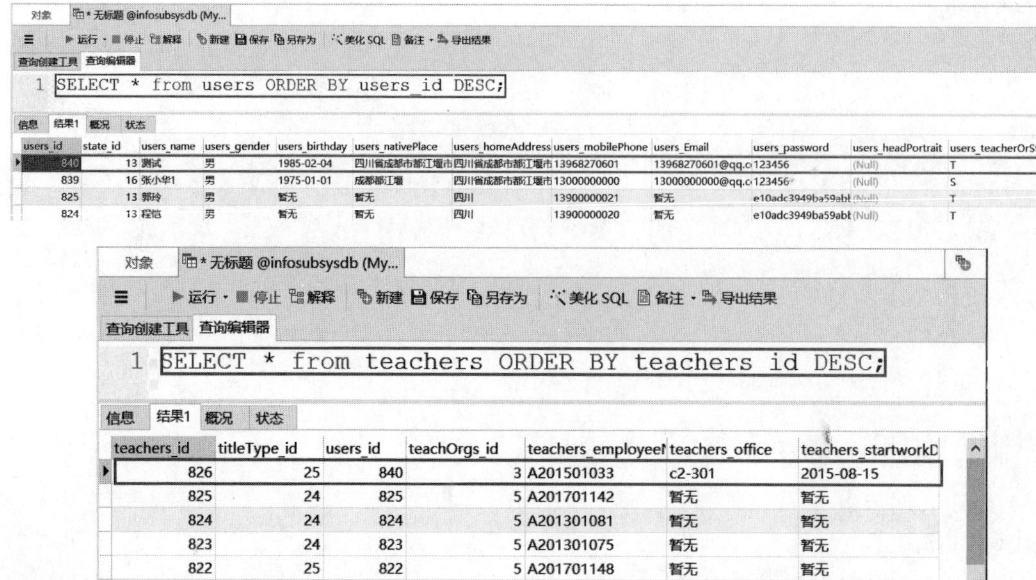

图 8-17 UsersDAO 类的 addTeacherUser 方法运行结果截图

8.4 JDBC 编码框架设计

8.2 节给出的查询案例代码(即 selectById()方法中的代码)和 8.3 节的更新案例代码(即 insert()方法中的代码)并不能用于真实项目小组开发,因为存在以下问题:

(1) 代码没有复用。查询和更新代码有很多相同或相似的代码,需要进行复用,否则这些相同和相似的代码的后期修改和维护将很烦琐。

(2) 查询方法的通用性很差,因为查询方法越俎代庖地对查询结果集进行了处理,导致调用者没有处理结果数据的权利。

为了解决代码中上述两个问题,我们对代码进行了两次改进优化。下面逐一进行详细讲解。

视频讲解

8.4.1 优化 1:代码复用

在 Java 语言中代码复用有两种形式,分别是复用逻辑和复用数据。

(1) 复用数据处理逻辑。可以使用类中的方法来复用数据处理逻辑,方法的放置有两种情况。

① 如果只在本类中共享复用,那么将方法放在本类中,并将方法定义为 private。

② 如果要在多个类中共享复用,那么需要新建一个公共类,将方法放在此公共类中,并将方法定义为 public。

(2) 复用数据定义。只能使用继承来复用数据定义。继承既可以复用数据定义,又可以复用数据处理逻辑,只需将数据定义语句和逻辑处理方法放到父类中,并保证能被子类继承到即可。

通过分析发现，查询和更新代码既需要复用数据定义又需要复用数据处理逻辑，具体如下：

(1) 复用数据定义，包括以下 3 个对象的定义。

```
Connection con = null;
 PreparedStatement pst = null;
 ResultSet rst = null;
```

(2) 复用数据处理逻辑，JDBC 编码的 7 个步骤中只有"执行 SQL"的逻辑代码不能复用，其他 6 个步骤的代码都可以复用。

综上所述，这里需要定义一个父类 DAOBasic 来放置所有 DAO 子类都具有的 3 个对象的定义代码，以及所有 DAO 子类都具有的 6 个公共步骤的逻辑处理方法。此阶段父类 DAOBasic 的完整代码请参考初始项目中 cn. edu. nsu. infoSubSys. db. demo. op2. DAOBasic 类中的代码，DAOBasic 类的具体使用规则请参考初始项目中 cn. edu. nsu. infoSubSys. db. demo. op2. UsersDAO 类中的代码。

8.4.2 优化 2：提高查询方法的通用性

视频讲解

在 8.4.1 节中解决了代码复用的问题，本节将解决查询方法的通用性问题。解决方案是将查询结果数据返回给调用者，而不在查询方法中处理。

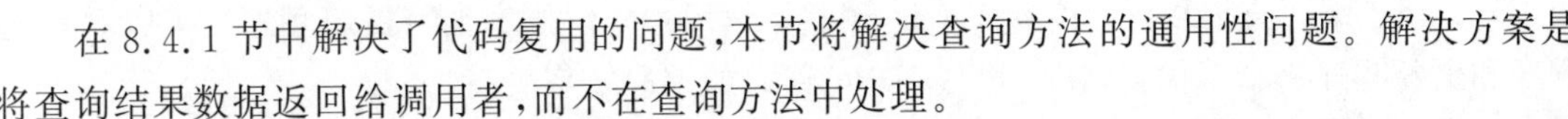

返回查询结果数据最简单的实现就是：将封装查询结果集的 ResultSet 对象 rst 返回给调用者。但是此实现方案会导致查询方法结束时不能关闭数据库连接，因为返回给调用者的 rst 对象并没有存储真实的查询结果数据，rst 对象存储的是查询结果集在远端数据库中的位置(游标)，因此要用 rst 对象取数据就不能关闭对应的数据库连接。但是数据库连接是稀缺资源，是必须要关闭的。

如何既能返回查询结果数据集，又能关闭数据库连接呢？这里就要用到数据转存，即将远端数据库中的数据转存为本地内存中的数据对象。这样数据因为在本地，因此不需要保存与远端数据库的连接，就能关闭了。数据库数据转存常用的方法是 O(Object，对象)映射，即将结果集中的一条记录转存为本地内存的一个对象；如果有多条记录，那么就转存为包含多个对象的集合对象，例如 List 对象。

转存记录的对象所属的类型常用以下两种：

(1) Map<String,Object>对象。Map 对象的 key 是查询结果集中的列名，而 Map 对象的 value 是当前记录行在此列上的对应数据值，这样就能用一个 Map<String,Object>对象转存一条查询结果集记录。此方法的优点是编码简单，不需要自定义封装数据的类；缺点是不能根据数据类型判断当前 Map 对象表示什么数据。

(2) 自定义数据封装类。首先新建一个普通 Java 类，然后在此 Java 类中定义属性来对应查询结果集中的每个列，最后创建此 Java 类的一个对象，并将此对象的每个属性赋值为结果集中某条记录的对应列值。这样就达到了用对象缓存结果集中一条记录的目的。这种封装数据的类称为数据封装类。此方法的优点是能根据数据类型判断是什么数据，代码可读性好；缺点是需自定义数据封装类。

为了编码简单，本书选择用 Map<String,Object>对象转存数据结果集中的一条记录，具体代码如下[其核心思路是首先从结果集记录(rst 对象)中取出每个列的值，然后将此值加入到一个 Map<String,Object>对象中作为 value 值，其对应 key 值为此数据对应的列名]：

```
public Map<String, Object> processingResult(ResultSet rst) throws SQLException
{
    Map<String, Object> recordObj = new HashMap<String, Object>();
    ResultSetMetaData resultSetMetaData = rst.getMetaData();
    for(int i = 1; i <= resultSetMetaData.getColumnCount(); i++)
    {
        recordObj.put(resultSetMetaData.getColumnName(i),
                rst.getObject(resultSetMetaData.getColumnName(i)));
    }
    return recordObj;
}
```

此阶段父类 DAOBasic 的完整代码请参考初始项目中 cn. edu. nsu. infoSubSys. db. demo. op3. DAOBasic 类中的代码，DAOBasic 类的具体使用规则请参考初始项目中 cn. edu. nsu. infoSubSys. db. demo. op3. UsersDAO 类中的代码。

本章小结

本章首先讲解了 JDBC 技术，包括 JDBC 的跨平台实现、JDBC API；然后详细讲解了如何用 JDBC 技术编写查询程序；接着详细讲解了如何用 JDBC 技术编写更新程序；最后对查询程序和更新程序进行了优化，使得编写 JDBC 代码的编码效率更高。

读者学完本章内容后就能用 JDBC 技术编写数据库查询程序和更新程序。第 9 章将继续对本章的查询程序和更新程序进行优化，最终得到一个在项目开发中高效编写 JDBC 代码的 JDBC 编码框架。

习题

一、单项选择题

1. JDBC API 被放在了 J2SE 的(　　)包中。

   A. java. lang　　B. java. util　　C. java. sql　　D. java. awt

2. JDBC 中如果要用 PreparedStatement 对象执行查询，要调用(　　)方法。

   A. call　　B. executeQuery　　C. executeUpdate　　D. query

3. JDBC 中如果要用 PreparedStatement 对象执行更新，要调用(　　)方法。

   A. call　　B. executeQuery　　C. executeUpdate　　D. query

4. JDBC 中封装数据库连接的是(　　)接口。

   A. Statement　　B. PreparedStatement
   C. Connection　　D. ResultSet

5. JDBC 中判定 ResultSet 对象是否有下一条记录，要调用(　　)方法。

   A. next　　B. hasNext　　C. isNext　　D. after

6. JDBC 中关闭数据库连接，要调用 Connection 接口的(　　)方法。

   A. close　　B. exit　　C. closed　　D. exited

7. 以下选项中有关 Connection 描述错误的是(　　)。

   A. Connection 是 Java 程序与数据库建立的连接对象，这个对象只能用来连接数据库，不能执行 SQL 语句。

   B. JDBC 的数据库事务控制要靠 Connection 对象完成。

C. Connection 对象使用完毕后要及时关闭，否则会对数据库造成负担。

D. 只用 MySQL 和 Oracle 数据库的 JDBC 程序需要创建 Connection 对象，其他数据库的 JDBC 程序不用创建 Connection 对象就可以执行 CRUD 操作。

8. 使用 Connection 的(　　)方法可以获得一个 PreparedStatement 接口实现类对象。

A. createPrepareStatement()　　B. prepareStatement()

C. createPreparedStatement()　　D. preparedStatement()

9. 下面的描述错误的是(　　)。

A. Statement 的 executeQuery()方法会返回一个结果集。

B. Statement 的 executeUpdate()方法会返回是否更新成功的 boolean 值。

C. Statement 的 execute ()方法会返回 boolean 值，含义是是否返回结果集。

D. Statement 的 executeUpdate()方法会返回值是 int 类型，含义是 DML 操作影响记录数。

10. 下列选项有关 ResultSet 说法错误的是(　　)。

A. ResultSet 是查询结果集对象，如果 JDBC 执行查询语句没有查询到数据，那么 ResultSet 将会是 null 值。

B. 判断 ResultSet 是否存在查询结果集，可以调用它的 next()方法。

C. 如果 Connection 对象关闭，那么 ResultSet 也无法使用。

D. ResultSet 有一个记录指针，指针所指的数据行叫作当前数据行，初始状态下记录指针指向第一条记录的上一条记录。

11. 在 JDBC 编程中执行完 SQL 语句"SELECT name, rank, serialNo FROM employee"，不能得到 rs 的第一列数据的代码是(　　)。

A. rs. getString(0);　　B. rs. getString("name");

C. rs. getString(1);　　D. rs. getObject("name");

12. 执行"SELECT COUNT(*) FROM emp;"这条 SQL 语句，如果员工表中没有任何数据，那么 ResultSet 中将会是(　　)。

A. null　　B. 有数据 0

C. 不为 null，但是没有数据　　D. 以上都选项都不对

13. 以下选项中关于 PreparedStatement 的说法错误的是(　　)。

A. PreparedStatement 继承了 Statement ，可以执行预编译的 SQL 语句

B. PreparedStatement 可以有效地防止 SQL 注入

C. PreparedStatement 只能执行带问号占位符的预编译 SQL

D. PreparedStatement 可以存储预编译的 SQL 语句，从而提升执行效率

14. 如果为下列预编译 SQL 的第三个问号赋值，那么正确的选项是(　　)。

```
UPDATE emp SET ename = ?, job = ?, salary = ? WHERE empno = ?
```

A. pst. setInt("3",2000);　　B. pst. setInt(3,2000);

C. pst. setFloat("salary",2000);　　D. pst. setString("salary","2000");

二、判断题

1. JDBC 对 Java 程序员而言是接口模型，对实现与数据库连接的服务提供商而言是 API。(　　)

2. ResultSet 对象自动维护指向当前数据行的游标。每调用一次 next()方法，游标向下移动一行。循环完毕后指回第一条记录。(　　)

3. 作为一种好的编程风格，应在不需要 Statement 对象和 Connection 对象时显式地关闭它们。 （　）

4. 要按先 ResultSet 结果集，后 Statement，最后 Connection 的顺序关闭资源。 （　）

5. 在 JDBC 中，事务操作默认是需要手动提交的。 （　）

6. JDBC 中 Statement 执行 executeQuery(String sql)方法能得到 ResultSet 结果集。 （　）

7. executeUpdate(String sql)方法不能执行 delete 语句。 （　）

8. JDBC 中数据库 URL："jdbc:mysql://localhost:3306/mydb"中 mydb 代表数据库名。 （　）

三、填空题

1. JDBC 的中文全称是________。

2. 简单地说，JDBC 可做 3 件事：________、________、处理结果。

3. 加载 JDBC 驱动是通过调用 Class 类的静态方法________实现的。

4. JDBC 中与数据库建立连接是通过调用 DriverManager 类的静态方法________实现的。

5. 有 3 种 Statement 对象：________、________、CallableStatement。

6. ________对象是 executeQuery()方法的返回值，它被称为结果集。

7. ________对象自动维护指向当前数据行的游标，每调用一次________方法，游标向下移动一行。

8. 在 JDBC 中，事务操作成功后，系统将自动调用________提交，否则调用________回滚。

9. 在 JDBC 中，事务操作方法都位于接口 java.sql.Connection 中，可以通过调用________来禁止自动提交。

四、简答题

1. 简述用 JDBC 编写查询程序的步骤。

2. 简述 Statement 和 PreparedStatement 的区别。

五、编程题

1. 用 JDBC 技术编写查询程序。

要求：

(1) 从数据库 infosubsysdb 的 users 表中，根据用户手机号查询用户记录。

(2) 所有代码放在 UsersDAO 类的 selectByMobilePhone()方法中。

(3) 返回的用户记录放在 java.util.Map 对象中。

2. 用 JDBC 技术编写带事务处理的更新程序。

要求：

(1) 向数据库 infosubsysdb 中添加一条学生记录，其中学生作为用户的共有信息添加到 users 表中，而学生的特有信息添加到 students 表中。

(2) 所有代码放在 StudentsDAO 类的 addStudentUser()方法中。

(3) 用 JDBC 的事务处理保证向 users 表和 students 表插入记录的原子性。

第9章

综合实践三

读者在第8章中学习了如何用JDBC技术编写数据库查询程序和更新程序，并对编写的查询程序和更新程序进行了优化。本章作为第三篇的结尾章节，首先继续对第8章的数据库查询程序和更新程序进行优化，最终得到一个可以运用于实际项目的JDBC编码框架。然后讲解如何使用JDBC编码框架来编写数据库的数据访问代码。最后将运用JDBC编码框架编写所有表的数据访问代码作为本篇的项目作业。

学习目标

(1) 理解JDBC编码框架。

(2) 掌握如何用JDBC编码框编写DAO子类。

(3) 掌握如何编写DAO子类的测试类。

9.1 JDBC编码框架

视频讲解

为了使项目组中的JDBC编码人员最大限度地少编写代码，提高效率，我们在第8章的基础之上，对DAO父类DAOBasic又进行了以下改进：

(1) 将所有对数据库中数据的操作分为查询和更新两大类。更新类操作提供了update(String sql,Object[] params)方法，查询类操作根据查询单条记录还是多条记录提供了两个方法，分别为Map<String,Object> queryForMap(String sql,Object[] params)和List<Map<String, Object>> queryForList(String sql,Object[] params)。所有DAO子类中的更新操作代码只需调用继承到的update()方法，查询单条记录的操作代码只需调用继承到的queryForMap()方法，查询多条记录的操作代码只需调用继承到的queryForList()方法。

(2) 将所有DAO子类都有的5个常用操作的实现代码方法放到DAO父类DAOBasic中。这5个常用操作分别为：

① 增加一条记录。

② 根据主键删除一条记录。

③ 根据主键修改一条记录。

④ 查询所有记录。

⑤ 根据主键查询单条记录。

最终，DAOBasic类的结构如图9-1所示。

DAOBasic类中的属性如表9-1所示。

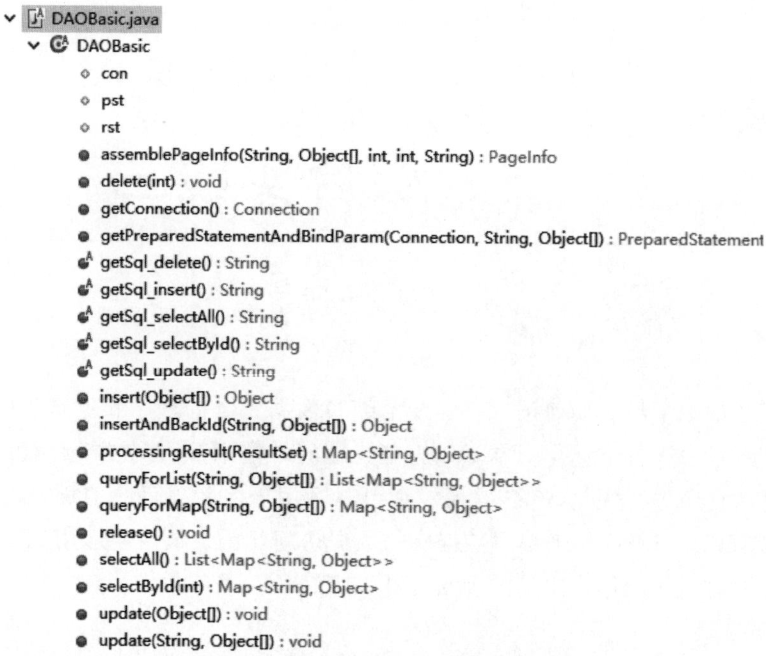

```
DAOBasic.java
  DAOBasic
    con
    pst
    rst
    assemblePageInfo(String, Object[], int, int, String) : PageInfo
    delete(int) : void
    getConnection() : Connection
    getPreparedStatementAndBindParam(Connection, String, Object[]) : PreparedStatement
    getSql_delete() : String
    getSql_insert() : String
    getSql_selectAll() : String
    getSql_selectById() : String
    getSql_update() : String
    insert(Object[]) : Object
    insertAndBackId(String, Object[]) : Object
    processingResult(ResultSet) : Map<String, Object>
    queryForList(String, Object[]) : List<Map<String, Object>>
    queryForMap(String, Object[]) : Map<String, Object>
    release() : void
    selectAll() : List<Map<String, Object>>
    selectById(int) : Map<String, Object>
    update(Object[]) : void
    update(String, Object[]) : void
```

图 9-1 DAOBasic 类的最终结构图

表 9-1 DAOBasic 类中的属性

属 性 名	属 性 说 明
con	数据库连接 Connection 对象
pst	封装可执行 SQL 的 PreparedStatement 对象
rst	封装查询结果集数据的 ResultSet 对象

DAOBasic 类中的方法如表 9-2 所示。

表 9-2 DAOBasic 类中的方法

方 法 声 明	方 法 说 明
public Connection getConnection()	功能：获得数据库连接对象 返回：数据库连接 Connection 对象
public PreparedStatement getPreparedStatementAndBindParam(Connection con,String sql,Object[] params)	功能：获得封装 SQL 语句的 PreparedStatement 对象，并对 SQL 语句中的数据占位符"?"指定真实值 参数：con——数据库连接对象 sql——要封装的带数据占位符"?"的 SQL 语句 params——SQL 语句中数据占位符"?"对应的真实值 返回：预编译的 SQL 语句对象(PreparedStatement 对象)
public Map < String,Object > processingResult(ResultSet rst)	功能：将查询结果集中单条记录转存为一个 Map 对象 参数：rst——查询结果集对象 返回：一个 Map < String, Object >对象，用于存储查询结果集中的一条记录
public void release()	关闭数据库连接相关资源
public Map < String, Object > queryForMap(String sql, Object[] params)	功能：查询数据库中单条记录 参数：sql——要执行的参数化 SQL 语句 params——参数化 SQL 语句中数据占位符"?"对应的真实值 返回：Map < String, Object >对象，用于存储查询结果集中的一条记录

续表

方法声明	方法说明
public List < Map < String, Object >> queryForList (String sql,Object[] params)	功能：查询数据库中多条记录 参数：sql——要执行的参数化 SQL 语句 params——参数化 SQL 语句中数据占位符"?"对应的真实值 返回：List < Map < String, Object >> 对象,用于存储查询结果集中的多条记录,每条记录是 Map < String, Object >类型
public void update(String sql, Object[] params)	功能：更新数据中的数据,包括添加、修改、删除单条记录 参数：sql——要执行的参数化 SQL 语句 params——参数化 SQL 语句中数据占位符"?"对应的真实值
public Object insertAndBackId (String sql,Object[] params)	功能：向数据库表中插入一条记录,并返回自增的主键值 参数：sql——要执行的参数化 SQL 语句 params——参数化 SQL 语句中数据占位符"?"对应的真实值 返回：Object 对象,用于存储新插入记录的自动生成的主键值
public List < Map < String, Object >> selectAll()	查询数据库表中的所有记录
public Map < String, Object > selectById(int id)	功能：根据主键查询表中的单条记录 参数：id——要查询的单条记录的主键值 返回：Map < String, Object >对象,用于存储查询结果集中的一条记录
public Object insert(Object[] params)	功能：向数据库表中插入一条记录,并返回自动生成的主键值 参数：params——参数化 SQL 语句中数据占位符"?"对应的真实值 返回：一个 Object 对象,用于存储新插入记录的自动生成的主键值
public void update(Object[] params)	功能：修改数据表中的单条记录 参数：params——参数化 SQL 语句中数据占位符"?"对应的真实值
public void delete(int id)	功能：根据主键值删除数据库表中的单条记录 参数：id——要删除的单条记录的主键值
public abstract String getSql_selectAll();	获得 selectAll()方法要执行的 SQL 语句 抽象方法,需要 DAO 子类进行实现
public abstract String getSql_selectById();	获得 selectById()方法要执行的 SQL 语句 抽象方法,需要 DAO 子类进行实现
public abstract String getSql_insert();	获得 insert()方法要执行的 SQL 语句 抽象方法,需要 DAO 子类进行实现
public abstract String getSql_update();	获得 update()方法要执行的 SQL 语句 抽象方法,需要 DAO 子类进行实现
public abstract String getSql_delete();	获得 delete()方法要执行的 SQL 语句 抽象方法,需要 DAO 子类进行实现

9.2　使用 JDBC 编码框架

视频讲解

下面以编写 StudentsDAO 子类为例来讲解如何使用 DAOBasic 父类来编写 DAO 子类。StudentsDAO 子类封装了对 students 表中数据进行的所有操作。StudentsDAO 子类编写完成后,为了找出代码中的错误,还需编写 StudentsDAO 子类的测试类 StudentsDAOTest。下面将逐一讲解如何编写 StudentsDAO 子类及其测试类 StudentsDAOTest。

9.2.1　编写 StudentsDAO 子类

用父类 DAOBasic 编写子类 StudentsDAO 的步骤如下：

（1）创建与表名同名的子包。

（2）创建 StudentsDAO 类。

（3）编写 StudentsDAO 类的实现代码。

1. 创建与表名同名的子包

因为 StudentsDAO 对数据库中的 students 表进行数据操作，所以建议在项目的 cn. edu. nsu. infoSubSys. db. last 包下创建与表名同名的子包 cn. edu. nsu. infoSubSys. db. last. students。在 STS 中新建 Java 子包的步骤如下：

（1）在项目中，右击父包 cn. edu. nsu. infoSubSys. db. last，在弹出的菜单中单击 New→Package 命令，如图 9-2 所示。

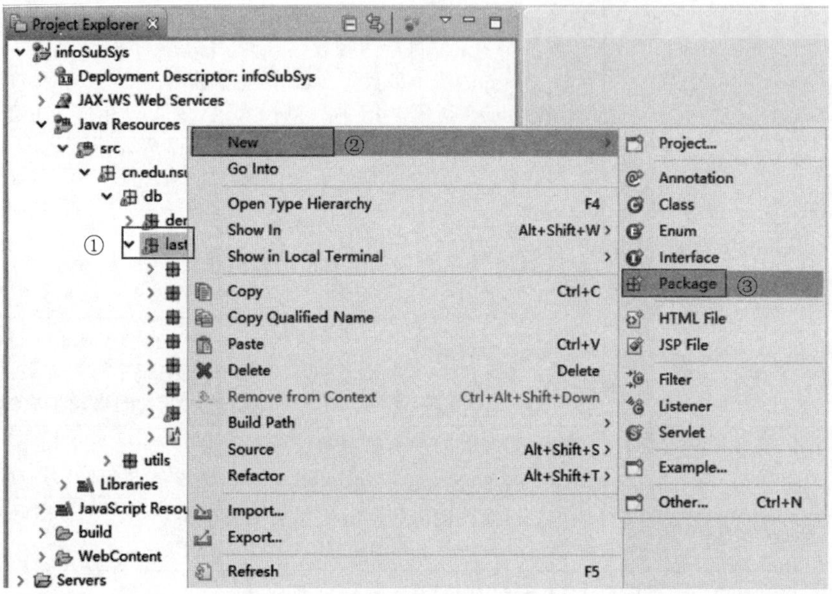

图 9-2　新建 Java 包菜单

（2）在打开的 New Java Package 界面中，首先在 Name 文本框中输入子包名 cn. edu. nsu. infoSubSys. db. last. students，然后单击 Finish 按钮结束包的创建。操作过程如图 9-3 所示。

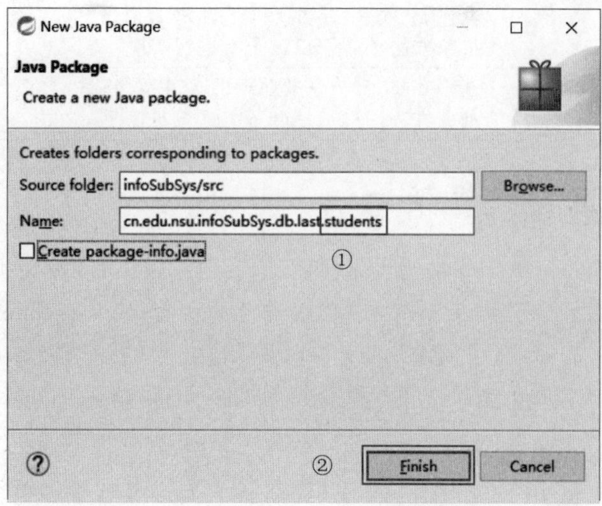

图 9-3　新建 Java 包界面

2. 创建 StudentsDAO 类

在新建包 cn. edu. nsu. infoSubSys. db. last. students 下创建数据访问对象类 StudentsDAO。在 STS 中创建类的步骤请参见 8.2.3 节。

3. 编写 StudentsDAO 类的实现代码

编写 StudentsDAO 类的实现代码的步骤如下：

(1) 在类 StudentsDAO 中，添加如下继承父类 DAOBasic 的代码。

```
public class StudentsDAO extends DAOBasic
{
}
```

(2) 在 StudentsDAO 中，重写所有从父类 DAOBasic 继承到的抽象方法，操作步骤如下。

① 右击 StudentsDAO 类声明代码行最左边的错误图标，在弹出的菜单中单击 Quick Fix 命令，如图 9-4 所示。

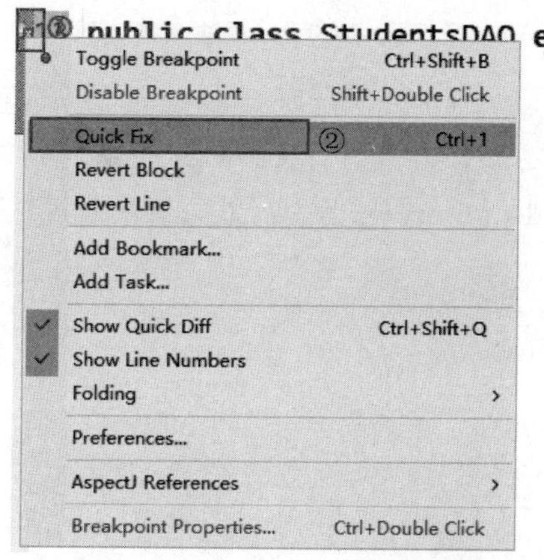

图 9-4 快速修复菜单

② 在打开的修改建议列表项中选择 Add unimplemented methods，如图 9-5 所示。

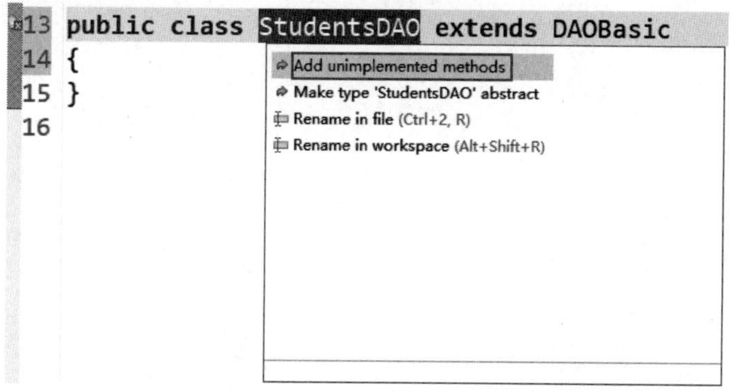

图 9-5 修复建议列表

③ 编写每个重写方法的实现代码，如图 9-6 所示。由图 9-6 中的代码可知，每个重写方法的实现代码返回对应数据操作方法的 SQL 语句。

(3) 如果 DAO 子类中除了增、删、改、查(查询所有记录、根据主键查询单条记录)这 5 个公共数据操作外，还有自己特有的数据操作时，此 DAO 子类中就需要自己定义并实现对应的数据操作方法。

```
public class StudentsDAO extends DAOBasic
{
    @Override
    public String getSql_selectAll() {
        return "SELECT * from view5_student_full_info";
    }

    @Override
    public String getSql_selectById() {
        return "SELECT * from view5_student_full_info WHERE students_id=?";
    }

    @Override
    public String getSql_insert() {
        return "INSERT INTO students ( users_id, students_NO, students_dormitory ) VALUES (?,?,?)";
    }

    @Override
    public String getSql_update() {
        return "UPDATE students SET users_id=?, students_NO=?, students_dormitory=? WHERE students_id=?";
    }

    @Override
    public String getSql_delete() {
        return "DELETE FROM students WHERE students_id=?";
    }
```

图 9-6 StudentsDAO 类中所有重写方法的实现代码

例如,在 StudentsDAO 子类中添加学生用户时,既要向 users 表插入一条记录,又要向 students 表插入一条对应记录。父类 DAOBasic 中的公共添加方法(insert()方法)无法实现此功能,因此需单独定义一个新方法(addStudentUser()),并编写此方法的实现代码,代码如下:

```
public void addStudentUser(Map<String, Object> params)
{
 Connection con = null;
 PreparedStatement userPst = null;
 PreparedStatement studentPst = null;
 ResultSet rst = null;
 try {
      con = getConnection();
      con.setAutoCommit(false);
      //向 users 表插入记录
      String userSql = "INSERT INTO users ( state_id, users_name, users_gender, users_birthday,
users_nativePlace, users_homeAddress, users_mobilePhone, users_Email, users_password, users_
headPortrait, users_teacherOrStudent ) VALUES (?,?,?,?,?,?,?,?,?,?,?)";
      userPst = con.prepareStatement(userSql,PreparedStatement.RETURN_GENERATED_KEYS);
      Object[ ] userParams = new Object[ ]{params.get("state_id"),params.get("users_name"),
                params.get("users_gender"),params.get("users_birthday"),params.get("users_
nativePlace"),

params.get("users_homeAddress"),params.get("users_mobilePhone"),params.get("users_Email"),
                params.get("users_password"),params.get("users_headPortrait"),
                params.get("users_teacherOrStudent")};
      for(int i = 0; i < userParams.length; i++ )
      {
            userPst.setObject(i + 1,userParams[i]);
      }
      userPst.executeUpdate();
      rst = userPst.getGeneratedKeys();
      rst.next();
      int users_id = rst.getInt(1);
      //向 students 表插入记录
      String studentSql = "INSERT INTO students ( users_id, students_NO, students_dormitory )
VALUES (?,?,?)";
```

```
        Object[ ] studentParms = new Object[ ] {users_id,params.get("students_NO"),
                                                  params.get("students_dormitory")};
        studentPst = con.prepareStatement(studentSql,PreparedStatement.RETURN_GENERATED_KEYS);
        for(int i = 0; i < studentParms.length; i ++ )
         {
             studentPst.setObject(i + 1,studentParms[i]);
         }
        studentPst.executeUpdate();
        con.commit();
    } catch (Exception e) {
        try {
             con.rollback();
        } catch (SQLException e1) {
             e1.printStackTrace();
        }
        e.printStackTrace();
    } finally
    {
        //关闭 DB 连接
        try {
             if(rst != null)
             {
                  rst.close();
             }
             if(userPst!= null)
             {
                  userPst.close();
             }
             if(studentPst != null)
             {
                  studentPst.close();
             }
             if(con != null)
             {
                  con.close();
             }
        } catch (SQLException e) {
             e.printStackTrace();
        }
    }
  }
```

StudentsDAO 子类中其他特有数据操作方法及其实现代码请参考程序代码包的"/第 9 章/StudentsDAO.java"中的代码。

9.2.2 编写 DAO 子类的测试类

下面用 StudentsDAO 类的测试类 StudentsDAOTest 的编写过程，说明如何编写 DAO 子类的测试类。StudentsDAOTest 的编写步骤如下：

(1) 在初始项目的 cn.edu.nsu.infoSubSys.db.last.students 子包下创建 Java 应用程序类 StudentsDAOTest，即包含 Java 虚拟机(JVM)入口 main()方法的类。

(2) 在 StudentsDAOTest 类中新建被测方法的测试方法，如图 9-7 中①所示。在图 9-7 中，所有测试方法的声明都是"private static void XXXTest()"，其中方法名以被测方法的名字开头,以 Test 结尾,例如,selectAll()方法的测试方法名为 selectAllTest()。

```
public class StudentsDAOTest {

② private static StudentsDAO studentsDAO = new StudentsDAO();

    public static void main(String[] args)
    {
        try {
          ③ selectAllTest();
        } catch (ClassNotFoundException e) {
            e.printStackTrace();
        } catch (SQLException e) {
            e.printStackTrace();
        }finally {
            try {
                studentsDAO.release();
            } catch (SQLException e) {
                e.printStackTrace();
            }
        }

    }

① private static void selectAllTest() throws ClassNotFoundException, SQLException
    {
     ② System.out.println(studentsDAO.selectAll());
    }

}
```

图 9-7 StudentsDAOTest 类中测试方法 selectAllTest()的实现代码

(3) 编写新建测试方法的实现代码。所有测试方法的实现代码都是调用被测方法一次,并将方法调用的结果数据打印输出,如图 9-7 中②所示。

(4) 在 StudentsDAOTest 类的 main()方法中调用测试方法 selectAllTest(),并进行异常处理,如图 9-7 中③所示。

测试类 StudentsDAOTest 的运行结果如图 9-8 所示。

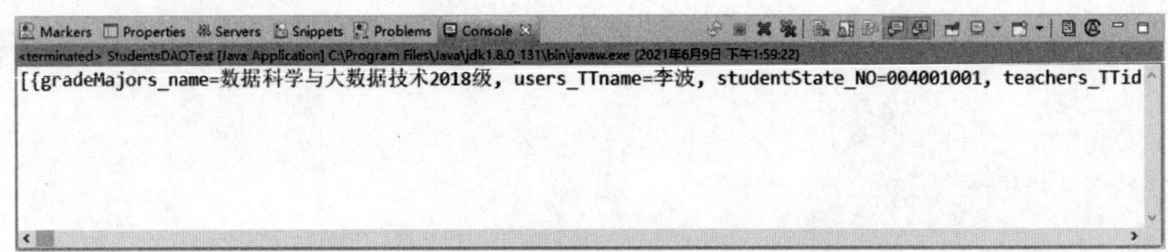

图 9-8 测试类 StudentsDAOTest 运行结果截图

其他方法的测试代码和 selectAll()方法的测试代码相似,测试类 StudentsDAOTest 中完整的测试代码请参考程序代码包的"/第 9 章/StudentsDAOTest. java"中的代码。

9.3 项目作业

学习完第三篇的所有内容后,完成项目作业:编写所有表的数据访问对象类及其测试类。本篇的项目作业要求如下。

(1) 在 cn. edu. nsu. infoSubSys. db. last 包下为每个表创建同名的子包。

(2) 在表对应子包中仿照 StudentsDAO 类,创建表的数据访问对象类,并编写实现代码。只需编写从父类 DAOBasic 继承得到的 5 个公共抽象方法,其他特有方法可以在后面进行动态页面编码需要的时候再编写。

(3) 在表对应子包中仿照 StudentsDAOTest 类,创建数据访问对象类的测试类,并编写实现代码。

本章小结

本章首先在第 8 章的基础上，进一步对 JDBC 代码进行了优化，最终得到一个可以运用于实际项目的 JDBC 编码框架(DAOBasic 父类)。使用 JDBC 编码框架编写 DAO 子类时，编码更加高效，更加适合项目开发。然后以 StudentsDAO 类为例讲解了如何使用父类 DAOBasic 编写各个 DAO 子类代码。最后将编写所有表的数据访问对象类及其测试类作为本篇的项目作业。

读者学完本章内容后就能用本章的 JDBC 编码框架(DAOBasic 父类)来编写数据库中每个表的数据访问对象类及其测试类。本篇的所有 DAO 子类将在下一篇中作为模型层代码供动态页面调用，来完成数据库中数据的查询或更新。

第四篇　后端动态页面技术

读者学完第一篇后，设计出了 Web UI 来确认项目需求，并将此 Web UI 作为最终的 UI 界面。读者学完第二篇后，根据第一篇确认的项目需求设计出了项目的数据库，并对项目数据库进行了可行性分析。读者学完第三篇后，对第二篇设计出的数据库进行了 JDBC 编码。按照 Web 项目开发流程，就剩下最后的后端动态页面编码阶段。后端动态页面编码需要用到后端动态页面编码技术，本书采用 Java 语言的后端动态页面编码技术。

本篇讲解 Java 后端动态页面编码技术，包括：

(1) Servlet 核心技术。

(2) JSP 核心技术。

(3) Web 项目的分层实现。

(4) Filter 技术和 Listener 技术。

(5) JSTL 和 EL。

(6) Web 项目中公共难点功能的实现。

读者学习完本篇内容后，就能将前几篇的成果代码整合到一个动态页面中，来完成 Web 项目的每个功能的实现，进而最终完成整个 Web 项目的开发。

第10章

Servlet 核心技术

HTML 技术出现后，可以通过 HTML 网页对数据进行可视化展示，并用互联网浏览器解释运行网页。但是由于 HTML 网页是静态网页，在不修改网页源代码的情况下，网页中的数据和数据可视化展示代码都是固定不变的，因此 HTML 技术没办法实现数据和数据可视化展示的动态变化。动态网页技术就是为了解决上述问题而出现的。

动态网页技术的核心思路是对网页中动态改变的源代码数据用高级语言进行处理。网页中处理数据的高级语言有两类：一类是前端脚本语言，例如 JavaScript；另一类是后端高级语言。采用前端脚本语言处理网页数据的动态网页技术被称为前端动态网页技术，而采用后端高级语言处理网页数据的动态网页技术被称为后端动态网页技术。

在前端动态网页技术中，由于网页上的前端脚本语言代码在客户端浏览器上解释运行，因此客户能看到所有数据和处理数据的源代码，这很不安全，因此后端动态网页技术才因需而生。在后端动态网页技术中，所有处理数据的代码都在 Web 服务器上用高级语言运行环境(例如，Java 类用 JVM 运行)运行，然后将数据处理的最终结果嵌在 HTML 代码中发给客户端浏览器。前端、后端动态页面技术各有优缺点，前端动态页面技术的优点是减轻了 Web 服务器处理数据的负担，因为数据在客户端处理，缺点是不安全，容易被篡改；后端动态页面技术的优点是安全，缺点是服务器数据处理负担较重。

Servlet 技术就是一种后端动态网页技术，它由 Sun 公司开发，并采用 Java 语言处理网页中的动态数据。本章将详细讲解 Servlet 的含义、Servlet 编码、Servlet API 和 Servlet 运行原理。

学习目标

(1) 了解 Servlet 技术的跨平台实现、Servlet 处理请求的过程和 Servlet 含义。

(2) 掌握 Servlet 编码、配置和访问方法。

(3) 理解 Servlet 的生命周期。

(4) 理解 Servlet API。

(5) 理解 Session 和 Cookie。

视频讲解

10.1 Servlet 技术概述

Servlet 是 Java Servlet 的简称，称为服务器端小程序(Server Applet)。Servlet 是用 Java 编写的服务器端程序，具有独立于平台和协议的特性，主要功能在于生成动态 Web 内容。下面将简单介绍 Servlet 的跨平台实现、Servlet 处理请求的过程和 Servlet 的含义。

10.1.1 Servlet 技术的跨平台实现

Sun 公司在 Servlet 技术中提供了一套跨 Web 服务器平台的 Servlet API，Web 开发员可以基于 Servlet API 开发出处理 Web 请求的跨 Web 服务器平台的 Servlet 程序。

Sun 公司采取了与 JDBC API 一样的策略(即委托策略)来实现 Servlet API 跨 Web 服务器平台。具体来说,就是 Servlet API 中存在大量的接口和抽象类,这些接口和抽象类中存在大量的与处理请求相关的抽象方法,Sun 公司没办法给出这些抽象方法的实现代码,而是要求支持 Servlet 技术的 Web 服务器厂家在 Web 服务器中给出实现代码。通常我们将实现了 Servlet API 中所有抽象方法的 Web 服务器称为 Servlet 容器。

Servlet 容器是 Web 服务器,但 Web 服务器不一定是 Servlet 容器,只有支持 Servlet 技术(即实现了 Servlet API 中所有抽象方法)的 Web 服务器才被称为 Servlet 容器。最常用的 Servlet 容器是 Apache Tomcat。

10.1.2 Servlet 处理请求的过程

下面以“用 Servlet 程序处理添加用户请求”为例来介绍 Servlet 如何处理请求。用 Servlet 程序处理添加用户请求如图 10-1 所示,处理请求的过程如下:

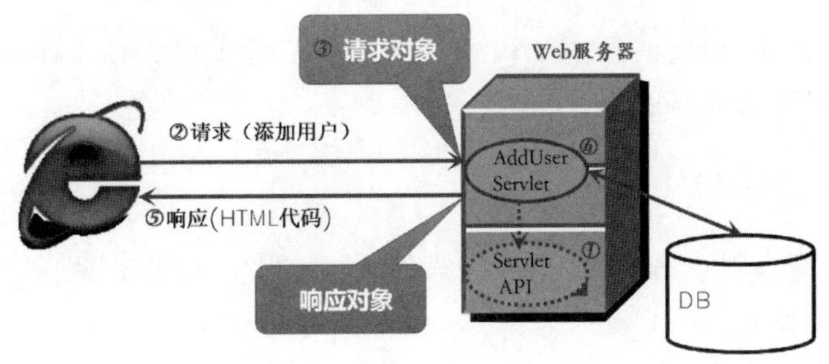

图 10-1 Servlet 程序运行过程

(1) 编写 Servlet 程序并发布到 Servlet 容器中。首先下载并安装支持 Servlet 技术的 Web 服务器(例如 Tomcat9);然后编写基于 Servlet API 的 Servlet 程序 AddUserServlet;最后将 AddUserServlet 放到 Servlet 容器中,并将访问 AddUserServlet 程序的 URL 告知用户。

(2) 用户打开本机互联网浏览器,并在地址栏输入 AddUserServlet 的 URL,然后回车触发请求。

(3) Servlet 容器接收到请求后,首先会将当前请求信息封装到一个请求对象中,并创建一个没有任何数据的响应对象;然后将此请求和响应对象交给 AddUserServlet 处理。

(4) AddUserServlet 接收到请求后开始处理请求,在处理请求的过程中,如果数据在数据库中,那么 AddUserServlet 就要调用 JDBC 代码操作数据库中的数据。例如,在 AddUserServlet 中,首先会从请求中获得要添加的用户记录数据,然后用 JDBC 代码将用户记录数据插入数据库的用户表中。

(5) AddUserServlet 处理完请求后,会将请求处理的最终结果数据嵌入到一段前端代码块中(目的是对结果数据进行可视化展示),并以响应的形式发还给发出请求的客户端浏览器。

(6) 客户端浏览器接收到服务器发回的响应后,首先从响应中取出请求处理结果,即内嵌了结果数据的一段前端代码。然后浏览器一行一行地将前端代码解释运行为一个个 Web 图形控件,这些 Web 图形控件又组合成一个 Web 图形界面来对结果数据进行可视化展示。

10.1.3 Servlet 的含义

可以从功能和编码这两个层面来理解 Servlet 程序。

1. 从功能层面理解

从功能层面上来说，Servlet 程序就是一个运行在 Servlet 容器中的特殊 Java 类，此 Java 类必须能完成以下功能：

(1) 能从 Servlet 容器接收 Web 请求。

(2) 能对接受到的请求进行处理。

(3) 能将请求处理的最终结果嵌入到一段前端代码中，以响应的形式发还给发出请求的客户端浏览器。

2. 从编码层面理解

从编码层面上来说，Servlet 程序就是一个运行在 Servlet 容器中的特殊 Java 类，此 Java 类继承自 javax.servlet.http.HttpServlet。由于 HttpServlet 具有处理 Web 请求的能力，因此 HttpServlet 的子类也具有处理 Web 请求的能力。

10.2 Servlet 编码和配置

在 10.1 节了解了 Servlet 的基本知识后，下面以"在网页上显示 Web 服务器当前时间"为例来详细讲解如何编码和配置 Servlet 类。

视频讲解

10.2.1 编码 Servlet 类

编码 Servlet 类分为创建 Servlet 类和编写处理请求代码两个步骤。

1. 创建 Servlet 类

在 STS 中创建 Servlet 类的步骤如下：

(1) 将 STS 的透视图切换到 Java EE 透视图。

(2) 在 STS 的 infoSubSys 项目中创建放置 Servlet 类的子包 cn.edu.nsu.infoSubSys.servlet。在 STS 中创建包的方法和步骤请参考 9.2.1 节中的内容。

(3) 右击包 cn.edu.nsu.infoSubSys.servlet，在弹出的菜单中选择 New→Servlet 命令，如图 10-2 所示。

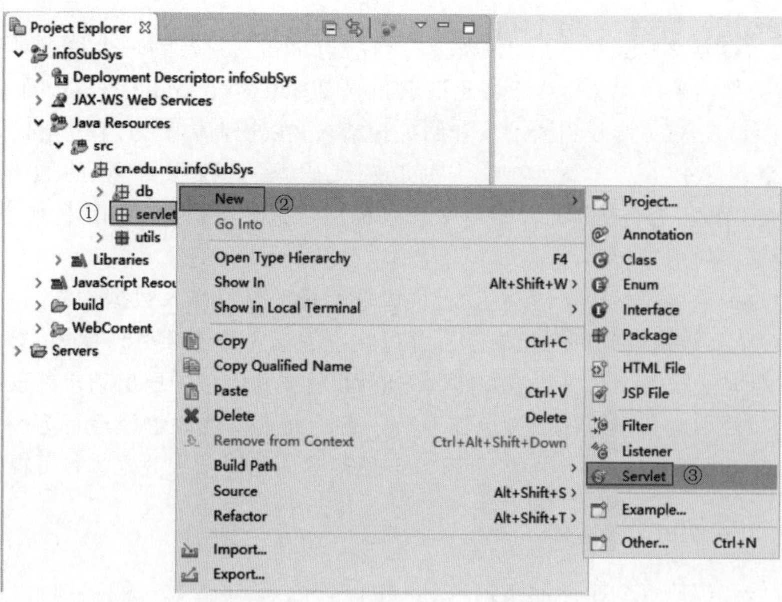

图 10-2 新建 Servlet 的菜单

(4) 在打开的 Create Servlet 界面的 Class name 文本框中输入 Servlet 类的名称 CurrentTimeServlet，然后单击 Next 按钮，整个过程如图 10-3 所示。

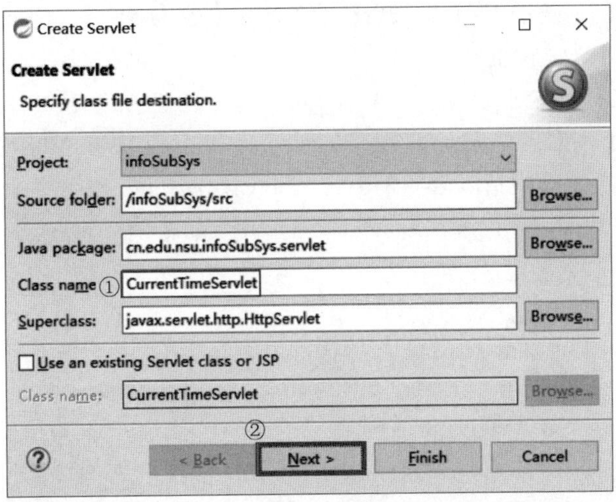

图 10-3 指定 Servlet 基本信息的界面

Servlet 类名一般的命名规则是 xxxServlet，其中 xxx 表示 Servlet 的功能英文名，而且此功能英文名要求采用驼峰规则，首字母大写。

(5) 在随后打开的界面中修改 Servlet 类的配置信息，具体过程如下：

① 选中 URL mappings 栏中的"CurrentTimeServlet"配置项，然后单击右边的 Edit 按钮，如图 10-4 中①、②所示。

② 在弹出的 URL Mappings 界面的 Pattern 文本框处，将原来的"/CurrentTimeServlet"值修改为"/CurrentTime"，然后单击 OK 按钮，如图 10-4 中③、④所示。

③ 单击 Next 按钮进入下一步，如图 10-4 中⑤所示。

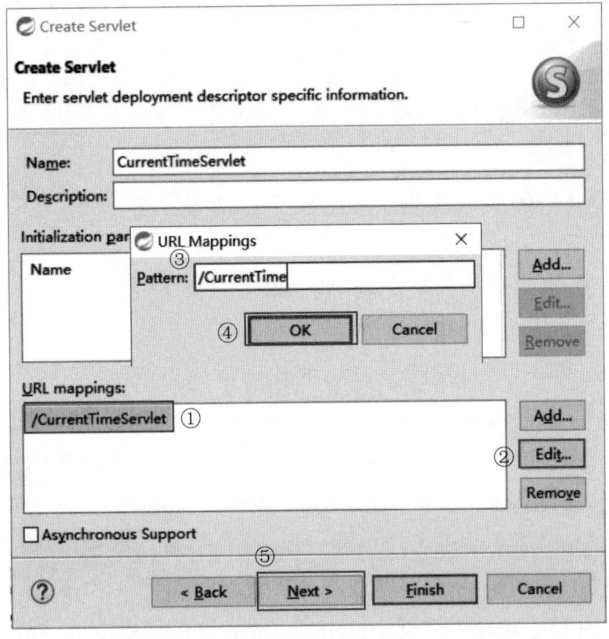

图 10-4 指定 Servlet 配置信息的界面

【技巧 10.1】 Servlet 类为什么要进行配置?

Servlet 类在发布到 Tomcat 服务器时,会被放到项目目录下的"/WEB-INF/classes"子目录中。由于 WEB-INF 是受限目录,因此用户无法直接访问 Servlet 类。如果用户要访问 Servlet 类,则需要额外进行配置。

Servlet 类的配置分为两个步骤:一是将 Servlet 类声明为一个可访问的 Servlet Web 组件,并为其指定一个组件名;二是为配置好的 Servlet Web 组件指定 URL。

(6) 在随后打开的界面中指定要重写从父类 javax. servlet. http. HttpServlet 继承得到的哪些方法,然后单击 Finish 按钮结束 Servlet 类的创建,如图 10-5 所示。

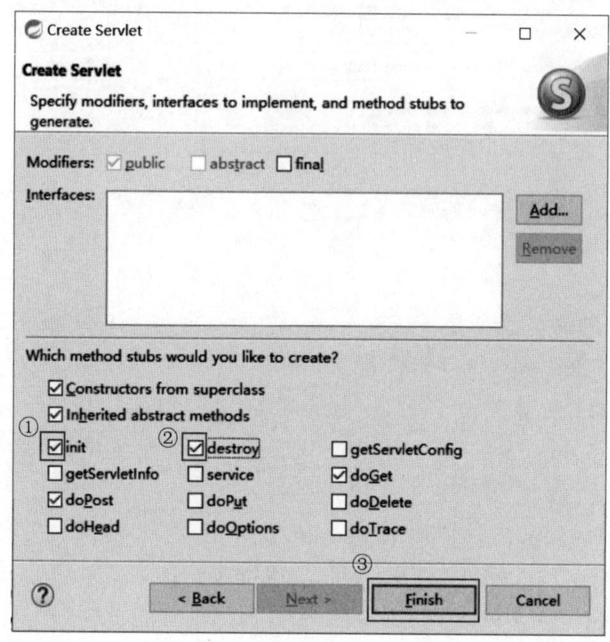

图 10-5 指定 Servlet 重写方法界面截图

2. 编写处理请求代码

编写处理请求的代码有如下两个步骤。

(1) 编码前的准备工作。

(2) 修改 doGet()方法的实现代码。

1) 编码前的准备工作

在 Servlet 中编写处理请求的代码之前,需要做如下的准备工作。

(1) 理解 Servlet 类的初始代码。

在 CurrentTimeServlet 类中,删除注释后的代码如图 10-6 所示。

对图 10-6 中的 CurrentTimeServlet 类的初始代码说明如下。

① 第 12 行代码"@WebServlet("/CurrentTime")",用 Java 注解的方式对 Servlet 进行了配置,指定访问此 Servlet 对象的相对 URL 为"/CurrentTime"。

② 第 17 行代码"public CurrentTimeServlet()"定义了类的无参构造方法,用于创建 Servlet 对象时对 Servlet 对象中的属性进行系统默认初始化。

③ 第 21 行代码"public void init(ServletConfig config)"定义了 Servlet 对象的初始化方法,用于在初始化阶段对创建好的 Servlet 对象进行自定义初始化操作。

④ 第 24 行代码"public void destroy()"定义了 Servlet 对象的销毁方法,用于在销毁阶段

```
1 package cn.edu.nsu.infoSubSys.servlet;
2
3⊕import java.io.IOException;□
10
11
12 @WebServlet("/CurrentTime")
13 public class CurrentTimeServlet extends HttpServlet {
14     private static final long serialVersionUID = 1L;
15
16
17⊕    public CurrentTimeServlet() {
18         super();
19         // TODO Auto-generated constructor stub
20     }
21⊕    public void init(ServletConfig config) throws ServletException {
22         // TODO Auto-generated method stub
23     }
24⊕    public void destroy() {
25         // TODO Auto-generated method stub
26     }
27⊕    protected void doGet(HttpServletRequest request, HttpServletResponse response) throws ServletException, IOException {
28         // TODO Auto-generated method stub
29         response.getWriter().append("Served at: ").append(request.getContextPath());
30     }
31⊕    protected void doPost(HttpServletRequest request, HttpServletResponse response) throws ServletException, IOException {
32         // TODO Auto-generated method stub
33         doGet(request, response);
34     }
35
36 }
```

图 10-6 CurrentTimeServlet 类初始代码截图

对 Servlet 对象进行销毁操作。

⑤ 第 27 行代码“protected void doGet(HttpServletRequest request, HttpServletResponse response)”用于处理 Get 请求。

在 doGet()方法中，首先从响应中获得一个到客户端浏览器的 I/O 流通道，然后通过此流通道向客户端浏览器输出一个常量字符串"Served at："和一个变量字符串，变量字符串的值是方法调用 request. getContextPath()的返回值，即当前项目的 URL“/infoSubSys”。因此在 doGet()方法中用输出流通道向发出请求的客户端浏览器输出了文本数据“Served at：/infoSubSys”。

⑥ 第 31 行代码“protected void doPost(HttpServletRequest request, HttpServletResponse response)”用于处理 Post 请求。

为了保证当前请求不管是用 Get 方式发送，还是 Post 方式发送，其处理结果都一样，初始代码在 doPost()方法直接调用 doGet()方法，因此所有处理请求代码只需写到 doGet()方法中即可。

(2) 运行 Servlet 类。

运行 CurrentTimeServlet 的步骤如下。

① 在 STS 的 Java EE 透视图的 Servers 视图中，右击 Tomcat v9.0 Server at localhost 服务器配置项，然后在弹出的菜单中单击 Add and Remove 命令，然后在打开的 Add and Remove 界面中将 infoSubSys 项目部署到 Tomcat 服务器。详细过程请参考 2.4.2 节的内容。

② 启动 Tomcat 服务器，详细过程请参考 2.4.2 节的内容。

③ 求解访问 CurrentTimeServlet 的绝对 URL，并发送访问 CurrentTimeServlet 的请求。

在 CurrentTimeServlet 类中，用代码“@WebServlet("/CurrentTime")”为 CurrentTimeServlet 配置的 URL 为“/CurrentTime”。此 URL 地址是一个以“/”开头的相对地址。由于此相对 URL 被放在了后端代码中，因此其相对的起点为当前项目 infoSubSys 的 URL，即“http://localhost:8080/infoSubSys”。因此访问 CurrentTimeServlet 的绝对 URL 为起点 URL 追加上相对 URL，即“http://localhost:8080/infoSubSys/CurrentTime”。

打开互联网浏览器，并在地址栏中输入“http://localhost:8080/infoSubSys/CurrentTime”，然

后回车触发请求访问 CurrentTimeServlet。运行结果如图 10-7 所示。

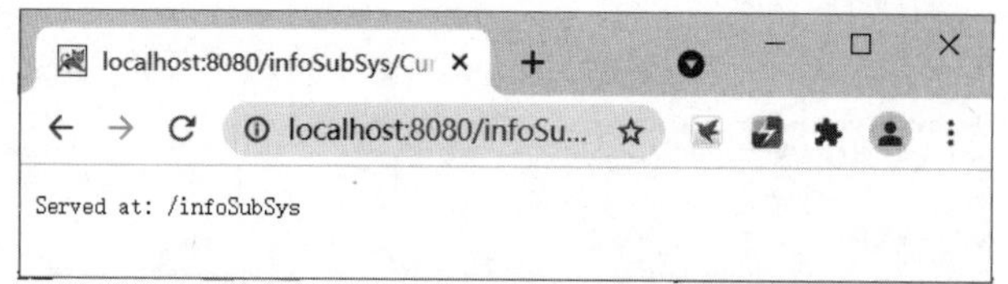

图 10-7 CurrentTimeServlet 初始代码运行结果图

由图 10-7 可知,CurrentTimeServlet 可以正常访问,但是运行结果与要求不一致,下面修改 doGet()方法中的实现代码来显示 Web 服务器当前时间。

2) 修改 doGet()方法的实现代码

修改 doGet()方法的实现代码来处理请求,制作动态网页的步骤如下:

(1) 制作静态效果页面。

制作静态效果页面的步骤如下:

① 右击 infoSubSys 项目的 WebContent 目录,在弹出的菜单中选择 New→HTML File 命令,在弹出的 New HTML File 向导界面中将文件名修改为 currentTime. html,并单击 Next 按钮,如图 10-8 所示。

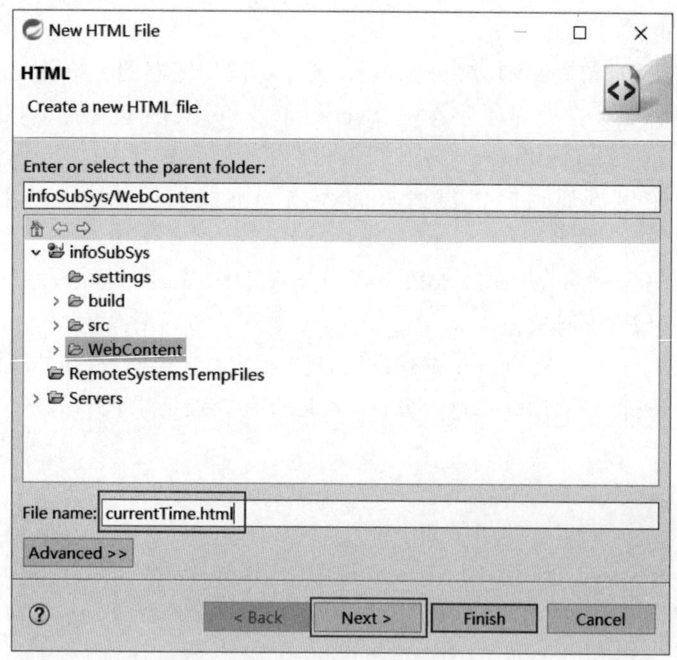

图 10-8 指定 HTML 页面的文件名

② 在弹出的 Select HTML Template 向导界面中,选择 html 5 模板,并单击 Finish 按钮结束 currentTime. html 的创建,如图 10-9 所示。

③ 双击新建的 currentTime. html,在源代码中修改标题,并在< body >标签中加入如图 10-10 所示的代码。

(2) 将效果页面源代码输出到客户端浏览器。

将效果页面源代码输出到客户端浏览器的步骤如下:

① 获得到客户端浏览器的输出流通道,并用此通道将静态效果页面的源代码以字符串常量的形式打印输出到客户端浏览器中,如图 10-11 所示。

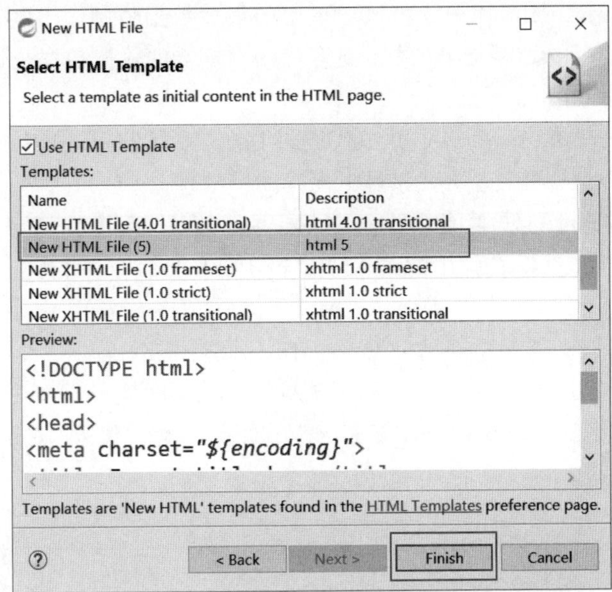

图 10-9 指定创建 HTML 页面的模板

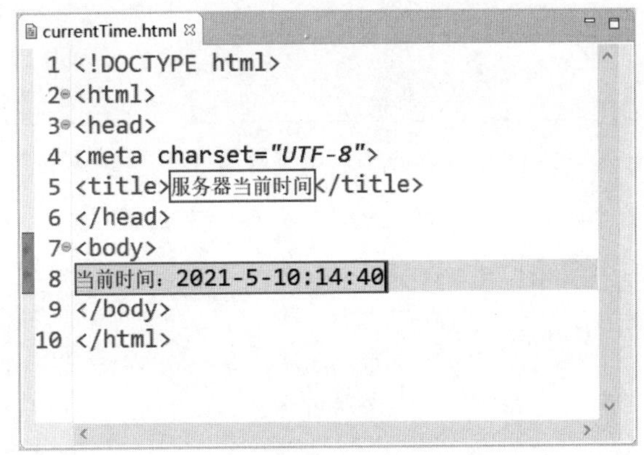

图 10-10 显示服务器当前时间的效果网页源代码

```
26    protected void doGet(HttpServletRequest request, HttpServletResponse response) throws ServletException, IOException {
27        PrintWriter out = response.getWriter();
28        out.println("<!DOCTYPE html>");
29        out.println("<html>");
30        out.println("<head>");
31        out.println("<meta charset=\"UTF-8\">");
32        out.println("<title>服务器当前时间</title>");
33        out.println("</head>");
34        out.println("<body>");
35        out.println("当前时间：");
36        out.println("2022-03-28 10:00:00");
37        out.println("</body>");
38        out.println("</html>");
39        out.flush();
40        out.close();
41    }
```

图 10-11 将静态效果页面的源代码打印输出到客户端浏览器

在如图 10-11 所示的代码中，

第 27 行代码“PrintWriter out = response.getWriter();”用于获得到发出请求的客户端浏览器的输出流通道 out。

第 28～38 行代码用 out 将静态效果页面的源代码以字符串常量的形式打印输出到客户端浏览器。

第 39 行代码“out.flush();”用于将流通道中的最后数据强制输出到客户端浏览器。

第 40 行代码“out.close();”用于关闭到客户端浏览器的输出数据流通道。

② 重新发布 infoSubSys 项目。

因为改变了 CurrentTimeServlet 类中代码,因此需重新发布 infoSubSys 项目,目的是强制保证本地工作空间的代码和远端服务器中代码的一致性。

重新发布 Web 项目的步骤是：首先在 Servers 视图中,右击 Tomcat v9.0 Server at localhost 服务器配置项,然后在弹出的菜单中单击 Publish 命令,就能重新发布 Tomcat 服务器管理的 Web 项目。

③ 启动 Tomcat 服务器并重新访问 CurrentTimeServlet。

首先在 Servers 视图中重启 Tomcat,然后打开互联网浏览器,并在其地址栏中输入“http://localhost:8080/infoSubSys/CurrentTime”,最后回车触发请求。CurrentTimeServlet 的访问结果如图 10-12 所示。

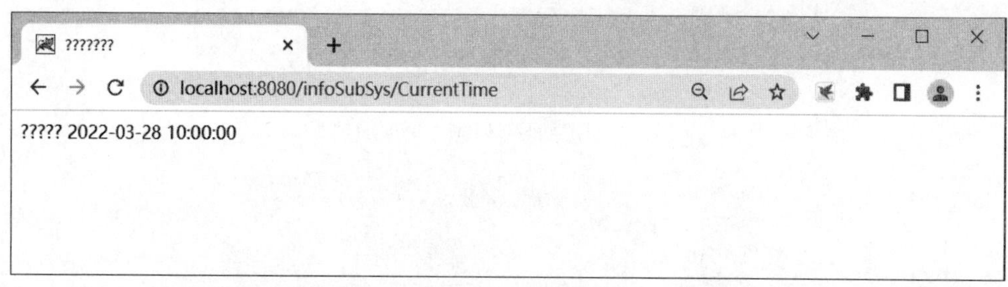

图 10-12 CurrentTimeServlet 打印输出效果页面源代码后的运行结果

由图 10-12 可知,时间显示出来了,但是其中所有中文都显示为“?”,无法正常显示。解决方法是在第 27 行代码之上插入以下代码：

```
response.setContentType("text/html; charset = utf - 8");
```

插入上面的代码后,重新发布项目,重新访问 CurrentTimeServlet,结果如图 10-13 所示。

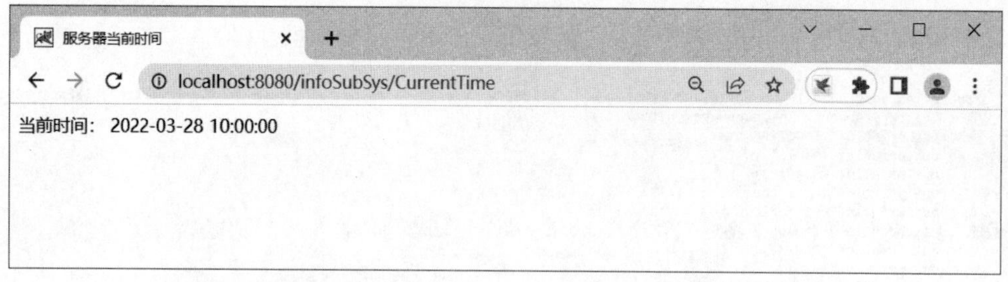

图 10-13 解决显示乱码问题后的 CurrentTimeServlet 运行结果

【技巧 10.2】 出现乱码的原因及解决方法

文本数据存取出现乱码是由存储文本数据所用的字符编码集和取文本数据所用的字符编码集不一致导致的。例如,如图 10-11 所示的代码中没有指定发给客户端浏览器的文本数据用什么字符编码集存储,因此用默认的字符编码集 ISO-8859-1 存储。但是客户端浏览器接收到数据后,是以 utf-8 字符编码集(由< meta charset="utf-8">标签代码指定)取数据,这样存取文本数据的编码集不一致就导致了无法正确取数据,无法正确显示,就出现了乱码。

解决乱码的方法是：保证存储文本数据和取文本数据都用同一种字符编码集即可。例如，在图 10-11 中的第 27 行代码之上插入以下代码：

```
response.setContentType("text/html; charset = utf - 8");
```

此行代码指定输出到客户端浏览器的数据类型是“text/html”，而且数据用 utf-8 字符编码集进行存储，这样就保证了存取文本数据的字符编码集都是 utf-8。

(3) 将结果页面源代码中动态可变的部分替换为 Java 代码。

多次请求 CurrentTimeServlet 时发现，只有时间数据源代码在动态改变，而其他源代码都保持不变。因此在如图 10-11 所示的代码中，只需将打印输出时间的代码由原来的输出常量字符串“2021-5-10：14：40”改变为输出变量值，即将第 36 行“out. println("2022-03-28 10:00:00");”替换为如下代码：

```
SimpleDateFormat sdf = new SimpleDateFormat("yyyy - MM - dd HH:mm:ss");
String curDateStr = sdf.format(new Date());
out.println(curDateStr);
```

在上面的代码中，第一行代码创建一个日期格式化器对象 sdf，此对象会将日期时间按“yyyy-MM-dd HH：mm：ss”格式转换为字符串对象；第二行代码首先创建表示当前时刻的日期对象，即“new Date()”；然后用日期格式化器对象将当前日期对象转换为字符串对象 curDateStr；第三行代码用 out 输出流将 curDateStr 对象打印输出到发出请求的客户端浏览器中。

代码替换后首先重新发布项目，然后重启 Tomcat 服务器，最后重新请求 CurrentTimeServlet，运行结果如图 10-14 所示。

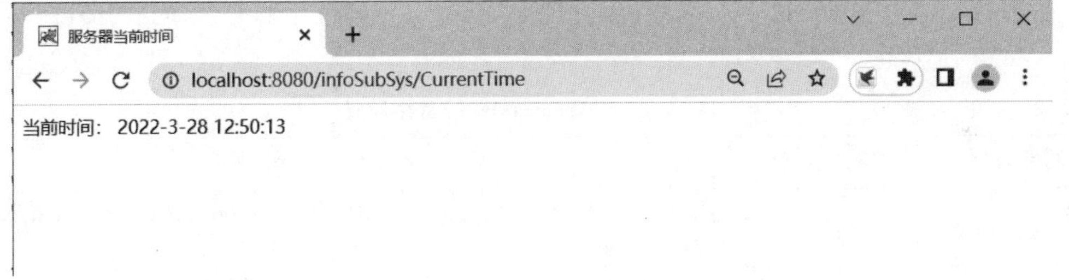

图 10-14 CurrentTimeServlet 最终运行结果

10.2.2 配置 Servlet 类

视频讲解

Servlet 类有两种配置方式：一种是在 web. xml 中用配置标签手动配置；另一种是用注解进行配置。

1. 手动配置

在 10.2.1 节中，CurrentTimeServlet 由@WebServlet("/CurrentTime")进行注解配置，但是为了理解注解配置，最好先学会在 web. xml 中用配置标签手动配置 Servlet。

在 web. xml 中用配置标签手动配置 Servlet 有如下两个步骤。

1) <servlet>标签

用<servlet>标签将 Servlet 类声明为一个可访问的 Servlet Web 组件，并命名此 Web 组件。因此<servlet>标签下有两个子标签是必需的：一个是<servlet-name>标签，用于指定 Servlet Web 组件名；另一个是<servlet-class>标签，用于指定对哪个 Servlet 类进行配置。注意，<servlet-class>标签值必须是 Servlet 类的全名，即包名加类名。

2) <servlet-mapping>标签

<servlet-mapping>标签用于将一个 Servlet Web 组件与一个 URL 模式进行绑定映射，即指定某个 Servlet 负责处理哪些请求。因此<servlet-mapping>标签下有两个子标签是必需的：一个是<servlet-name>标签，用于指定 Servlet Web 组件名；另一个是<url-pattern>标签，用于指定 URL 模式。注意，<url-pattern>标签值必须是以“/”开头的相对 URL，相对的起点是当前项目 URL 路径。

CurrentTimeServlet 的配置代码如图 10-15 中第 12～19 行代码所示。

```
web.xml
1 <?xml version="1.0" encoding="UTF-8"?>
2 <web-app xmlns:xsi="http://www.w3.org/2001/XMLSchema-instance" xmlns="http://java.sun
3   <display-name>infoSubSys</display-name>
4   <welcome-file-list>
5     <welcome-file>index.html</welcome-file>
6     <welcome-file>index.htm</welcome-file>
7     <welcome-file>index.jsp</welcome-file>
8     <welcome-file>default.html</welcome-file>
9     <welcome-file>default.htm</welcome-file>
10    <welcome-file>default.jsp</welcome-file>
11  </welcome-file-list>
12    <servlet>
13    <servlet-name>CurrentTimeServlet</servlet-name>
14    <servlet-class>cn.edu.nsu.infoSubSys.servlet.CurrentTimeServlet</servlet-class>
15  </servlet>
16  <servlet-mapping>
17    <servlet-name>CurrentTimeServlet</servlet-name>
18    <url-pattern>/CurrentTime</url-pattern>
19  </servlet-mapping>
20 </web-app>
```

图 10-15 CurrentTimeServlet 类的配置代码

2. 注解配置

在 Servlet 3.0 以后，Servlet 配置可以用@WebServlet 进行注解配置，@WebServlet 的常用属性如表 10-1 所示。

表 10-1 @WebServlet 的常用属性

属性名称	属性值类型	描述
name	String	指定 Servlet Web 组件的名称，等价于<servlet-name>。如果没有显式指定，则该 Servlet 的 Web 组件名为类名
value	String[]	该属性等价于 urlPatterns 属性。两个属性不能同时使用
urlPatterns	String[]	指定一组 Servlet 的 URL 匹配模式。等价于<url-pattern>标签
initParams	WebInitParam[]	指定一组 Servlet 初始化参数，等价于<init-param>标签
asyncSupported	boolean	声明 Servlet 是否支持异步操作模式，等价于<async-supported>标签
description	String	该 Servlet 的描述信息，等价于<description>标签
displayName	String	该 Servlet 的显示名，通常配合工具使用，等价于<display-name>标签

如果在 Servlet 中设置了@WebServlet 注解，那么当请求该 Servlet 时，服务器就会自动读取@WebServlet 中的信息。例如，在 10.2.1 节中的注解@WebServlet("/CurrentTime")，表示该 Servlet 默认的请求路径为/CurrentTime。这里省略了 urlPatterns 属性名，完整的写法应该是：@WebServlet(urlPatterns = "/CurrentTime")。如果在@WebServlet 中需要设置多个属性，那么必须给每个属性值加上属性名称，并且每个属性之间用逗号隔开，否则会报错。

注意：Servlet 配置的两种方式(@WebServlet 注解配置、配置标签配置)是互斥的，不能同时存在，因此要用配置标签配置 CurrentTimeServlet 就必须将 10.2.1 节中的代码@WebServlet("/CurrentTime")注释掉，否则启动 Tomcat 时会报错。

10.2.3 最终完整代码

CurrentTimeServlet 的最终完整 Java 代码请参考程序代码包的"/第 10 章/CurrentTimeServlet 完整代码参考/CurrentTimeServlet.java"。

CurrentTimeServlet 的最终配置代码请参考程序代码包的"/第 10 章/CurrentTimeServlet 完整代码参考/web.xml"。

10.2.4 Servlet 的重要技能

视频讲解

学习了 Servlet 的编码和配置后，必须掌握以下 3 个技能。

1. 会编码配置 Servlet

Servlet 的编码和配置请参考 10.2.1 节和 10.2.2 节的内容。

2. 求解访问 Servlet 类的 URL

已知 Servlet 类源代码和配置代码，求解访问 Servlet 类的 URL 的步骤如下：

(1) 用当前 Servlet 的类名作为关键字查询 web.xml 中的< Servlet-class >项，查找< Servlet-name >的值。

例如，从如图 10-15 所示的配置代码截图中，用"cn.edu.nsu.infoSubSys.servlet.CurrentTimeServlet"关键字查找到< Servlet-name >值为"CurrentTimeServlet"。

(2) 用(1)中获得的 Servlet 名作为关键字查询 web.xml 中的< servlet-mapping >项，查找< url-pattern >的值。

例如，从如图 10-15 所示的配置代码截图中，用 CurrentTimeServlet 作为关键字查找到< url-pattern >的值为"/CurrentTime"。

(3) Servlet 的绝对 URL 最终为项目 URL(http://localhost:8080/项目发布名)拼接(2)中得到的相对 URL。

例如，CurrentTimeServlet 的绝对 URL 为"http://localhost:8080/infoSubSys/CurrentTime"。

3. 求解访问的 Servlet 类的源代码文件

已知访问 Servlet 类的 URL 和配置代码，求解所访问的 Servlet 类源代码的步骤如下：

(1) 从 URL 中获取项目 URL 后面的那部分相对 URL。

例如，从"http://localhost:8080/infoSubSys/CurrentTime"中获取项目 URL 后面的相对 URL，得到"/CurrentTime"。

(2) 用(1)中得到的相对 URL 作为关键字在 Web.xml 中查询< servlet-mapping >中的< servlet-name >值。

例如，在如图 10-15 所示的配置代码截图中，用"/CurrentTime"查找到的< servlet-name >值为 CurrentTimeServlet。

(3) 用(2)中得到的 Servlet 名查询< servlet >，获得< servlet-class >值。

例如，在如图 10-15 所示的配置代码截图中，用 CurrentTimeServlet 查找到的< servlet-class >值为 cn.edu.nsu.infoSubSys.servlet.CurrentTimeServlet。

10.3 Servlet 的生命周期

视频讲解

在 10.2 节中，读者学习了 Servlet 的编码和配置，那么 Servlet 是怎么运行的呢？下面将讲解 Servlet 处理请求的流程，也就是 Servlet 的生命周期。

10.3.1 Servlet 生命周期

下面将以 CurrentTimeServlet 为例来介绍 Servlet 的运行原理,如图 10-16 所示。

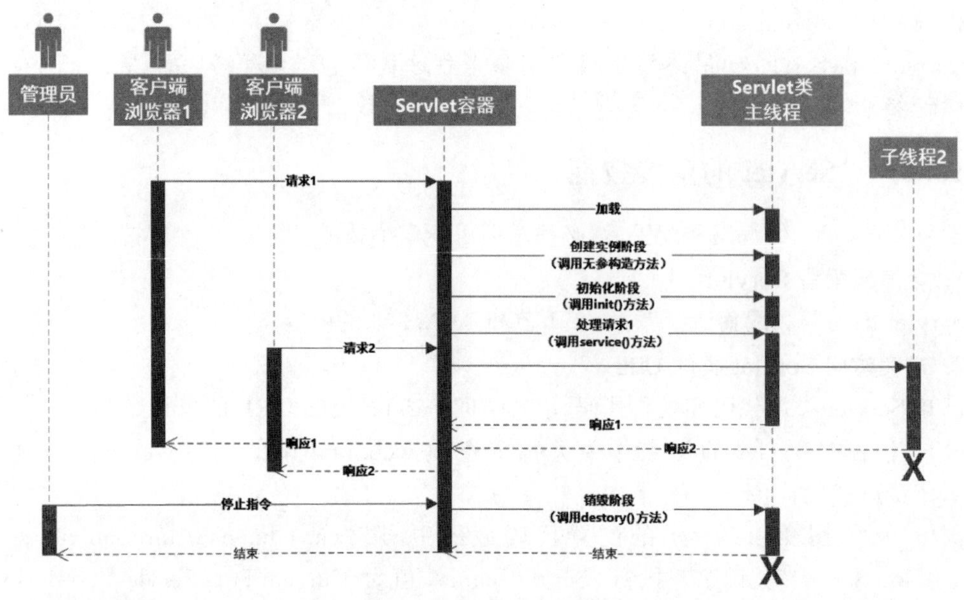

图 10-16 Servlet 运行时序图

在图 10-16 中,Servlet 处理请求的流程如下:

(1) 浏览器 1 发出请求 1"http://localhost:8080/infoSubSys/CurrentTime",此请求首先发送给本地 Tomcat 服务器。Tomcat 服务器接收到此请求后,查找 infoSubSys 项目下与"/CurrentTime"对应的 Servlet 对象。

(2) 如果 infoSubSys 项目下没有与"/CurrentTime"对应的 Servlet 对象,那么 Tomcat 服务器会创建此对象。Tomcat 服务器首先从磁盘中加载与"/CurrentTime"对应的 Servlet 类文件 cn.edu.nsu.infoSubSys.servlet.CurrentTimeServlet,然后调用 CurrentTimeServlet 类的无参构造方法创建 Servlet 对象处理"/CurrentTime"请求。如果 infoSubSys 项目下有与"/CurrentTime"对应的 Servlet 对象,那么就直接用此对象处理"/CurrentTime"请求。

(3) Servlet 对象创建好后,Tomcat 服务器会调用此 Servlet 对象的 init()方法进行初始化。在 init()方法中,编码员可以添加自定义的初始化代码,例如,创建数据库的 JDBC 链接对象等。

(4) Servlet 对象初始化后,Tomcat 服务器会调用此 Servlet 对象的 service()方法处理请求 1。service()方法有两个形参:HttpServletRequest request 和 HttpServletResponse response。HttpServletRequest request 用于接收 Tomcat 服务器提供的当前请求对象,HttpServletResponse response 用于接收 Tomcat 服务器提供的当前响应对象。在 service()方法中,一般先从 request 对象中取出数据,然后处理数据,最后将数据处理结果嵌在前端代码块中,放在响应对象 response 中返回给发出请求 1 的浏览器。Servlet 对象的 service()方法调用完成后,处理请求 1 的主线程并不会销毁。

(5) 如果在 service()方法处理请求 1 的同时,即还没有将请求 1 处理完毕时,浏览器 2 发出相同 URL 的请求 2。此时因为处理此 URL 请求的 Servlet 对象已存在,因此 Tomcat 服务器会新建子线程 2,并在子线程 2 中直接调用此 Servlet 对象的 service()方法处理请求 2,而无须加载 Servlet 类,无须创建 Servlet 对象,也无须调用 init()方法对 Servlet 对象进行初始化。

当在子线程 2 中,service()方法调用完成后,子线程 2 会被 Tomcat 服务器销毁。综上所述,Servlet 采用多线程的方式处理并发请求,请求处理完后所有子线程会被销毁,但是主线程不会被销毁,Servlet 对象在主线程中会一直存在。

(6) 当服务器管理员通过命令关闭 Tomcat 服务器时,Tomcat 服务器会销毁所有 Servlet 对象。在销毁每个 Servlet 对象之前会调用此 Servlet 对象的 destroy()方法,在 destroy()方法中,编码人员可以做些自定义的销毁工作,例如,释放在 init()方法中创建的数据库链接对象等。当 destroy()方法调用完成后,此 Servlet 对象就会被销毁,当所有 Servlet 对象销毁后,Tomcat 服务器就会释放占用的端口停止服务。

上面针对图 10-16 详细讲解了 Servlet 处理请求的整个过程,包括 Servlet 的加载、创建、初始化、处理请求和销毁的整个过程,这个过程也被称为 Servlet 的生命周期。

10.3.2 Servlet 生命周期要点

(1) Servlet 生命周期含义。Servlet 生命周期指 Servlet 的加载、创建、初始化、处理请求和销毁的整个过程。

(2) Servlet 不直接运行于 Java 虚拟机上,而是运行在 Servlet 容器中。Servlet 容器控制 Servlet 的载入、创建、初始化、处理请求和销毁的整个过程,即 Servlet 的生命周期由 Servlet 容器控制。

(3) Servlet 对象在其整个生命周期中,

① 只被加载、创建一次,即无参构造方法只被调用一次。

② 只被初始化一次,即 init()方法只被调用一次。

③ 多次处理请求,即 service()方法会被调用多次,每次都在一个子线程中被调用,用来处理一个请求。

④ 只被销毁一次,即 destroy()方法只被调用一次。

10.4 Servlet API

前面用到了 HttpServlet 类、HttpServletRequest 类、HttpServletResponse 类,这些类都属于 Servlet API。

Servlet API 中的接口和类都被放在 javax. servlet 包和 javax. servlet. http 包中。javax. servlet 包提供了 Servlet 基本类和接口,针对所有协议。javax. servlet. http 包提供了和 HTTP 协议相关的 Servlet 类和接口,针对 HTTP。

Servlet API 中包含了很多接口,这些接口在 Servlet 技术中并没有给出实现类,将由 Web 服务器给出实现。这些实现了 Servlet 技术的 Web 服务器被称为 Servlet 容器。

Servlet API 中的接口和类按照其作用分为以下 4 类。

(1) Servlet 基本类和接口。

(2) 与 Web 请求和响应相关的类和接口。

(3) 与其他 Web 资源相作用的类和接口。

(4) 其他类和接口。

下面将依次讲解每类 API 中的常用接口和类。

10.4.1 Servlet 基本类和接口

Servlet 基本类和接口包括接口 javax. servlet. Servlet、javax. servlet. SingleThreadModel

和抽象类 javax. servlet. GenericServlet、javax. servlet. http. HttpServlet。这些类和接口形成如图 10-17 所示的结构。

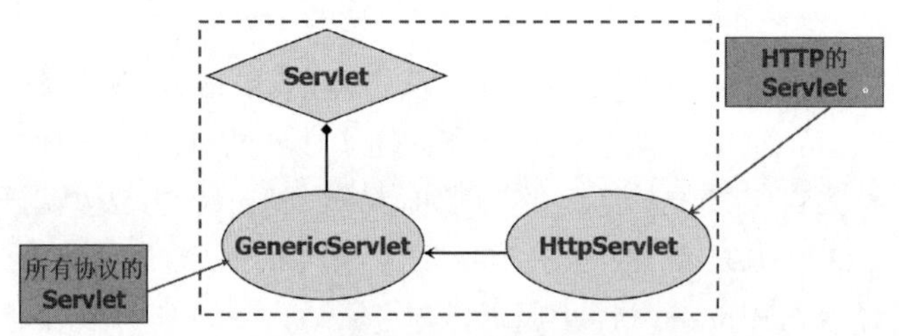

图 10-17 Servlet 基本类和接口的结构图

在图 10-17 中：

(1) javax. servlet. Servlet 接口定义了 Servlet 生命周期方法 init()、service()和 destory()。

(2) javax. servlet. GenericServlet 抽象类实现了 Servlet 接口，定义了一个与 HTTP 无关的通用 Servlet 父类，主要用来方便编程者开发其他 Web 协议的 Servlet 程序。其子类必须实现继承的 service()方法。

(3) javax. servlet. http. HttpServlet 抽象类继承自 GenericServlet 类，定义了一个专用于 HTTP 的 Servlet 父类。它是所有 HTTP Servlet 的父类。其子类需要重写继承得到的 doGet()和 doPost()方法。一般不必重写继承得到的 service()方法。GenericServlet 类和 HttpServlet 类都是抽象类，都不能生成对象来处理请求。它们主要用作继承时的父类，将由它们的子类来生成对象处理请求。

(4) javax. servlet. SingleThreadModel 接口定义了 Servlet 的单线程实现。如果某个 Servlet 不能使用多线程，则此 Servlet 必须实现 SingThreadModel 接口。

javax. servlet. Servlet 接口中的常用方法如表 10-2 所示。

表 10-2 Servlet 接口中的常用方法

方法声明	描述
void init(ServletConfig config)	Servlet 对象的初始化方法，由 Servlet 容器在实例化 Servlet 之后调用。可以从形参 config 中获得 Servlet 初始参数值，然后将初始参数值赋给 Servlet 的成员变量
void service(ServletRequest req, ServletResponse res)	Servlet 对象处理请求的方法，由 Servlet 容器在调用 init()方法后调用。形参 req 表示当前请求对象，res 表示当前响应对象
void destroy()	释放 Servlet 对象资源的方法，只有当 Servlet 的服务方法中的所有线程都已退出或超过超时时间后，才会调用此方法
ServletConfig getServletConfig()	获得 Servlet 的配置信息
String getServletInfo()	获得 Servlet 的信息，并以 String 类型返回

10. 4. 2 与 Web 请求和响应相关的类和接口

与 Web 请求和响应相关的类和接口包括接口 javax. servlet. ServletRequest、javax. servlet. ServletResponse、javax. servlet. http. HttpServletRequest、javax. servlet. http. HttpServletResponse 和抽象类 javax. servlet. http. ServletInputStream、javax. servlet. ServletOutStream。

1. javax. servlet. ServletRequest 接口

ServletRequest 接口定义了通用协议的 Servlet 请求，包含的常用方法如表 10-3 所示。

表 10-3 ServletRequest 接口中的常用方法

类别	方法声明	描述
① 设置请求字符编码集的方法	void setCharacterEncoding (String env)	将当前请求的字符编码集设置为形参 env 指定的字符编码集。主要在从 post 请求中取参数数据前调用,用于解决参数数据的乱码问题
② 从请求中获取参数数据的方法	java. lang. String getParameter (String name)	从当前请求中获取形参 name 指定的单个参数数据,并用 String 类型返回
	java. lang. String[]getParameter Values(String name)	从当前请求中获取形参 name 指定的多个参数数据,并用 String 数组返回
	java. util. Map getParameterMap()	从当前请求中获取所有参数信息,并用 Map 对象返回。返回的 Map 对象的 key 值是参数名,而 value 值是此参数名对应的参数值,而且此参数值以 String 数组存储
	java. util. Enumeration getParameterNames()	从当前请求中获取所有参数名,并用 Enumeration 对象返回
③ 操作共享区数据的方法	void setAttribute(String name, Object o)	将参数对象 o 放到当前请求数据共享区,并以参数 name 标识
	java. lang. Object getAttribute (String name)	从当前请求数据共享区中取出以参数 name 标识的数据,并以 Object 类型返回
	void removeAttribute(String name)	从当前请求数据共享区中移除以参数 name 标识的数据对象
④ 其他方法	RequestDispatcher getRequest Dispatcher(String path)	获得到指定资源(由参数 path 提供的 URL 指定)的请求派发器对象
	ServletContext getServletContext()	获得当前请求所属的应用上下文,通过 ServletContext 可以访问 Web 应用范围的信息

2. javax. servlet. http. HttpServletRequest 接口

HttpServletRequest 接口是 ServletRequest 接口的子接口,专门用于 HTTP,因此 HttpServletRequest 接口具有 ServletRequest 接口中定义的所有方法。除此之外,HttpServletRequest 接口还定义了专用于 HTTP 的常用方法,如表 10-4 所示。

表 10-4 HttpServletRequest 接口中的常用方法

方法声明	描述
java. lang. String getMethod()	获得当前 HTTP 请求方法的名称,常用 HTTP 请求方法的名称为 GET、POST
HttpSession getSession()	获得当前请求所属的会话对象
java. lang. String getContextPath()	获得 Web 项目的 URI 路径,Web 项目的 URI 路径由"/"和项目部署目录名构成,例如,本书案例项目的 contextPath 为"/infoSubSys"
java. lang. String getServletPath()	返回此请求的 URL 中调用 Servlet 的路径部分。该路径以"/"字符开头,包括 Servlet 路径,但不包括任何额外的路径信息或查询字符串
java. lang. String getPathInfo()	返回与当前请求 URL 相关的任何额外路径信息。额外的路径信息位于 Servlet 路径之后,但位于查询字符串之前,并以"/"字符开头。如果没有额外的路径信息,则此方法将返回 null
Cookie[] getCookies()	获得客户端随此请求发送的所有 Cookie 对象,并以 Cookie 数组返回。如果客户端未发送 Cookie,则此方法将返回 null
String getHeader(String name)	从当前请求中获得形参 name 指定的请求头的值,并以 String 类型返回。如果请求中不包含指定名称的头,则此方法返回 null。如果请求中有多个同名头,则此方法将返回请求中的第一个请求头值。请求头名称不区分字母大小写

续表

方法声明	描述
Enumeration<String> getHeaders(String name)	获得形参 name 指定的请求头的所有值,并以 Enumeration<String>类型返回
Collection<Part> getParts()	获得 multipart/form-data 类型的请求的所有 Part 组件,并以 Collection<Part>类型返回。如果 multipart/form-data 类型的请求不包含任何 Part 组件,则返回的集合将为空
Part getPart(String name)	从 multipart/form-data 类型的请求中获得形参 name 指定的 Part 对象

3. javax.servlet.ServletResponse 接口

ServletResponse 接口定义了通用协议的 Servlet 响应,包含的常用方法如表 10-5 所示。

表 10-5 ServletResponse 接口中的常用方法

类别	方法声明	描述
与字符编码集有关的方法	java.lang.String getContentType()	获得当前响应的内容类型
	void setContentType(String type)	设置当前响应的内容类型为参数 type 指定的值,常用值为"text/html; charset=utf-8"
其他方法	java.io.PrintWriter getWriter()	获得当前响应的打印输出流,并以 PrintWriter 类型返回

4. javax.servlet.http.HttpServletResponse 接口

HttpServletResponse 接口是 ServletResponse 接口的子接口,专门用于 HTTP,因此 HttpServletResponse 接口具有 ServletResponse 接口中定义的所有方法。除此之外,HttpServletResponse 接口还定义了专用于 HTTP 的常用方法,如表 10-6 所示。

表 10-6 HttpServletResponse 接口中的常用方法

方法声明	描述
void sendRedirect(String location)	发送地址重定向,将新建一个临时请求,此请求的地址将重定向到形参 location 指定的资源
void addCookie(Cookie cookie)	将形参指定的 cookie 添加到响应中。可以多次调用此方法来设置多个 cookie
String encodeURL(String url)	通过会话 ID 对形参指定的 URL 进行编码,并以 String 类型返回。如果不需要编码,则返回未更改的 URL。该方法的实现包括确定会话 ID 是否需要在 URL 中编码的逻辑。例如,如果浏览器不支持 cookie,或者会话跟踪已关闭,则不需要 URL 编码。为了实现健壮的会话跟踪,Servlet 发出的所有 URL 都应该通过此方法运行;否则,URL 重写不能用于不支持 cookie 的浏览器
String encodeRedirectURL(String url)	用会话 ID 对形参指定的 URL 进行编码,以便在 sendRedirect()方法中使用。编码方式与 encodeURL()方法相同
void setHeader(String name,String value)	向当前响应中设置响应头信息,响应头名称由形参 name 值指定,响应头值由形参 value 值指定

10.4.3 与其他 Web 资源相作用的类和接口

与其他 Web 资源相作用的类和接口有 javax.servlet.RequestDispatcher 接口,表示请求派发器。

请求派发器会将当前请求原封不动地派发给指定的资源,因此可以将当前请求作为触发地(发出派发请求的资源)和目的地(接收派发请求的资源)的数据共享区。具体做法是在触发地向当前请求中放置共享数据,即调用 ServletRequest 的 setAttribute(String name,Object o),

再由目的地从当前请求中获取共享数据,即调用 ServletRequest 的 getAttribute(String name)方法。RequestDispatcher 接口常用方法如表 10-7 所示。

表 10-7 RequestDispatcher 接口中的常用方法

方法声明	描述
void forward(ServletRequest request,ServletResponse response)	将形参指定的请求和响应推送给另一个资源(此资源路径由获取派发器时指定)。注意,用 forward()方法会用另一个资源的响应结果替换当前的响应结果
void include(ServletRequest request,ServletResponse response)	将形参指定的请求和响应派发给另一个资源(此资源路径由获取派发器时指定),并将另一个资源的响应结果包含在当前的响应结果中

10.4.4 其他类和接口

1. java.servlet.http.HttpSession 接口

HttpSession 表示 HTTP 会话。HTTP 会话是一个存放在 Web 服务器端的、类似于 Map 结构的数据存储区,用来存放用户数据。当在浏览器中访问 Web 应用时,HTTP 会话就会被 Servlet 容器创建,随后的所有 HTTP 请求操作都被包含在此 HTTP 会话中,直到 HTTP 会话失效或关闭浏览器页面时,HTTP 会话才会被 Servlet 容器销毁。

在 Web 应用中,HTTP 会话主要用于放置横跨多个请求(这些请求隶属于此会话)的共享数据,例如,已登录的用户信息等。HTTP 会话的详细内容将在 10.5 节进行讲解,此处不做过多介绍。

HttpSession 接口常用方法如表 10-8 所示。

表 10-8 HttpSession 接口常用方法

方法声明	描述
void setAttribute(String name, Object o)	将形参对象 o 放到当前会话数据共享区,并以形参 name 标识
java. lang. Object getAttribute(String name)	从当前会话数据共享区中取出由形参 name 指定的数据名对应的数据值,并以 Object 类型返回
void removeAttribute(String name)	从当前会话数据共享区中移除以参数 name 标识的数据对象
int getMaxInactiveInterval()	获得 Servlet 容器在客户端访问之间保持此会话存活的最大时间间隔(秒),并以 int 类型返回。在此间隔之后,Servlet 容器将使会话无效。可以使用 setMaxInactiveInterval()方法设置最大时间间隔。负时间表示会话永不超时
void setMaxInactiveInterval(int interval)	指定 servlet 容器使该会话无效之前,客户端请求之间的最大间隔时间(以秒为单位)。负时间表示会话不应超时
void invalidate()	使该会话无效,然后解除绑定到该会话的所有对象

2. javax.servlet.ServletContext 接口

每个 Web 应用都会有一个 ServletContext 对象(即 ServletContext 接口的实现类的对象)与之关联,通过 ServletContext 可以访问 Web 应用范围的信息。

ServletContext 接口常用方法如表 10-9 所示。

表 10-9 ServletContext 接口常用方法

方法声明	描述
void setAttribute(String name,Object o)	向 Web 应用数据共享区放置数据 object,并以形参 name 标识
java. lang. Object getAttribute(String name)	从 Web 应用数据共享区中获取名称为 name 的数据对象,并以 Object 类型返回

续表

方法声明	描述
void removeAttribute(String name)	从Web应用数据共享区中移除以参数name标识的数据对象
java.lang.String getInitParameter(String name)	获得Web应用的初始化参数名称为name的初始化参数值,并以String类型返回
java.util.Enumeration getInitParameterNames()	获得Web应用的所有初始化参数名,并以Enumeration类型返回
java.lang.String getRealPath(String path)	获得相对路径path所代表的资源在Servlet容器中的物理地址,并以String类型返回

在web.xml中可以用<context-param>配置Web应用的初始化参数名/值对,例如,下面的配置代码就给Web应用配置了初始化参数名为adminEmail、初始化参数值为webmaster的参数名/值对。

```
<context-param>
    <param-name>adminEmail</param-name>
    <param-value>webmaster</param-value>
</context-param>
```

3. javax.servlet.ServletConfig接口

Servlet容器在初始化Servlet对象时会调用Servlet对象的init()方法,init()方法的声明如下:

```
public void init(ServletConfig config) throws ServletException
{
}
```

在其声明中,形参config是一个ServletConfig接口实现类对象,用于向当前Servlet对象传递其配置代码中的信息。Servlet配置代码信息就是在web.xml中,对其用<servlet>进行配置的那部分代码,例如,CurrentTimeServlet对应的配置信息如下:

```
<servlet>
  <servlet-name>CurrentTimeServlet</servlet-name>
  <servlet-class>cn.edu.nsu.infoSubSys.servlet.CurrentTimeServlet</servlet-class>
  <init-param>
     <param-name>param1</param-name>
     <param-value>value1</param-value>
  </init-param>
</servlet>
```

综上所述,ServletConfig接口的实现类对象用于Servlet容器在初始化Servlet对象时向其传递配置代码中的信息。

ServletConfig接口常用方法如表10-10所示。

表10-10 ServletConfig接口常用方法

方法声明	描述
java.lang.String getServletName()	获得Servlet配置代码中的Servlet组件名,即配置代码中<servlet-name>标签体的值,并以String类型返回
java.lang.String getInitParameter(String name)	获得Servlet配置代码中初始化参数名为name值的初始化参数值。例如,在CurrentTimeServlet的init()方法中,config.getInitParameter("param1")获得的初始化参数值为"value1"

续表

方法声明	描述
java. util. Enumeration getInitParameterNames()	获得 Servlet 配置代码中所有初始化参数名，并以 Enumeration 类型返回
ServletContext getServletContext()	获得当前 Servlet 配置对象所属的 Servlet 上下文对象，并以 ServletContext 类型返回

4. javax.servlet.http.Cookie 类

Cookie 把少量的用户信息以键值对形式，存储在发出请求的客户端计算机的硬盘上。因为 Cookie 信息在同一个域名下是全局的，所以用户访问其他页面时，服务器就可以从该域名下读取 Cookie 中的信息，以达到全局共享信息的目的。

Cookie 类常用方法如表 10-11 所示。

表 10-11 Cookie 类中的常用方法

方法声明	描述
Cookie(String name,String value)	用形参 name 和 value 构造一个 Cookie 对象
String getDomain()	获取当前 Cookie 对象的域，并以 String 类型返回
void setMaxAge(int expiry)	将当前 Cookie 对象的最大存活时间(秒)设置为形参 expiry 指定的值
int getMaxAge()	获取当前 Cookie 对象的最大存活时间(秒)，并以 int 类型返回
String getName()	获得当前 Cookie 对象的键名，并以 String 类型返回
void setValue(String newValue)	将当前 Cookie 对象的值设置为形参 newValue 指定的值
String getValue()	获得当前 Cookie 对象的值，并以 String 类型返回

10.5 Session 和 Cookie

视频讲解

根据早期的 HTTP，每次请求时都要重新建立 TCP 连接，因此服务器无法知道上次请求和本次请求是否来自于同一个客户端，因此 HTTP 通信是无状态的。这导致了很多问题，例如，任意网站的后台子系统中的所有操作都要求必须登录，前一个请求的登录信息无法在后一个全新请求中进行保持和获得，导致每次请求操作都要登录，用户体验很差。为了解决这些问题，于是出现了 Cookie 和 Session。

10.5.1 Session 和 Cookie 的含义

Cookie 把少量的用户信息以键-值对形式，存储在发出请求的客户端的硬盘上。因为它在同一个域名下是全局的，所以用户访问后台子系统其他页面时，服务器就可以从该域名下读取 Cookie 中的信息，以达到全局共享信息的目的。

由于 Cookie 存在用户端，存储尺寸有大小限制，用户自身还可以禁用，甚至可见、可修改，安全性极差。为了安全，又能方便地读取全局信息，于是出现了新的存储会话机制 Session。Session 是一个存放在 Web 服务器端的、类似于 Map 结构的数据存储区，用来存放用户数据。有了 Session，就能让用户在一次会话中的多次 HTTP 请求产生关联，让多个页面都能读取到 Session 里面的值，而且 Session 信息存放在服务器端，也很好地解决了安全问题。

Session 和 Cookie 都可以用来保存全局信息，但它们有以下区别：

(1) Session 存储在服务器端，Cookie 存储在客户端。

(2) Session 中可以保存任意对象，Cookie 只能保存字符串。

(3) Session 随会话结束而关闭，Cookie 可以长期保存在客户端的硬盘上，也可以临时保存在浏览器内存中。

(4) 出于安全考虑，Session 用来保存重要信息，Cookie 用来保存不重要的信息。

10.5.2 Session 的实现机制

由 10.5.1 节的内容可知，若干客户端和 Web 服务器连接，Web 服务器会为每个客户端连接创建一个会话对象，但如何区分哪个 Session 对应的是哪个客户端呢？多数 Web 服务器是采用 Cookie 来实现 Session，也就是利用 Cookie 来保存"客户端"和"Web 服务器会话对象"之间的对应关系。如果 Cookie 被客户端禁用，则可以使用重写 URL 的方式来实现 Session。

1. 使用 Cookie 实现 Session

使用 Cookie 实现 Session 的机制如下：

(1) 当客户端第一次访问网站时，Servlet 容器创建一个新的 HttpSession 对象后，会生成一个被称为会话 ID 随机数，并将此会话 ID 值封装成一个名为 JSESSIONID 的 Cookie，返回给发出请求的客户端。

(2) 当此客户端以后再次请求访问此网站时，会将名为 JSESSIONID 的 Cookie 值随请求传给 Servlet 容器上的应用。如果在应用中调用 request. getSession()方法来获得会话对象时，容器会先从 request 中获取 JSESSIONID 的值，根据其值查找到对应的会话对象，然后返回使用。

(3) 如果没有获得 JSESSIONID 值，则 Servlet 容器认为当前请求没有相关联的会话对象，会重复步骤(1)进行生成。

2. 重写 URL 来实现 Session

如果客户端禁用了 Cookie，导致无法用 Cookie 实现 Session，那么可以采用"强制将 JSESSIONID 传递给相关资源"的方式实现 Session。

Java Servlet API 中给出了跟踪 Session 的另一种机制。如果客户端浏览器不支持 Cookie，Servlet 容器可以用 HttpServletResponse 接口提供的 encodeURL(String url)方法重写客户请求的 URL，把 JSESSIONID 添加到 URL 信息中。encodeURL(String url)方法具体实现过程如下：

(1) 先判断当前的 Web 组件是否启用 Session，如果没有启用 Session，直接返回形参 url。

(2) 如果启用 Session，再判断客户端浏览器是否支持 Cookie。

(3) 如果支持 Cookie，直接返回形参 url。

(4) 如果不支持 Cookie，就在形参 url 中加入 JSESSIONID 信息，然后返回修改后的 url。

视频讲解

10.6 Servlet 练习

读者学习了 Servlet 的编码、配置、API 后，本节用下面两个练习来巩固所学的知识和技能。

(1) Servlet 案例拓展。

(2) 动态表格。

对于每个练习，都将从思路分析、编码实现两个方面进行详细讲解。

10.6.1 课堂案例拓展

本练习是在 Servlet 案例，即在网页中显示服务器当前时间的基础上，将时间显示为红色。

1. 思路分析

此练习与 10.2 节的 Servlet 案例功能基本一致，因此代码也基本一致，只是多了“将时间显示为红色”的功能。要在网页中修改文字颜色，可以将文字放在< font color＝"red"></font >的标签体中，并用 color 属性指定颜色。

2. 实现代码

将 10.2 节的案例中的代码：

```
out.println(curDateStr);
```

替换为如下代码：

```
out.println("< font color = \"red\">");
out.println(curDateStr);
out.println("</font >");
```

其中，“out.println("< font color＝\"red\">");”中的“\”表示对随后的特殊符号"进行转义。

10.6.2　动态表格

本练习将在网页中用表格显示 1～10×n 的整数，要求表格每行显示 10 个整数，行数 n 需要通过请求提供。

1. 思路分析

按照用 Servlet 制作动态网页的通用步骤来实现。

(1) 在 infoSubSys 项目的 WebContent 目录下新建 table.html，并编写用表格第 1 行显示 1～10 的整数的代码，如图 10-18 所示。

```
table.html
<!DOCTYPE html>
<html>
<head>
<meta charset="UTF-8">
<title>表格练习</title>
</head>
<body>
<table width="100%" border="1" cellspacing="1" cellpadding="1">
    <tr>
        <td>1</td>
        <td>2</td>
        <td>3</td>
        <td>4</td>
        <td>5</td>
        <td>6</td>
        <td>7</td>
        <td>8</td>
        <td>9</td>
        <td>10</td>
    </tr>
</table>
</body>
</html>
```

图 10-18　table.html 的源代码

(2) 新建 Servlet 类 TableServlet.java，并在其 doGet()方法中将 table.html 的源代码按字符串常量打印输出，如图 10-19 所示。

```java
protected void doGet(HttpServletRequest request, HttpServletResponse response) throws ServletException, IOException {
    response.setContentType("text/html;charset=utf-8");
    PrintWriter out = response.getWriter();
    out.println("<!DOCTYPE html>");
    out.println("<html>");
    out.println("<head>");
    out.println("<body>");
    out.println("<table width=\"100%\" border=\"1\" cellspacing=\"1\" cellpadding=\"1\">");
    out.println("<tr>");
    out.println("<td>1</td>");
    out.println("<td>2</td>");
    out.println("<td>3</td>");
    out.println("<td>4</td>");
    out.println("<td>5</td>");
    out.println("<td>6</td>");
    out.println("<td>7</td>");
    out.println("<td>8</td>");
    out.println("<td>9</td>");
    out.println("<td>10</td>");
    out.println("</tr>");
    out.println("</table>");
    out.println("</body>");
    out.println("</html>");
    out.flush();
    out.close();
}
```

图 10-19 在 Servlet 中将 table.html 的源码打印输出的代码

(3) 将结果页面源代码中动态可变的部分替换为 Java 代码。

在本练习中，有 3 部分内容可变：

① 表格中的数据行数是可变的，需要从请求中以参数名 n 来获取，此部分的源代码为 request.getParameter("n")。如果请求中没有 n 参数值，则默认值为 10。

② 数据行标签< tr >和</tr >的输出由 n 值决定，并循环输出，此部分的源代码为 for(int i=0; i<n; i++){out.println("< tr ></tr >");}。同理每行的 10 个< td ></td >列也可以用 for 循环输出，源代码为 for(int j=0; j<10; j++){out.println("< td ></td >");}。

③ 整数被放到单元格中显示，并且每个单元格中的整数是可变的。通过分析可知，第 i 行、第 j 列的整数为 i * 10+(j+1)。

综上所述，可变部分的 Java 代码如图 10-20 中第 39～49 行代码所示。

```java
31  protected void doGet(HttpServletRequest request, HttpServletResponse response) throws ServletException, IOException {
32      response.setContentType("text/html;charset=utf-8");
33      PrintWriter out = response.getWriter();
34      out.println("<!DOCTYPE html>");
35      out.println("<html>");
36      out.println("<head>");
37      out.println("<body>");
38      out.println("<table width=\"100%\" border=\"1\" cellspacing=\"1\" cellpadding=\"1\">");
39      String nStr = request.getParameter("n");
40      int n = Integer.parseInt(nStr);
41      for(int i=0;i<n;i++)
42      {
43          out.println("<tr>");
44          for(int j=0;j<10;j++)
45          {
46              out.println("<td>"+(i*10+j+1)+"</td>");
47          }
48          out.println("</tr>");
49      }
50      out.println("</table>");
51      out.println("</body>");
52      out.println("</html>");
53      out.flush();
54      out.close();
55  }
```

图 10-20 TableServlet 中动态输出表格的代码

2. 实现代码

TableServlet 的最终完整 Java 代码请参考程序代码包的“/第 10 章/TableServlet 完整代码参考/TableServlet.java”。

TableServlet 的最终配置代码请参考程序代码包的“/第 10 章/TableServlet 完整代码参考/web.xml”。

3. 运行 TableServlet

重新发布项目，重启 Tomcat 服务器，然后在浏览器中用"http://localhost:8080/infoSubSys/Table?n=5"访问 TableServlet，运行结果如图 10-21 所示。

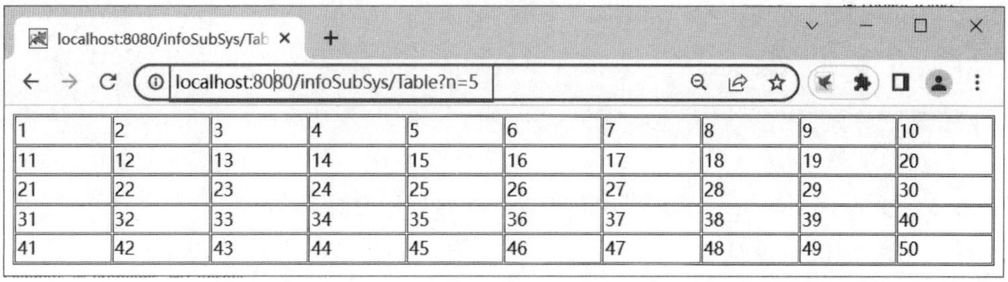

localhost:8080/infoSubSys/Tab

localhost:8080/infoSubSys/Table?n=5

1	2	3	4	5	6	7	8	9	10
11	12	13	14	15	16	17	18	19	20
21	22	23	24	25	26	27	28	29	30
31	32	33	34	35	36	37	38	39	40
41	42	43	44	45	46	47	48	49	50

图 10-21 TableServlet 的运行结果

本章小结

本章首先简单讲解了 Servlet 的基本知识，包括 Servlet 的跨平台实现原理、Servlet 处理请求的流程、Servlet 的含义。然后详细讲解了 Servlet 的编码步骤、Servlet 配置、Servlet 的生命周期、Servlet API、Session 和 Cookie。最后用两个 Servlet 练习巩固了本章所学的知识和技能。

读者学完本章内容后就能用 Servlet 技术编写和配置 Servlet 类，并用此 Servlet 来处理 HTTP 请求，生成动态 Web 页面。但是，在本章用 Servlet 技术实现动态页面的编码过程中发现，Servlet 技术进行请求数据处理非常方便，但是在用前端代码块进行数据可视化展示时很不方便，编码效率低下。因此 Sun 公司在 Servlet 技术之后又推出了 JSP 技术来解决此问题，第 11 章将详细讲解 JSP 技术。

习题

一、单项选择题

1. 处理 HTTP 请求的 Servlet 类继承(　　)类最方便。

   A. Servlet　　B. GenericServlet
   C. HttpServlet　　D. HttpServletRequest

2. 在项目配置文件 web. xml 中用(　　)标签将 Servlet 类声明为可访问的 Servlet Web 组件。

   A. < servlet >　　B. < servlet-name >
   C. < servlet-class >　　D. < servlet-mapping >

3. 在项目配置文件 web. xml 中用(　　)标签将可访问的 Servlet Web 组件映射到 URL。

   A. < servlet >　　B. < servlet-name >
   C. < servlet-class >　　D. < servlet-mapping >

4. Servlet 类中处理 post 请求的方法是(　　)。

   A. doGet()　　B. doPost()　　C. doPut()　　D. init()

5. Servlet 接口中通过(　　)方法来处理请求。

   A. init()　　B. doPost()　　C. doGet()　　D. service()

6. Servlet 容器销毁 Servlet 对象前，默认会调用 Servlet 对象的(　　)方法。

A. init()　　B. doPost()　　C. doGet()　　D. destroy()

7. Servlet 容器初始化 Servlet 类对象时，默认会调用 Servlet 对象的(　　)方法。

A. init()　　B. doPost()　　C. doGet()　　D. destroy()

8. 在 HttpServletRequest 类中获取共享数据的方法是(　　)。

A. setAttribute()　　B. getAttribute()

C. removeAttribute()　　D. getParameter()

9. 在 HttpServletRequest 类中设置共享数据的方法是(　　)。

A. setAttribute()　　B. getAttribute()

C. removeAttribute()　　D. getParameter()

10. 在 HttpServletResponse 类中进行地址重定向的方法是(　　)。

A. sendRedirect()　　B. forward()

C. include()　　D. sendRequest()

11. 在 RequestDispatcher 类中将请求向前派发的方法是(　　)。

A. sendRedirect()　　B. forward()

C. include()　　D. sendRequest()

12. 在 HttpServletRequest 类中获得单个参数数据的方法是(　　)。

A. getParameter()　　B. getParameterValues()

C. getParameterNames()　　D. getAttribute()

13. 在 HttpServletRequest 类中获得多个参数数据的方法是(　　)。

A. getParameter()　　B. getParameterValues()

C. getParameterNames()　　D. getAttribute()

14. 在 Servlet API 中用(　　)接口的实现类来封装 HTTP 会话。

A. HttpServletRequest　　B. HttpServletResponse

C. RequestDispatcher　　D. HttpSession

15. 在 HttpServletRequest 类中获得请求派发器对象的方法是(　　)。

A. getAttribute()　　B. getParameter()

C. getParameterNames()　　D. getRequestDispatcher()

16. 在 HttpServletRequest 类中获得当前会话的方法是(　　)。

A. getAttribute()　　B. getParameter()

C. getSession()　　D. getRequestDispatcher()

17. 以下关于转发和重定向的说法中错误的是(　　)。

A. 转发通过 request 的 getRequestDispatcher(). forward()方法即可实现，它的作用是在多个页面交互过程中实现请求数据的共享。

B. 重定向可以理解为浏览器至少提交了两次请求，它是在客户端发挥作用，通过请求新的地址实现页面转向。

C. 转发和重定向都可以共享 request 范围内的数据。

D. 转发时客户端的 URL 地址不会发生改变，而重定向时客户端浏览器中显示的是新的 URL 地址。

二、判断题

1. out 对象是一个输出流，它实现了 javax. servlet. JspWriter 接口，用来向客户端输出数据。（　）

2. respone 对象主要用于向客户端发送数据。（　）

3. 表单提交的信息就封装在 HTTP 请求消息的信息体部分，用户使用 request 对象的 getParameter()方法可以得到通过表单提交的信息。（　）

4. session 对象是 HttpSession 接口类的实例，由客户端负责创建和销毁，所以不同客户的 session 对象不同。（　）

5. session 对象可以用来保存用户会话期间需要保存的数据信息。（　）

6. ServletContext 对象对所有用户都是共享的，任何对它的操作都会影响到所有的用户。（　）

7. ServletContext 对象可以用来保存数据。（　）

8. Cookie 由浏览器保存在客户端，通常保存为一个文本文件。（　）

9. Servlet 容器中，一个 Servlet 类只会创建一个 Servlet 对象。（　）

10. 当服务器收到一个请求时，会创建一个新的 Servlet 线程来处理该请求。（　）

11. request. getSession()，调用两次后，返回的 Session 对象是完全不同的两个对象。（　）

12. 一个 Servlet 可以对应多个 URL。（　）

三、填空题

1. 支持 Servlet 技术的 Web 服务器被称为________。

2. 在 Servlet API 中用________接口的实现类来封装 HTTP 请求、用________接口的实现类来封装 HTTP 响应、用________接口的实现类来封装 HTTP 会话。

3. Servlet API 中的接口和类被放在了________包和________包中。

4. 在 HttpServletRequest 类中 getParamete()方法返回的数据类型是________，getParameterValues()方法返回的数据类型是________、getAttribute()方法返回的数据类型是________。

5. 在 HttpServletRequest 类中设定字符编码集的方法是________、获得请求的类型的方法是________。

6. 在 HttpServletResponse 类中设定数据内容类型的方法是________、进行地址重定向的方法是________。

7. Servlet 默认采用________来处理并发请求。

8. J2EE 中，Servlet API 为使用 Cookie，提供了________类。

四、简答题

1. 简述 Servlet 的基本编码步骤。

2. 简述 Servlet 生命周期的每个阶段，以及每个阶段对应的生命周期方法。

3. 简述请求转发与地址重定向的区别。

4. 简述 Cookie 和 Session 的区别。

五、编程题

1. 编写一个 Servlet 来接收用户提交的 4 位年份，并判断此年份是闰年还是平年。

要求：

(1) 要判定的年份由请求通过传参的方式提供，参数名为 year。

(2) Servlet 类名为 JudgeYearServlet，相对项目的 URL 为"/JudgeYear"。

(3) 写出 JudgeYearServlet 的 doGet()方法代码和其配置代码。

2. 编写 Servlet 类 CookieServlet 对 Cookie 进行操作。

要求：

(1) 如果没有名称为 usermobile 的 Cookie，则设置 Cookie 键值对为"usermobile=13668270001"。

(2) 如果有名称为 usermobile 的 Cookie，则获取此 Cookie 值并打印到控制台。

(3) 所有代码放在 CookieServlet 类的 doGet()方法中。

第 11 章

JSP 核心技术

一个动态网页代码由两部分构成：一是数据处理代码；二是对数据进行可视化显示的前端代码(包括 HTML 代码、CSS 代码和 JavaScript 代码)。在实现动态网页时，Servlet 对前端代码的处理采用打印输出源码的方式，这导致编码工作量巨大，编码效率低下，因此 Sun 公司推出了 JSP 技术。在 JPS 技术中，动态网页中前端代码的打印输出将不再由编码人员负责，而是移交给 Servlet 容器负责，编码人员只需提供要被打印的前端代码即可。

JSP(Java Server Pages，Java 服务器页面)是 JavaEE Web 层用来生成动态网页的一种技术。JSP 技术主要包括 3 部分内容，分别是处理请求和生成响应的机制、管理 Web 服务器端对象的编程机制和对 JSP 进行扩展的机制。

本章将讲解 JSP 核心标签、JSP 编码、JSP 运行原理、JSP 隐含对象和 JSP 动作标签。

学习目标

(1) 理解 JSP 核心标签，包括 JSP 指示符标签、JSP 脚本标签、JSP 注释标签。

(2) 掌握 JSP 编码。

(3) 理解 JSP 运行原理。

(4) 理解 JSP 隐含对象。

(5) 了解 JSP 动作标签。

11.1 JSP 核心标签

视频讲解

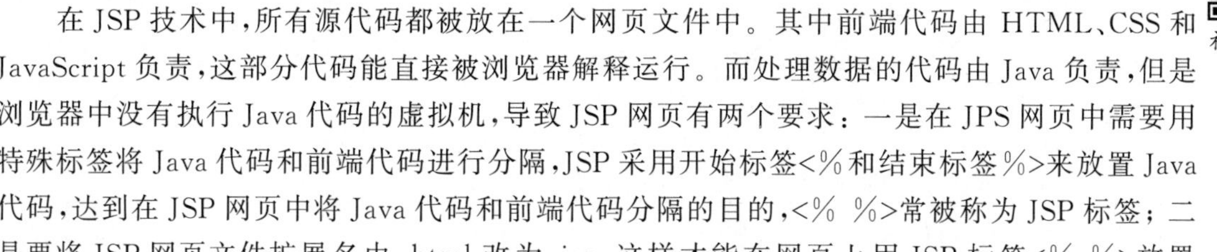

在 JSP 技术中，所有源代码都被放在一个网页文件中。其中前端代码由 HTML、CSS 和 JavaScript 负责，这部分代码能直接被浏览器解释运行。而处理数据的代码由 Java 负责，但是浏览器中没有执行 Java 代码的虚拟机，导致 JSP 网页有两个要求：一是在 JPS 网页中需要用特殊标签将 Java 代码和前端代码进行分隔，JSP 采用开始标签<%和结束标签%>来放置 Java 代码，达到在 JSP 网页中将 Java 代码和前端代码分隔的目的，<% %>常被称为 JSP 标签；二是要将 JSP 网页文件扩展名由. html 改为. jsp，这样才能在网页上用 JSP 标签<% %>放置 Java 代码。

综上所述，学习 JSP 就是学习在 JSP 页面中如何选用合适的 JSP 标签来放置处理请求的 Java 代码。

根据作用和功能，JSP 标签可以分为以下 4 类。

(1) JSP 指示符标签，用于设定 JSP 页面的全局信息。

(2) JSP 脚本标签，用于在 JSP 页面中放置 Java 代码来处理请求数据。

(3) JSP 注释标签，用于注释 JSP 代码。

(4) JSP 动作标签，在上面 3 种 JSP 标签的基础之上，进行二次开发得到的一类标签。主要作用是将请求处理中的一些常用动作的实现代码封装为一个标签,简化这些动作实现代码的编写。

本节重点讲解前 3 类 JSP 标签,因为掌握了这 3 类 JSP 标签就能完成所有 JSP 代码的编写——只是在有些情况下使用 JSP 动作标签更加方便,代码编写量更少。

11.1.1 JSP 指示符标签

JSP 指示符标签为<%@ %>。此标签以<%开头,以%>结尾,表示隶属于 JSP 标签。<%后的@符号表示指示符标签类别。JSP 指示符标签用于设定 JSP 页面的全局信息,其下又可以分为 3 个小类别,分别是页面指示符标签,包含指示符标签和标签库指示符标签。

1. 页面指示符标签

页面指示符标签为<%@page %>,是在指示符标签的基础上用 page 表示页面指示符类别。页面指示符标签通过其属性来设定 JSP 页面的整体属性。

1) 语法格式

```
<%@ page 属性名="属性值" %>
```

2) 属性

页面指示符标签的所有属性及其作用如表 11-1 所示,这些属性都是可选的。

表 11-1 页面指示符标签的属性表

属 性 名	作 用
buffer	指定 JPS 页面向客户端浏览器输出响应时使用缓冲区的大小
autoFlush	指定 JPS 页面向客户端浏览器输出响应时是否自动冲洗缓冲区
contentType	**指定当前 JSP 页面的 MIME 类型和字符编码集**
errorPage	指定当 JSP 页面发生异常时需要转向的错误处理页面
isErrorPage	指定当前 JSP 页面是否可以作为另一个 JSP 页面的错误处理页面
extends	用来指定 JSP 页面编译为 Servlet 类时,该继承哪一个 Servlet 父类。基本上几乎不会使用到这个属性
import	**在当前 JSP 页面导入要使用的 Java 类**
info	定义当前 JSP 页面的描述信息
isThreadSafe	指定对 JSP 页面的访问是否为线程安全
language	定义当前 JSP 页面所用的高级语言,默认是 Java
session	指定当前 JSP 页面是否使用 session
isELIgnored	指定当前 JSP 页面是否执行 EL 表达式
isScriptingEnabled	指定当前 JSP 页面脚本元素能否被使用

在表 11-1 中,粗体属性是常用属性,特别是每个 JSP 页面都需要用带 contentType 属性的页面指示符标签来指定当前 JSP 页面的 MIME 类型为 text/html,字符编码集为 utf-8,代码如下:

```
<%@page contentType="text/html; charset=utf-8" %>
```

3) 示例

```
<%@page contentType="text/html; charset=utf-8" %>
<%@page import="java.util.ArrayList" %>
```

在上面的代码中,第 1 行代码用页面指示符标签中的 contentType 属性指定当前 JSP 页面的内容类型为 text/html，并且字符编码集为 utf-8。第 2 行代码用页面指示符标签中的 import 属性导入了 java.util.ArrayList 类。

2. 包含指示符标签

包含指示符标签为<%@include %>，是在指示符标签的基础上用 include 表示包含指示符类别。包含指示符标签用于在当前 JSP 页面的当前位置包含另一个资源的响应结果，当前 JSP 页面指<%@include %>所在的 JSP 页面，当前位置指<%@include %>在当前 JSP 页面被放置的位置，被包含的另一个资源的 URL 由属性 file 的值指定。

1）语法格式

```
<%@ include file="另一资源的相对 URL 地址" %>
```

2）属性

包含指示符标签只有一个必选属性 file，用于指定被包含的另一个资源的相对 URL。

3）示例

```
<%@ include file="/currentTime.html" %>
<%@ include file="/currentTime.jsp" %>
```

在上面的代码中，第 1 行代码包含了当前 Web 项目根目录下的 currentTime.html，第 2 行代码包含了当前 Web 项目根目录下的 currentTime.jsp。

注意：当用包含指示符标签包含 HTML 页面时，HTML 页面中的中文可能出现乱码问题。

解决方案：

(1) 将 HTML 页面改为 JSP 页面，然后用包含指示符标签包含此 JSP 页面。

(2) 用动作标签<jsp:include>来包含 HTML 页面，但是被包含的 HTML 页面要删除<meta charset="UTF-8">。动作标签<jsp:include>将在 11.6 节进行讲解。

3. 标签库指示符标签

标签库指示符标签为<%@taglib %>，是在指示符标签的基础上用 taglib 表示标签库指示符类别。标签库指示符标签用于在当前 JSP 页面导入非 JSP 核心标签库。

1）语法格式

```
<%@ taglib uri="非 JSP 核心标签库 URL" prefix="前缀名" %>
```

2）属性

标签库指示符标签的所有属性及其作用如表 11-2 所示。

表 11-2 标签库指示符标签的属性表

属性名	作　用	属性名	作　用
uri	非 JSP 核心标签库的 URL	prefix	非 JSP 核心标签库标签的前缀值

3）示例

```
<%@taglib uri="http://java.sun.com/jsp/jstl/core" prefix="c" %>
```

在上面的代码中，用标签库指示符标签导入了 JSTL 中的 core 标签库，并指定导入的 core 标签库中的所有标签名都以 c:开头。

11.1.2 JSP 脚本标签

JSP 脚本标签用于在 JSP 页面中放置 Java 代码来处理请求数据，按功能和作用可以分为 3 个小类别，分别是声明标签、程序脚本标签和表达式标签。

1. 声明标签

声明标签为<%! %>，用于放置变量和方法的定义代码。在声明标签中定义的变量和方法能被 JSP 页面中任何地方的 Java 代码处理和调用，因此属于成员变量和成员方法。

下面分别讲解如何用声明标签声明成员变量和成员方法。

1）声明成员变量

(1) 语法格式。

```
<%! 访问修饰符 数据类型 变量名 = 变量值; %>
```

注意，成员变量的声明代码是语句，因此代码结尾要添加 Java 语句的分号结束符。

(2) 示例。

下面的代码声明了一个表示日期时间格式化字符串的成员变量。

```
<%!private String datePattern = "yyyy - MM - dd HH:mm:ss"; %>
```

2）声明成员方法

(1) 语法格式。

```
 <%! 访问修饰符 返回数据类型 方法名(形参列表){
        实现代码;
        }
%>
```

注意，方法声明中的实现代码都是 Java 语句，因此在代码结尾也要添加 Java 语句的分号结束符。

(2) 示例。

下面的代码声明了一个对日期时间进行格式化的成员方法。

```
<%!private String formDataTime(Date date)
{
 SimpleDateFormat sdf = new SimpleDateFormat(datePattern);
 return sdf.format(date);
}
%>
```

2. 程序脚本标签

程序脚本标签为<% %>，用于放置处理数据的 Java 代码块。

1）语法格式

```
<%
     Java 代码块;
%>
```

2）示例

```
<%
     String datePattern = "yyyy - MM - dd HH:mm:ss";
```

```
        SimpleDateFormat sdf = new SimpleDateFormat(datePattern);
        String curTime = sdf.format(date);
    %>
```

注意：(1) 程序脚本标签中放置的是 Java 代码块，由 Java 语句构成，因此每条语句都要以分号结尾。

(2) 在程序脚本标签中也能定义变量，但定义的变量是方法中的局部变量，不能有访问修饰符。

3. 表达式标签

表达式标签为<%= %>，用于放置 Java 表达式。表达式标签先求解表达式的值，然后将表达式的值输出到网页上。

1) 语法格式

```
<% = Java 表达式 %>
```

注意，表达式标签中放置的是 Java 表达式，而不是语句，因此表达式后面不能以分号结尾。

2) 示例

下面的示例代码将 curTime 变量值显示在网页中。

```
<% = curTime %>
```

11.1.3 JSP 注释标签

JSP 注释标签为<%-- --%>，用于注释 JSP 代码。例如，

```
<% --
        <%!private String datePattern = "yyyy - MM - dd HH:mm:ss"; %>
-- %>
```

11.2 编写和运行 JSP 页面

视频讲解

在 11.1 节中讲解了 JSP 核心标签，这样就能选用合适的 JSP 标签将 Java 代码放置在 JSP 页面中。下面将详细讲解一个完整 JPS 页面的编写和运行，选用的案例还是“显示服务器当前时间”。在第 10 章中此案例是用 Servlet 技术实现的，而本章采用 JSP 技术实现。

11.2.1 编写 JSP 页面

任何 JSP 页面的编写都分为如下 3 个步骤。

(1) 制作结果动态页面的效果 HTML 页面。

(2) 将效果 HTML 页面修改为 JSP 页面。

(3) 将页面中可变的部分替换为 Java 代码。

下面将依次详细讲解每个步骤。

1. 制作结果动态页面的效果 HTML 页面

此步骤在 10.2.1 节中已完成，显示服务器当前时间的效果 HTML 页面为 currentTime.html，该文件放在项目的 WebContent 根目录下。

2. 将效果 HTML 页面修改为 JSP 页面

将效果 HTML 页面修改为 JSP 页面就是将页面文件扩展名由.html 改为.jsp。但直接修改后会导致页面源代码中的中文出现乱码，如图 11-1 所示。

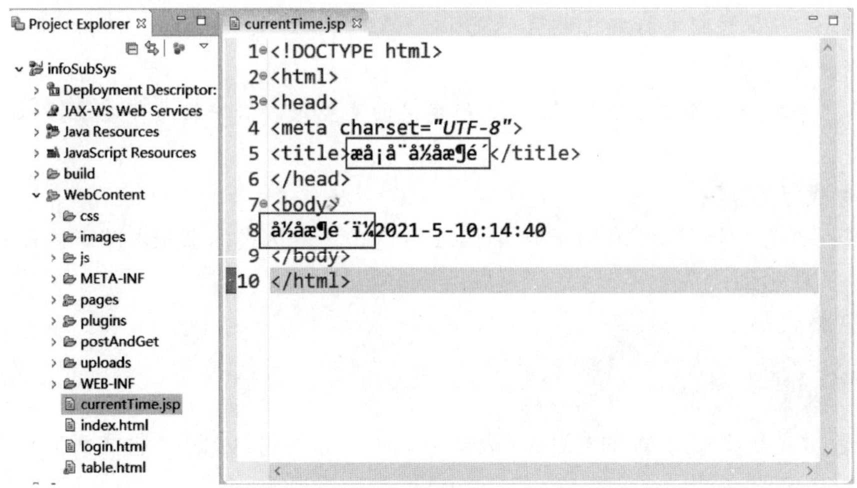

图 11-1 HTML 直接改名为 JSP 出现乱码

因此修改文件扩展名前要将 HTML 源代码备份，将扩展名改为.jsp 后再将代码粘贴恢复回去，但是我们保存 currentTime.jsp 时会报错，如图 11-2 所示。

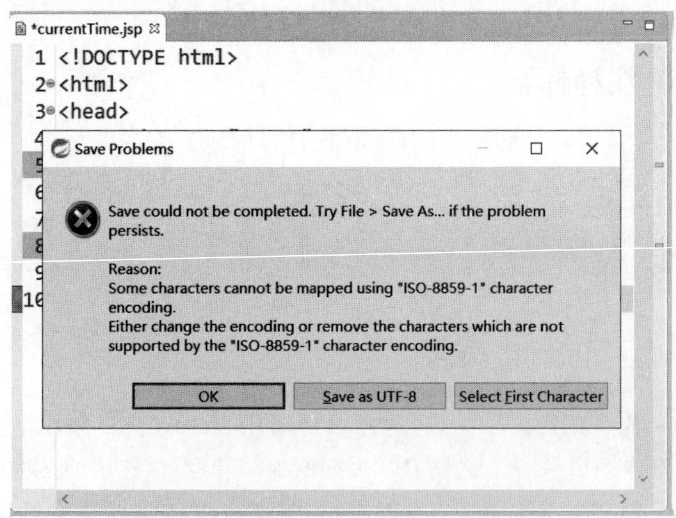

图 11-2 JSP 页面保存报字符编码集错误

通过查看错误原因可知，页面上有些字符无法用 ISO-8859-1 默认字符集保存，原因是 ISO-8859-1 字符集是用于存取英文字符的，导致 JSP 页面上的中文无法保存，因此只需更改 JSP 页面的字符编码集为支持中文的 utf-8 字符集即可。综上分析，在 JSP 页面第 1 行加入如下代码再保存即可。

```
<%@page contentType="text/html; charset=utf-8" %>
```

技巧：在 JSP 页面编写 JSP 代码(包括 JSP 标签和 Java 代码)时，也可以使用快捷键 ALT+/进行代码智能提示，加快和确保正确代码的编写。

3. 将页面中可变的部分替换为 Java 代码

通过查看和分析代码可知，currentTime.jsp 页面中只有数据“2021-5-10：14：40”是可变的，因此只需将其替换为显示当前时间的变量值即可。然而显示变量值就要在其之前通过编码计算得到此变量的值。综上分析，此处编码分为如下两个步骤。

(1) 编写计算当前时间的代码。

(2) 编写显示当前时间的代码。

1) 编写计算当前时间的代码

此处代码是由多行代码构成的代码块，因此要放在 Java 脚本标签中，即<%%>中，并且处理数据的代码要放在显示数据代码之前。代码如下：

```
<%
 SimpleDateFormat sdf = new SimpleDateFormat("yyyy-MM-dd HH:mm:ss");
 String curTime = sdf.format(new Date());
%>
```

2) 编写显示当前时间的代码

因为要显示变量 curDate 的值，属于要在 JSP 页面放置 Java 代码，因此要用 JSP 标签。在所有 JSP 标签中只有表达式标签才能将变量数据值显示在 JSP 页面，因此用如下 JSP 代码替换 HTML 效果页面中的时间常量值“2021-5-10：14：40”。

```
<% = curTime %>
```

4. 完整代码

currentTime.jsp 的完整代码请参考程序代码包中的“/第 11 章/currentTime.jsp”。

11.2.2 运行 JSP 页面

currentTime.jsp 编写完成后，要验证是否正确，需要运行它。因为 currentTime.jsp 没有放在受限目录 WEB-INF 中，所以可以用如下与其在服务器中的物理地址相对应的 URL 地址访问。

```
http://localhost:8080/infoSubSys/currentTime.jsp
```

访问前先重新发布项目，然后重启 Tomcat。currentTime.jsp 运行结果如图 11-3 所示。

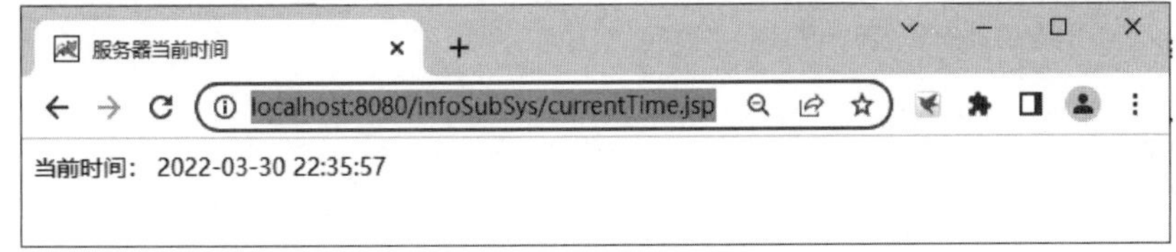

图 11-3 currentTime.jsp 运行结果

11.3 JSP 运行原理

JSP 技术和 Servlet 技术都是由 Sun 公司推出的，都是编写动态页面的技术。JSP 技术是在 Servlet 技术之后推出的，是为了解决用 Servlet 编写动态页面编码效率不高的问题，因此 JSP 技术是对 Servlet 技术的补充，并不是一个全新的技术。

11.3.1 JSP 运行过程

JSP 页面处理 HTTP 请求的过程如图 11-4 所示。

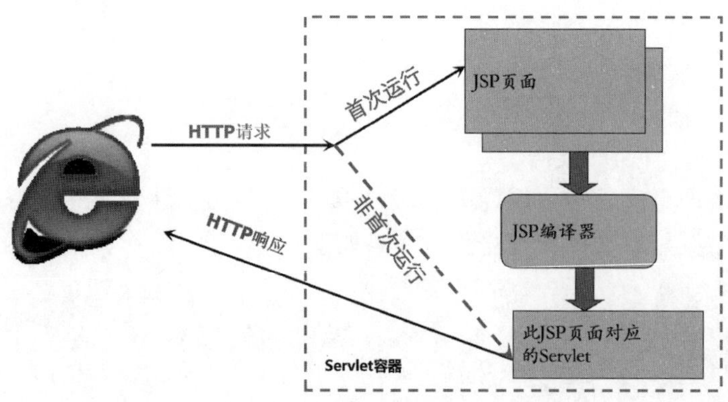

图 11-4 JSP 运行过程

在图 11-4 中，

(1) 当 JSP 页面被 HTTP 请求进行首次运行时，JSP 页面会被 Servlet 容器的 JSP 编译器编译为一个 Servlet 类，并用此 Servlet 类的对象处理此请求。JSP 被编译生成的 Servlet 类被放在了 Tomcat 主目录的 work 子目录中。

(2) 当 JSP 页面被 HTTP 请求进行非首次运行时，会用已生成的 Servlet 类对象处理此请求，而不会再将 JSP 页面编译成 Servlet 类，再生成 Servlet 对象。

注意：JSP 首次运行有两种情况：一是 JSP 首次被请求运行；二是 JSP 源代码被修改后的首次被请求运行。

11.3.2 JSP 编译生成的 Servlet 类

下面以 currentTime.jsp 编译生成的 Servlet 类为例来讲解 JSP 编译器如何将 JSP 页面编译成 Servlet 类。

currentTime.jsp 被编译生成的 Servlet 类被放在了 Tomcat 主目录的 work 子目录中，如图 11-5 所示。

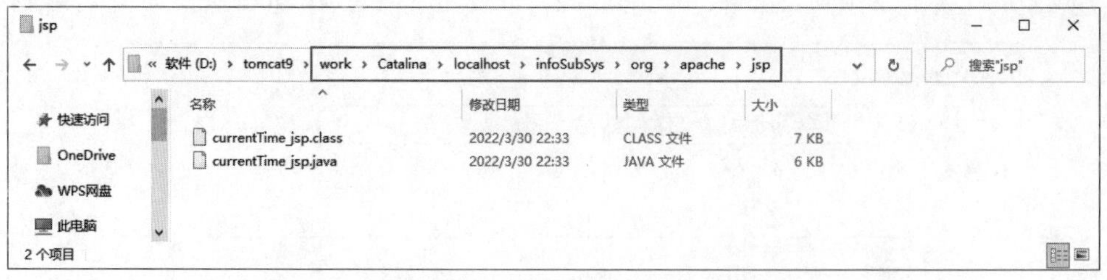

图 11-5 currentTime.jsp 被编译生成的 Servlet 类

在图 11-5 中有两个文件：一个是 currentTime.jsp 被编译生成的 Servlet 类的类文件 currentTime_jsp.class；另一个是对应的源代码文件 currentTime_jsp.java。它们的文件名都是将 JSP 文件名 currentTime.jsp 中的点号替换成了下画线。用文本编辑器将源代码文件 currentTime_jsp.java 打开，其代码分析如下。

(1) 通过顶部注释可知，此 Java 源文件由 Tomcat 的 Jasper 组件创建，而 Jasper 组件就是 JSP 编译器。顶部注释代码如下：

```
/*
  * Generated by the Jasper component of Apache Tomcat
  * Version: Apache Tomcat/9.0.16
 */
```

（2）通过下面的类的声明代码可知，此类继承自 org. apache. jasper. runtime. HttpJspBase。

```
public final class currentTime_jsp extends org.apache.jasper.runtime.HttpJspBase
```

由图 11-6 可知，org. apache. jasper. runtime. HttpJspBase 又继承自 javax. servlet. http. HttpServlet，因此 currentTime_jsp 类是一个处理 HTTP 请求的 Servlet 类。

（3）通过查找< html >，可知其被编译为代码“out. write("< html >\r\n")；”。因此可知所有前端代码的编译规则是：都按照字符串常量形式被打印输出到客户端浏览器。

org.apache.jasper.runtime
Class HttpJspBase

```
java.lang.Object
 └ javax.servlet.GenericServlet
    └ javax.servlet.http.HttpServlet
       └ org.apache.jasper.runtime.HttpJspBase
```

图 11-6　HttpJspBase 类的继承链图

（4）通过查找“SimpleDateFormat sdf = new SimpleDateFormat (" yyyy-MM-dd HH：mm：ss")；”，可知其被编译为代码“SimpleDateFormat sdf = new SimpleDateFormat("yyyy-MM-dd HH：mm：ss")；”，并且此代码被放置在了处理请求的_jspService()方法中。因此可知 JSP 程序脚本标签(即<% %>)中的代码被原封不动地放到了_jspService()方法中，在 JSP 程序脚本标签中定义的变量都是局部变量，例如，变量 sdf。

（5）通过查找表达式 curTime，可知其被编译为代码“out. print(curTime)；”。因此可知表达式标签(即<%＝%>)中的表达式先求值，然后其值被打印输出到客户端浏览器。

（6）为了查看声明标签如何被编译，可以在 currentTime. jsp 中加入以下代码：

```
<%!private String datePattern = "yyyy - MM - dd HH:mm:ss"; %>
```

然后启动 Tomcat，重新访问 currentTime. jsp。这时源代码文件 currentTime_jsp. java 中的内容将会发生改变，说明其对应的 Servlet 类被重新编译生成了。

通过查找“private String datePattern＝"yyyy-MM-dd HH：mm：ss"；”，可知其被编译为代码“private String datePattern＝"yyyy-MM-dd HH：mm：ss"；”，且被放到类中的方法外面。因此可知，声明标签(即<%！ %>)声明的是成员变量。

综上所述，JSP 页面中的常用元素在编译生成 Servlet 时其转换规则如表 11-3 所示。

表 11-3　JSP 元素在生成 Servlet 时的转换规则表

JSP 元素	转 换 规 则
前端代码	以字符常量的形式原封不动地输出到客户端浏览器
<% %>中的代码	原封不动地被放置在处理 HTTP 请求的_jspService()方法中，因此其中定义的变量为局部变量
<%＝ %>中的表达式	表达式先求值，然后其值被打印输出到客户端浏览器
<%！ %>中的声明代码	原封不动地放到类中方法的外面，因此声明的变量为成员变量

11.4　JSP 练习

视频讲解

本章前面各节介绍了 JSP 核心标签、JSP 编码和 JSP 运行原理，下面用两个练习来巩固 JSP 的基本知识和编码。

(1) JSP 案例拓展。

(2) 动态表格。

这两个练习和 10.6 节中 Servlet 练习一样，只是用 JSP 技术实现。对于每个练习，将从思路分析、编码实现两个方面进行详细讲解。

11.4.1 课堂案例拓展

本练习是在 JSP 案例(在网页中显示服务器当前时间)的基础上，将时间显示为红色。

1. 思路分析

此练习与 11.3 节的 JSP 案例功能基本一致，因此代码也基本一致，只是多了“将时间显示为红色”的功能。要在网页中修改文字颜色，可以将文字放在< font color＝"red"></font >的标签体中，并用 color 属性指定颜色。

2. 实现代码

将 11.3 节的案例中的代码：

```
<% = curTime %>
```

替换为如下代码即可：

```
< font color = "red"><% = curTime %></font >
```

11.4.2 动态表格

本练习将在网页中用表格显示 1～10×n 的整数，要求表格每行显示 10 个整数，行数 n 需要通过请求提供。

1. 思路分析

还是按照制作效果 HTML 页面、将效果 HTML 页面修改为 JSP 页面、将页面中可变的部分替换为 Java 代码这 3 个步骤来编写 JSP 页面。

1) 制作效果 HTML 页面

此步骤在 10.6 节中已完成。显示 1～10×n 的整数的 HTML 页面为 table.html，它被放在项目的 WebContent 目录的根目录下。

2) 将效果 HTML 页面修改为 JSP 页面

首先打开 table.html 并备份源代码，然后将文件扩展名由.html 修改为.jsp，然后打开 table.jsp 并将备份的代码还原，最后在代码第一行加入以下代码并保存。

```
<%@page contentType = "text/html; charset = utf - 8" %>
```

3) 将页面中可变的部分替换为 Java 代码

在本练习中，有 3 部分内容动态可变。下面依次将这 3 部分动态可变内容替换成 Java 代码。

(1) 表格中的数据行数是可变的，需要从请求中用参数名 n 来获取，如果请求中没有 n 参数值，默认值为 10。此部分的源代码如下：

```
<%
    int n = 10;
    String nStr = request.getParameter("n");
```

```
    if(nStr != null)
    {
        n = Integer.parseInt(nStr);
    }
%>
```

(2) 数据行标签< tr >和</tr >的输出由 n 值决定,并循环输出。

此部分的源代码为 for(int i=0; i< n; i++){< tr ></tr >}。现在有一个问题:在 JSP 页面中前端代码和 Java 代码是不能直接混用的,需要隔离。我们知道,在前端代码中嵌入 Java 代码时,要用合适的 JSP 标签进行隔离。但反之如何做呢?也就是说,在 Java 代码中如何嵌入前端代码呢?可以采取在插入前端代码处将 Java 代码块一分为二,然后在分隔处插入前端代码的方法,如下面的代码所示:

```
<%

    for(int i = 0; i < n; i ++ )
    {
%>
    <tr>
    </tr>
<%
    }
%>
```

同理,每行的 10 个< td ></td >列也可以用 for 循环输出,在 JSP 页面也需要用一分为二的方法在 for 循环中插入< td ></td >标签。

(3) 整数被放到单元格中显示,并且每个单元格中的数据是可变的。通过观察可知,第 i 行、第 j 列的整数为 i * 10+(j+1),显示此可变整数的代码如下:

```
<% = i * 10 + (j + 1) %>
```

2. 完整代码

table.jsp 的完整代码请参考程序代码包的"/第 11 章/table.jsp"。

3. 运行 table.jsp

重新发布项目,然后重启 Tomcat。打开浏览器,在地址栏中输入"http://localhost:8080/infoSubSys/table.jsp?n=10"并回车发出请求。table.jsp 的运行结果如图 11-7 所示。

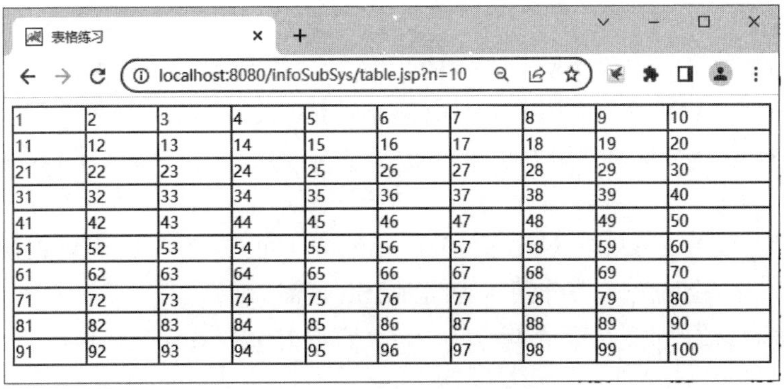

表格练习

localhost:8080/infoSubSys/table.jsp?n=10

1	2	3	4	5	6	7	8	9	10
11	12	13	14	15	16	17	18	19	20
21	22	23	24	25	26	27	28	29	30
31	32	33	34	35	36	37	38	39	40
41	42	43	44	45	46	47	48	49	50
51	52	53	54	55	56	57	58	59	60
61	62	63	64	65	66	67	68	69	70
71	72	73	74	75	76	77	78	79	80
81	82	83	84	85	86	87	88	89	90
91	92	93	94	95	96	97	98	99	100

图 11-7 table.jsp 的运行结果

视频讲解

11.5 JSP隐含对象

JSP页面包含Java代码，而Java代码中有很多对象，这些对象根据其创建者可以分为两类：第一类对象是编程人员自己创建的对象；第二类对象是JSP容器已经预先给编程人员创建好的对象，这类对象被称为JSP隐含对象。例如，在11.4.2节的代码"String nStr = request.getParameter("n");"中，request对象编码人员并没有创建，它由JSP容器定义并创建，request对象就是JSP隐含对象之一。

11.5.1 JSP隐含对象概述

在JSP页面中，编程人员可以直接使用JSP隐含对象而不用显式声明。JPS包含九大隐含对象，每个隐含对象的名称、作用域和作用如表11-4所示。

表11-4 JSP九大隐含对象

对象	作用域	作用
page	当前JSP页面	HttpServlet类的实例，类似于Java类中的this关键字
pageContext		PageContext类的实例，提供对JSP页面所有对象以及命名空间的访问
config		ServletConfig类的实例
out		JspWriter类的实例，用于把响应结果输出至网页上
exception		Exception类的实例，代表发生错误的JSP页面中对应的异常对象
response		HttpServletResponse接口的实例
request	当前请求	HttpServletRequest接口的实例
session	当前会话	HttpSession类的实例
application	当前应用	ServletContext类的实例，与应用上下文有关

1. page

page隐含对象是javax.servlet.Servlet类的实例，代表当前JSP页面所对应的Servlet对象，类似于Servlet类中的this关键字。

page隐含对象的作用域为当前JSP页面，即每个JSP页面上都有同名的page对象，但是它们在内存中是不同的对象。当JSP页面生成响应后，page对象就会被销毁。

2. pageContext

pageContext对象是javax.servlet.jsp.PageContext类的实例，代表当前JSP页面的上下文。pageContext对象主要用来访问页面信息，获取其他隐含对象。pageContext对象的作用域为当前JSP页面。

pageContext对象也可以作为页面范围的数据共享区，使用setAttribute()方法放置共享数据，使用getAttribute()方法获得共享数据，使用removeAttribute()方法移除共享数据。

pageContext隐含对象的常用方法请参考javax.servlet.jsp.PageContext的API文档。

3. config

config隐含对象是javax.servlet.ServletConfig接口的实例，开发者可以使用config隐含对象访问Servlet的配置信息，其作用域为当前JSP页面。

config隐含对象的常用方法请参考10.4.4节中对javax.servlet.ServletConfig接口的介绍。

4. out

out隐含对象是javax.servlet.jsp.JspWriter类的实例，代表从程序到发出请求的客户端浏览器的输出流通道。out 隐含对象用于把响应结果输出到网页上,其作用域为当前 JSP 页面。

out 隐含对象的常用方法请参考 javax. servlet. jsp. JspWriter 的 API 文档。

5. exception

exception 隐含对象是 java. lang. Exception 类的实例,代表发生错误的 JSP 页面中对应的异常对象,其作用域为当前 JSP 页面。

exception 隐含对象的常用方法请参考 java. lang. Exception 的 API 文档。

6. response

response 隐含对象是 javax. servlet. http. HttpServletResponse 接口的实例,代表当前请求的响应对象,其作用域为当前 JSP 页面。

response 隐含对象的常用方法请参考 10. 4. 2 节中对 javax. servlet. http. HttpServletRespons 接口的介绍。

7. request

request 隐含对象是 javax. servlet. http. HttpServletRequest 接口的实例,代表当前请求。request 隐含对象的作用域为当前请求。可以通过请求派发的方式,即 RequestDispatcher 接口的 forward 方法,使当前请求横跨多个 JSP 页面。

request 隐含对象的常用方法请参考 10. 4. 2 节中对 javax. servlet. http. HttpServletRequest 接口的介绍。

8. session

session 隐含对象是 javax. servlet. http. HttpSession 接口的实例,代表当前 HTTP 会话。session 隐含对象的作用域为当前 HTTP 会话。根据 HTTP 会话的生命周期可知,当某个客户端访问 Web 应用时创建会话,直到客户端关闭前的所有请求操作都属于此会话,因此一个 HTTP 会话横跨了多个请求。

session 隐含对象的常用方法请参考 10. 4. 4 节中对 javax. servlet. http. HttpSession 接口的介绍。

9. application

application 隐含对象是 javax. servlet. ServletContext 接口的实例,代表当前 Web 应用。application 隐含对象的作用域为当前 Web 应用。Web 应用可以被多个客户端访问,每个访问 Web 应用的客户端都有一个 HTTP 会话与之关联,因此 Web 应用横跨多个 HTTP 会话。

application 隐含对象的常用方法请参考 10. 4. 4 节中对 javax. servlet. ServletContext 接口的介绍。

11.5.2 四大数据共享区隐含对象

在 JSP 的九大隐含对象中,pageContext、request、session 和 application 都有以下 3 个方法:

```
public void setAttribute(String name, Object o)
public Object getAttribute(String name)
public void removeAttribute(String name)
```

因此,它们都能用作数据共享区,但是放在其中的数据对象的作用域是不同的,作用域从小到大分别为 pageContext、request、session 和 application,如图 11-8 所示。

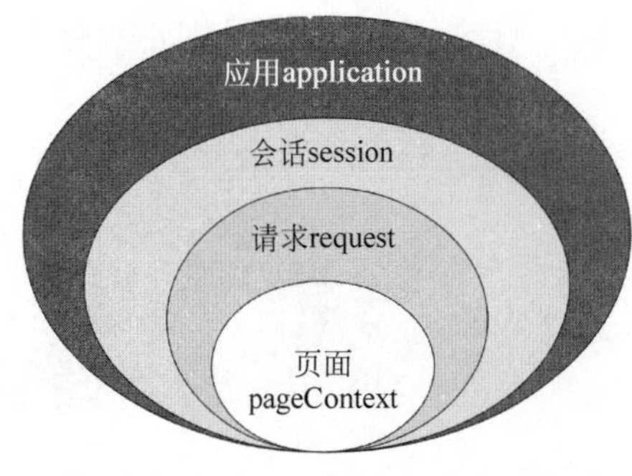

图 11-8 JSP 隐含对象作用域范围演示图

下面分别讲解每个数据共享区的作用域。

(1) 放在 pageContext 中的共享数据对象,其只能在当前 JSP 页面中使用。出了当前 JSP 页面,pageContext 隐含对象将被 Servlet 容器销毁,其中放置的共享数据也随之销毁。

(2) 放在 request 中的共享数据对象,其只能在当前请求所横跨的 JSP 页面中使用。当请求处理结束后,request 隐含对象将被 Servlet 容器销毁,其中放置的共享数据也随之销毁。

(3) 放在 session 中的共享数据对象,其只能在当前会话所横跨的请求中使用。当会话结束后,session 隐含对象将被 Servlet 容器销毁,其中放置的共享数据也随之销毁。

(4) 放在 application 中的共享数据对象,只要 Servlet 容器不停止服务,就一直存在。当 Servlet 容器停止时,application 隐含对象将被 Servlet 容器销毁,其中放置的共享数据也随之销毁。

11.6 JSP 动作标签

JSP 页面利用 JSP 动作标签可以动态地包含其他资源、重用 JavaBean 组件、将请求重定向到另外的资源等。与 JSP 指示符标签不同的是,JSP 动作元素在请求处理阶段起作用。JSP 动作标签有统一的语法,其语法符合 XML 标准,如下所示:

```
<jsp:action_name attribute = "value" > </jsp:action_name >
```

JSP 动作标签最大的作用是:用 JSP 动作标签替换 JSP 页面上的 Java 代码,使得 JSP 页面全是标签,而没有 Java 代码,以便于界面工程师和动态编码人员一起在 JSP 页面上编写代码。但是,由于 JSP 动作标签并不能完全替换 JSP 页面中的 Java 代码,因此经常与其他 JSP 标签库(如本书第 14 章讲解的 JSTL)联合使用。

JSP 规范定义了一系列的标准动作,它用 JSP 作为前缀,常用的标准动作标签如表 11-5 所示。

表 11-5 JSP 常用动作标签

JSP 动作标签名	作　用
jsp:include	在页面被请求的时候引入一个文件
jsp:forward	把请求转到一个新的页面
jsp:param	设定请求中的参数值
jsp:useBean	寻找或者实例化一个 JavaBean
jsp:setProperty	设置 JavaBean 的属性
jsp:getProperty	输出某个 JavaBean 的属性

所有的动作标签都有两个属性:id 属性和 scope 属性。

(1) id 属性:id 属性是动作标签的唯一标识,可以在 JSP 页面中引用。动作标签创建的 id 值可以通过 PageContext 来调用。

(2) scope 属性:该属性用于识别动作标签的生命周期。id 属性和 scope 属性有直接关系,scope 属性定义了相关联 id 对象的寿命。scope 属性有 4 个值:page、request、session 和 application,分别代表 4 个作用域。

11.6.1 include 动作标签

<jsp:include>动作标签用来包含静态和动态的网页文件。该动作把指定网页文件插入正在生成的页面。

1. 语法格式

```
<jsp:include page="相对 URL 地址" flush="true" />
```

其中，page 属性：其值为被包含网页的相对 URL 地址。

flush 属性：布尔属性，其值指定在包含网页文件前是否刷新缓存区。

2. 示例

要求：在 table.jsp 的表格上方显示服务器当前时间。

方案：在 table.jsp 的 table 标签上方加入代码<jsp:include page="/currentTime.jsp"/>。

示例代码如下：

```
<body>
    <jsp:include page="/currentTime.jsp"/>
    <table width="100%" border="1" cellspacing="1" cellpadding="1">
        ...
    </table>
</body>
```

注意：11.1.1 节讲解的 include 指示符标签也能包含网页文件，但 include 指示符标签是在 JSP 文件被转换为 Servlet 的时候引入文件，而 jsp:include 动作标签插入文件的时间是在页面被请求的时候。

11.6.2 forward 动作标签

<jsp:forward>动作标签用于将请求派发给另外的页面。

1. 语法格式

```
<jsp:forward page="相对 URL 地址" />
```

其中，page 属性的值是一个相对 URL。

<jsp:forward>标签只有一个 page 属性。page 属性值是一个相对 URL，既可以直接给出，也可以在请求的时候动态计算，可以是一个 JSP 页面或者一个 Servlet。

2. 示例

要求：在 table.jsp 的表格显示完后打开 currentTime.jsp 页面。

方案：在 table.jsp 的 table 标签下方加入代码<jsp:forward page="/currentTime.jsp" />。

示例代码如下：

```
<body>
    <jsp:include page="/currentTime.jsp"/>
    <table width="100%" border="1" cellspacing="1" cellpadding="1">
    ...
    </table>
    <jsp:forward page="/currentTime.jsp" />
</body>
```

11.6.3 param 动作标签

<jsp:param>动作标签不能单独使用,必须作为<jsp:forward>、<jsp:include>的子标签使用,用于向请求中设置参数值。

1. 语法格式

```
<jsp:param name="参数名" value="参数值"/>
```

其中,name 属性:其属性值用于指定参数名。

value 属性:其属性值用于指定参数值。

2. 示例

要求:在 table.jsp 的表格上方显示服务器当前时间,并指定时间文本的颜色。

方案:在 11.6.1 节案例基础上添加 jsp:param 动作标签来传递字体颜色参数。

示例代码如下:

```
<body>
    <jsp:include page="/currentTime.jsp">
        <jsp:param name="timeColor" value="red"/>
    </jsp:include>
    <table width="100%" border="1" cellspacing="1" cellpadding="1">
        …
    </table>
</body>
```

11.6.4 useBean 动作标签

<jsp:useBean>动作标签用于在 JSP 页面创建一个 Java 对象。

1. 语法格式

```
<jsp:useBean id="对象名" class="类全名" />
```

其中,id 属性:其值表示创建的 Java 对象的名称。

class 属性:其值指定创建的 Java 对象所属的类名,类名要用全名,即包名加简短类名。

2. 示例

在 currentTime.jsp 中将 SimpleDateFormat 类型的对象 sdf 用 useBean 动作标签创建。示例代码如下:

```
<jsp:useBean id="sdf" class="java.text.SimpleDateFormat"/>
```

11.6.5 setProperty 动作标签

<jsp:setProperty>动作标签用来设置已经实例化的 Java 对象的属性。

1. 语法格式

```
<jsp:setProperty name="对象名" property="属性名" value="值"…/>
```

其中,name 属性:是必需的,属性值为对象名,表示要设置属性的是哪个对象。

property 属性:是必需的,属性值为对象的属性名,表示要设置对象的哪个属性。

value 属性:是可选的,该属性值用来指定对象属性的值。

param 属性：是可选的，它指定用当前请求中哪个参数的值作为对象属性的值。

2. 示例

<jsp:setProperty>动作标签经常和<jsp:useBean>动作标签联合使用，有以下两种联合使用方式。

(1) 平行联用，示例代码如下：

```
<jsp:useBean id="对象名" class="类全名" />...
<jsp:setProperty name="对象名" property="属性名" value="值".../>
```

此时，不管<jsp:useBean>是找到了一个现有的对象，还是新创建了一个对象，<jsp:setProperty>都会执行。

(2) 嵌入联用，示例代码如下：

```
<jsp:useBean id="对象名" class="类全名">...
    <jsp:setProperty name="对象名" property="属性名" value="值".../>
</jsp:useBean>
```

此时，<jsp:setProperty>只有在新建对象时才会执行，如果是使用现有对象则不执行<jsp:setProperty>。

11.6.6 getProperty 动作标签

<jsp:getProperty>动作标签用于获取指定对象的属性值，并转换成字符串，然后在网页中输出。

1. 语法格式

```
<jsp:getProperty name="对象名" property="属性名"/>
```

其中，name 属性：其值为对象名，表示要提取此对象的属性值。

property 属性：其值为属性名，表示要提取什么属性的值。

2. 示例

下面的示例代码用<jsp:getProperty>标签在网页中显示 date 对象的 month 属性值。

```
<jsp:useBean id="date" class="java.util.Date" scope="session"/>
<jsp:getProperty name="date" property="month"/>
```

本章小结

本章首先详细讲解了 JSP 核心标签、JSP 编码；然后详细讲解了 JSP 运行原理、JSP 九大隐含对象；最后简单介绍了 JSP 动作标签。

读者学完本章内容后就能用 JSP 技术编写 JSP 页面，并用此 JSP 页面来处理 HTTP 请求，生成动态 Web 页面。但是，在本章用 JSP 技术实现动态页面的编码过程中发现，JSP 技术进行数据可视化展示非常方便，但是在 JSP 页面编写 Java 代码十分不便，因为在 JSP 页面需要将前端代码和 Java 代码进行分隔。JSP 技术的优点恰好是 Servlet 技术的缺点，而 JSP 技术的缺点恰好是 Servlet 技术的优点，它们互为补充。因此在实际项目开发中，经常将 Servlet 技术和 JSP 技术整合起来处理 HTTP 请求，本书将在第 12 章中详细讲解如何整合 Servlet 技术和 JSP 技术来开发 Web 项目。

习题

一、单项选择题

1. 要设置某个 JSP 页面为错误处理页面,以下 page 指令正确的是(　　)。

A. <%@page extends="" %>　　B. <%@page isErrorPage="" %>

C. <%@page info="" %>　　D. <%@ page errorPage="" %>

2. JSP 页面经过编译之后,将创建一个(　　)。

A. exe 文件　　B. applet　　C. application　　D. servlet

3. 在 JSP 中,要定义一个方法,需要用到以下(　　)元素。

A. <% %>　　B. <%! %>　　C. <%@ %>　　D. <%= %>

4. 如果当前 JSP 页面不能显示中文,需要设置 page 指令的(　　)属性。

A. Exception　　B. contentType　　C. error　　D. errorPage

5. 在 JSP 中,只有一行代码: <%='A'+'B'%>,运行将输出(　　)。

A. 131　　B. A+B　　C. 报错　　D. AB

6. 以下对象中的(　　)不是 JSP 的内置对象。

A. request　　B. session　　C. application　　D. bean

7. page 指令的 import 属性的作用是(　　)。

A. 定义 JSP 页面响应的 MIME 类型　　B. 定义 JSP 页面使用的脚本语言

C. 为 JSP 页面引入 JAVA 包中的类　　D. 定义 JSP 页面字符的编码

8. Web 应用程序使用(　　)通信,这个协议是(　　)协议。

A. HTTP、无状态　　B. HTTP、有状态

C. FTP、无状态　　D. FTP、有状态

9. 假设在 helloapp 应用中有一个 hello.jsp,它的文件路径为%CATALINA_HOME%/webapps/helloapp/hello/hello.jsp,那么在浏览器端访问 hello.jsp 的 URL 是(　　)。

A. http://localhost:8080/hello.jsp

B. http://localhost:8080/helloapp/hello.jsp

C. http://localhost:8080/helloapp/hello/hello.jsp

D. http://localhost:8080/webapps/helloapp/hello/hello.jsp

10. 在 JSP 中,(　　)动作用于将请求转发给其他 JSP 页面。

A. useBean　　B. setProperty　　C. forward　　D. include

11. page 指令用于定义 JSP 文件中的全局属性,下列关于该指令用法的描述不正确的是(　　)。

A. <%@page%>作用于整个 JSP 页面

B. 可以在一个页面中使用多个<%@page%>指令

C. 为增强程序的可读性,建议将<%@page%>指令放在 JSP 文件的开头,但不是必需的

D. <%@page%>指令中的属性只能出现一次

12. 在 JSP 页面中定义私有整型变量 i 的值为 0 的代码是(　　)。

A. <%!private int i=0; %>　　B. <%!int i=0 %>

C. <%=i%>　　D. <%private int i=0; %>

13. 在 JSP 页面首次被访问时,(　　)会将 JSP 页面编译生成对应的 Servlet 类。

A. Java 编译器　　B. Servlet 容器　　C. Web 服务器　　D. 都不对

14. 在 JSP 页面中,在 HTML 代码块中插入 Java 代码,需进行(　　)处理。

A. 用 HTML 注释标签包围 Java 代码　　B. 直接插入 Java 代码

C. 用 JSP 标签包围 Java 代码　　D. 用 out 隐含对象打印输出

15. 在 JSP 页面中,在 Java 代码块中插入 HTML 代码,需进行(　　)处理。

A. Java 注释包围 HTML 代码　　B. 直接插入 HTML 代码

C. 用 JSP 标签包围 Java 代码　　D. 在插入位置将 Java 代码一分为二

二、判断题

1. JSP 页面中的变量和方法声明、表达式和 Java 程序片统称为 JSP 标记。(　　)

2. 在"<%! %>"中声明的 Java 变量在整个页面内有效,不同的客户之间不共享。(　　)

3. 在"<%! %>"中声明的 Java 方法在整个页面内有效。(　　)

4. 程序片变量的有效范围与其声明位置有关,即从声明位置向后有效,可以在声明位置后的程序片、表达式中使用。(　　)

5. JSP 中 Java 表达式的值由服务器负责计算,并将计算值按字符串发送给客户端显示。(　　)

6. 不可以用一个 page 指令指定多个属性的取值。(　　)

7. jsp:include 动作标记与 include 指令标记包含文件的处理时间和方式不同。(　　)

8. jsp:param 动作标记不能单独使用,必须作为 jsp:include、jsp:forward 标记等的子标记使用,并为它们提供参数。(　　)

9. 在 JSP 中,<%! int c=5; out.print(c); %>正确。(　　)

10. <jsp:getProperty>中的 name 及 property 属性值区分字母大小写。(　　)

三、填空题

1. JSP 的英文全称是________,中文全称是________。

2. JSP 页面中的源代码主要由________代码和________代码构成。

3. JSP 技术中有 4 类标签,规定了 JSP 页面的整体属性的是________、嵌入 Java 代码的是________。

4. 在 JSP 页面指示符标签中用________属性指定 JSP 页面的内容类型、用________属性导入 JSP 页面中需要的 Java 类。

5. 在<%@include%>标签中用________属性指定要包含的资源的 URL,在<jsp:include>标签中用________属性指定要包含的资源的 URL。

6. JSP 隐含对象中,表示当前 JSP 页面上下文的隐含对象名是________、表示当前请求的隐含对象名是________、表示当前会话的隐含对象是________、表示当前 Web 应用的隐含对象名是________;它们都可以用________方法设置共享数据,用________方法获得共享数据;其中作用域最大的隐含对象名是________、作用域最小的隐含对象名是________。

四、简答题

1. 简述每个 JSP 指示符标签的语法格式及其作用。

2. 简述每个 JSP 脚本标签的语法格式及其作用。

3. 简述 JSP 的运行原理。

4. 简述 JSP 九大隐含对象的名称、类型、作用域。

五、编程题

1. 编写一个 JSP 页面来输出 9×9 乘方口诀表。

2. 编写一个 JSP 页面来显示用户表(users)中所有记录。

提示：

(1) 数据库用户名为 exam，密码为 123456，URL 为 jdbc:mysql://localhost:3306/exam?useUnicode=true&characterEncoding=utf-8。

(2) 用户表(users)结构如下：

列　名	数据类型和长度	是否是主键
users_id	int	是
users_name	Varchar(20)	否

第12章 Web项目的分层实现

前面介绍的Servlet技术和JSP技术都能实现动态页面，它们各有优缺点。具体来说，Servlet技术的优点是编写处理请求的Java代码，缺点是对请求处理结果数据进行可视化展示；JSP技术的优点是对请求处理结果数据进行可视化展示，缺点是编写处理请求的Java代码。因此，在实际Web项目开发中经常将Servlet技术和JSP技术整合起来处理HTTP请求。也就是，将HTTP请求交给Servlet处理，而请求处理结果由JSP负责可视化展示。这样处理HTTP请求并生成响应的代码就分别放在了Servlet类和JSP页面中，这就形成了Web项目的分层实现思想。

本章将首先讲解Web项目的分层实现思想，特别是其中的MVC模式；然后以教师列表功能为例讲解如何开发查询功能，以教师修改为例讲解如何开发更新功能；最后讲解登录和退出登录功能如何实现，为第13章学习Filter和Listener提供案例代码支持。

学习目标

(1) 理解Web项目的分层实现思想、MVC模式。

(2) 掌握教师列表功能的MVC实现。

(3) 掌握教师修改表单功能的MVC实现。

(4) 掌握教师修改功能的MVC实现。

(5) 掌握登录验证功能和退出登录功能的MVC实现。

12.1 Web项目的分层实现

视频讲解

Web项目的核心就是处理一个个HTTP请求。根据代码的作用，处理一个HTTP请求时涉及的代码可以分为以下3类。

(1) 前端代码：包括HTML代码、CSS代码和JavaScript代码，用于触发请求、提交数据和可视化显示请求处理结果。

(2) 处理请求的代码：包括接收请求和处理请求的代码，都是用Servlet技术或JSP技术编写的Java代码。

(3) 数据访问代码：包括对数据库中数据的查询代码、统计代码和更新代码，都是用JDBC技术编写的Java代码。

由于处理HTTP请求的这3类代码所用的技术是不同的，因此在实际项目开发中经常会交给3类不同的人员来负责，做到技术专精，提高开发效率。一般来说会进行如下分工：

(1) 前端代码交给UI工程师负责，其只需专精前端技术。

(2) 处理请求的代码交给动态页面编码人员负责，其只需专精Servlet技术和JSP等动态页面技术。

(3) 数据访问代码交给持久层编码人员负责，其只需专精数据库技术和 JDBC 技术。

根据如何放置这 3 类代码，形成了 Web 项目开发的一层实现模式、两层实现模式和三层实现模式，即 MVC 模式。下面将依次进行讲解。

12.1.1 一层实现模式

如果将处理 HTTP 请求的 3 类代码都放在 JSP 页面中，那么就是 Web 项目的一层实现模式。

在一层实现模式中，因为分别负责 3 类代码的 3 类人员都在 JSP 页面编写代码，因此存在严重地争用 JSP 页面的问题，导致 3 类人员无法并行开发，开发效率十分低下，如图 12-1 所示。

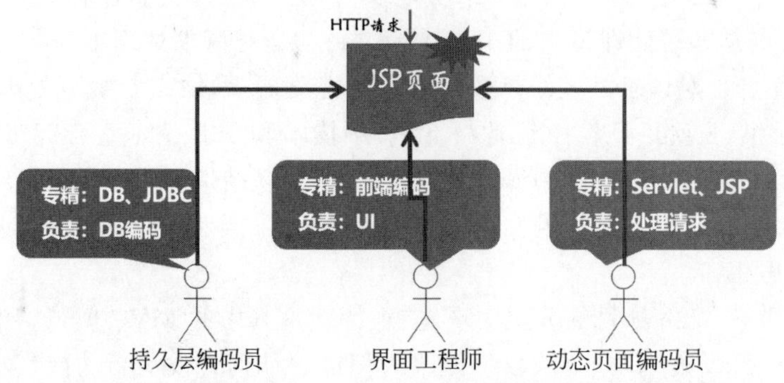

图 12-1 一层实现模式的演示图

要解决一层实现模式开发效率低下的问题，就是要解决 3 类人员同时争用 JSP 页面的问题。具体方案就是将 JSP 页面中的某类代码从 JSP 页面移出，放到其他源代码文件中，这就是分层思想。JSP 页面的强项就是生成结果响应中的前端代码，因此前端代码是不能移出的，那就只能移出数据访问代码和处理请求的代码。

先移出数据访问代码，因为数据访问代码是用 JDBC 技术编写的 Java 代码，而 Java 代码要放在 Java 类中，因此处理 HTTP 请求的代码被放置在两个源代码文件中，就形成了 Web 项目的两层实现模式。

12.1.2 两层实现模式

两层实现模式就是在一层实现模式的基础上，将数据访问代码放在一个单独的 Java 类中，此 Java 类经常被称为 DAO(Data Access Objects，数据访问对象)类，如图 12-2 所示。

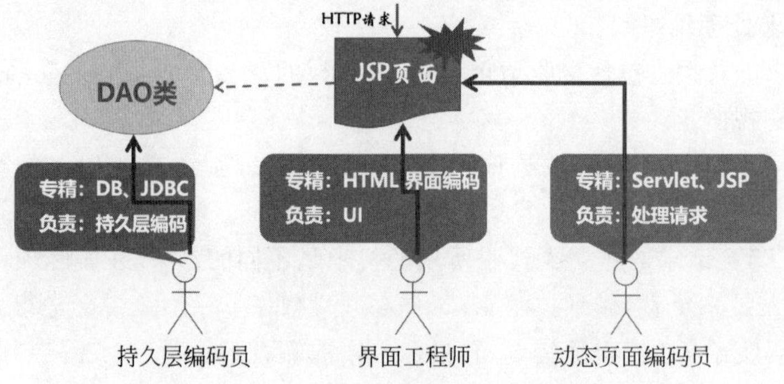

图 12-2 两层实现模式演示图

在两层实现模式中,因为持久层编码员和其他编码员在不同的源代码文件中编写代码,因此他们可以并行开发,进而节省了开发时间,提高了开发效率。

但是,界面工程师和动态编码人员还是会争用 JSP 页面,导致他们还是不能并行开发,影响开发效率。解决方案是将处理请求的代码移出 JSP 页面,这部分代码是 Java 代码,肯定要放到一个 Java 类中,加之此部分 Java 代码要能处理 HTTP 请求,因此需要用 Servlet 类放置这些代码。

12.1.3　三层实现模式

三层实现模式就是在两层实现模式的基础上,将处理请求的代码放在一个单独的 Servlet 类中,此 Servlet 类经常被称为控制类,如图 12-3 所示。

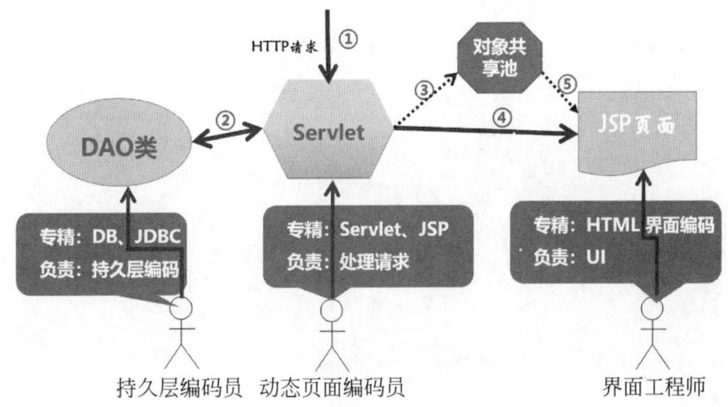

图 12-3　三层实现模式演示图

在三层实现模式中,因为 3 类编码人员都在自己的源代码文件中编写代码,互不干扰,因此完全可以并行开发,从而极大地提高了开发效率,减少了开发时间,因此在实际项目开发中都会采用三层实现模式,从而使三层实现模式成为一个标准的开发模式,被称为 MVC 模式。

12.1.4　MVC 模式

下面从 MVC 模式概述、MVC 模式的 Java Web 标准实现两方面来详细讲解 MVC 模式。

1. MVC 模式概述

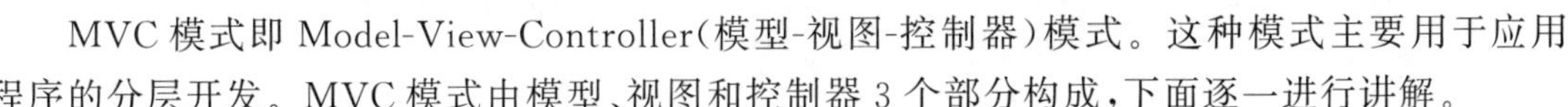
MVC 模式即 Model-View-Controller(模型-视图-控制器)模式。这种模式主要用于应用程序的分层开发。MVC 模式由模型、视图和控制器 3 个部分构成,下面逐一进行讲解。

模型(Model):模型是应用程序的主体部分,模型表示业务数据和业务逻辑,是对业务的建模,因此被称为模型。一个模型能为多个视图提供业务数据,同一个模型可以被多个视图重用。

视图(View):视图是用户看到并与之交互的界面,因此被称为视图。视图向用户展示用户感兴趣的业务数据,并能提供控件让用户输入数据并将数据放在 HTTP 请求中提交给控制器,但是视图并不进行任何实际的业务处理。

控制器(Controller):控制器接收用户随 HTTP 请求提交的数据并调度模型和视图完成用户 HTTP 请求的处理,因此被称为控制器。当用户在视图上单击按钮或菜单时,会触发 HTTP 请求,HTTP 请求会发送给控制器。控制器接收到 HTTP 请求后会调用对应的模型组件处理 HTTP 请求,然后调用对应的视图显示模型返回的处理结果数据,整个处理过程如图 12-4 所示。

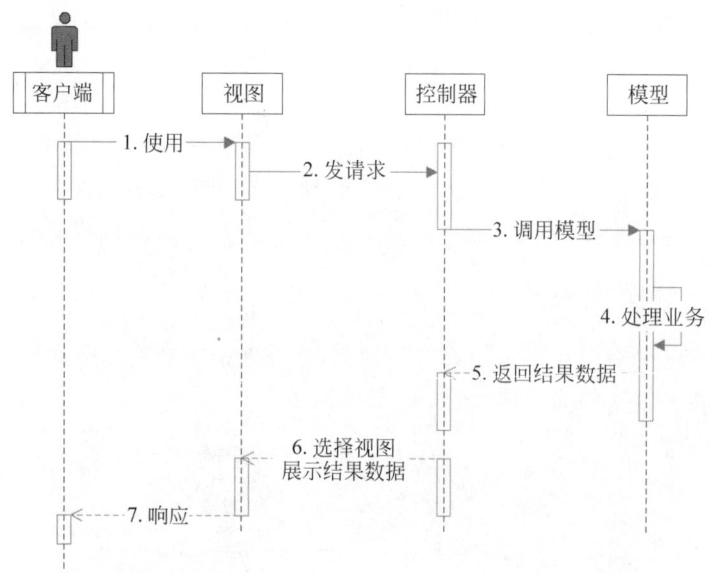

图 12-4 MVC 模式请求处理过程

2. MVC 模式的实现

下面从如下 3 个方面来详细讲解 MVC 模式的实现。

(1) MVC 模式的 Java Web 实现。

(2) Java Web 技术的 MVC 模式中请求处理的流程。

(3) Java Web 技术的 MVC 模式中请求处理的编码步骤。

1) MVC 模式的 Java Web 实现

MVC 模式在不同的技术中有不同的实现,在 Java Web 技术中的实现如图 12-5 所示。

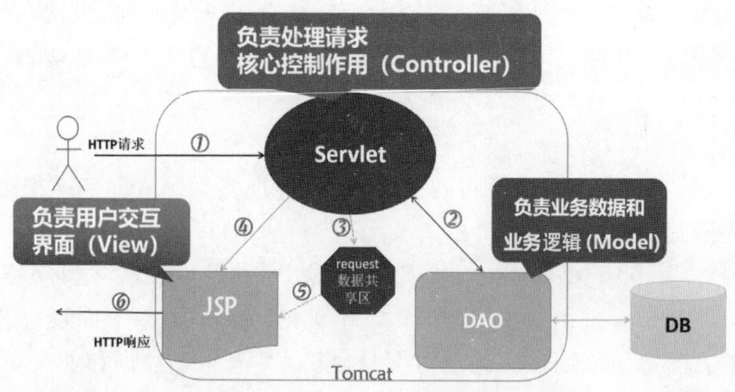

图 12-5 MVC 模式 Java Web 标准实现

在图 12-5 中,M(Model,模型)层由 DAO 实现,负责封装和处理项目中的业务数据。C(Controller,控制器)层由 Servlet 类实现,负责接收 HTTP 请求和处理 HTTP 请求。V(View,视图)层由 JSP 实现,负责与用户进行交互。

2) Java Web 技术的 MVC 模式中请求处理的流程

HTTP 请求根据其对数据库的操作,可以分为查询请求和更新请求。查询请求对数据库进行查询操作,对应的 SQL 语句是 select。更新请求对数据库进行更新操作,对应的 SQL 语句是 insert、update 或 delete。如果采用如图 12-5 所示的 Java Web 技术的 MVC 模式,不管是查询请求还是更新请求都有如下 5 个处理步骤。

(1) 发送请求给 Servlet。

(2) Servlet 接收到请求后处理请求。如果是查询请求会调用 DAO 的查询方法,如果是更新请求会调用 DAO 的更新方法。

(3) Servlet 将请求处理结果数据放到 request 数据共享区。

(4) Servlet 将当前请求派发给 JSP 页面。

(5) JSP 页面从 request 数据共享区中取出请求处理结果数据,并将其显示到网页中。

3) Java Web 技术的 MVC 模式中请求处理的编码步骤

如果采用如图 12-5 所示的 Java Web 技术的 MVC 模式,那么不管是查询请求还是更新请求都有如下 5 个编程步骤。

(1) 创建并配置处理当前请求的 Servlet 类。

(2) 将请求 URL 改为 Servlet URL。

(3) 编写处理请求的 Servlet 代码。

编写处理请求的 Servlet 代码又可以分为以下 4 个步骤:

① 从请求中获得参数数据。

② 用参数数据操作数据库。如果是查询请求,就用①中的参数数据调用 DAO 对象的查询方法;如果是更新请求,就用①中的参数数据调用 DAO 对象的更新方法,将参数数据更新到数据库表中。

③ 共享数据。将 JSP 页面需要显示的数据放到 request 数据共享区,共享给 JSP 页面。

④ 请求派发。将当前请求派发给显示当前请求处理结果的 JPS 页面。

(4) 编写 JSP 代码显示请求处理结果。

(5) 运行功能进行测试。

本章后续内容将以教师列表功能的 MVC 实现、教师修改表单功能的 MVC 实现、教师修改功能的 MVC 实现、登录功能和退出登录功能的 MVC 实现为例来详细讲解上面 5 个编程步骤的实现代码。

12.2 教师列表功能的 MVC 实现

视频讲解

教师列表功能将查询数据库中所有教师记录并显示在表格中,因此是典型的查询功能。下面将按照 12.1 节中的"Java Web MVC 模式中请求处理的编码步骤"来讲解 5 个编码步骤对应的实现代码。

12.2.1 创建并配置处理当前请求的 Servlet 类

在配置 Servlet 时,为了确保每个 Servlet 的 URL 不冲突,可以采用"/子系统/子模块/子功能"三级命名方式命名。例如,基础信息管理子系统中教师管理模块下所有功能的 URL 如表 12-1 所示。

表 12-1 基础信息管理子系统中教师管理模块下所有功能的 URL

功 能 名	URL
列表功能	/InfoSubSys/Teacher/List
添加表单功能	/InfoSubSys/Teacher/OpenAdd
添加功能	/InfoSubSys/Teacher/Add
修改表单功能	/InfoSubSys/Teacher/OpenModify

续表

功　能　名	URL
修改功能	/InfoSubSys/Teacher/Modify
详情功能	/InfoSubSys/Teacher/Detail
禁用功能	/InfoSubSys/Teacher/Forbid
上传头像表单功能	/InfoSubSys/Teacher/OpenUploadHeadPic
上传头像功能	/InfoSubSys/Teacher/UploadHeadPic
查询教师功能	/InfoSubSys/Teacher/Query
配置职位表单功能	/InfoSubSys/Teacher/OpenConfigRoles
配置职位功能	/InfoSubSys/Teacher/ConfigRoles
离职	/InfoSubSys/Teacher/Depart

但是,如果每个请求都要单独用一个 Servlet 来处理,那么项目中的 Servlet 类会很多,不便于管理。因此需要将 Servlet 处理请求的粒度放大到模块级别,即一个模块下的所有请求都归一个 Servlet 处理。

综上分析,在项目的 cn. edu. nsu. infoSubSys. servlet 包中创建 Servlet 类 TeacherServlet,并让 TeacherServlet 处理信息管理子系统(/InfoSubSys)下教师管理模块(/Teacher)下的所有功能(/ *),其配置代码如下:

```
<servlet>
    <servlet-name>TeacherServlet</servlet-name>
    <servlet-class>cn.edu.nsu.infoSubSys.servlet.TeacherServlet</servlet-class>
</servlet>
<servlet-mapping>
    <servlet-name>TeacherServlet</servlet-name>
    <url-pattern>/InfoSubSys/Teacher/*</url-pattern>
</servlet-mapping>
```

12.2.2　将请求 URL 改为 Servlet URL

从教师列表功能的操作流程可知,教师列表功能由“教师管理”菜单触发,如图 12-6 所示。

图 12-6　教师列表功能操作流程

“教师管理”菜单的源代码在“/WebContent/pages/leftMenu.jsp”页面中,源代码如下:

```
<a href = "${pageContext.request.contextPath}/pages/infoSubSys/teachers/list.jsp">
    <i class = "icon-user"></i><span>教师管理</span>
</a>
```

由上面的代码可知，教师列表功能是由超链接触发的请求。但是，在MVC模式中HTTP请求是发送给Servlet的，因此请求URL应该是Servlet URL，因此需要将上面代码中的JSP URL：

```
${pageContext.request.contextPath}/pages/infoSubSys/teachers/list.jsp
```

修改为Servlet URL，代码如下：

```
${pageContext.request.contextPath}/InfoSubSys/Teacher/List
```

12.2.3 编写Servlet代码

Servlet中一般由doGet()方法来处理请求。由于TeacherServlet类的doGet()方法会处理教师管理模块下所有功能，而每个功能的处理逻辑不一样，对应代码也不一样，因此需要分别处理每个功能。可以通过下面的代码获得当前请求的路径信息。

```
String functionURL = request.getPathInfo();
```

此路径信息以"/"开头，随后是当前请求URL与Servlet配置中*匹配的部分，例如，教师管理模块下所有功能的请求URL和对应路径信息如表12-2所示。

表12-2 教师管理模块下所有功能的请求URL和对应路径信息

功能名	URL	pathInfo值
列表功能	/InfoSubSys/Teacher/List	/List
打开添加功能	/InfoSubSys/Teacher/OpenAdd	/OpenAdd
添加功能	/InfoSubSys/Teacher/Add	/Add
打开修改功能	/InfoSubSys/Teacher/OpenModify	/OpenModify
修改功能	/InfoSubSys/Teacher/Modify	/Modify
详情功能	/InfoSubSys/Teacher/Detail	/Detail
禁用功能	/InfoSubSys/Teacher/Forbid	/Forbid
打开上传头像功能	/InfoSubSys/Teacher/OpenUploadHeadPic	/OpenUploadHeadPic
上传头像功能	/InfoSubSys/Teacher/UploadHeadPic	/UploadHeadPic
查询教师功能	/InfoSubSys/Teacher/Query	/Query
打开配置职位功能	/InfoSubSys/Teacher/OpenConfigRoles	/OpenConfigRoles
配置职位功能	/InfoSubSys/Teacher/ConfigRoles	/ConfigRoles
离职	/InfoSubSys/Teacher/Depart	/Depart

通过观察表12-2中的pathInfo值可知，可以用pathInfo值来区分当前请求，进而针对当前请求编写对应的处理代码。代码如图12-7所示。

列表功能是典型的查询功能，在Servlet中主要是查询数据库中的数据，其编码步骤如下。

1. 用参数数据操作数据库

因为教师列表功能的JSP页面只需要显示所有教师记录信息，因此在Servlet中查询数据的代码如下：

```
TeachersDAO teachersDAO = new TeachersDAO();
 List<Map<String, Object>> list = teachersDAO.selectAll();
```

SelectAll()方法抛出的异常用try-catch-finally块处理，具体方法是选择doGet()方法中的所有代码，然后用try-catch块包围处理，最后在finally块中释放所有DAO对象的数据库

```
protected void doGet(HttpServletRequest request, HttpServletResponse response) thr
{
    String functionURL = request.getPathInfo();
    if("/List".equals(functionURL))
    {
        //处理列表请求
    }
    else if("/OpenAdd".equals(functionURL))
    {
        //处理打开添加请求
    }
    else if("/Add".equals(functionURL))
    {
        //处理添加请求
    }
    else if("/OpenModify".equals(functionURL))
    {
        //处理打开修改请求
    }
    else if("/Modify".equals(functionURL))
    {
        //处理修改请求
    }
    else if("/Detail".equals(functionURL))
    {
        //处理详情请求
    }
    else if("/Delete".equals(functionURL))
    {
        //处理删除请求
    }
    else
    {
        //处理其他请求
    }
}
```

图 12-7　在 doGet()方法中分功能分别处理请求

连接。

2. 共享数据

代码如下：

```
request.setAttribute("list", list);
```

3. 请求派发

代码如下：

```
request.getRequestDispatcher("/pages/infoSubSys/teachers/list.jsp").forward(request, response);
```

12.2.4　编写 JSP 代码

不管是查询功能，还是更新功能，其 JPS 页面编码都包括如下两个功能：

(1) 从请求数据共享区获得数据。

(2) 在页面中用合适的控件标签显示数据。

list.jsp 页面主要用来显示教师列表数据，下面将详细讲解其编码步骤。

1. 从请求数据共享区获得数据

在数据行<tr>上方，从 request 中获得要显示的教师列表数据，代码如下：

```
<%
    List<Map<String, Object>> list = (List<Map<String, Object>>)request.getAttribute("list");
%>
```

2. 在页面中用合适的控件标签显示数据

将每个教师记录数据显示为表格的一个数据行，代码如下：

```
<%
    List<Map<String, Object>> list = (List<Map<String, Object>>)request.getAttribute("list");
  for(Map<String, Object> map : list)
      {
%>
   <tr>
       <td><a href="#" data-toggle="modal" data-target="#picModal" title="单击看大
图">
            <img src="<%=request.getContextPath()%>/assets/images/user.png"
            class="img-thumbnail" alt="头像" width="50" height="50">
            </a>
            </td>
           <td><%=map.get("users_name")%></td>
           <td><%=map.get("users_gender")%></td>
           <td><%=map.get("teachOrgs_name")%></td>
          <td><%=map.get("users_mobilePhone")%></td>
           <td><%=map.get("users_Email")%></td>
           <td><%=map.get("roles_names")%></td>
           <td><%=map.get("titleType_name")%></td>
           <td>
                <a href="<%=request.getContextPath()%>/pages/infoSubSys/teachers/
detail.jsp">
                    <button class="btn btn-success" type="button">详情</button>
              </a>
               <a href="<%=request.getContextPath()%>/pages/infoSubSys/teachers/edit.jsp">
                    <button class="btn btn-warning" type="button">修改</button>
               </a>
                <a href="<%=request.getContextPath()%>/pages/infoSubSys/teachers/
uploadPic.jsp">
                    <button class="btn btn-warning" type="button">上传头像</button>
               </a>
               <a href="<%=request.getContextPath()%>/pages/shares/result.jsp">
                    <button class="btn btn-danger" type="button">禁用</button>
               </a>
           </td>
       </tr>
  <%
     }
 %>
```

12.2.5 完整代码

教师列表功能的完整 Servlet 代码请参考程序代码包的"/第 12 章/教师列表功能的实现参考/TeacherServlet.java"。

完整 JSP 代码请参考程序代码包的"/第 12 章/教师列表功能的实现参考/list.jsp"。

12.2.6 运行功能进行测试

运行教师列表功能的步骤如下：

(1) 发布项目，重启 Tomcat。

(2) 打开浏览器，在地址栏中输入项目 URL(http://localhost:8080/infoSubSys)并回车。

(3) 登录进入项目主页，单击左边的"教师管理"菜单。教师列表功能运行结果如图 12-8 所示。

图 12-8 教师列表功能的运行结果

视频讲解

12.3 教师修改表单功能的 MVC 实现

教师修改表单功能是将被修改的教师数据显示在 JSP 页面的一个表单中，以便客户针对原始教师数据进行修改。因此教师修改表单功能还是查询功能，查询数据库中指定教师的单条记录并显示在 JSP 页面表单中。教师修改表单功能的实现和教师列表功能的实现一样，都有 5 个步骤。

12.3.1 创建并配置处理当前请求的 Servlet 类

因为教师修改表单功能属于教师管理模块，教师管理模块下所有功能都归 TeacherServlet 处理，因此可用 TeacherServlet 类的 doGet()方法中的"/OpenModify"分支来处理教师修改表单请求，对应的 URL 为"/InfoSubSys/Teacher/OpenModify"。

12.3.2 将请求 URL 改为 Servlet URL

将教师修改表单功能的请求 URL 改为 Servlet URL 的步骤如下：

(1) 修改 URL。

根据教师修改表单功能的操作流程可知，教师修改表单功能由教师列表中每个教师记录的修改按钮触发，如图 12-9 所示。

修改按钮的源代码在"/WebContent/pages/infoSubSys/teachers/list.jsp"中，代码如下：

```
<a href = "${pageContext.request.contextPath}/pages/infoSubSys/teachers/modify.jsp">
        <button class = "btn btn - warning" type = "button">修改</button>
</a>
```

通过上面的代码可知，教师修改表单请求由超链接触发，其 URL 被放在超链接的 href 属性中，代码如下：

```
${pageContext.request.contextPath}/pages/infoSubSys/teachers/modify.jsp
```

图 12-9　打开教师修改功能操作流程截图

将上面的 JSP URL 修改为 Servlet URL，代码如下：

```
${pageContext.request.contextPath}/InfoSubSys/Teacher/OpenModify
```

(2) 给 URL 添加请求参数。

因为要查询指定教师的记录，因此 URL 中需要用参数传递当前教师记录的主键值给 Servlet，代码如下：

```
${pageContext.request.contextPath}/InfoSubSys/Teacher/OpenModify?teachers_id=<%=map.get
("teachers_id")%>
```

12.3.3　编写 Servlet 代码

在 TeacherServlet 类的 doGet()方法的"/OpenModify"分支中编写处理教师修改表单请求的代码，编码步骤和教师列表功能的 Servlet 编码一样，也有 5 个步骤。

1. 从请求中获得参数数据

因为当前请求中传递了 teachers_id 参数值，并且要用此参数值查询指定教师的记录，因此要从请求中获取 teachers_id 参数值，代码如下：

```
int teachers_id = Integer.parseInt(request.getParameter("teachers_id"));
```

2. 用参数数据操作数据库

因为显示数据的 JSP 页面(/WebContent/pages/infoSubSys/teachers/modify.jsp)需要教师数据、所有教学机构数据、所有职称数据和所有教师状态数据，因此这些数据都要在 Servlet 中查询获得并共享给 modify.jsp 页面。下面介绍教师修改表单功能中查询数据的编码步骤。

(1) 查询要被修改的教师数据，代码如下：

```
TeachersDAO teachersDAO = new TeachersDAO();
Map<String, Object> map = teachersDAO.selectById(teachers_id);
```

(2) 查询所有教学机构信息，代码如下：

```
TeachorgsDAO teachorgsDAO = new TeachorgsDAO();
List<Map<String, Object>> teachorgsList = teachorgsDAO.selectAll();
```

(3) 查询所有职称数据,代码如下:

```
TypesDAO typesDAO = new TypesDAO();
List<Map<String, Object>> titleList = typesDAO.selectAllTitles();
```

(4) 查询所有教师状态数据,代码如下:

```
List<Map<String, Object>> statusList = typesDAO.selectAllStatus();
```

3. 共享数据

代码如下:

```
request.setAttribute("map", map);
request.setAttribute("teachorgsList", teachorgsList);
request.setAttribute("titleList", titleList);
request.setAttribute("statusList", statusList);
```

4. 将当前请求派发给 JSP 页面

代码如下:

```
request.getRequestDispatcher("/pages/infoSubSys/teachers/modify.jsp").forward(request,
response);
```

12.3.4 编写 JSP 代码

下面介绍在"/WebContent/pages/infoSubSys/teachers/modify.jsp"中编写 JSP 代码的步骤。

(1) 在表单<form>上方获得要被修改的教师数据,代码如下:

```
<%
    Map<String, Object> map = (Map<String, Object>)request.getAttribute("map");
%>
```

(2) 将教师数据中的各个属性值显示在表单对应的 text 文本框中。具体做法是将 text 文本框的 value 属性值设置为表达式标签。例如,显示教师姓名的代码为:

```
<input type="text" class="form-control" name="users_name" value="<%=map.get("users_name") %>"
        data-parsley-required="true" data-parsley-required-message="姓名不可为空">
```

显示生日的代码为:

```
<input name="users_birthday" value="<%=map.get("users_birthday") %>" data-provide="datepicker"
data-date-autoclose="true" data-date-format="yyyy-mm-dd" data-date-language="zh-CN"
class="form-control" placeholder="生日">
```

(3) 显示性别下拉列表的代码如下:

```
<select class="form-control" name="users_gender">
<option value="男" <%=(map.get("users_gender").toString().equals("男"))?"selected":"" %>>男
</option>
<option value="女" <%=(map.get("users_gender").toString().equals("女"))?"selected":"" %>>女
</option>
</select>
```

在上面的代码中用条件表达式来实现：选中当前教师的性别选项。

(4) 显示团队下拉列表的代码如下：

```
<select class="form-control" name="teachOrgs_id">
<%
    List<Map<String, Object>> teachorgsList = (List<Map<String, Object>>)request.
getAttribute("teachorgsList");
   for(Map<String, Object> teachorg: teachorgsList)
            {
%>
        <option value="<% = teachorg.get("teachOrgs_id") %>"
              <% = (teachorg.get("teachOrgs_id").equals(map.get("teachOrgs_id")))?"
selected":"" %>>
              <% = teachorg.get("teachOrgs_name") %>
        </option>
    <%
        }
%>
</select>
```

在上面的代码中,首先获得所有教学团队数据,然后将每个团队数据显示为一个 option 选项,最后将当前教师所属的教学团队 option 选项选中。

(5) 显示职称下拉列表的代码如下：

```
<select class="form-control" name="titleType_id">
<%
    List<Map<String, Object>> titleList = (List<Map<String, Object>>)request.
getAttribute("titleList");
    for(Map<String, Object> title: titleList)
    {
%>
    <option value="<% = title.get("types_id") %>"
         <% = (title.get("types_id").equals(map.get("titleType_id")))?"selected":"" %>>
        <% = title.get("types_name") %>
    </option>
<%
}
 %>
</select>
```

在上面的代码中,首先获得所有职称数据,然后将每个职称数据显示为一个 option 选项,最后将当前教师的职称 option 选项选中。

(6) 显示状态下拉列表的代码如下：

```
<select class="form-control" name="state_id">
<%
List<Map<String, Object>> statusList = (List<Map<String, Object>>)request.getAttribute
("statusList");
      for(Map<String, Object> status: statusList)
          {
%>
      <option value="<% = status.get("types_id") %>"
            <% = (status.get("types_id").equals(map.get("state_id")))?"selected":"" %>>
          <% = status.get("types_name") %>
    </option>
```

```
<%
    }
%>
</select>
```

在上面的代码中，首先获得所有教师状态数据，然后将每个教师状态数据显示为一个option选项，最后将当前教师的状态option选项选中。

12.3.5 完整代码

教师修改表单功能的完整Servlet代码请参考程序代码包的“/第12章/教师修改表单功能的实现参考/TeacherServlet.java”。

教师修改表单功能的完整JSP代码请参考程序代码包的“/第12章/教师修改表单功能的实现参考/modify.jsp”。

12.3.6 运行功能进行测试

运行教师修改表单功能进行测试的步骤如下：

(1) 发布项目，重启Tomcat。

(2) 在浏览器中访问教师列表功能。

(3) 在教师列表页面单击修改按钮，教师修改表单功能的运行结果如图12-10所示。

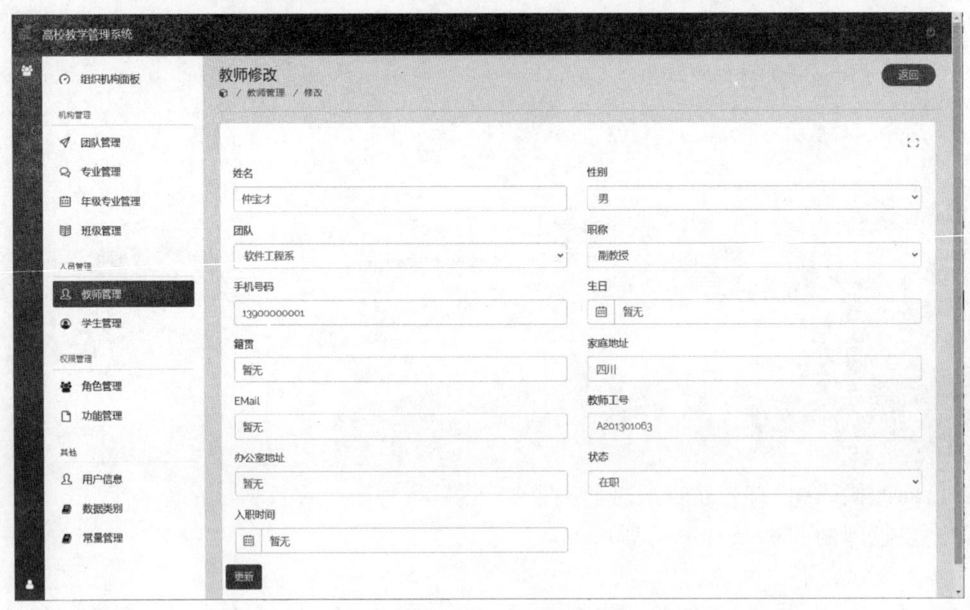

图12-10 教师修改表单功能的运行结果

视频讲解

12.4 教师修改功能的MVC实现

教师修改功能是用修改后的教师数据更新数据库中的对应记录。因此教师修改功能是典型的更新功能。下面将按照12.1节中的“Java Web MVC模式中请求处理的编码步骤”来讲解5个编码步骤对应的实现代码。

12.4.1 创建并配置处理当前请求的 Servlet 类

因为教师修改功能属于教师管理模块，教师管理模块下所有功能都归 TeacherServlet 处理，因此可用 TeacherServlet 类的 doGet()方法中的"/Modify"分支来处理教师修改请求，对应的 URL 为"/InfoSubSys/Teacher/Modify"。

12.4.2 将请求 URL 改为 Servlet URL

将请求 URL 修改为 Servlet URL 的步骤如下：

(1) 修改 URL。

从教师修改功能的操作流程可知，教师修改功能由教师修改表单页面最下方的"更新"按钮触发，如图 12-11 所示。

图 12-11 教师修改功能的操作流程

"更新"按钮的源代码在"/WebContent/pages/infoSubSys/teachers/modify.jsp"中，代码如下：

```
<form method = "post" data - parsley - validate
action = " ${pageContext.request.contextPath}/pages/infoSubSys/teachers/modifySuccess.jsp">
        ...
        <button type = "submit" class = "btn btn - primary">更新</button>
</form>
```

通过上面的代码可知，教师修改请求由"更新"按钮触发，其 URL 被放在表单的 action 属性中，代码如下：

```
${pageContext.request.contextPath}/pages/infoSubSys/teachers/modifySuccess.jsp
```

将上面的 JSP URL 修改为 Servlet URL，代码如下：

```
${pageContext.request.contextPath}/InfoSubSys/Teacher/Modify
```

(2) 给 URL 添加请求参数。

教师修改功能提交的数据是 modify.jsp 页面上表单中每个表单控件的 value 属性值。通过对比表单提交的数据和更新数据库中教师记录所需的数据,发现表单提交的数据中缺少了教师 id 数据和用户 id 数据,因此需要在表单中使用隐藏域来提交这两个 id 数据,隐藏域代码放在"更新"按钮代码的前面。代码如下:

```
<input type = "hidden" name = "users_id" value = "<% = map.get("users_id") %>">
<input type = "hidden" name = "teachers_id" value = "<% = map.get("teachers_id") %>">
```

12.4.3 编写 Servlet 代码

教师修改功能是典型的更新功能,在 Servlet 中主要是将修改后的教师数据更新到数据库表中,其编码步骤如下。

1. 从请求中获得参数数据

首先从请求中获得请求参数的值,由于教师修改请求中参数值很多,一个个去获取会很麻烦,因此可以用请求对象 request 的 getParameterMap()方法一次性批量获取。获得的所有请求参数值被放在一个 Map<String, String[]>对象中,其中,Map 对象的 Key 值是请求中的参数名,而 Value 值是请求中对应的参数值。代码如下:

```
Map<String, String[]> parameterMap = request.getParameterMap();
```

在上面的代码中,参数值被放在一个 String 数组中,编码操作不方便,需要将 String 数组转换为 String 值。转换思路是将数组中的所有元素值拼接成一个以","分隔的字符串。代码被放在 cn.edu.nsu.infoSubSys.utils.MapUtil 类的 convertFromMutiToSingle()方法中。String 数组参数值转 String 值的代码如下:

```
Map<String, Object> params = MapUtil.convertFromMutiToSingle(parameterMap);
```

以调试方式运行代码,查看上面代码中的 params 对象的值,如图 12-12 所示。

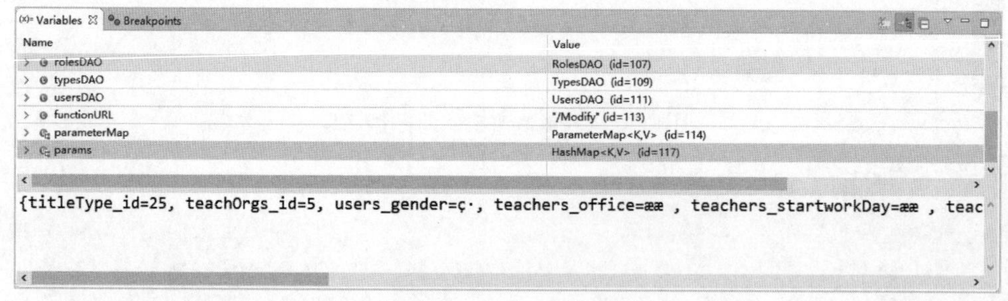

图 12-12 从请求中获得的参数值

由图 12-12 可知,数据从请求中已取出,但是中文数据是乱码。中文数据是乱码的原因是:请求中的数据来自 modify.jsp 页面,modify.jsp 页面的字符编码集是 utf-8,即数据是用 utf-8 格式放在请求中的。而在 TeacherServlet 类的 doGet()方法中,获取请求中的 utf-8 数据之前并没有指定用什么字符集格式取,因此就用默认字符集 ISO-8859-1 取数据,这样存放数据的字符集和取数据的字符集不一致就导致了乱码。因此解决方案是在取请求中的参数数据之前设置请求的字符编码集为 utf-8,代码如下:

```
request.setCharacterEncoding("utf - 8");
```

2. 用参数数据操作数据库

代码如下:

```
teachersDAO.modifyTeacherUser(params);
```

3. 将当前请求派发给操作成功页面

代码如下：

```
request. getRequestDispatcher ( "/pages/infoSubSys/teachers/modifySuccess. jsp "). forward
(request, response);
```

12.4.4　编写 JSP 代码

因为 modifySuccess.jsp 只是一个教师数据修改成功的提示页面，因此无须 JSP 编码，但是要修改返回按钮的 URL，返回按钮的最终代码如下：

```
<a href = "<% = request.getContextPath() %>/InfoSubSys/Teacher/List" class = "btn btn - sm btn
- primary btn - round" title = "">返回</a>
```

12.4.5　运行功能进行测试

运行教师修改功能的步骤如下：

(1) 重新发布项目，重启 Tomcat。

(2) 在浏览器中访问教师修改表单功能。

(3) 在页面的表单中修改教师数据，然后单击下方的"更新"按钮，如图 12-13 所示。教师修改功能的运行结果如图 12-14 所示。

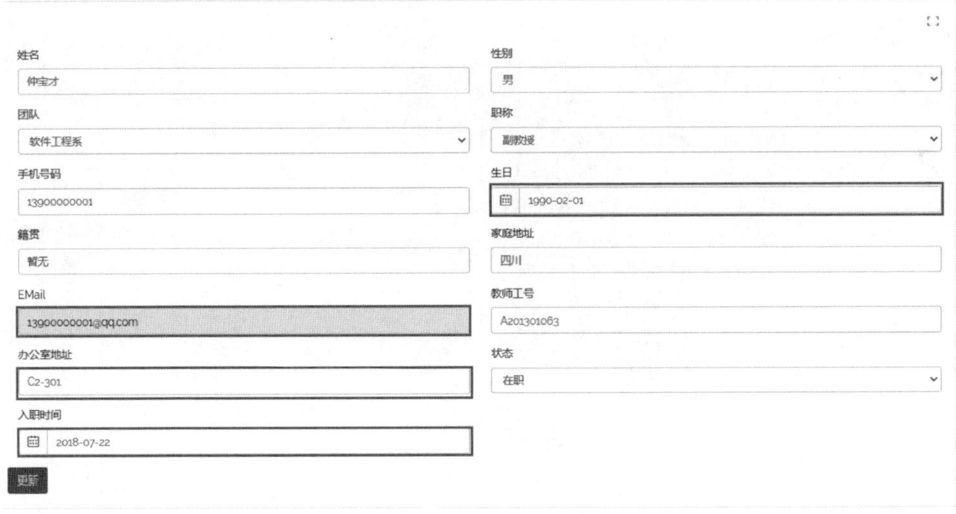

图 12-13　修改教师的信息

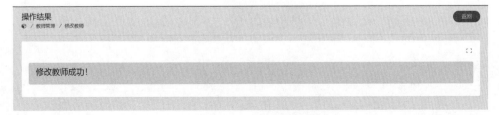

图 12-14　教师修改功能运行结果

12.4.6 完整代码

教师修改功能的完整 Servlet 代码请参考程序代码包的"/第 12 章/教师修改功能的实现参考/TeacherServlet.java"。

教师修改功能的完整 JSP 代码请参考程序代码包的"/第 12 章/教师修改功能的实现参考/modifySuccess.jsp"。

12.5 登录功能和退出登录功能的 MVC 实现

因为登录、退出登录功能是所有 Web 项目都必须具有的功能，加之第 13 章讲解 Filter 和 Listener 时所用的案例需要用到登录、退出登录功能的操作结果，因此本章将它们作为最后一个案例来进行详细讲解。

视频讲解

12.5.1 登录功能的 MVC 实现

登录功能根据用户输入的登录名和密码查询数据库，如果有对应的用户记录，那么就登录成功并进入系统后台主页，否则登录失败并返回登录页面重新登录。因此登录功能是查询功能，和教师列表功能、教师修改表单功能一样也有 5 个编码步骤。

1. 创建并配置处理请求的 Servlet 类

创建 Servlet 类 GlobalServlet，并用此 Servlet 处理所有全局请求，包括注册、登录、退出登录等。登录验证请求的处理被放在 doGet()方法的"/LoginCheck"分支中，doGet()代码如下：

```
protected void doGet ( HttpServletRequest request, HttpServletResponse response ) throws
ServletException, IOException
 {
     request.setCharacterEncoding("utf - 8");
     String functionURL = request.getPathInfo();
     if("/LoginCheck".equals(functionURL))
     {

     }
     else
     {

     }
 }
```

Servlet 类 GlobalServlet 的配置代码如下：

```
<servlet>
  <servlet-name>GlobalServlet</servlet-name>
  <servlet-class>cn.edu.nsu.infoSubSys.servlet.GlobalServlet</servlet-class>
</servlet>
<servlet-mapping>
  <servlet-name>GlobalServlet</servlet-name>
  <url-pattern>/Global/*</url-pattern>
</servlet-mapping>
```

2. 将请求 URL 改为 Servlet URL

从登录功能的操作流程可知，登录验证功能由登录表单页面的“登录”按钮触发，如图 12-15 所示。

图 12-15　登录功能操作流程

“登录”按钮的源代码在“/WebContent/pages/login.jsp”中，代码如下：

```
<form class = "form - auth - small m - t - 20" data - parsley - validate novalidate
        action = " ${pageContext.request.contextPath}/pages/infoSubSys/home/home.jsp" method = "post">
        ...
        <button type = "submit" class = "btn btn - primary btn - round btn - block">登录</button>
        ...
</form>
```

通过上面的代码可知，登录验证请求由提交按钮“登录”触发，其 URL 被放在 form 表单的 action 属性中，代码如下：

```
${pageContext.request.contextPath}/pages/infoSubSys/home/home.jsp
```

将上面的 JSP URL 修改为 Servlet URL，代码如下：

```
${pageContext.request.contextPath}/Global/LoginCheck
```

3. 编写 Servlet 代码

在 GlobalServlet 类的 doGet()方法的“/LoginCheck”分支中编写处理登录验证请求的代码，编码步骤如下。

(1) 从请求中获得参数数据，代码如下：

```
String users_mobilePhone = request.getParameter("users_mobilePhone");
String users_password = request.getParameter("users_password");
 String users_passwordMd5 = DigestUtils.md5Hex(users_password);
```

在上面的代码中，首先从请求中获得用户手机号作为登录名，获得登录密码，然后对登录密码进行 MD5 加密，原因是数据库中存储的用户密码都是经过 MD5 加密后的密码。

(2) 用参数数据操作数据库。用登录名查询数据库中的用户记录，代码如下：

```
UsersDAO usersDAO = new UsersDAO();
Map < String, Object > user = usersDAO.selectByMobilePhone(users_mobilePhone);
```

(3) 登录验证,代码如下:

```
if(user != null &&user.get("users_password").toString().equals(users_passwordMd5))
 {
      request.getSession().setAttribute("_USER_", user);
        request. getRequestDispatcher ( "/pages/infoSubSys/home/home. jsp"). forward ( request,
response);
 }
else
 {
      request.setAttribute("message", "请输入正确的手机号和密码!");
      request.setAttribute("users_mobilePhone", users_mobilePhone);
      request.setAttribute("users_password", users_password);
      request.getRequestDispatcher("/pages/login.jsp").forward(request, response);
 }
```

在上面的代码中,当数据库中有对应用户记录并且输入的密码和数据库中用户记录密码相同,那么登录成功,否则登录失败。如果登录成功,则用请求派发打开后台主页,打开主页前将数据库中当前用户记录共享到会话中,以便后续请求使用。如果登录失败,则用请求派发打开登录页面,让用户重新登录,在打开登录页面前将页面所需的所有数据(包括错误消息、当前输入的登录名和登录密码)共享到请求中。

4. 编写 JSP 代码

当登录失败时,需要在 login.jsp 页面添加显示登录错误信息和回显前一次输入的登录名和登录密码的代码。

(1) 增加显示登录错误信息的代码。

在提示标题"登录到你的账户"的下方添加显示登录错误信息的代码,代码如下:

```
<p class = "lead">登录到你的账户</p>
<p class = "text - danger">
    <% = (request.getAttribute("message")!= null)?request.getAttribute("message"):"" %>
</p>
```

(2) 回显前一次输入的登录名的代码。

```
< input type = "text" class = "form - control round" name = "users_mobilePhone"
value = "<% = (request.getAttribute("users_mobilePhone")!= null)?request.getAttribute("users_
mobilePhone"):"" %>" placeholder = "请输入手机号" data - parsley - required = "true" data -
parsley - required - message = "手机不可为空">
```

(3) 回显前一次输入的登录密码的代码。

```
< input type = "password" class = "form - control round" name = "users_password"
value = "<% = (request.getAttribute("users_password")!= null)?request.getAttribute("users_
password"):"" %>" placeholder = "请输入密码" data - parsley - required = "true" data - parsley -
required - message = "密码不可为空">
```

5. 完整代码

登录功能的完整 Servlet 代码请参考程序代码包的"/第 12 章/登录功能的实现参考/GlobalServlet.java"。

登录功能的完整JSP代码请参考程序代码包的"/第12章/登录功能的实现参考/login.jsp"。

6. 运行功能进行测试

运行登录功能的步骤如下：

(1) 发布项目，重启Tomcat。

(2) 在浏览器中访问登录表单页面，URL为http://localhost:8080/infoSubSys。

(3) 在登录表单页面中输入正确的手机号(13668270600)作为登录名，输入正确的密码(123456)作为登录密码，如图12-16所示。

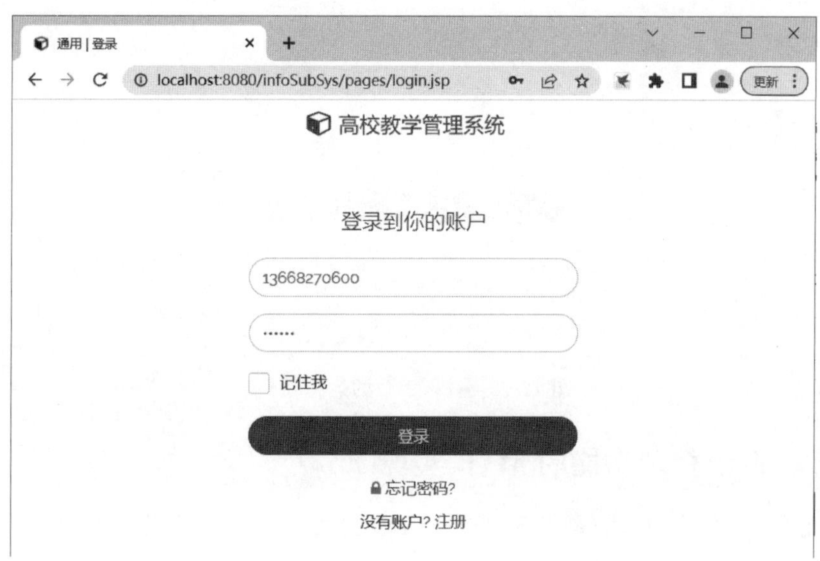

图12-16　在登录表单中输入登录名和密码

(4) 单击登录表单页面下方的"登录"按钮。登录成功的结果如图12-17所示。

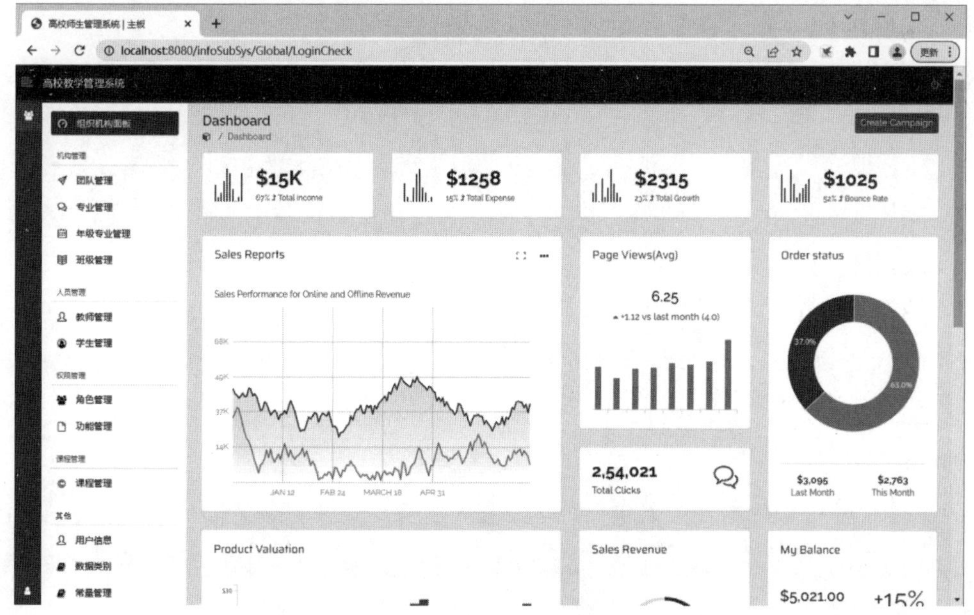

图12-17　成功登录的运行结果

用不正确的登录名或密码进行登录,登录失败的结果如图 12-18 所示。

图 12-18 登录失败的运行结果

视频讲解

12.5.2 退出登录功能的 MVC 实现

当客户退出登录系统时,需要将 HTTP 会话销毁并打开登录表单 JSP 页面即可,不对数据库中的数据进行任何操作。

1. 控制层代码

在 GlobalServlet 类的 doGet()方法中添加"/LoginOut"分支,并编写处理退出登录请求的代码。代码如下:

```
else if("/LoginOut".equals(functionURL))
 {
 request.getSession().invalidate();
 request.getRequestDispatcher("/pages/login.jsp").forward(request, response);
 }
```

2. 视图层代码

将"/WebContent/pages/topBar.jsp"页面中的如下代码:

```
<li><a href = "${pageContext.request.contextPath}/pages/login.jsp" class = "icon - menu"><i
class = "fa fa - power - off"></i></a></li>
```

替换为:

```
<li><a href = "${pageContext.request.contextPath}/Global/LoginOut" class = "icon - menu"><i
class = "fa fa - power - off"></i></a></li>
```

3. 完整代码

退出登录功能的完整 Servlet 代码请参考程序代码包的"/第 12 章/退出登录功能的实现参考/GlobalServlet.java"。

退出登录功能的完整 JSP 代码请参考程序代码包的"/第 12 章/退出登录功能的实现参

考/topBar.jsp"。

本章小结

本章首先讲解了 Web 项目的分层实现思想，包括一层实现模式、两层实现模式、三层实现模式和 MVC 模式。特别是重点讲解了 MVC 模式的 Java Web 实现、在 Java Web 的 MVC 模式中请求处理的流程和编码步骤。然后以教师列表功能的 MVC 实现、教师修改表单功能的 MVC 实现、教师修改功能的 MVC 实现、登录验证功能和退出登录功能的 MVC 实现为案例，详细讲解了在 Java Web MVC 模式中请求处理的编码步骤中每个步骤的实现代码。

读者学完本章内容后就能用 Java Web 的 MVC 模式来实现案例项目中几乎所有功能，特别是所有的查询功能和更新功能。但是有些全局公共功能，例如，验证是否登录、统计在线人数等要用到第 13 章介绍的 Filter 技术和 Listener 技术。

习题

一、单项选择题

1. 在 MVC 模式中，表示业务数据和业务逻辑是(　　)、负责与用户进行交互的是(　　)、负责接收请求处理请求的是(　　)。

A. 控制器　　B. 视图　　C. 模型　　D. Servlet

2. 在 JavaEE MVC 设计模式体系结构中(　　)是实现控制器的首选方案、(　　)是实现视图的首选方案、(　　)是实现模型的首选方案。

A. JSP　　B. Servlet　　C. JavaBean　　D. HTML

二、填空题

1. 在 MVC 模式中，M 是________的缩写，中文含义是________。
2. 在 MVC 模式中，V 是________的缩写，中文含义是________。
3. 在 MVC 模式中，C 是________的缩写，中文含义是________。

三、简答题

1. 简述 MVC 模式。
2. 简述 MVC 模式的优缺点。
3. 简述如何用 Java Web 技术实现 MVC 模式。
4. 简述在 Java Web 技术的 MVC 模式中，请求处理的流程。
5. 简述在 Java Web 技术的 MVC 模式中，请求处理的编码步骤。

第 13 章

Filter 技术和 Listener 技术

在 Java Web 项目开发中，有些全局公共功能需要在每个请求中实现。例如，验证是否登录、权限控制等。为了代码复用，Java Web 技术提供了 Filter 技术来对请求和响应进行拦截，对拦截到的请求进行预处理，对拦截到的响应进行后续处理。有些功能的实现需要捕获 Web 服务器对象事件，例如统计在线人数等。Java Web 技术针对这类需求提供了 Listener 技术，开发人员使用 Listener 技术可以监听 Web 服务器对象事件，并在事件处理方法中编写代码来实现功能逻辑。

本章将首先讲解 Java Web 技术中的 Filter 技术，然后讲解 Listener 技术。本章将为后面章节（案例项目中公共难点功能的实现）学习权限控制的实现打下基础。

学习目标

(1) 理解 Filter 的功能。

(2) 掌握 Filter 编码和配置。

(3) 理解 Filter 和请求的关系、Filter 运行原理。

(4) 了解 Listener 简介。

(5) 掌握 Listener 编码和配置。

13.1 Filter 技术

在 Web 项目开发中，经常会遇到很多请求都要进行公共数据处理的情况，例如验证请求是否登录。可选的实现策略是在 Servlet 的 doGet()方法中，处理请求之前进行验证是否登录。此策略虽然可行，但是验证是否已登录的相同代码在很多 Servlet 中都存在，能否有某种策略对这些代码进行复用呢？而且最好是在请求到达目标 Servlet 之前就进行验证是否已登录。为了满足以上需求，Filter 技术出现了。

13.1.1 Filter 的含义

Filter（过滤器）可以从功能角度和编码角度两个方面给出含义。

(1) 功能角度：可以动态地拦截请求和响应，对拦截到的请求进行预处理，对拦截到的响应进行后续处理。

(2) 编码角度：实现 javax.servlet.Filter 接口的 Java 类对象。

13.1.2 Filter 编码和配置

视频讲解

下面以“登录验证”为案例，来讲解 Filter 的编码和配置。编码步骤如下：

(1) 创建 Filter 类。

(2) 配置 Filter。

(3) 编写 Filter 代码。

(4) 运行 Filter 进行测试。

下面依次对每个编码步骤进行详细讲解。

1. 创建 Filter 类

在 STS 中创建 Filter 类 LoginFilter 的步骤如下。

(1) 在 STS 中新建包 cn. edu. nsu. infoSubSys. filter。

(2) 在包 cn. edu. nsu. infoSubSys. filter 上右击,选择 New→Filter 命令,如图 13-1 所示,打开 Filter 向导。

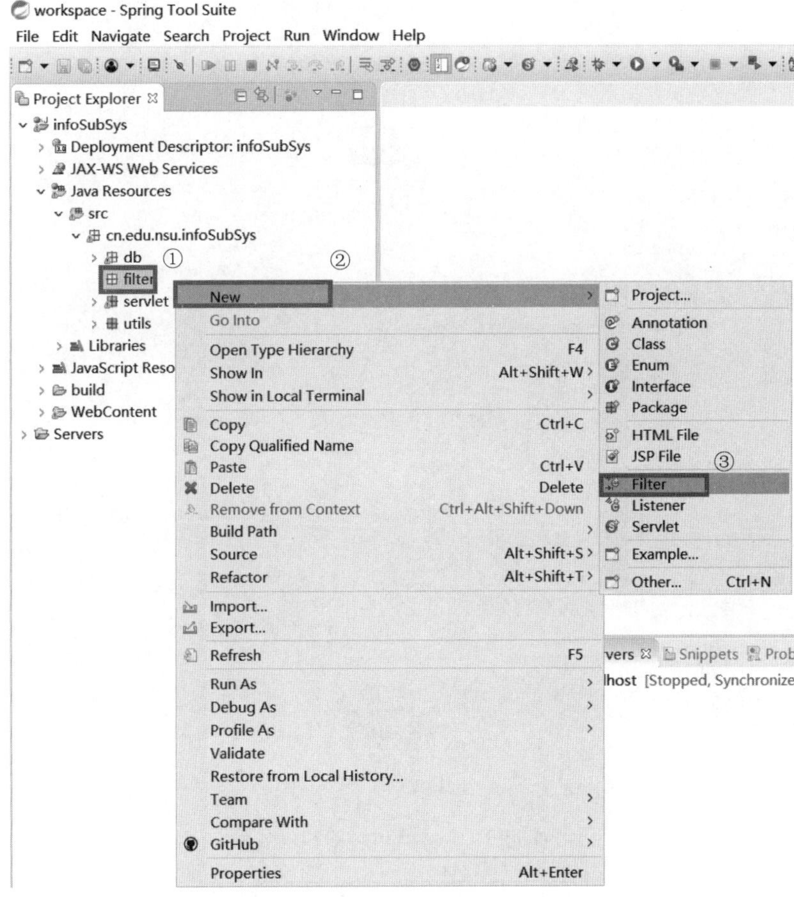

图 13-1　打开 Filter 新建向导命令

(3) 在 Create Filter 界面设置类名为 LoginFilter,然后单击 Next 按钮,如图 13-2 所示。

(4) 在 Create Filter 界面设置 LoginFilter 的 URL Pattern 值为"/InfoSubSys/ * ",然后单击 Finish 按钮完成登录过滤器的创建,如图 13-3 所示。

在图 13-3 中,登录过滤器 LoginFilter 的 URL Pattern 被设定为"/InfoSubSys/ * ",表示所有以"/InfoSubSys/"开头的请求都会被 LoginFilter 拦截处理,即基础信息子系统下的所有功能都会被 LoginFilter 拦截处理。

2. LoginFilter 的初始代码

过滤器类 LoginFilter 的初始代码如代码 13-1 所示。

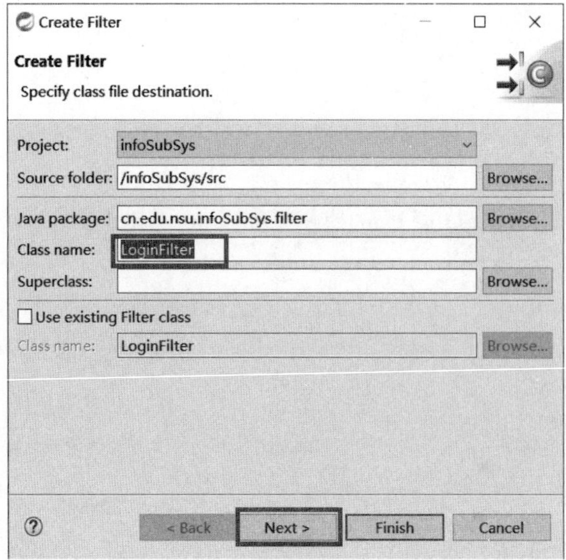

图 13-2 在向导中指定 Filter 类名

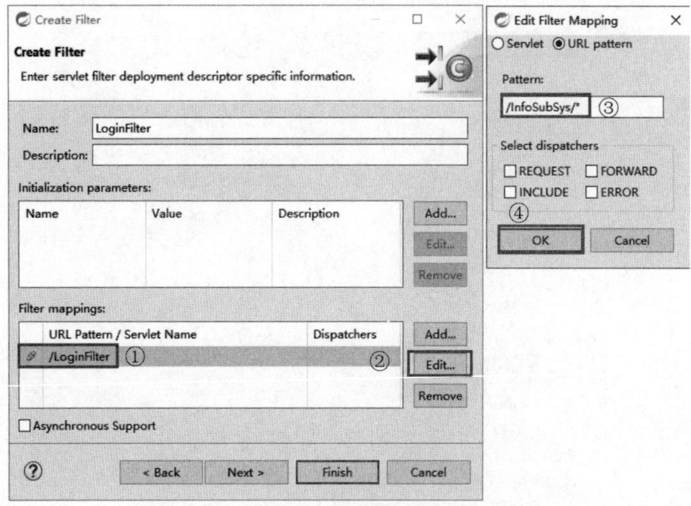

图 13-3 在向导中指定 Filter 的 URL Pattern 值

代码 13-1 LoginFilter 的初始代码

```
package cn.edu.nsu.infoSubSys.filter;
import java.io.IOException;
import javax.servlet.Filter;
import javax.servlet.FilterChain;
import javax.servlet.FilterConfig;
import javax.servlet.ServletException;
import javax.servlet.ServletRequest;
import javax.servlet.ServletResponse;
import javax.servlet.annotation.WebFilter;
//@WebFilter("/InfoSubSys/*")
public class LoginFilter implements Filter {
    public LoginFilter()
    {
    }
  public void destroy()
```

```
16        {
17        }
18   public void doFilter(ServletRequest request, ServletResponse response, FilterChain chain)
     throws IOException, ServletException
19        {
20              chain.doFilter(request, response);
21        }
22        public void init(FilterConfig fConfig) throws ServletException
23        {
24        }
25    }
```

在上面的代码中：

（1）第 10 行代码“//@WebFilter("/InfoSubSys/ * ")”,用于以注解方式配置过滤器。

（2）第 12～14 行声明了 LoginFilter 的无参构造方法。Servlet 容器调用此方法来对过滤器对象进行默认初始化。

（3）第 15～17 行声明了 LoginFilter 的 destroy()方法，Servlet 容器调用此方法来对过滤器对象进行自定义销毁工作，一般是对过滤器对象的成员变量占用的资源进行释放。

（4）第 18～21 行声明了 LoginFilter 的 doFilter()方法，Servlet 容器调用此方法来对拦截到的请求进行预处理，对拦截到的响应进行后续处理。对请求进行预处理的代码要放在代码行“chain. doFilter(request, response);”之前，对拦截到的响应进行后续处理的代码要放在代码行“chain. doFilter(request, response);”之后。

（5）第 22～24 行声明了 LoginFilter 的 init()方法，Servlet 容器调用此方法来对过滤器对象进行自定义初始化，一般是对过滤器对象的成员变量赋初始值。

3. 配置 Filter

Filter 配置有两种方式：一种是在 web. xml 中用配置标签手动配置；另一种是用注解进行配置。

1）手动配置

在 web. xml 中可以用< filter >声明可访问的过滤器 Web 组件，用< filter-mapping >指定过滤器 Web 组件拦截哪些模式的请求。LoginFilter 的配置代码如代码 13-2 所示。

代码 13-2 LoginFilter 的配置代码

```
1    < filter >
2      < filter - name > LoginFilter </filter - name >
3      < filter - class > cn. edu. nsu. infoSubSys. filter. LoginFilter </filter - class >
4      < init - param >
5        < param - name > excludeURLs </param - name >
6        < param - value ></param - value >
7      </init - param >
8    </filter >
9    < filter - mapping >
10     < filter - name > LoginFilter </filter - name >
11     < url - pattern >/InfoSubSys/ * </url - pattern >
12   </filter - mapping >
```

在上面的配置代码中，

（1）第 1～8 行用< filter >标签声明可访问的过滤器 Web 组件，具体说明如下：

① 子标签< filter-name >用于指定过滤器组件名，子标签< filter-class >用于指定过滤器类。< filter >的子标签< init-param >用于指定过滤器组件的初始化参数，其子标签< param-name>用于指定参数名,子标签< param-value >用于指定参数值。例如,在上面的配置代码中指定了一个参数名为 excludeURLs、参数值为空白字符串的参数,用来提供不进行拦截处理的所有 URL。

② < filter >的所有子标签中< filter-name >和< filter-class >是必需的。

(2) 第 9～12 行用< filter-mapping >标签指定过滤器组件拦截哪些模式的请求。

例如,在上面的代码中指定 LoginFilter 过滤器拦截以"/InfoSubSys/"开头的所有请求,即拦截基础信息子系统下的所有功能请求。如果有例外,即无须拦截的请求 URL,可以用初始化参数 excludeURL 传给 LoginFilter 过滤器。

2) 注解配置

从 Servlet 3.0 以后,Filter 可以用@WebFilter 注解进行配置。@WebFilte 的属性如表 13-1 所示。

表 13-1 @WebFilter 的属性

属 性 名	类 型	描 述
filterName	String	指定过滤器的 name 属性值,等价于< filter-name >值
value	String[]	该属性等价于 urlPatterns 属性。但是 value 和 urlPatterns 两者不应该同时使用
urlPatterns	String[]	指定一组过滤器的 URL 匹配模式,等价于< url-pattern >值
servletNames	String[]	指定过滤器将应用于哪些 Servlet。取值是@WebServlet 中的 name 属性值,或者是 web.xml 中< servlet-name >值
dispatcherTypes	DispatcherType	指定过滤器的转发模式。具体取值包括 ASYNC、ERROR、FORWARD、INCLUDE、REQUEST
initParams	WebInitParam[]	指定一组过滤器初始化参数,等价于< init-param >标签值
asyncSupported	boolean	声明过滤器是否支持异步操作模式,等价于< async-supported >标签值
description	String	该过滤器的描述信息,等价于< description >标签值
displayName	String	该过滤器的显示名,通常配合工具使用,等价于< display-name >标签值

上面的所有属性均为可选属性,但是 value、urlPatterns、servletNames 三者必须至少包含一个。而且 value 和 urlPatterns 不能共存,如果同时指定,通常忽略 value 的取值。

作为初学者,建议用配置标签进行手动配置,熟练后再用注解进行配置。

注意:Filter 配置的两种方式(@WebFilter 注解配置、配置标签配置)是互斥的,不能同时存在,因此要用配置标签配置 LoginFilter 就必须将代码 13-1 中第 10 行的代码@WebFilter("/InfoSubSys/*")注释掉,否则启动 Tomcat 时会报错。

4. 编写 Filter 代码

一个 Filter 类根据实现逻辑,一般要在 init()方法中获得 Filter 配置代码中的初始化参数值、在 doFilter()方法中对拦截到的请求和响应进行处理、在 destroy()方法中对成员变量占用的资源进行释放。在本案例中,LoginFilter 需要在 init()方法中获得 excludeURL 初始化参数值,在 doFilter()方法中对拦截到的请求验证是否已登录,下面分别进行详细讲解。

1) init()方法实现代码

由于 LoginFilter 过滤器配置了名称为 excludeURL 的初始化参数,来保存无须拦截处理的所有 URL。而且初始化参数值要在过滤器的 init()方法中获取,因此 LoginFilter 的 init 方法需重写,实现步骤如下。

(1) 定义成员变量来存储初始化参数值,代码如下:

```
private String excludeURLs;
```

(2) 重写 init()方法的实现代码来获取初始化参数值,代码如下:

```
public void init(FilterConfig fConfig) throws ServletException
 {
       excludeURLs = fConfig.getInitParameter("excludeURLs");
 }
```

2) doFilter()方法实现代码

doFilter()方法有 3 个参数: ServletRequest request 表示被拦截的请求对象,ServletResponse response 表示被拦截的响应对象,FilterChain chain 表示过滤器链对象。

如果一个请求经过了 n 个过滤器进行拦截,那么这 n 个过滤器和目标资源就构成了一个过滤链。过滤链的开头是第一个过滤器,结尾是目标资源。

LoginFilter 的 doFilter()方法的编码步骤如下。

(1) 获得当前请求的 URL,代码如下:

```
HttpServletRequest httpRequest = (HttpServletRequest)request;
String pathInfo = (httpRequest.getPathInfo() == null)?"": httpRequest.getPathInfo();
String pathURL = httpRequest.getServletPath() + pathInfo;
```

(2) 获得已登录用户信息,代码如下:

```
Object user = httpRequest.getSession().getAttribute("_USER_");
```

(3) 是否进行拦截的判定,即如果当前请求无须拦截或用户已登录,则放行; 否则返回到登录页面进行重新登录。代码如下:

```
if(excludeURLs.contains(pathURL) || user != null)
 {
       chain.doFilter(request, response);
 }
else
 {
       httpRequest.getRequestDispatcher("/pages/login.jsp").forward(request, response);
 }
```

5. 运行 Filter 进行测试

运行 LoginFilter 的步骤如下:

(1) 发布项目,重启 Tomcat。

(2) 在浏览器中不登录 infoSubSys 项目,而是直接访问教师列表功能,URL 为 http://localhost:8080/infoSubSys/InfoSubSys/Teacher/List。

(3) 如果执行结果是如图 13-4 所示的界面,那么 LoginFilter 就成功拦截了未登录的请求。

6. 完整代码

LoginFilter 的完整 Java 代码请参考程序代码包的"/第 13 章/过滤器案例完整代码参考/LoginFilter.java"。

LoginFilter 的完整配置代码请参考程序代码包的"/第 13 章/过滤器案例完整代码参考

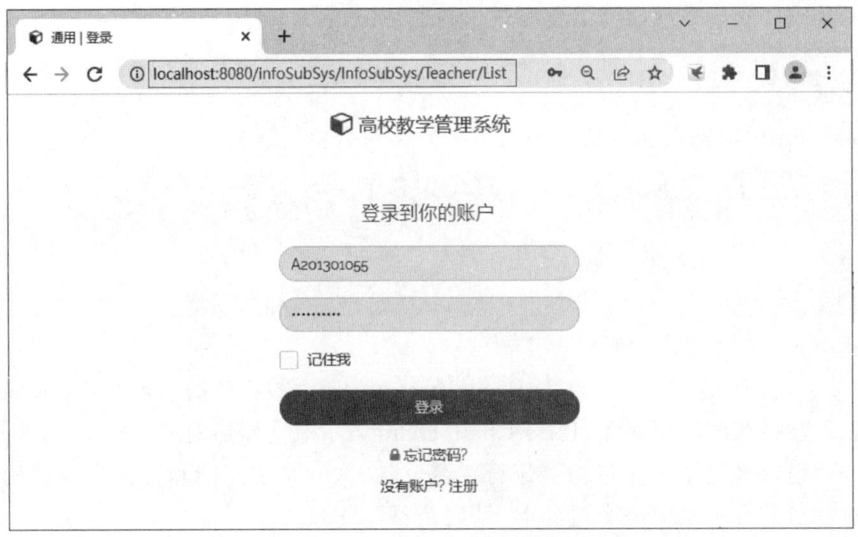

图 13-4　不登录直接访问教师列表功能的结果图

/web.xml”。

视频讲解

13.1.3　Filter 和请求间的关系

Filter 和请求间是多对多的拦截关系，即一个 Filter 能拦截多个请求，一个请求能被多个 Filter 拦截处理。

Filter 和请求间的多对多拦截关系是通过配置代码来实现的。具体来说，

(1) 一个 Filter 能拦截处理多个请求。实现策略是在<filter-mapping>中将带通配符的 URL 模式绑定到某个 Filter，例如代码 13-2 中对 LoginFilter 的配置。

(2) 一个(或多个)请求能被多个 Filter 拦截处理。实现策略是用<filter>声明多个 Filter，然后用<filter-mapping>将这些过滤器绑定到同一个 URL，例如下面的代码：

```
<filter>
      <filter-name>A</filter-name>
      <filter-class>cn.edu.nsu.infoSubSys.filter.A</filter-class>
</filter>
<filter>
      <filter-name>B</filter-name>
      <filter-class>cn.edu.nsu.infoSubSys.filter.B</filter-class>
</filter>
<filter-mapping>
      <filter-name>A</filter-name>
      <url-pattern>/InfoSubSys/Teacher/*</url-pattern>
</filter-mapping>
<filter-mapping>
      <filter-name>B</filter-name>
      <url-pattern>/InfoSubSys/Teacher/*</url-pattern>
</filter-mapping>
```

在上面的代码中，先配置了 A、B 两个过滤器组件；然后用<filter-mapping>指定匹配“/InfoSubSys/Teacher/*”模式的 URL 请求要被过滤器 A 和 B 拦截处理，那到底是先 A 后 B，还是先 B 后 A 呢？

过滤器规定：当某个请求经过多个过滤器拦截处理时，此请求被拦截的先后顺序与

<filter-mapping>配置顺序保持一致。例如，上面的代码表示匹配"/InfoSubSys/Teacher/*"模式的URL请求先被A拦截处理，然后再被B拦截处理。

13.1.4 Filter运行原理

视频讲解

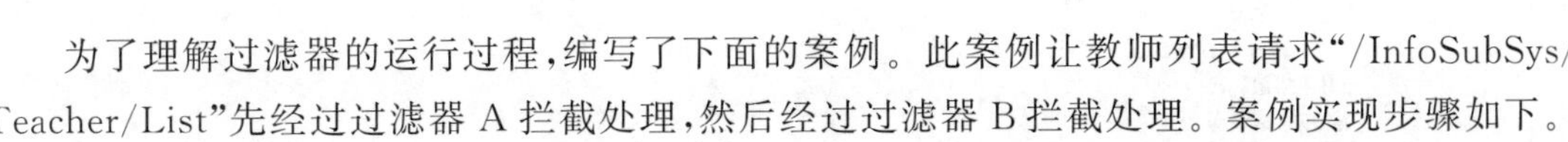

为了理解过滤器的运行过程，编写了下面的案例。此案例让教师列表请求"/InfoSubSys/Teacher/List"先经过过滤器A拦截处理，然后经过过滤器B拦截处理。案例实现步骤如下。

(1) 创建并编码过滤器A。

在cn.edu.nsu.infoSubSys.filter包中创建过滤器类A，过滤器类A中doFilter()方法的实现代码如下：

```
public void doFilter(ServletRequest request, ServletResponse response, FilterChain chain) throws
IOException, ServletException {
      System.out.println("在A中拦截请求");
      chain.doFilter(request, response);
      System.out.println("在A中拦截响应");
}
```

(2) 创建并编码过滤器B。

在cn.edu.nsu.infoSubSys.filter包中创建过滤器类B，过滤器类B中doFilter()方法的实现代码如下：

```
public void doFilter(ServletRequest request, ServletResponse response, FilterChain chain) throws
IOException, ServletException {
      System.out.println("在B中拦截请求");
      chain.doFilter(request, response);
      System.out.println("在B中拦截响应");
}
```

(3) 在目标资源TeacherServlet的doGet()方法中，加入以下代码作为第一行代码。

```
System.out.println("TeacherServlet处理请求");
```

(4) 配置过滤器A和过滤器B。配置代码如下：

```
<filter>
      <filter-name>A</filter-name>
      <filter-class>cn.edu.nsu.infoSubSys.filter.A</filter-class>
</filter>
<filter>
      <filter-name>B</filter-name>
      <filter-class>cn.edu.nsu.infoSubSys.filter.B</filter-class>
</filter>
<filter-mapping>
      <filter-name>A</filter-name>
      <url-pattern>/InfoSubSys/Teacher/*</url-pattern>
</filter-mapping>
<filter-mapping>
      <filter-name>B</filter-name>
      <url-pattern>/InfoSubSys/Teacher/*</url-pattern>
</filter-mapping>
```

(5) 重新发布项目,重启服务器。然后运行教师列表功能,控制台输出结果如图 13-5 所示。

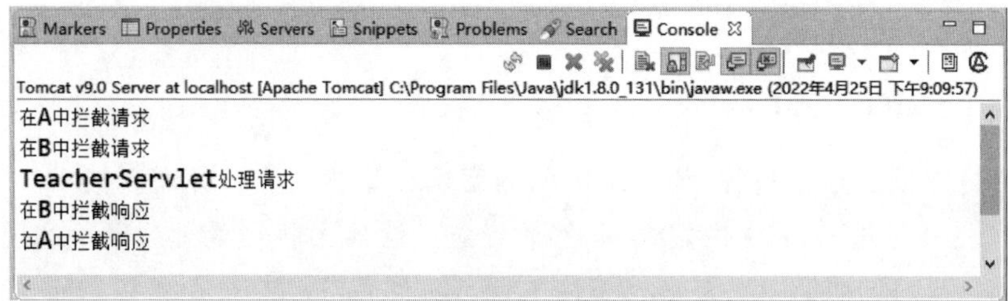

图 13-5 过滤器运行过程的案例在控制台的输出结果

通过图 13-5 中的控制台输出结果可知,如果一个请求经过 n 个过滤器拦截处理,其处理过程如图 13-6 所示。

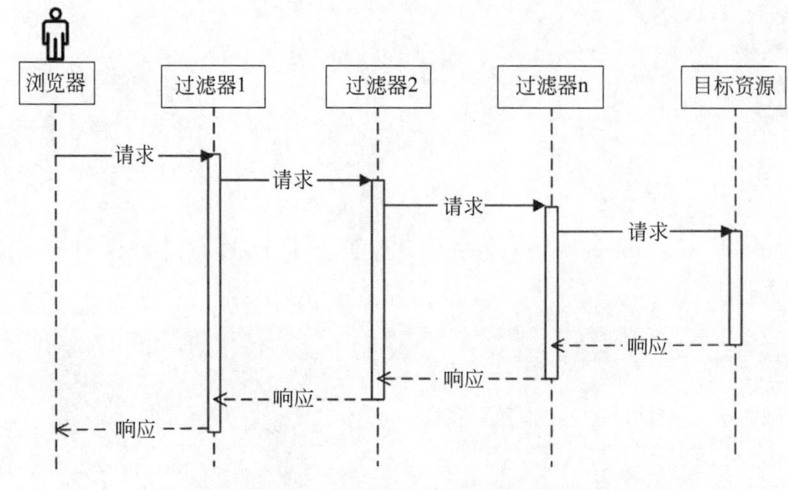

图 13-6 过滤器运行原理顺序图

① 请求按< filter-mapping >的配置顺序先被第 1 个过滤器拦截,执行"chain. doFilter (request,response);"之前的代码来对请求进行预处理,然后运行"chain. doFilter(request, response);"代码将请求沿着过滤链交给下一个过滤器进行请求预处理,直到第 n 个过滤器预处理完请求后,请求被交给了目标资源(例如,Servlet、JSP 等)生成响应。

② 目标资源生成响应后,此响应会沿着过滤链先被第 n 个过滤器拦截,然后再被第 n－1 个过滤器拦截处理,直到第 1 个过滤器。在每个过滤器中会执行"chain. doFilter(request, response);"之后的代码来对响应进行后续处理。

13.2 Listener 技术

在 Web 项目开发中,经常会碰到如下问题: request(HttpServletRequest)、session (HttpSession)、application(ServletContext)在创建、销毁或者内部的内容有改变时,需要同时做一些额外的工作。Java Web 技术提供了 Listener(监听器)技术,能够用事件机制对 request、session、application 的事件进行处理,即当 request、session、application 的某个事件触发时,能被监听这些这些事件的监听器捕获,并交给对应的事件处理方法处理。

13.2.1 Listener 简介

常用的监听器接口按事件源可以分为 3 类 6 种,如表 13-2 所示。

表 13-2　Servlet 监听器

事件源	监　听　器	作　　用
请求	ServletRequestListener	用于监听 ServletRequest 对象的创建和销毁事件
	ServletRequestAttributeListener	用于监听 ServletRequest 中共享数据变化的事件
会话	HttpSessionListener	用于监听 HttpSession 的创建和销毁事件
	HttpSessionAttributeListener	用于监听 HttpSession 中共享数据变化的事件
上下文	ServletContextListener	用于监听 ServletContext 对象的创建和销毁事件
	ServletContextAttributeListener	用于监听 ServletContext 中共享数据变化的事件

每个监听器接口中都有对应事件触发时的处理方法。下面逐一介绍每个监听器中的事件处理方法。

(1) ServletRequestListener 接口中的事件处理方法如表 13-3 所示。

表 13-3　ServletRequestListener 接口中的事件处理方法

事件处理方法	描　　述
void requestInitialized(ServletRequestEvent sre)	处理请求初始化事件的方法,请求初始化指客户端请求进入 web 应用(进入 Servlet 或者第一个 Filter)
void requestDestroyed(ServletRequestEvent sre)	处理请求销毁事件的方法,请求销毁指 Web 应用返回响应给客户端(退出 Servlet 或者第一个 Filter)

(2) ServletRequestAttributeListener 接口中的事件处理方法如表 13-4 所示。

表 13-4　ServletRequestAttributeListener 接口中的事件处理方法

事件处理方法	描　　述
void attributeAdded(ServletRequestAttributeEvent srae)	处理向请求中添加共享数据的事件的方法
void attributeRemoved(ServletRequestAttributeEvent srae)	处理从请求中移除共享数据的事件的方法
void attributeReplaced(ServletRequestAttributeEvent srae)	处理替换请求中共享数据的事件的方法

(3) HttpSessionListener 接口中的事件处理方法如表 13-5 所示。

表 13-5　HttpSessionListener 接口中的事件处理方法

事件处理方法	描　　述
void sessionCreated(HttpSessionEvent se)	处理会话创建事件的方法
void sessionDestroyed(HttpSessionEvent se)	处理会话销毁事件的方法

(4) HttpSessionAttributeListener 接口中的事件处理方法如表 13-6 所示。

表 13-6　HttpSessionAttributeListener 接口中的事件处理方法

事件处理方法	描　　述
void attributeAdded(HttpSessionBindingEvent event)	处理向会话中添加共享数据的事件的方法
void attributeRemoved(HttpSessionBindingEvent event)	处理从会话中移除共享数据的事件的方法
void attributeReplaced(HttpSessionBindingEvent event)	处理替换会话中共享数据的事件的方法

(5) ServletContextListener 接口中的事件处理方法如表 13-7 所示。

表 13-7　ServletContextListener 接口中的事件处理方法

事件处理方法	描　　述
void contextInitialized(ServletContextEvent sce)	处理上下文初始化事件的方法
void contextDestroyed(ServletContextEvent sce)	处理上下文销毁事件的方法

(6) ServletContextAttributeListener 接口中的事件处理方法如表 13-8 所示。

表 13-8 ServletContextAttributeListener 接口中的事件处理方法

事件处理方法	描 述
void attributeAdded(ServletContextAttributeEvent event)	处理向上下文中添加共享数据的事件的方法
void attributeRemoved(ServletContextAttributeEvent event)	处理从上下文中移除共享数据的事件的方法
void attributeReplaced(ServletContextAttributeEvent event)	处理替换上下文中共享数据的事件的方法

视频讲解

13.2.2 Listener 编码

实现一个 Listener(监听器)需要 4 个步骤:

(1) 新建监听器类。

(2) 实现事件处理方法。

(3) 配置监听器。

(4) 运行监听器进行测试。

下面以统计在线用户数为例讲解如何编写监听器。实现思路是首先在 Web 项目初始化时设置在线用户数的初始值为 0,每上线一个用户就将在线用户数加 1,每退出登录一个用户就将在线用户数减 1。具体实现步骤如下。

1. 新建监听器类

新建监听器类的标准做法是新建一个普通 Java 类,并实现合适的监听器接口。但是在 STS 中提供了监听器创建向导来加快监听器类的创建,在 STS 中用向导创建监听器类的步骤如下:

(1) 在 infoSubSys 项目中新建 Java 包 cn. edu. nsu. infoSubSys. listener。

(2) 在 cn. edu. nsu. infoSubSys. listener 包上右击,在弹出的菜单中选择 New→Listener 命令,如图 13-7 所示。

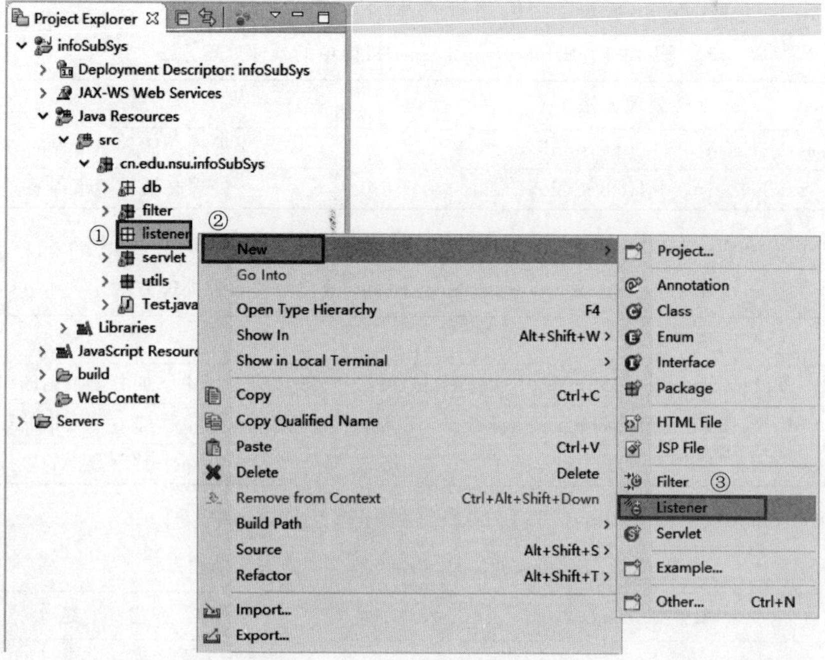

图 13-7 新建 Listener 菜单

(3) 在 Create Listener 界面中输入类名 OnlineCountListener,然后单击 Next 按钮,如图 13-8 所示。

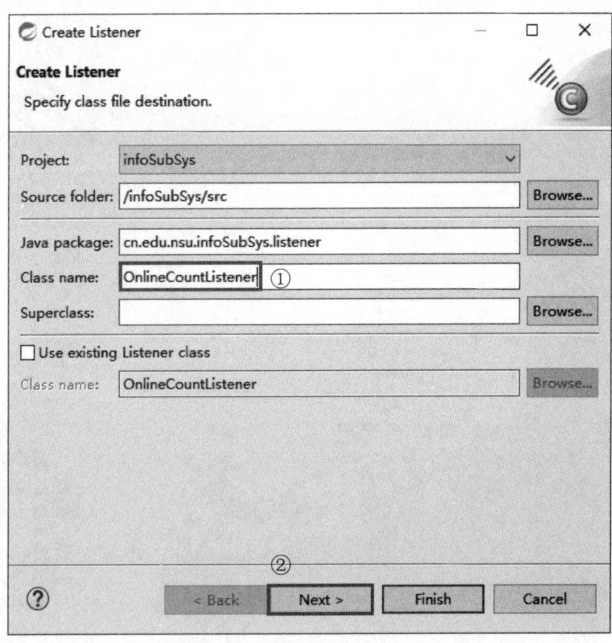

图 13-8 输入类名

(4) 在监听器列表中选择要实现的监听器接口,然后单击 Finish 按钮完成监听器类的创建,如图 13-9 所示。

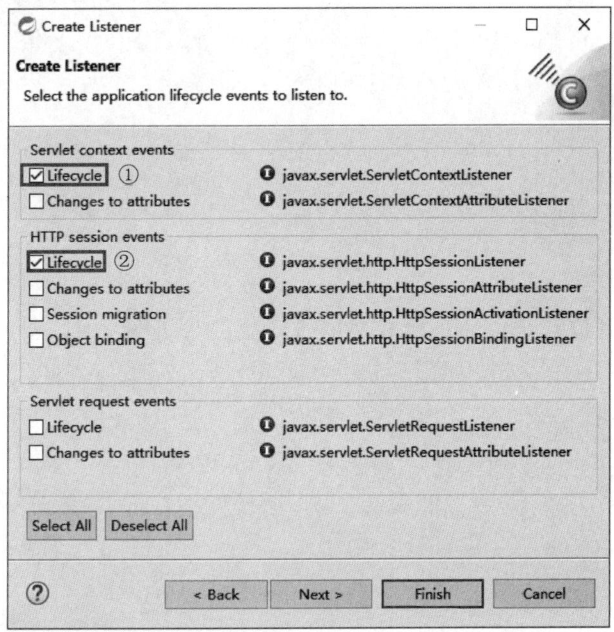

图 13-9 选择要实现的监听器接口

2. 实现事件处理方法

用 Listener 统计在线用户数的实现逻辑如下。

(1) 为了在 Web 项目初始化时设置在线用户数的初始值为 0,就需要实现

ServletContextListener 接口中的 contextInitialized()方法,代码如下:

```
public void contextInitialized(ServletContextEvent sce)
{
  sce.getServletContext().setAttribute("onlineCount", 0);
  System.out.println("加载 Web 项目时,onlineCount = 0");
}
```

(2) 每上线一个用户就将在线用户数加 1,就需要实现 HttpSessionListener 接口中的 sessionCreated()方法,代码如下:

```
public void sessionCreated(HttpSessionEvent se)
{
  String oldOnlineCount = se.getSession().getServletContext().getAttribute("onlineCount").toString();
  se.getSession().getServletContext().setAttribute("onlineCount", Integer.parseInt
(oldOnlineCount) + 1);
  System.out.println("session 创建时,
onlineCount = " + se.getSession().getServletContext().getAttribute("onlineCount"));
    }
```

(3) 每退出登录一个用户就将在线用户数减 1,就需要实现 HttpSessionListener 接口中的 sessionDestroyed()方法,代码如下:

```
public void sessionDestroyed(HttpSessionEvent se)
{
  String oldOnlineCount = se.getSession().getServletContext().getAttribute("onlineCount").
toString();
  se.getSession().getServletContext().setAttribute("onlineCount", Integer.parseInt(oldOnlineCount) -
1);
  System.out.println("session 销毁时,onlineCount = " + se.getSession().getServletContext().
getAttribute("onlineCount"));
    }
```

3. 配置监听器

从 Servlet 3.0 后,监听器配置有两种方式:一种是用配置标签手动配置;另一种是注解配置。

1) 手动配置

在 web.xml 中可以用<listener>标签配置监听器,并用<listener-class>子标签指定 Listener 类。例如,在 web.xml 中配置 OnlineCountListener 监听器的代码如下:

```
<listener>
    <listener-class>cn.edu.nsu.infoSubSys.listener.OnlineCountListener</listener-class>
</listener>
```

2) 注解配置

可以用注解@WebListener 配置监听器。@WebListener 只有一个可选属性 value,其值用来对监听器进行描述。例如,用@WebListener 配置 OnlineCountListener 的代码如下:

```
@WebListener
public class OnlineCountListener implements ServletContextListener, HttpSessionListener {...}
```

如果在配置时要对监听器进行描述,可以在注解@WebListener 中指定 value 属性值,value 属性名可以省略。代码如下:

```
@WebListener("统计在线人数")
public class OnlineCountListener implements ServletContextListener, HttpSessionListener {...}
```

注意：Listener 配置的两种方式(@WebListener 注解配置、配置标签配置)是互斥的，不能同时存在。因此要用某种配置，就需要将另一种配置注释掉，否则启动 Tomcat 时会报错。

4. 运行监听器进行测试

运行 OnlineCountListener 监听器的步骤如下：

(1) 重新发布 infoSubSys 项目，然后启动 Tomcat 服务器加载 infoSubSys 项目。Tomcat 控制台会输出如图 13-10 所示的信息。

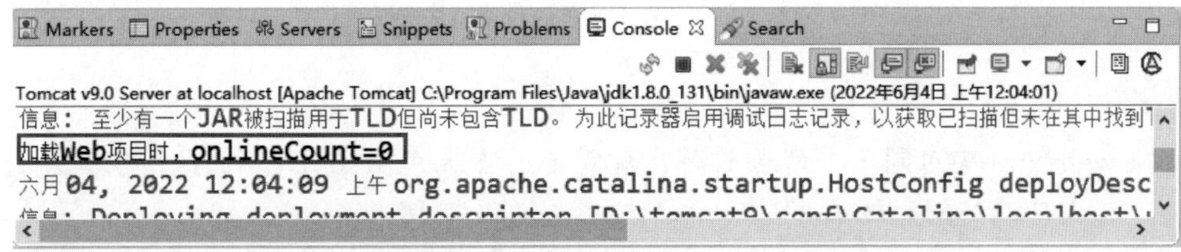

图 13-10 infoSubSys 项目初始化时的输出信息

(2) 打开浏览器，然后在地址栏输入“http://localhost:8080/infoSubSys”，进入登录页面。

(3) 先登录，然后退出登录，Tomcat 控制台会输出如图 13-11 所示的信息。

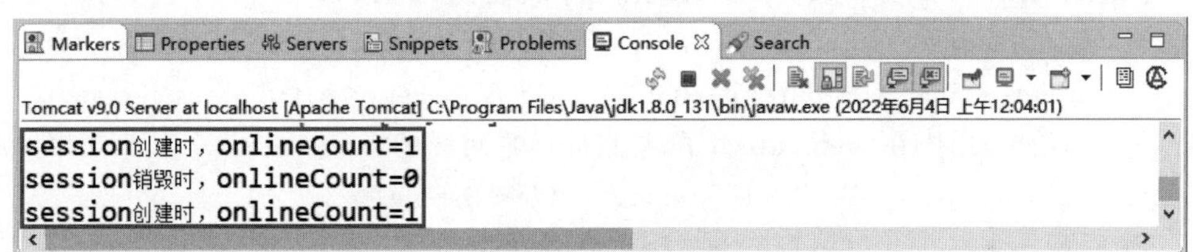

图 13-11 登录、退出登录时的输出信息

5. 完整代码

OnlineCountListener 的完整 Java 代码请参考程序代码包的“/第 13 章/监听器案例完整代码参考/OnlineCountListener.java”。

OnlineCountListener 的完整配置代码请参考程序代码包的“/第 13 章/监听器案例完整代码参考/web.xml”。

本章小结

本章首先讲解了 Filter 技术，包括 Filter 的含义、Filter 编码和配置、Filter 和请求间的关系、Filter 运行原理。特别是以“验证请求是否已登录”为案例详细讲解了 Filter 编码步骤及其每个步骤的实现代码。然后讲解了 Listener 技术，包括 Listener 简介、Listener 编码。特别是以“统计在线用户数”为案例详细讲解了 Listener 编码步骤及每个步骤的实现代码。

读者学完本章内容后就能用 Filter 技术编写和配置 Filter 类，来对请求和响应进行拦截处理。就能用 Listener 技术编写和配置 Listener 类，来对 Web 服务器对象的事件进行监听处理。

本章将为后面章节(Web 项目中公共难点功能的实现)学习权限控制的实现打下基础。

习题

一、单项选择题

1. 在过滤器 API 中，封装过滤链的类名是(　　)。

A. Filter　　B. ServletRequest　　C. ServletResponse　　D. FilterChain

2. 在过滤器中，将请求沿过滤链向后传递需调用过滤链的(　　)。

A. 无参构造方法　　B. init()　　C. doFilter()　　D. destroy()

3. 在 Java Web 技术中，过滤器与请求之间是几对几关系(　　)。

A. 一对一　　B. 一对多　　C. 多对一　　D. 多对多

4. 在过滤器过滤 n 个请求时，destroy 方法会被调用(　　)次，doFilter()方法会被调用(　　)次。

A. 1　　B. 2　　C. n　　D. 以上都不对

5. 在 web.xml 中对同一个请求 R 依次配置了过滤器 A、B、C、D，那么此请求 R 的过滤顺序是(　　)，对应响应的过滤顺序是(　　)。

A. ABCD　　B. DCBA　　C. ADBC　　D. DCBA

6. 下列不属于 Servlet 监听器类型的是(　　)。

A. Servlet 上下文监听器　　B. Http 会话监听器

C. Servlet 请求监听器　　D. Servlet 容器监听器

7. 下面选项中，用于监听 HttpSession 对象中属性变更的接口是(　　)。

A. HttpSessionAttributeListener　　B. ServletContextAttributeListener

C. ServletRequestAttributeListener　　D. ApplicationAttributeListener

8. 下面选项中，用于在 web.xml 中配置监听器的元素是(　　)。

A. <listener-url>　　B. <url-listener>　　C. <listener>　　D. <listener-name>

二、判断题

1. 在 Filter 中实现统一全站编码时，对于请求方式 post 和 get 解决乱码问题的方式是相同的。(　　)

2. <dispatcher>元素的取值共有 3 个，分别是 REQUEST、INCLUDE、FORWARD。(　　)

3. 在 web.xml 中，一个<listener>元素中可以出现多个<listener-class>子元素。(　　)

4. 一个 Filter 对象中的 doFilter 方法可以被多次调用。(　　)

5. 实现 ServletRequestAttributeListener 接口的监听器类，可以用于监听 ServletRequest 对象中的属性变更。(　　)

6. 获取 FilterConfig 对象，可以通过手动调用它的构造方法，从而进行它的实例化。(　　)

7. 实现 ServletContextAttributeListener 接口的监听器类，可以用于监听 ServletContext 对象中的属性变更。(　　)

8. Servlet 事件监听器根据监听事件的不同，可以分为两类。(　　)

三、填空题

1. 在 Java Web 技术中，过滤器类要实现的接口的全名是________。

2. 在过滤器的生命周期中，Servlet 容器在创建阶段会默认调用过滤器类的________构造方法、初始化阶段会默认调用________方法。

3. 在过滤器的生命周期中，Servlet 容器在过滤处理阶段会默认调用过滤器类的________

方法、销毁阶段会默认调用________方法。

4. 在项目配置文件 web. xml 中，将过滤器类声明为可访问的过滤器 Web 组件的根标签是________、用于配置过滤器对哪些 URL 请求进行过滤处理的根标签是________。

5. Servlet 上下文监听器有两个，分别是________________和________________。

6. 针对 Session 会话的监听器有 4 个，分别是____________、HttpSessionActivationListener、HttpSessionBindingListener、________________。

四、简答题

1. 简述过滤器编码步骤。

2. 简述在 web. xml 中配置过滤器的步骤。

3. 简述一个请求经过 n 个过滤器进行拦截处理的过程。

4. 简述事件监听器的工作步骤。

五、编程题

1. 编写一个过滤器来设定所有请求的字符编码集为 UTF-8。

要求：

(1) 过滤器类名为 EncodingFilter。

(2) 写出 EncodingFilter 类的代码。

(3) 写出 EncodingFilter 的配置代码。

2. 编写一个会话监听器，当会话中放入名称为“_USER_”的用户数据时，设置用户为登录状态，会话销毁时设置用户为离线状态。用户登录状态信息保存在 infoSubSysDB 数据库的 users 表的 users_loginStatus 列中，此列为 int 类型，0 表示离线，1 表示在线。

要求：

(1) 写出监听器类 LoginStatusListener。

(2) 写出监听器的配置代码。

第 14 章

JSTL 和 EL

在第 12 章中，采用 MVC 模式实现了教师列表、教师修改表单、登录、退出等功能。MVC 模式是分层模式，分层模式的主要目的是使各类开发人员可以并行开发，提高开发效率。但是在 MVC 模式的视图层 JSP 页面，前端 UI 工程师要在其中编写前端代码，而后端动态编码员要在其中编写 Java 代码，因此还是会产生 JSP 页面资源争用冲突，影响开发效率。JSTL 技术和 EL 技术就是为了解决上述问题而出现的。

JSTL 技术将 JSP 页面中常用的数据处理 Java 代码块封装在一个个自定义标签中，EL 技术将 JSP 页面中的数据显示 Java 代码块封装在一个表达式文本中。这样 JSP 页面中的所有 Java 代码块就呈现为一个个标签和文本，整个 JSP 页面不再有 Java 代码，使得后端动态编码员与前端 UI 工程师可以在 JSP 页面上协同工作。

本章将讲解 EL 技术和 JSTL 技术，并用 EL 和 JSTL 改写第 12 章中的 JSP 页面代码。

学习目标

(1) 理解 EL 语法。

(2) 掌握用 EL 显示常量数据、用 EL 显示共享区的变量数据、用 EL 显示非共享区中的变量数据。

(3) 理解使用 JSTL 的总原则、Core 标签库。

(4) 了解 JSTL 的 Format 标签库、SQL 标签库、XML 标签库。

(5) 掌握用 JSTL 和 EL 改写 JSP 页面。

14.1 EL

EL(Expression Language，表达式语言)主要用于从数据区中获取数据并显示在网页中，从而替换 JSP 页面中显示数据的 Java 代码，也就是替换 JSP 页面中的表达式标签。EL 表达式经常与 JSTL 标签联合使用。

14.1.1 EL 语法

要正确编写 EL 表达式来替换 JSP 页面中的表达式标签，就要学习 EL 的语法。下面将从使用规则、表达式中的操作符、内置函数和隐含对象 4 个方面来介绍 EL 的语法。

1. 使用规则

要使用 EL，首先要下载 EL 的实现库并加入项目构建路径，然后用通用语法 ${表达式}来提取数据并显示。

因为 infoSubSys 项目运行在 Tomcat 中，而 Tomcat 本身就有 EL 的实现库 el-api.jar，因此无须下载也无须加入项目构建路径。

2. EL 表达式中的操作符

EL 表达式支持大部分 Java 所提供的算术操作符和逻辑操作符，如表 14-1 所示。

表 14-1 EL 表达式中的操作符

操 作 符	作 用
.	访问一个 JavaBean 对象属性或者一个 Map 对象的键值
[]	访问一个数组或者链表的元素
( )	组织一个子表达式以改变优先级
+	加
−	减或负
*	乘
/或者 div	除
%或者 mod	取模
==或者 eq	测试是否相等
!=或者 ne	测试是否不等
<或者 lt	测试是否小于
>或者 gt	测试是否大于
<=或者 le	测试是否小于或等于
>=或者 ge	测试是否大于或等于
&& 或者 and	测试逻辑与
||或者 or	测试逻辑或
! 或者 not	测试取反
empty	测试是否空值

3. EL 内置函数

EL 内置函数如表 14-2 所示。但是要注意，如果要用 EL 内置函数，那么首先要用下面的代码导入函数库：

```
<%@taglib uri = "http://java.sun.com/jsp/jstl/functions" prefix = "fn" %>
```

表 14-2 EL 内置函数

函 数	作 用
fn: contains(string,substring)	如果参数 string 中包含参数 substring，返回 true
fn: containsIgnoreCase(string, substring)	如果参数 string 中包含参数 substring(忽略大小写)，返回 true
fn: endsWith(string,suffix)	如果参数 string 以参数 suffix 结尾，返回 true
fn: escapeXml(string)	将有特殊意义的 XML(和 HTML)源代码转换为对应的源代码原文，并返回
fn: indexOf(string,substring)	返回参数 substring 在参数 string 中第一次出现的位置
fn: join(array,separator)	将一个给定的数组 array 用给定的间隔符 separator 串在一起，组成一个新的字符串并返回
fn: length(item)	返回参数 item 中包含元素的数量。参数 Item 类型是数组、collection 或者 String。如果是 String 类型，返回值是 String 中的字符数
fn: replace(string,before,after)	返回一个 String 对象。用参数 after 字符串替换参数 string 中所有出现参数 before 字符串的地方，并返回替换后的结果
fn: split(string,separator)	返回一个数组，以参数 separator 为分割符分割参数 string，分割后的每一部分就是数组的一个元素

续表

函 数	作 用
fn：startsWith(string,prefix)	如果参数 string 以参数 prefix 开头,返回 true
fn：substring(string,begin,end)	返回参数 string 部分字符串,从参数 begin 开始到参数 end 位置,包括 end 位置的字符
fn：substringAfter(string,substring)	返回参数 substring 在参数 string 中后面的那一部分字符串
fn：substringBefore(string,substring)	返回参数 substring 在参数 string 中前面的那一部分字符串
fn：toLowerCase(string)	将参数 string 所有的字符变为小写,并将其返回
fn：toUpperCase(string)	将参数 string 所有的字符变为大写,并将其返回
fn：trim(string)	去除参数 string 首尾的空格,并将其返回

4. EL 隐含对象

EL 隐含对象如表 14-3 所示。

表 14-3 EL 隐含对象

操 作 符	作 用
pageScope	page 作用域
requestScope	request 作用域
sessionScope	session 作用域
applicationScope	application 作用域
param	request 对象的单值参数,参数值为单个字符串
paramValues	request 对象的多值参数,参数值为字符串集合
header	HTTP 单值请求头,请求头值为单个字符串
headerValues	HTTP 多值请求头,请求头值为字符串集合
initParam	上下文初始化参数
cookie	Cookie 值
pageContext	当前页面的 pageContext

表 14-3 中的隐含对象如果作为数据区,可以分为两大类：一类是共享数据区；另一类是非共享数据区。

1) 共享数据区

在 EL 中有下面的 4 个数据共享区。

(1) page 共享区。表示当前 JSP 页面,即 pageContext 隐含对象,对应的作用域名称为 pageScope。

(2) request 共享区。表示当前请求,即 request 隐含对象,对应的作用域名称为 requestScope。

(3) session 共享区。表示当前 HTTP 会话,即 session 隐含对象,对应的作用域名称为 sessionScope。

(4) application 共享区。表示当前 Web 应用,即 application 隐含对象,对应的作用域名称为 applicationScope。

上面 4 个数据共享区,按作用域从小到大排列分别为 page 共享区、request 共享区、session 共享区和 application 共享区。

2) 非共享数据区

在表 14-3 中,除了 4 个作用域对象和 pageContext 对象外的其他 EL 隐含对象都是非共享数据区。

14.1.2 用 EL 显示常量数据

可以使用 EL 表达式显示常量数据，下面介绍其语法格式和示例代码。

1. 语法格式

```
${常量表达式}
```

2. 示例

代码 14-1 用 EL 显示常量数据示例代码

```
1  <%@page contentType="text/html; charset=utf-8" %>
2  <!DOCTYPE html>
3  <html>
4         <head>
5                <meta charset="utf-8">
6                <title>用 EL 显示常量数据</title>
7         </head>
8         <body>
9                <h1>该商品的价格是 ${84.5}</h1>
10        </body>
11 </html>
```

运行结果如下：

```
该商品的价格是 84.5
```

代码分析，在代码 14-1 中：

第 9 行用 EL 表达式 ${84.5}计算并显示常量值 84.5。

14.1.3 用 EL 显示共享区的变量数据

用 EL 表达式来显示共享区的变量数据分为两种情形：一是显示共享数据值；二是显示共享数据的属性值。

1. 显示共享数据值

下面介绍用 EL 表达式显示共享数据区中的共享数据值的语法和示例代码。

1）语法格式

```
${共享数据名}
```

此种用法会依次在 page 共享区、request 共享区、session 共享区和 application 共享区查找是否有指定名称的共享数据值，如果有则显示此共享数据值并结束查找；否则继续在更大范围的数据共享区查找。如果在 4 个数据共享区都没有找到，那么显示空白字符串。

2）示例

代码 14-2 用 EL 表达式显示共享数据值的示例代码

```
<%@page contentType="text/html; charset=utf-8" %>
<!DOCTYPE html>
<html>
       <head>
              <meta charset="utf-8">
              <title>用 EL 显示共享数据值</title>
       </head>
```

```
8         <body>
9             <% pageContext.setAttribute("name","zhaiyue"); %>
10            ${name}
11        </body>
12    </html>
```

运行结果如下：

```
zhaiyue
```

在代码 14-2 中，

(1) 第 9 行代码向 page 共享区放置了共享数据 zhaiyue，共享数据名为 name；

(2) 第 10 行代码 ${name}，用 EL 表达式从数据共享区中取出名称为 name 的共享数据值 zhaiyue 并显示。

(3) 如果在多个数据共享区都有相同名称的共享数据，或要显示特定数据共享区的数据，那么可以在数据名前指定数据共享区对应的作用域名，语法格式为：

```
${共享区作用域名.共享数据名}
```

例如，在代码 14-2 中的第 10 行，可以将 ${name}替换为 ${pageScope.name}。

2. 显示共享数据的属性值

1) 语法格式

```
${共享数据名.属性名}、或 ${共享数据名[属性名]}
```

执行过程为：首先从数据共享区中用指定的共享数据名取出共享数据对象，然后再从共享数据对象中取出指定属性值加以显示。注意，如果属性是 private，那么数据对象中必须提供此属性的 get()方法才能用 EL 获取到属性值。

EL 提供"."和"[]"两种操作符来取对象的属性值。一般情况下都用"."运算符，但在以下 3 种情况下必须使用"[]"运算符。

(1) 当要获取的属性名称中包含一些特殊字符，如"."或"－"等并非字母或数字的符号，一定要使用"[]"操作符。例如，${user["My-Name"]}。

(2) 如果要动态取值时，必须用"[]"操作符。例如，${sessionScope.user[data]}中 data 是一个变量。

(3) 如果要获得数组或列表中某个下标的元素值时，必须用"[]"操作符。例如，${teacherList[0]}将显示 teacherList 列表中第 1 个元素。

2) 示例

代码 14-3　用 EL 表达式显示共享区数据的属性值的示例代码

```
<%@page import="java.util.HashMap" %>
<%@page contentType="text/html; charset=utf-8" %>
<!DOCTYPE html>
<html>
    <head>
        <meta charset="utf-8">
        <title>用 EL 显示共享区数据案例</title>
    </head>
    <body>
        <%
        HashMap<String,Object> user = new HashMap<String,Object>();
        user.put("users_id", 1);
```

```
13            user.put("users-name", "张小华");
14            session.setAttribute("user", user);
15            %>
16            用户 id: ${user.users_id }<br>
17            用户姓名: ${user["users-name"] }
18        </body>
19 </html>
```

运行结果如下：

```
用户 id: 1
用户姓名: 张小华
```

在代码 14-3 中，

(1) 第 10～15 行代码创建了一个 Map 对象 user，并向其中放置了两个键值对，然后将对象 user 放到了 session 数据共享区，数据共享名为 user。

(2) 第 16 行代码 ${user.users_id}，先从数据共享区中取出名称为 user 的 Map 对象，然后用“.”运算符取出 Map 对象的 users_id 键的值，并显示在页面中。

(3) 第 17 行代码与第 16 行代码类似都是显示 Map 对象的某个键的对应值，但是因为键名“users-name”中包含特殊字符“-”，因此要用“[]”运算符获取键对应的值。

14.1.4 用 EL 显示非共享区中的变量数据

1. 语法格式

```
${非共享数据区名.数据名}或${非共享数据区名[数据名]}
```

上面格式中的数据名的含义会根据其前面的非共享数据区名的不同而不同，如表 14-4 所示。

表 14-4 非共享数据区对应的数据名表

非共享数据区名	数据名含义
param、paramValues	请求中的参数名
header、headerValues	请求头的名称
cookie	cookie 名
initParam	上下文初始化参数名

2. 示例

代码 14-4 用 EL 显示非共享区数据的示例代码

```
<%@page import="java.util.HashMap" %>
<%@page contentType="text/html; charset=utf-8" %>
<!DOCTYPE html>
<html>
    <head>
        <meta charset="utf-8">
        <title>EL 案例</title>
    </head>
    <body>
        请求中 users_id 参数值: ${param.users_id }
        <br>
        请求中所有 roles_ids 参数值: ${paramValues.roles_ids[0] }, ${paramValues.
        roles_ids[1] }
```

```
13              <br>
14              user-agent 请求头值: ${header["user-agent"]}
15          </body>
16  </html>
```

用"http://localhost:8080/infoSubSys/demo/elDemo194.jsp?users_id=1&roles_ids=1&roles_ids=2"请求代码 14-4 所在的 JSP 页面，运行结果如下：

```
请求中 users_id 参数值: 1
请求中所有 roles_ids 参数值: 1,2
user-agent 请求头值: Mozilla/5.0 (Windows NT 10.0; Win64; x64) AppleWebKit/537.36 (KHTML, like
Gecko) Chrome/101.0.4951.41 Safari/537.36
```

在代码 14-4 中，

(1) 第 10 行代码 ${param.users_id}，从请求的单值参数区中取出参数名为 users_id 的参数值并显示。

(2) 第 12 行代码 ${paramValues.roles_ids[0]}，先从请求的多值参数区中取出参数名为 roles_ids 的一组参数值，然后取出这一组参数值的第一个值并显示。

(3) 第 14 行代码 ${header["user-agent"]}，从请求的单值请求头中取出名称为 user-agent 的请求头值并显示。

14.2 JSTL

JSTL(Java server pages standarded tag library，即 JSP 标准标签库)是由 JCP(Java Community Process)所制定的标准规范，它主要提供给 Java Web 开发人员一个标准通用的标签库。开发人员可以利用这些标签库中的标签取代 JSP 页面上的 Java 代码，从而提高程序的可读性，降低程序的维护难度。

JSTL 有以下 4 个标签库：

(1) Core 标签库，定义了数据处理相关标签。

(2) Format 标签库，定义了用来格式化数据的标签，尤其是数字和日期的格式化。

(3) SQL 标签库，定义了用来查询、更新数据库数据的标签。

(4) XML 库，提供了创建和操作 XML 文档的标签。

14.2.1 使用 JSTL 的总原则

在 JSP 页面中使用 JSTL 标签库中的标签之前需要导入，导入步骤如下：

(1) 下载 JSTL 实现库并加入项目的构建路径。

从 JSTL 官网 http://archive.apache.org/dist/jakarta/taglibs/standard/binaries/下载 jakarta-taglibs-standard-1.1.2.zip 并解压，然后将 jakarta-taglibs-standard-1.1.2/lib/目录下的两个 jar 文件(standard.jar 和 jstl.jar 文件)复制到项目的/WEB-INF/lib/下，如图 14-1 所示。

(2) 在 JSP 页面顶部用<%@taglib %>导入 JSTL 标签库。

例如，<%@taglib uri="http://java.sun.com/jsp/jstl/core" prefix="c"%>导入了 JSTL 的 Core 标签库，并且使用此 Core 标签库中的任何标签都要加前缀 c，即标签名格式为<c:标签名>，例如，<c:forEach>。给 JSTL 标签加前缀的目的是避免与 JSP 页面中的 HTML 标签名和 JSP 标签名冲突。

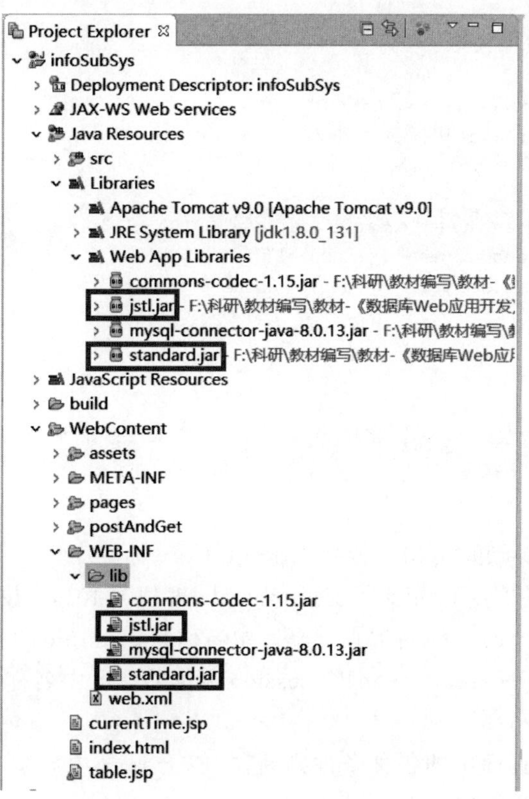

图 14-1　项目导入 JSTL 库后的结构

14.2.2　Core 标签库

Core 标签库中的标签用于在 JSP 页面定义数据、处理数据和显示数据，使用 Core 标签库中的标签之前，需要在 JSP 页面顶部用以下代码导入 Core 标签库：

```
<%@taglib uri = "http://java.sun.com/jsp/jstl/core" prefix = "c" %>
```

在上面的代码中，用 prefix 属性指定 Core 标签库中的标签的前缀为 c。

Core 标签库中的标签按功能可以分为通用标签、条件标签、迭代标签，下面逐一进行介绍。

1. 通用标签

通用标签负责 JSP 页面中变量的赋值、输出、删除以及异常捕获等操作。每个通用标签的名称和作用如表 14-5 所示。

表 14-5　通用标签的名称和作用

标　　签	标 签 作 用
<c:out>	用于在 JSP 中显示数据，作用等同于<%=…>
<c:set>	用于定义和保存数据
<c:remove>	用于删除数据
<c:catch>	用来处理产生错误的异常，并且将错误信息存储起来

示例代码如下：

代码 14-5　通用标签示例代码

```
<%@page contentType = "text/html; charset = utf - 8" %>
<%@taglib uri = "http://java.sun.com/jsp/jstl/core" prefix = "c" %>
```

```
3  <!DOCTYPE html>
4  <html>
5        <head>
6              <meta charset = "utf - 8">
7              <title>通用标签案例</title>
8        </head>
9        <body>
10             <c:set var = "example" value = "${100 + 1}" scope = "session" />
11             <c:out value = "${example}"/>
12             <c:remove var = "example" scope = "session"/>
13       </body>
14 </html>
```

运行结果如下：

```
101
```

在代码 14-5 中，

(1) 第 2 行代码用<%@ taglib %>导入 JSTL Core 标签库。

(2) 第 10 行代码用<c:set>定义了变量 example，赋值为 101，并放在 session 数据共享区。

(3) 第 11 行代码用<c:out>将数据共享区中名称为 example 的数据 101 显示在页面中。

(4) 第 12 行代码用<c:remove>删除 session 数据共享区中名称为 example 的数据。

2. 条件标签

条件标签支持 JSP 页面中的各种条件判断，类似于 Java 中 if、if-else 和 switch-case 判断结构。条件标签的名称和作用如表 14-6 所示。

表 14-6 条件标签的名称和作用

标　签	标签作用
<c:if>	单分支条件标签，对应 Java 程序中的 if
<c:choose>	多分支条件标签，对应 Java 程序中的 switch
<c:when>	<c:choose>的子标签，用来判断条件是否成立
<c:otherwise>	<c:choose>的子标签，放在<c:when>标签后，当<c:when>标签判断为 false 时被执行

1) <c:if>

<c:if>是单分支条件标签，用其 test 属性值进行条件判断。

示例代码如下：

代码 14-6 <c:if>示例代码

```
<%@page contentType = "text/html; charset = utf - 8" %>
<%@taglib uri = "http://java.sun.com/jsp/jstl/core" prefix = "c" %>
<!DOCTYPE html>
<html>
      <head>
            <meta charset = "utf - 8">
            <title> if 标签案例</title>
      </head>
      <body>
            <% session.setAttribute("score",67); %>
            <c:if test = "${score < 60}">不及格</c:if>
            <c:if test = "${score >= 60}">及格</c:if>
      </body>
</html>
```

运行结果如下：

```
及格
```

在代码 14-6 中，

(1) 第 10 行代码向 session 数据共享区放置数据 67，数据名为 score；

(2) 第 11～12 行代码用< c:if >中的 test 属性值来做判断，如果 session 中的 score 值小于 60 就显示不及格，如果 session 中的 score 值大于或等于 60 就显示及格。

2) < c:choose >

< c:choose >是多分支条件标签，通常与子标签< c:when >和< c:otherwise >联用。

示例代码如下：

代码 14-7 < c:choose >示例代码

```
1  <%@page contentType = "text/html; charset = utf - 8" %>
2  <%@taglib uri = "http://java.sun.com/jsp/jstl/core" prefix = "c" %>
3  <!DOCTYPE html>
4  <html>
5          <head>
6                  <meta charset = "utf - 8">
7                  <title> choose 标签案例</title>
8          </head>
9          <body>
10                 <% session.setAttribute("score",67); %>
11                 <c:choose>
12                       <c:when test = " ${score >= 90&&score <= 100}">优秀</c:when>
13                    <c:when test = " ${score >= 80&&score < 90}">良好</c:when>
14                    <c:when test = " ${score >= 70&&score < 80}">中等</c:when>
15                    <c:when test = " ${score >= 60&&score < 70}">及格</c:when>
16                    <c:when test = " ${score >= 0&&score < 60}">不及格</c:when>
17                    <c:otherwise>输入错误</c:otherwise>
18                 </c:choose>
19         </body>
20 </html>
```

运行结果如下：

```
及格
```

在代码 14-7 中，

(1) 第 10 行代码向 session 数据共享区放置数据 67，数据名为 score；

(2) 第 11 行代码用< c:choose >开始多分支条件，相当于 Java 中的 switch 代码块；

(3) 第 12～16 行代码中每行代码都用< c:when >定义了一个分支，相当于 Java 中的 case 代码块；

(4) 第 17 行代码中用< c:otherwise >表示上面的所有分支条件都不成立时被执行，相当于 Java 中的 default 代码块。

3. 迭代标签

迭代标签支持 JSP 页面中的循环结构，封装了 Java 中的 for、while、do-while 循环。每个迭代标签的名称和作用如表 14-7 所示。

表 14-7 迭代标签表

标 签	标 签 作 用
<c:forEach>	经常用于遍历数据集合中每个数据，接受多种集合类型
<c:forTokens>	根据指定的分隔符将字符串分隔为子串集，然后遍历每个子串

1) <c:forEach>

<c:forEach>经常用于在JSP页面遍历数据集合中每个数据，相当于Java中的forEach循环。

<c:forEach>的完整语法格式为：

```
<c:forEach
    items = "<object>"
    begin = "<int>"
    end = "<int>"
    step = "<int>"
    var = "<string>"
    varStatus = "<string>">
```

<c:forEach>的属性如表14-8所示。

表 14-8 <c:forEach>属性表

属性	描 述	类型	是否必要	默认值
items	要被遍历的数据集数据	object	否	无
var	存储每个数据的变量名	string	否	无
begin	开始元素下标(0为第一个元素)	int	否	0
end	结束元素下标	int	否	数据集项数-1
step	每一次迭代的步长	int	否	1
varStatus	存储循环状态的对象名，此对象包括以下属性： current——当前数据项 index——当前迭代索引，从0开始 count——当前迭代计数，从1开始 first——当前迭代是否是第一项 last——当前迭代是否是最后一项 begin——迭代起始索引 end——迭代终止索引 step——迭代步长	string	否	无

(1) 示例1：普通循环的<c:forEach>实现。

代码 14-8 普通循环的<c:forEach>实现示例代码

```
<%@page contentType = "text/html; charset = utf - 8" %>
<%@taglib uri = "http://java.sun.com/jsp/jstl/core" prefix = "c" %>
<!DOCTYPE html>
<html>
    <head>
        <meta charset = "utf - 8">
        <title>普通循环的 forEach 实现</title>
    </head>
    <body>
        <c:forEach var = "i" begin = "1" end = "5">
            Item <c:out value = " ${i}"/><p>
        </c:forEach>
    </body>
</html>
```

运行结果如下：

```
Item 1
Item 2
Item 3
Item 4
Item 5
```

在代码 14-8 中，

第 10 行代码用< c:forEach >从 1 迭代循环到 5，步长为 1。相当于 Java 代码

```
for(int i = 1; i <= 5; i++){}
```

第 11 行代码用< c:out >将循环变量 i 值显示在页面中。

(2) 示例 2：forEach 循环的< c:forEach >实现。

代码 14-9 forEach 循环的< c:forEach >实现示例代码

```
1  <%@page import = "java.util.ArrayList" %>
2  <%@page contentType = "text/html; charset = utf - 8" %>
3  <%@taglib uri = "http://java.sun.com/jsp/jstl/core" prefix = "c" %>
4  <!DOCTYPE html>
5  <html>
6          <head>
7                  <meta charset = "utf - 8">
8                  <title> forEach 循环的 forEach 实现案例</title>
9          </head>
10         <body>
11                 <%
12                 ArrayList<String> list = new ArrayList<String>();
13                 list.add("A");
14                 list.add("B");
15                 list.add("C");
16                 session.setAttribute("list", list);
17                 %>
18                 <c:forEach items = "${list}" var = "s" varStatus = "sStatus" begin = "0" end = "2"
                    step = "1">
19                      Item <c:out value = "${s}"/>;
20                   当前项：(值：${sStatus.current},索引：${sStatus.index},计数：${sStatus.
                     count},是否是第一项：${sStatus.first},是否是最后一项：${sStatus.last},
                     起始索引：${sStatus.begin},终止索引：${sStatus.end},步长：${sStatus.
                     step})
21                   <br>
22             </c:forEach>
23         </body>
24 </html>
```

运行结果如下：

```
Item A; 当前项：(值：A,索引：0,计数：1,是否是第一项：true,是否是最后一项：false,起始索引：0,
终止索引：2,步长：1)
Item B; 当前项：(值：B,索引：1,计数：2,是否是第一项：false,是否是最后一项：false,起始索引：0,
终止索引：2,步长：1)
Item C; 当前项：(值：C,索引：2,计数：3,是否是第一项：false,是否是最后一项：true,起始索引：0,
终止索引：2,步长：1)
```

在代码 14-9 中，

第 11～17 行代码创建了一个 ArrayList 对象 list，然后向 list 添加 A、B、C 三个字符串对

象，最后将 list 对象放到 session 数据共享区，数据名为 list。

第 18 行代码用<c:forEach>先从 session 数据共享区取出名称为 list 的数据集，然后遍历数据集中的每个数据，并将每个数据保存到变量 s 中。

第 19 行代码用<c:out>将当前循环变量 s 的值显示在页面中。

第 20 行显示当前循环状态的所有属性值。

2) <c:forTokens>

<c:forTokens>根据指定的分隔符将字符串分隔成子串集，然后遍历每个子串。

<c:forTokens>的完整语法格式为：

```
<c:forTokens
      items = "<string>"
      delims = "<string>"
      begin = "<int>"
      end = "<int>"
      step = "<int>"
      var = "<string>"
      varStatus = "<string>">
```

<c:forTokens>属性如表 14-9 所示。

表 14-9 <c:forTokens>属性

属　性	描　述	类　型	是否必要	默认值
items	原始字符串	string	否	无
delims	分隔符	string	否	空格
begin	开始元素下标(0 为第一个元素)	int	否	0
end	结束元素下标	int	否	子串数－1
step	每一次迭代的步长	int	否	1
var	存储每个子串的变量名	string	否	无
varStatus	存储循环状态的对象名，包括以下属性： current——当前数据项 index——当前迭代索引，从 0 开始 count——当前迭代计数，从 1 开始 first——当前迭代是否是第一项 last——当前迭代是否是最后一项 begin——迭代起始索引 end——迭代终止索引 step——迭代步长	string	否	无

示例代码如下：

代码 14-10 <c:forTokens>示例代码

```
<%@page contentType = "text/html; charset = utf - 8" %>
<%@taglib uri = "http://java.sun.com/jsp/jstl/core" prefix = "c" %>
<!DOCTYPE html>
<html>
        <head>
                <meta charset = "utf - 8">
                <title>forEach 循环的 forEach 实现案例</title>
        </head>
        <body>
                <%
                String str = "google,runoob,taobao";
```

```
12            session.setAttribute("str", str);
13            %>
14        <c:forTokens items = "${str }" delims = "," var = "s" varStatus = "sStatus" begin = "0"
          end = "2" step = "1">
15                <c:out value = "${s}"/>;
16                当前项:(值: ${sStatus.current },索引: ${sStatus.index },计数: ${sStatus.
                  count },是否是第一项: ${sStatus.first },是否是最后一项: ${sStatus.last },
                  起始索引: ${sStatus.begin },终止索引: ${sStatus.end },步长: ${sStatus.
                  step })
17                <br>
18            </c:forTokens>
19        </body>
20    </html>
```

运行结果如下：

```
google; 当前项:(值: google,索引: 0,计数: 1,是否是第一项: true,是否是最后一项: false,起始索
引: 0,终止索引: 2,步长: 1)
runoob; 当前项:(值: runoob,索引: 1,计数: 2,是否是第一项: false,是否是最后一项: false,起始索
引: 0,终止索引: 2,步长: 1)
taobao; 当前项:(值: taobao,索引: 2,计数: 3,是否是第一项: false,是否是最后一项: true,起始索
引: 0,终止索引: 2,步长: 1)
```

在代码 14-10 中，

第 10～13 行代码首先定义了一个 String 对象 str,并赋值,然后将 str 对象放到 session 数据共享区,数据名为 str。

第 14 行代码用<c:forTokens>先从 session 数据共享区取出名称为 str 的字符串,然后用指定的分隔符“,”分隔成子串集,然后从子串集中取出每个子串并保存到变量 s 中。

第 15 行代码用<c:out>将当前循环变量 s 的值显示在页面中。

第 16 行显示当前循环状态的所有属性值。

14.2.3 Format 标签库

Format 标签库中的标签用来格式化并输出文本、日期、时间、数字。使用 Format 标签库中的标签之前,需要在 JSP 页面顶部用以下代码导入 Format 标签库。

```
<%@ taglib uri = "http://java.sun.com/jsp/jstl/fmt" prefix = "fmt" %>
```

在上面代码中指定 Format 标签库中的标签前缀为 fmt。

Format 标签库中的标签名和作用如表 14-10 所示。

表 14-10 Format 标签库中的标签

标　签	标签作用
<fmt:formatNumber>	使用指定的格式或精度格式化数字
<fmt:parseNumber>	解析一个代表着数字、货币或百分比的字符串
<fmt:formatDate>	使用指定的风格或模式格式化日期和时间
<fmt:parseDate>	解析一个代表着日期或时间的字符串
<fmt:timeZone>	指定时区
<fmt:setTimeZone>	设定时区或将设定的时区存储到一个变量中
<fmt:setLocale>	指定地区
<fmt:bundle>	绑定消息资源

续表

标　签	标 签 作 用
<fmt:setBundle>	绑定消息资源,并把这种绑定存放到一个变量中
<fmt:message>	显示消息资源中的消息
<fmt:requestEncoding>	设置 request 的字符编码

由于在 MVC 模式中,可以在 C 层中对文本、日期、时间、数字进行格式化,很少在 JSP 页面中使用 Format 标签库中的标签,故此处不做详细介绍。Format 标签库的详情可以参考 https://www.runoob.com/jsp/jsp-jstl.html。

14.2.4 SQL 标签库

SQL 标签库中的标签提供了与关系型数据库(Oracle、MySQL、SQL Server 等)进行交互的标签。使用 SQL 标签库中的标签之前,需要在 JSP 页面顶部用以下代码导入 SQL 标签库。

```
<%@ taglib uri = "http://java.sun.com/jsp/jstl/sql" prefix = "sql" %>
```

上面的代码指定 SQL 标签库中的标签前缀为 sql。

SQL 标签库中的标签名和作用如表 14-11 所示。

表 14-11　SQL 标签库中的标签

标　签	标 签 作 用
<sql:setDataSource>	设定数据源
<sql:query>	运行 SQL 查询语句
<sql:update>	运行 SQL 更新语句
<sql:param>	将 SQL 语句中的参数设为指定值
<sql:dateParam>	将 SQL 语句中的日期参数设为指定的 java.util.Date 对象值
<sql:transaction>	将<sql:query>标签和<sql:update>标签封装至事务中

由于在 MVC 模式中,对数据库中数据进行操作的代码被放到了 M 层中,JSP 基本不使用 SQL 标签库中标签,故此处不做详细介绍。SQL 标签库的详情可以参考 https://www.runoob.com/jsp/jsp-jstl.html。

14.2.5 XML 标签库

XML 标签库中的标签提供了创建和操作 XML 文档的标签。使用 XML 标签库中的标签之前,需要在 JSP 页面顶部用以下代码导入 XML 标签库。

```
<%@ taglib uri = "http://java.sun.com/jsp/jstl/xml" prefix = "x" %>
```

上面的代码指定 XML 标签库中的标签前缀为 x。

XML 标签库中的标签名和作用如表 14-12 所示。

表 14-12　XML 标签库中的标签

标　签	标 签 作 用
<x:out>	在页面显示数据,与<%=...>类似,不过只用于 XPath 表达式
<x:parse>	解析 XML 数据
<x:set>	设置 XPath 表达式
<x:if>	判断 XPath 表达式,若为真,则执行本体中的内容,否则跳过本体

续表

标　　签	标签作用
<x:forEach>	迭代 XML 文档中的节点
<x:choose>	<x:when>和<x:otherwise>的父标签
<x:when>	<x:choose>的子标签，用来进行条件判断
<x:otherwise>	<x:choose>的子标签，当<x:when>判断为 false 时被执行
<x:transform>	将 XSL 转换应用在 XML 文档中
<x:param>	与<x:transform>标签一同使用，用于设置 XSLT 样式表的参数

由于在 MVC 模式中，可以在 C 层中创建和操作 XML 文档，很少在 JSP 页面中使用 XML 标签库中的标签，故此处不做详细介绍。XML 标签库的详情可以参考 https://www.runoob.com/jsp/jsp-jstl.html。

14.3　用 JSTL 和 EL 改写 JSP 页面

在第 12 章的教师列表功能、教师修改表单功能、教师修改功能、登录和退出登录功能的 MVC 实现中，视图层 JSP 页面都是用 Java 代码实现数据处理和数据显示的，下面将这些 Java 代码改写为 JSTL 标签和 EL 表达式。

将 JSP 页面中的 Java 代码替换为 JSTL 标签和 EL 表达式的方法如下：

(1) 将 JSP 页面中的程序脚本标签，即将<% %>代码替换为对应的 JSTL 标签。JSP 页面中的程序脚本标签用于放置处理数据的 Java 语句。

(2) 将 JSP 页面中的表达式标签，即将<%=%>代码替换为对应的 EL 表达式。JSP 页面中的表达式标签用于放置获取数据并显示数据的 Java 表达式。

下面采用上述替换方法，改写教师列表页面、教师修改页面和登录页面。

14.3.1　改写教师列表页面

视频讲解

改写教师列表页面，即改写/WebContent/pages/infoSubSys/teachers/list.jsp，其改写后的完整代码请参考程序代码包的"/第 14 章/list.jsp"。

14.3.2　改写教师修改页面

视频讲解

改写教师修改页面，即改写/WebContent/pages/infoSubSys/teachers/modify.jsp，其改写后的完整代码请参考程序代码包的"/第 14 章/modify.jsp"。

14.3.3　改写登录页面

视频讲解

改写登录页面，即改写/WebContent/pages/login.jsp，其改写后的完整代码请参考程序代码包的"/第 14 章/login.jsp"。

本章小结

本章首先讲解了 EL 技术，包括 EL 语法、用 EL 显示常量数据、用 EL 显示共享区数据、用 EL 显示非共享区数据；然后讲解了 JSTL 技术，包括 JSTL 使用总原则、4 类 JSTL 标签库，特别是详细讲解了 Core 标签库；最后用 EL 和 JSTL 代码替换了前面第 12 章中所有视图层 JSP 页面中的 Java 代码。

读者学完本章内容后就能在 JSP 页面用 JSTL 标签代码处理数据，用 EL 表达式文本来显示数据。这样 JSP 页面表面上就没有 Java 代码,感觉完全由前端代码构成,有利于前端 UI 工程师和后端动态编码人员在 JSP 页面上协同编码,而不会出现严重的混乱。

读者学完本章内容后就学完了 Java Web 项目开发的所有知识和技能,第 15 章用这些知识和技能开发完案例项目中的公共难点功能后,就能全面投入案例项目的开发了。

习题

一、单项选择题

1. 不能在 EL 表达式中使用的内置对象是(　　)。

A. param　　B. header　　C. initParam　　D. Cookie

2. 在 JSP 中,运行代码 ${1+1},将输出(　　)。

A. 1+1　　B. 2　　C. null　　D. 无输出

3. 在下面的选项中,合法的 EL 表达式为(　　)。

A. $<request.name>　　B. $[empty requestScope]

C. $("aaa"+"bbb")　　D. ${header["user-agent"]}

4. 下面关于 ${(1==2)?3：4}的返回结果是(　　)。

A. true　　B. false　　C. 3　　D. 4

5. 以下关于 EL 和 JSTL 说法错误的是(　　)。

A. EL 是一种简洁的数据访问语言

B. EL 表达式基于形式：${var}

C. JSTL 的全称是 Java Server Pages Standard Tag Library

D. STL 只有一个 Core 标签库

6. 在 JST 的核心库标签中,负责在 JSP 页面中分情况处理数据的标签是(　　)。

A. 通用标签　　B. 条件标签　　C. 迭代标签　　D. 以上都不对

7. 在 JST 的核心库标签中,负责 JSP 页面中变量的赋值、输出、删除以及异常捕获等操作的标签是(　　)。

A. 通用标签　　B. 条件标签　　C. 迭代标签　　D. 以上都不对

8. forEach 标签中用于指定起始数据的属性是(　　)、指定最后一个数据的属性是(　　)、指定循环步长的属性是(　　)。

A. step　　B. var　　C. begin　　D. end

9. EL 中查找共享数据区中的数据时,第一个查找的是(　　)。

A. pageContext　　B. request　　C. session　　D. application

10. 在 JSTL 中,提供了数据运算相关标签的库是(　　)。

A. Core 库　　B. SQL 库　　C. XML 库　　D. 格式化标签库

11. 在 JST 的核心库标签中,用于将文本以特定分隔符划分为子串来处理的标签是(　　)。

A. <if>　　B. <choose>　　C. <forEach>　　D. <forTokens>

12. 在 JSTL 中,用来格式化数据(尤其是数字和日期)的操作的标签库是(　　)。

A. Core 库　　B. SQL 库　　C. XML 库　　D. 格式化标签库

二、判断题

1. Sun 公司制定了一套 JSTL 标准标签库,它的英文全称是 Java Server Standard Tag。(　　)

2. EL 表达式的 cookie 隐式对象用于获取客户端的 Cookie 信息。 （ ）

3. 由于 JSTL 是 JSP 标准标签库，因此可以直接使用。 （ ）

4. forEach 标签只能用于遍历数据集，不能用于普通的 for 循环。 （ ）

5. 用 EL 表达式从数据区取数据时，如果没有指定数据区，那么首先从 sessionScope 中取。 （ ）

6. 在 EL 中，在任何情况下，操作符.和[]操作符都可以互换使用。 （ ）

三、填空题

1. EL 用________提取数据区的数据，用操作符________判断数据是否为空。

2. EL 用________或________操作符提取对象中的属性值，如果要按下标访问数组中的元素，则要用操作符________。

3. EL 中的内置函数都以________开头，________内置函数用来判断是否包含子串，________内置函数返回子串出现的位置。

4. 在 EL 的隐含对象中，表示 page 作用域的是________，表示 request 作用域的是________，表示 session 作用域的是________，表示 application 作用域的是________。

5. 在 EL 的隐含对象中，表示单值参数区的是________，表示单值请求头区的是________，表示页面上下文的是________。

6. JSTL 的中文全称是________，在 JSP 页面使用 JSTL 中的标签前要用________标签导入标签所属的标签库。

7. 在<%@taglib%>中用________属性指定标签库位置，用________属性指定标签前缀。

8. 在<c:forEach>中用________属性指定要遍历的数据集，用________属性保存遍历出的每个数据。

四、简答题

1. 简述.运算符和[]运算符的区别与联系。

2. JSTL 标签库实际上是由 4 个不同功能的标签库共同组成，请列出这 4 个标签库，并分别简述它们的作用。

第 15 章 Web 项目中公共难点功能的实现

到第 14 章为止，读者已学完了 Java Web 项目开发的所有知识和技能，基本上能进行 Java Web 项目开发了。但是在 Web 项目中，总有一些公共的(即所有 Web 项目都有的)、比较难实现的功能。例如，文件上传、查询记录的分页显示、动态查询、配置多对多关系、权限控制等。这些功能需要读者用前面章节所学知识和技能，再加上查阅相关资料才能实现。为了缩短学习时间，本书将这些公共的、比较难实现的功能单独作为一章来进行讲解。

本章将讲解文件上传、查询记录分页显示、动态查询、配置多对多关系、权限控制的 MVC 实现。

学习目标

(1) 掌握文件上传的 MVC 实现。

(2) 掌握分页显示的 MVC 实现。

(3) 掌握动态查询的 MVC 实现。

(4) 掌握配置多对多关系的 MVC 实现。

(5) 掌握权限控制的 MVC 实现。

15.1 文件上传的实现

文件上传的含义是将本地文件通过网络上传到服务器上。

文件 Web 上传的实现思路是：客户端浏览器首先将本地文件数据放到请求中，并发给服务器上的控制器；然后，控制器接收到请求后从请求中获得文件数据；最后，控制器将文件数据转存到服务器的一个文件中，并记录此文件的路径。

本节以上传教师头像为例来讲解文件 Web 上传的 MVC 实现。上传教师头像包含两个功能：一个是头像上传表单功能；另一个是头像上传功能。下面逐一讲解这两个功能的实现。

视频讲解

15.1.1 头像上传表单的实现

头像上传表单功能是打开一个 JSP 页面，在此 JSP 页面中显示要上传头像的教师信息并提供一个可以提交头像文件数据的表单。

1. 创建并配置处理当前请求的 Servlet 类

在 TeacherServlet 类的 doGet()方法中添加"/OpenUploadHeadPic"分支，并用此分支处理头像上传表单请求，对应的 URL 为"/InfoSubSys/Teacher/OpenUploadHeadPic"。

2. 将请求 URL 改为 Servlet URL

头像上传表单功能由教师列表中每个教师记录的“上传头像”按钮触发，如图 15-1 所示。

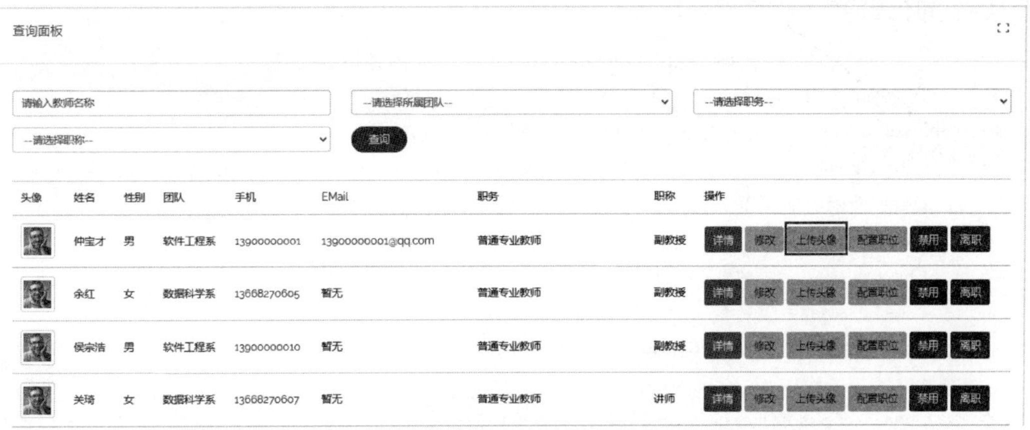

图 15-1 “上传头像”按钮

“上传头像”按钮的源代码在“/WebContent/pages/infoSubSys/teachers/list.jsp”中，代码如下：

```
<a href = "${pageContext.request.contextPath}/pages/infoSubSys/teachers/uploadPic.jsp">
    <button class = "btn btn-warning" type = "button">上传头像</button>
</a>
```

通过上面的代码可知，文件上传表单请求由超链接触发，其 URL 被放在<a>的 href 属性中，代码如下：

```
${pageContext.request.contextPath}/pages/infoSubSys/teachers/uploadPic.jsp
```

将上面的 JSP URL 修改为 Servlet URL，代码如下：

```
{pageContext.request.contextPath}/InfoSubSys/Teacher/OpenUploadHeadPic?teachers_id =
${teacher.teachers_id}
```

3. 编写 Servlet 代码

在 TeacherServlet 类的 doGet()方法的“/OpenUploadHeadPic”分支中编写处理“头像上传表单”请求的代码，如代码 15-1 所示。

代码 15-1 “头像上传表单”功能的 Servlet 代码

```
else if("/OpenUploadHeadPic".equals(functionURL))
{
    //查询数据
    int teachers_id = Integer.parseInt(request.getParameter("teachers_id"));
    Map<String, Object> map = teachersDAO.selectById(teachers_id);
    //共享数据
    request.setAttribute("map", map);
    //将当前请求派发给 JSP 页面
request.getRequestDispatcher("/pages/infoSubSys/teachers/uploadPic.jsp").forward(request,
response);
}
```

4. 编写 JSP 代码

在“/WebContent/pages/infoSubSys/teachers/uploadPic.jsp”中编写显示教师详情的JSP代码,如代码15-2所示。

代码 15-2 uploadPic.jsp 中显示教师详情的代码

```
<div class="body">
  <div>
    <img src="<%=request.getContextPath()%>/assets/images/user.png" class="rounded" alt="" width="200" height="200">
  </div>
  <hr>
  <small class="text-muted">姓名:</small>
  <p class="m-b-0">${map.users_name}</p>
  <hr>
  <small class="text-muted">状态:</small>
  <p class="m-b-0">${map.state_name}</p>
  <hr>
  <small class="text-muted">性别:</small>
  <p class="m-b-0">${map.users_gender}</p>
  <hr>
  <small class="text-muted">团队:</small>
  <p class="m-b-0">${map.teachOrgs_name}</p>
  <hr>
  <small class="text-muted">手机:</small>
  <p class="m-b-0">${map.users_mobilePhone}</p>
  <hr>
  <small class="text-muted">EMail:</small>
  <p class="m-b-0">${map.users_Email}</p>
  <hr>
  <small class="text-muted">职位:</small>
  <p class="m-b-0">${map.roles_names}</p>
  <hr>
  <small class="text-muted">职称:</small>
  <p class="m-b-0">${map.titleType_name}</p>
  <hr>
  <small class="text-muted">办公室:</small>
  <p class="m-b-0">${map.teachers_office}</p>
  <hr>
  <small class="text-muted">入职时间:</small>
  <p class="m-b-0">${map.teachers_startworkDay}</p>
</div>
```

5. 运行功能进行测试

运行头像上传表单功能的步骤如下:

(1) 发布项目,重启 Tomcat。

(2) 在浏览器中访问教师列表功能。

(3) 在教师列表页面中,单击“上传头像”按钮,运行结果如图15-2所示。

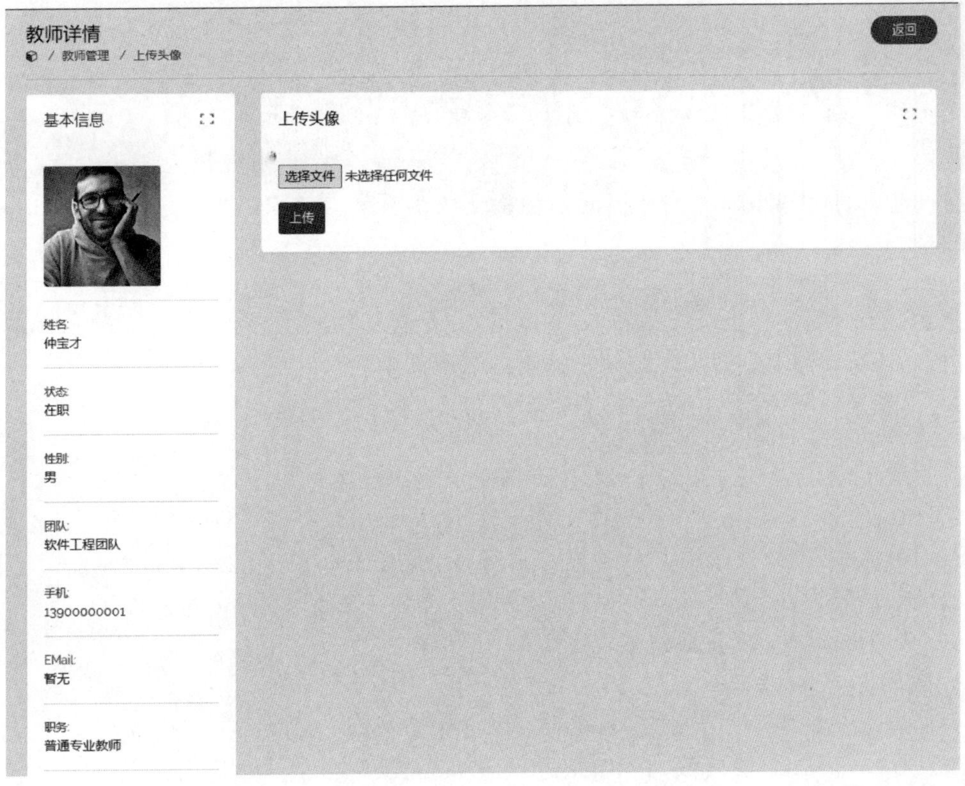

图 15-2　头像上传表单功能的运行结果

15.1.2　头像上传的实现

视频讲解

头像上传功能是将请求中的头像文件数据转存为服务器上的文件，实现步骤如下。

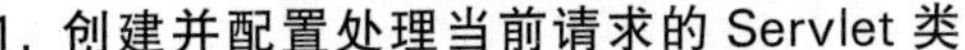

1. 创建并配置处理当前请求的 Servlet 类

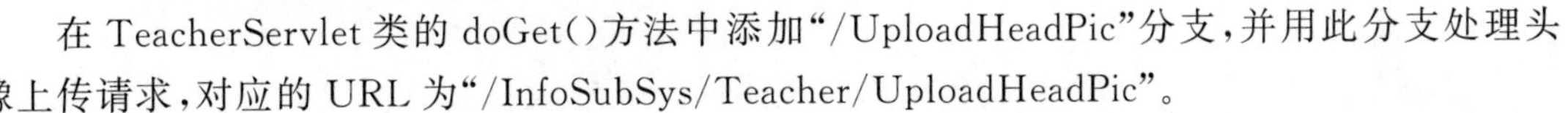

在 TeacherServlet 类的 doGet()方法中添加“/UploadHeadPic”分支，并用此分支处理头像上传请求，对应的 URL 为“/InfoSubSys/Teacher/UploadHeadPic”。

2. 将请求 URL 改为 Servlet URL

头像上传功能由上传头像表单页面底部的“上传”按钮触发，如图 15-3 所示。

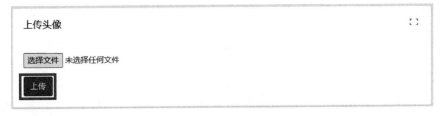

图 15-3　“上传”按钮

“上传”按钮的源代码在“/WebContent/pages/infoSubSys/teachers/uploadPic.jsp”中，代码如下：

```
<form action = "${pageContext.request.contextPath}/pages/infoSubSys/teachers/list.jsp"
  method = "post" enctype = "multipart/form - data">
    <div class = "input - group mb - 3">
        <input type = "file" name = "headPic">
```

```
        </div>
        <input type="hidden" name="users_id" value="${map.users_id}">
        <input type="hidden" name="teachers_id" value="${map.teachers_id}">
        <button type="submit" class="btn btn-primary">上传</button>
    </form>
```

通过上面的代码可知，文件上传请求由提交按钮触发，其 URL 被放在表单的 action 属性中，代码如下：

```
${pageContext.request.contextPath}/pages/infoSubSys/teachers/list.jsp
```

将上面的 JSP URL 修改为 Servlet URL，代码如下：

```
${pageContext.request.contextPath}/InfoSubSys/Teacher/UploadHeadPic
```

注意：上传文件时，提交请求的 JSP 页面有以下特殊要求：

(1) 必须用表单 post 方式提交文件数据。

(2) 表单必须要有 enctype 属性，并且其值为 multipart/form-data。

(3) 表单中必须要有文件域控件，并且文件域标签必须要有 name 属性值。

(4) 表单必须有触发数据提交的按钮。

3. 编写 Servlet 代码

为了能处理文件上传请求，Servlet 有以下特殊要求。

(1) 要让 Servlet 能接收 multipart/form-data 类型的表单数据，此 Servlet 类必须加 @MultipartConfig 注解，代码如下：

```
import javax.servlet.annotation.MultipartConfig;
@MultipartConfig
public class TeacherServlet extends HttpServlet{}
```

(2) 文件上传后，需要能用 HTTP 请求访问此文件，因此上传的文件要放到一个 Web 应用中。

解决方案是：将服务器上的文件保存目录映射为一个 Web 应用。具体做法是在 Tomcat 的配置目录中添加一个 Web 项目的配置文件。例如，如果上传文件被放在 D:\uploads 中，此目录将被映射为 http://localhost:8080/uploads，那么只需在 Tomcat 的配置目录 D:\tomcat9\conf\Catalina\localhost 中新建一个名称与 Web 项目路径一致的配置文件 uploads.xml，其中配置代码如下：

```
<?xml version='1.0' encoding='utf-8'?>
<Context path="/uploads" docBase="D:\uploads" debug="0" reloadable="true"/>
```

(3) 文件上传中需要两个全局参数值：一是上传文件的保存根目录；二是用 HTTP 请求访问上传文件时的根 URL，这两个全局参数值都可以在 web.xml 中用<context-param>进行配置，配置代码如下：

```
<context-param>
    <param-name>fileSaveBaseDir</param-name>
    <param-value>D:/uploads/</param-value>
</context-param>
<context-param>
    <param-name>fileBaseURL</param-name>
```

```
        <param-value>http://localhost:8080/uploads/</param-value>
    </context-param>
```

在 TeacherServlet 类的 doGet()方法的"/UploadHeadPic"分支中编写处理"头像上传"请求的代码,如代码 15-3 所示。

代码 15-3 "头像上传"功能的 Servlet 代码

```
1  else if("/UploadHeadPic".equals(functionURL))
2  {
3      //1. 文件数据转存
4      //从请求中获得文件数据
5      Part part = request.getPart("headPic");
6      if(part != null && part.getSize()> 0)
7      {
8          //求解服务器上最终文件名(扩展名不变,文件名为 UUID 值)
9          String submittedFileName = part.getSubmittedFileName();
10         String ext = submittedFileName.substring(submittedFileName.lastIndexOf("."));
11         String lastFileName = UUID.randomUUID().toString() + ext;
12         //从 web.xml 中获得上下文参数 fileSaveBaseDir 的值,此值为文件保存根目录
13         String fileSaveBaseDir = request.getServletContext().getInitParameter
           ("fileSaveBaseDir");
14         //求解文件要保存的最终路径
15         String lastPath = fileSaveBaseDir + lastFileName;
16         //将 part 中的数据保存到指定的文件中
17         part.write(lastPath);
18         //2. 更新用户的头像
19         int users_id = Integer.parseInt(request.getParameter("users_id"));
20         usersDAO.updateHeadPortrait(lastFileName, users_id);
21         //3. 将当前请求派发给显示结果的页面
22     request.getRequestDispatcher("/pages/infoSubSys/teachers/modifySuccess.jsp").forward
       (request, response);
23     }
24     else
25     {
26 request.getRequestDispatcher("/InfoSubSys/Teacher/OpenUploadHeadPic").forward(request,
   response);
27     }
28 }
```

在代码 15-3 中,usersDAO 对象需要在 try 块外用代码"UsersDAO usersDAO = new UsersDAO();"实例化,在 finally 块中用"usersDAO.release();"释放数据库连接。

在代码 15-3 的第 20 行中,调用了 UsersDAO 类的 updateHeadPortrait()方法来将新上传的头像图片 URL 保存到 Users 表对应用户记录中。

4. 编写 JSP 代码

在 list.jsp 和 uploadPic.jsp 中都要显示教师头像,下面逐一讲解具体的实现代码。

(1) 在"/WebContent/pages/infoSubSys/teachers/list.jsp"中编写显示教师头像的 JSP 代码,如代码 15-4 所示。

代码 15-4 在 list.jsp 中显示教师头像的代码

```
<td>
    <a href="#" data-toggle="modal" data-target="#picModal" title="单击看大图"
    onclick="setBigPicSrc(${teacher.teachers_id})">
```

```
3              <img src = " ${fileBaseURL} ${teacher.users_headPortrait}" class = "img-thumbnail" alt = "头像" width = "50" height = "50" id = "picId${teacher.teachers_id}">
4          </a>
5  </td>
6  …
7  <script type = "text/javascript">
8          function setBigPicSrc(sid)
9          {
10             $("#bigPicId").attr("src", $("#picId" + sid)[0].src);
11         }
12 </script>
```

在代码 15-4 中，第 3 行中的 ${fileBaseURL}用于从数据共享区获取文件的根 URL，文件的根 URL 在 Web.xml 中被配置成了上下文参数。

要将文件的根 URL 值放置到数据共享区中，需要将下面的代码放在 TeacherServlet 类的 doGet()方法中，并作为首行代码。

```
//从 web.xml 中获得上下文参数 fileBaseURL 的值并共享给 JSP 页面
 String fileBaseURL = request.getServletContext().getInitParameter("fileBaseURL");
 request.setAttribute("fileBaseURL", fileBaseURL);
```

(2) 在“/WebContent/pages/infoSubSys/teachers/uploadPic.jsp”中编写显示教师头像的 JSP 代码，代码如下：

```
<div>
<img src = " ${fileBaseURL} ${map.users_headPortrait}" class = "rounded" alt = "" width = "200"
height = "200">
</div>
```

5. 运行功能进行测试

运行头像上传功能的步骤如下：

(1) 发布项目，重启 Tomcat。

(2) 在浏览器中打开图 15-2 所示的“上传头像”表单页面。

(3) 在“上传头像”表单中选择要上传的文件，然后单击“上传”按钮。

头像上传成功后 JSP 页面如图 15-4 所示。

图 15-4　头像上传成功后的 JSP 页面

头像上传成功后，放置上传文件的目录如图 15-5 所示。

头像上传成功后，users 表中的记录值如图 15-6 所示。

图 15-5　头像上传成功后放置上传文件的目录

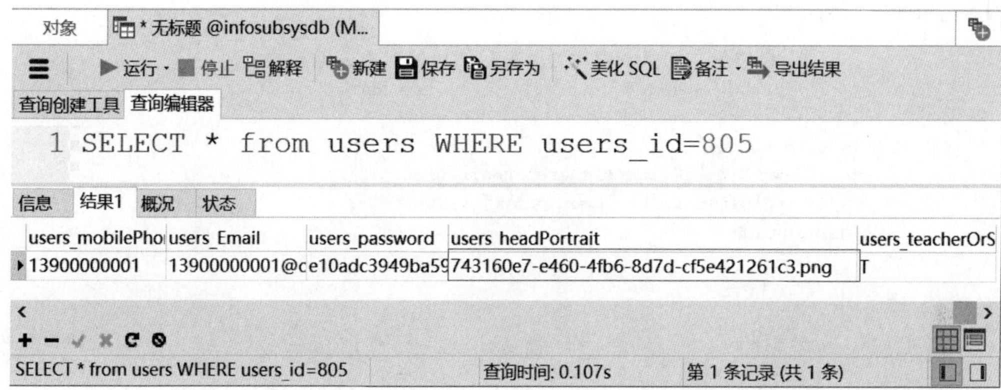

图 15-6　头像上传成功后 users 表中的用户记录头像列的值

15.2　分页显示的实现

视频讲解

当查询得到的记录十分多，不便于显示查看时，可以将这些记录放到多个页面中进行显示，就像一页页地翻阅图书一样。

本节以教师列表的分页显示为例来讲解分页显示如何实现。因为教师列表的分页显示只是在教师列表功能的基础上添加分页显示，所以前两个实现步骤可以省略，下面逐一讲解剩下的实现步骤。

15.2.1　编写 Servlet 代码

在 TeacherServlet 的 doGet()方法的“/List”分支中，加入分页实现后的代码，如代码 15-5 所示。

代码 15-5　教师列表分页实现的 Servlet 代码

```
if("/List".equals(functionURL))
{
        //处理列表请求
          //计算当前页码
        int curPage = 1;
        String curPageStr  =  request.getParameter("curPage");
        if(curPageStr != null && curPageStr.length()> 0)
        {
              curPage  =  Integer.parseInt(curPageStr);
        }
        //查询数据并分页
        PageInfo pageInfo  =  teachersDAO.getAllPaged(curPage,"/InfoSubSys/Teacher/List");
        //共享数据
        request.setAttribute("pageInfo", pageInfo);
```

```
15        //将当前请求派发给 JSP 页面
16        request.getRequestDispatcher("/pages/infoSubSys/teachers/list.jsp").forward(request,
          response);
17    }
```

在代码 15-5 的第 12 行中,调用了 TeachersDAO 类中的 getAllPaged()方法来查询所有教师记录并进行分页。

15.2.2 编写 JSP 代码

在"/WebContent/pages/infoSubSys/teachers/list.jsp"中编写分页显示的 JSP 代码,如代码 15-6 所示。

代码 15-6 list.jsp 中加入分页显示功能时需要修改的代码

```
1 <c:forEach items=" ${pageInfo.records}" var="teacher">
2 </c:forEach>
3 <div class="col-lg-12">
4       <jsp:include page="/pages/shares/pagination.jsp">
5             <jsp:param name="queryString" value=""/>
6         </jsp:include>
7 </div>
```

在代码 15-6 中,

(1) 第 1 行代码需要将<c:forEach>标签的 items 属性值设置为 ${pageInfo.records},表示显示的教师列表是从分页信息对象 pageInfo 的 records 属性中获得,显示的是当前页的教师列表。

(2) list.jsp 中的分页导航条,原来是用前端代码硬编码的,现在需要替换成第 3～7 行的代码。第 3～7 行的代码用<jsp:include>标签包含了 pagination.jsp。pagination.jsp 中是分页导航条的统一实现代码。

15.2.3 运行功能进行测试

运行教师列表分页显示功能的步骤如下:

(1) 发布项目,重启 Tomcat。

(2) 登录进入主页,在主页中单击"教师管理"菜单。

教师列表分页显示功能的运行结果如图 15-7 所示。

15.3 动态查询的实现

动态查询就是根据用户提供的查询条件动态地构造查询 SQL,然后用动态构造的查询 SQL 查询数据库中的数据。本节以教师列表中的查询功能为例来讲解动态查询的实现。教师列表中的查询功能分为查询表单功能和查询功能,下面逐一进行讲解。

15.3.1 查询表单功能的实现

教师查询功能的操作界面如图 15-8 所示。

视频讲解

由图 15-8 可知,教师查询表单界面被放在 list.jsp 中。因此教师查询表单的前两个实现步骤可以省略,下面逐一讲解剩下的实现步骤。

1. 编写 Servlet 代码

在 TeacherServlet 的 doGet()方法的"/List"分支中,加入查询表单实现代码,如代码 15-7 所示。

头像	姓名	性别	团队	手机	EMail	职务	职称	操作
	仲宝才	男	软件工程系	13900000001	13900000001@qq.com	系统管理员,团队主任	副教授	详情 修改
头像	余红	女	数据科学系	13668270605	暂无	普通专业教师	副教授	详情 修改
头像	侯宗浩	男	软件工程系	13900000010	暂无	普通专业教师	副教授	详情 修改
头像	关琦	女	数据科学系	13668270607	暂无	普通专业教师	讲师	详情 修改
头像	刘静	男	软件工程系	13900000012	暂无	普通专业教师	讲师	详情 修改
头像	吴平贵	男	信息工程系	13668270614	暂无	系主任,普通专业教师	教授	详情 修改
头像	唐梁尧	男	软件工程系	13900000015	暂无	普通专业教师	讲师	详情 修改
头像	唐远涛	男	软件工程系	13900000011	暂无	普通专业教师	讲师	详情 修改
头像	夏磊	男	软件工程系	13900000005	暂无	普通专业教师	副教授	详情 修改
头像	张小华	男	数据科学系	13668270600	ZhangXiaohua@nsu.edu.cn	普通专业教师,班导师,系统管理员	副教授	详情 修改

显示第 1 至 10 项结果，共40项 « 1 2 3 4 »

图 15-7 教师列表分页显示功能运行结果

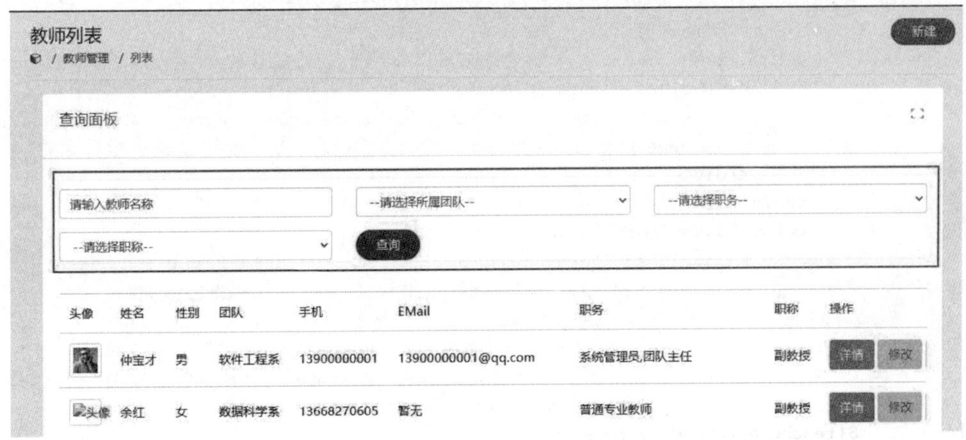

图 15-8 教师列表中的查询功能界面

代码 15-7 教师查询表单的 Servlet 实现代码

```
RolesDAO rolesDAO = new RolesDAO();
if("/List".equals(functionURL))
{
     //处理列表请求
     //计算当前页码
     int curPage = 1;
     String curPageStr = request.getParameter("curPage");
     if(curPageStr != null && curPageStr.length()> 0)
     {
          curPage = Integer.parseInt(curPageStr);
     }
     //查询数据并分页
     PageInfo pageInfo = teachersDAO.getAllPaged(curPage,"/InfoSubSys/Teacher/List");
     //查询所有教学机构记录
```

```
        List<Map<String, Object>> teachorgsList = teachorgsDAO.selectAll();
        //查询所有职位信息记录
        List<Map<String, Object>> roleList = rolesDAO.selectAll();
        //查询所有职称记录
        List<Map<String, Object>> titleList = typesDAO.selectAllTitles();

        //共享数据
        request.setAttribute("pageInfo", pageInfo);
        request.setAttribute("teachorgsList", teachorgsList);
        request.setAttribute("roleList", roleList);
        request.setAttribute("titleList", titleList);
        //从 session 中删除共享的查询参数数据
        request.getSession().removeAttribute("paramMap");
        //将当前请求派发给 JSP 页面
        request.getRequestDispatcher("/pages/infoSubSys/teachers/list.jsp").forward(request,
        response);
}
```

在代码 15-7 中,添加了获得查询表单所需数据的代码,这些代码都已用粗体加以显示。

2. 编写 JSP 代码

在"/WebContent/pages/infoSubSys/teachers/list.jsp"中编写查询表单的 JSP 代码,如代码 15-8 所示。需修改的代码都用粗体加以显示。

代码 15-8 教师查询表单 JSP 实现代码

```
<form action="${pageContext.request.contextPath}/InfoSubSys/Teacher/Query" method="post">
    <div class="row clearfix">
        <div class="col-lg-4 col-md-12">
            <div class="form-group">
                <input type="text" name="users_name" value="${paramMap.users_
                name}" class="form-control" placeholder="请输入教师名称">
            </div>
        </div>
        <div class="col-lg-4 col-md-12">
            <div class="form-group">
                <select class="form-control" name="teachOrgs_NO">
                    <option value="">--请选择所属团队--</option>
                        <c:forEach items="${teachorgsList}" var="teachorg">
                            <option value="${teachorg.teachOrgs_NO}" ${(teachorg.
                            teachOrgs_NO == paramMap.teachOrgs_NO)?"selected":""}>
    ${teachorg.teachOrgs_name}
</option>
                        </c:forEach>
                </select>
            </div>
        </div>
        <div class="col-lg-4 col-md-12">
            <div class="form-group">
                <select class="form-control" name="roles_id">
                    <option value="">--请选择职位--</option>
                    <c:forEach items="${roleList}" var="role">
                        <option value="${role.roles_id}" ${(role.roles_id ==
                        paramMap.roles_id)?"selected":""}>
                                ${role.roles_name}
                        </option>
                    </c:forEach>
                </select>
            </div>
        </div>
```

```
        <div class = "col - lg - 4 col - md - 12">
            <div class = "form - group">
                <select class = "form - control" name = "titleType_id">
                    <option value = "">-- 请选择职称 --</option>
                  <c:forEach items = " ${titleList}" var = "title">
              <option value = " ${title. types _ id}"  ${(title. types _ id = = paramMap.
              titleType_id)?"selected":""}>
                        ${title.types_name}
                  </option>
                  </c:forEach>
                </select>
            </div>
        </div>
        <div class = "col - lg - 4 col - md - 12">
            <div class = "form - group">
                <button type = "submit" class = "btn btn - round btn - primary">查询</button>
            </div>
         </div>
     </div>
</form>
```

3. 运行功能进行测试

运行教师查询表单功能的步骤如下：

(1) 发布项目，重启 Tomcat。

(2) 登录进入主页后，单击"教师管理"菜单。

教师查询表单功能的运行结果如图 15-8 所示。

15.3.2　查询功能的实现

查询功能就是根据用户提供的查询条件查询数据库记录。教师动态查询的 MVC 实现步骤如下。

1. 创建并配置处理当前请求的 Servlet 类

在 TeacherServlet 类的 doGet()方法中添加"/Query"分支，并用此分支处理查询请求，对应的 URL 为"/InfoSubSys/Teacher/Query"。

2. 将请求 URL 改为 Servlet URL

教师查询功能由教师列表中查询表单的"查询"按钮触发，如图 15-9 所示。

查询面板

请输入教师名称　--请选择所属团队--　--请选择职务--

--请选择职称--　查询

头像	姓名	性别	团队	手机	EMail	职务	职称	操作
	仲宝才	男	软件工程系	13900000001	13900000001@qq.com	系统管理员,普通专业教师	副教授	详情 修改 上传头像 配置职位 禁用
头像	余红	女	数据科学系	13668270605	暂无	普通专业教师	副教授	详情 修改 上传头像 配置职位 禁用
头像	侯宗浩	男	软件工程系	13900000010	暂无	普通专业教师	副教授	详情 修改 上传头像 配置职位 禁用
头像	关琦	女	数据科学系	13668270607	暂无	普通专业教师	讲师	详情 修改 上传头像 配置职位 禁用
头像	刘静	男	软件工程系	13900000012	暂无	普通专业教师	讲师	详情 修改 上传头像 配置职位 禁用

图 15-9　教师列表页面中的"查询"按钮

“查询”按钮的源代码在“/WebContent/pages/infoSubSys/teachers/list.jsp”中，代码如下。

```
<form action = "${pageContext.request.contextPath}/pages/infoSubSys/teachers/list.jsp" method
 = "post">
<button type = "submit" class = "btn btn - round btn - primary">查询</button></a>
</form>
```

通过上面的代码可知，教师查询请求由“查询”按钮触发，其 URL 被放在表单的 action 属性中，代码如下：

```
${pageContext.request.contextPath}/pages/infoSubSys/teachers/list.jsp
```

将上面的 JSP URL 修改为 Servlet URL，代码如下：

```
${pageContext.request.contextPath}/InfoSubSys/Teacher/Query
```

3. 编写 Servlet 代码

在 TeacherServlet 类的 doGet()方法的“/Query”分支中编写处理“教师查询”请求的代码，如代码 15-9 所示。

代码 15-9 “教师查询”的 Servlet 实现代码

```
1  else if("/Query".equals(functionPath))
2  {
3      int curPage = 1;
4      String curPageStr = request.getParameter("curPage");
5      Map<String, Object> paramMap = null;
6      if(curPageStr!= null && curPageStr.length()> 0)
7      {
8          curPage = Integer.parseInt(curPageStr);
9          paramMap = (Map<String, Object>)request.getSession().getAttribute("paramMap");
10     }
11     else
12     {
13         paramMap = MapUtil.convertFromMutiToSingle(request.getParameterMap());
14         request.getSession().setAttribute("paramMap", paramMap);
15     }
16     PageInfo pageInfo = teachersDAO.query(curPage, paramMap, "/InfoSubSys/Teacher/Query");
17     request.setAttribute("pageInfo", pageInfo);
18     List<Map<String, Object>> teachorgList = teachorgsDAO.selectAll();
19     List<Map<String, Object>> roleList = rolesDAO.selectAll();
20     List<Map<String, Object>> titleList = typesDAO.selectAllTitles();
21     request.setAttribute("teachorgList", teachorgList);
22     request.setAttribute("roleList", roleList);
23     request.setAttribute("titleList", titleList);
24     request.setAttribute("paramMap", paramMap);
25     request.getRequestDispatcher("/pages/infoSubSys/teachers/list.jsp")
26     .forward(request, response);
27 }
```

在代码 15-9 中，

第 6～15 行代码用于获取查询条件值。如果当前请求中无页码参数值，那么请求由“查询”按钮触发，查询条件值从请求参数中获取，并将获取到的查询条件值缓存到会话中，供分页请求使用。如果当前请求中有页码参数值，那么请求由分页导航条中的页码按钮触发，查询条件值直接从会话中获得，采用上一次的查询条件值。

第 16 行调用了 TeachersDAO 的 query()方法来根据查询条件值动态查询教师记录。

4. 编写 JSP 代码

因为教师查询请求在 TeacherServlet 类的 doGet()方法的“/Query”分支处理结束后，还是用“/WebContent/pages/infoSubSys/teachers/list.jsp”显示分页列表信息和查询表单信息。而 list.jsp 中的分页列表信息和查询表单信息的代码在前面章节已编写完成，因此本步骤无须编写任何代码。

5. 运行功能进行测试

运行教师查询功能的步骤如下：

(1) 发布项目，重启 Tomcat。

(2) 登录进入主页后，单击“教师管理”菜单打开教师列表页面。

(3) 在教师列表页面中的查询表单中输入查询条件，如图 15-10 所示。

图 15-10 输入查询条件

(4) 单击“查询”按钮进行查询，教师查询功能的运行结果如图 15-11 所示。

图 15-11 查询教师结果页面

15.4 多对多关系配置的实现

在项目的概念数据模型中，如果两个实体间是多对多关系，那么转化为物理数据模型时会用中间关系表来存储这个多对多关系的数据。在两个实体间的多对多关系数据被修改后，如何改变中间关系表中的记录来体现这个修改呢？这就是多对多关系的配置。

本节以教师管理模块中的配置职位功能为例来讲解多对多关系配置的实现。教师管理模块中的配置职位功能又包含配置职位表单和配置职位两个子功能，下面将逐一进行详细讲解。

视频讲解

15.4.1 配置职位表单功能的实现

配置职位表单功能是打开一个 JSP 页面,在此 JSP 页面中显示要配置职位的教师信息并提供一个可以配置职位的表单。

1. 创建并配置处理当前请求的 Servlet 类

在 TeacherServlet 类的 doGet()方法中添加"/OpenConfigRoles"分支,并用此分支处理配置职位表单请求,对应的 URL 为"/InfoSubSys/Teacher/OpenConfigRoles"。

2. 将请求 URL 改为 Servlet URL

配置职位表单功能由教师列表中每个教师记录的"配置职位"按钮触发,如图 15-12 所示。

头像	姓名	性别	团队	手机	EMail	职务	职称	操作
	仲宝才	男	软件工程系	13900000001	13900000001@qq.com	系统管理员,团队主任	副教授	详情 修改 上传头像 配置职位 禁用
头像	余红	女	数据科学系	13668270605	暂无	普通专业教师	副教授	详情 修改 上传头像 配置职位 禁用
头像	侯宗浩	男	软件工程系	13900000010	暂无	普通专业教师	副教授	详情 修改 上传头像 配置职位 禁用
头像	关琦	女	数据科学系	13668270607	暂无	普通专业教师	讲师	详情 修改 上传头像 配置职位 禁用
头像	刘静	男	软件工程系	13900000012	暂无	普通专业教师	讲师	详情 修改 上传头像 配置职位 禁用
头像	吴平贵	男	信息工程系	13668270614	暂无	系主任,普通专业教师	教授	详情 修改 上传头像 配置职位 禁用

图 15-12 教师列表页面中的"配置职位"按钮

"配置职位"按钮的源代码在"/WebContent/pages/infoSubSys/teachers/list.jsp"中,代码如下:

```
<a href = "${pageContext.request.contextPath}/pages/infoSubSys/teachers/configRoles.jsp">
        <button class = "btn btn - warning" type = "button">配置职位</button>
</a>
```

通过上面的代码可知,配置职位表单请求由超链接触发,其 URL 被放在< a >的 href 属性中,代码如下:

```
${pageContext.request.contextPath}/pages/infoSubSys/teachers/configRoles.jsp
```

将上面的 JSP URL 修改为 Servlet URL,代码如下:

```
${pageContext.request.contextPath}/InfoSubSys/Teacher/OpenConfigRoles?teachers_id = ${teacher.
teachers_id}
```

3. 编写 Servlet 代码

在 TeacherServlet 类的 doGet()方法的"/OpenConfigRoles"分支中编写处理"配置职位表单"请求的代码,如代码 15-10 所示。

代码 15-10 配置职位表单功能的 Servlet 代码

```
else if("/OpenConfigRoles".equals(functionURL))
{
        String teachers_idStr = request.getParameter("teachers_id");
        Map<String, Object> map = teachersDAO.selectById(Integer.parseInt(teachers_idStr));
        request.setAttribute("map", map);
        List<Map<String, Object>> roleList = rolesDAO.selectAll();
        request.setAttribute("roleList", roleList);
request.getRequestDispatcher("/pages/infoSubSys/teachers/configRoles.jsp").forward(request,
response);
}
```

4. 编写 JSP 代码

在“/WebContent/pages/infoSubSys/teachers/configRoles.jsp”中要显示两批数据：第一批数据是教师详情数据；第二批数据是所有职位数据，并将当前教师具有的职位选中。

（1）编写显示教师详情的 JSP 代码。

configRoles.jsp 中显示教师详情的 JSP 代码和 uploadPic.jsp 中显示教师详情的 JSP 代码一样，请参考代码 15-2。

（2）编写显示所有职位，并选中当前教师职位的 JSP 代码。

在 configRoles.jsp 中编写显示所有职位，并选中当前教师职位的 JSP 代码如代码 15-11 所示。

代码 15-11 configRoles.jsp 中显示所有职位并选中当前教师职位的代码

```
<%@taglib uri="http://java.sun.com/jsp/jstl/core" prefix="c" %>
<%@taglib uri="http://java.sun.com/jsp/jstl/functions" prefix="fn" %>
...
<div class="body">
    <form action="${pageContext.request.contextPath}/pages/infoSubSys/teachers/list.jsp">
        <div class="table-responsive">
            <table class="table table-hover spacing8">
                <thead>
                    <tr>
                            <th>选择</th>
                            <th>名称</th>
                            <th>职责</th>
                        </tr>
                    </thead>
                    <tbody>
                        <c:set var="roles_ids" value=",${map.roles_ids},"></c:set>
                        <c:forEach items="${roleList}" var="role">
                            <c:set var="roles_id" value=",${role.roles_id},"></c:set>
                            <tr>
                                <td>
<input type="checkbox" name="roles_ids" value="${role.roles_id}" ${(fn:contains(roles_ids,roles_id))?"checked":""}>
                                </td>
                                <td>${role.roles_name}</td>
                                <td>${role.role_abbreviation}</td>
                                <td>${role.roles_duty}</td>
                            </tr>
                        </c:forEach>
                    </tbody>
                </table>
            </div>
            <input type="hidden" name="users_id" value="${map.users_id}">
            <button type="submit" class="btn btn-primary">更新</button>
    </form>
</div>
```

5. 运行功能进行测试

运行配置职位表单功能的步骤如下：

（1）发布项目，重启 Tomcat。

（2）在浏览器中访问教师列表功能。

(3) 在教师列表页面中，单击“配置职位”按钮，运行结果如图 15-13 所示。

图 15-13 “配置职位”表单功能的运行结果

视频讲解

15.4.2 配置职位功能的实现

配置职位功能就是将教师最新的职位数据更新到数据库中。配置教师职位功能的 MVC 实现步骤如下。

1. 创建并配置处理当前请求的 Servlet 类

在 TeacherServlet 类的 doGet()方法中添加“/ConfigRoles”分支，并用此分支处理配置教师职位请求，对应的 URL 为“/InfoSubSys/Teacher/ConfigRoles”。

2. 将请求 URL 改为 Servlet URL

配置教师职位请求由配置职位页面中的“更新”按钮触发，如图 15-14 所示。

“更新”按钮的源代码在“/WebContent/pages/infoSubSys/teachers/configRoles. jsp”中，代码如下：

```
<form action = "${pageContext.request.contextPath}/pages/infoSubSys/teachers/list.jsp" method
 = "post">
...
    <input type = "hidden" name = "users_id" value = "${map.users_id }">
    <button type = "submit" class = "btn btn - primary">更新</button>
</form>
```

通过上面的代码可知，配置职位请求由“更新”按钮触发，其 URL 被放在表单的 action 属性中，代码如下：

```
${pageContext.request.contextPath}/pages/infoSubSys/teachers/list.jsp
```

将上面的 JSP URL 修改为 Servlet URL，代码如下：

```
${pageContext.request.contextPath}/InfoSubSys/Teacher/ConfigRoles
```

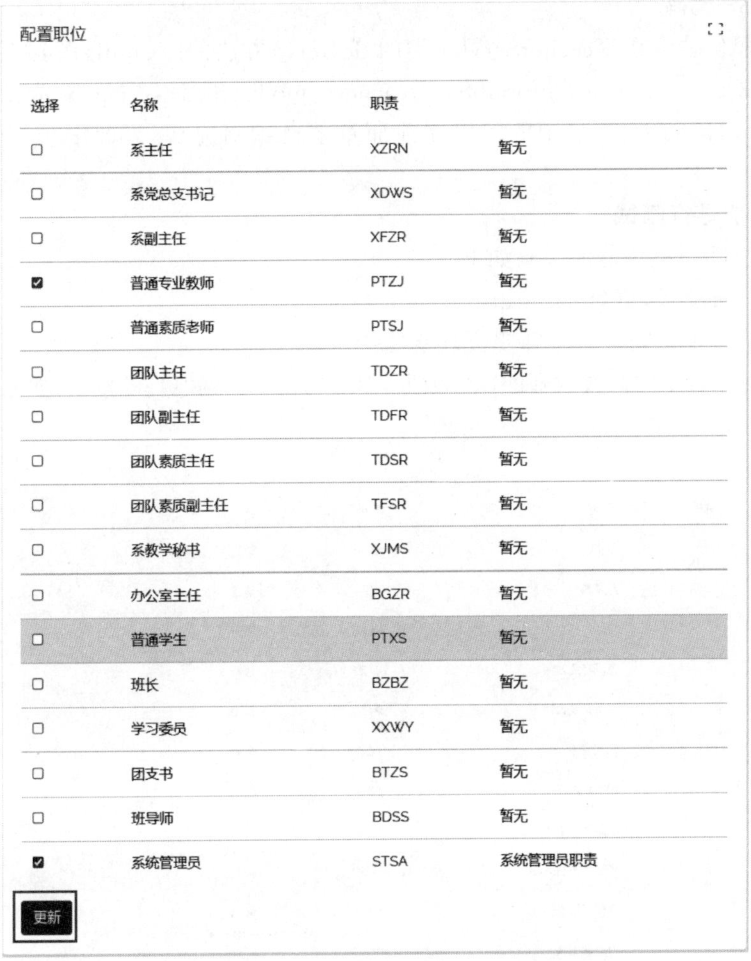

配置职位

选择	名称	职责	
☐	系主任	XZRN	暂无
☐	系党总支书记	XDWS	暂无
☐	系副主任	XFZR	暂无
☑	普通专业教师	PTZJ	暂无
☐	普通素质老师	PTSJ	暂无
☐	团队主任	TDZR	暂无
☐	团队副主任	TDFR	暂无
☐	团队素质主任	TDSR	暂无
☐	团队素质副主任	TFSR	暂无
☐	系教学秘书	XJMS	暂无
☐	办公室主任	BGZR	暂无
☐	普通学生	PTXS	暂无
☐	班长	BZBZ	暂无
☐	学习委员	XXWY	暂无
☐	团支书	BTZS	暂无
☐	班导师	BDSS	暂无
☑	系统管理员	STSA	系统管理员职责

更新

图 15-14 配置职位页面中的"更新"按钮

3. 编写 Servlet 代码

在 TeacherServlet 类的 doGet()方法的"/ConfigRoles"分支中编写处理"配置职位"请求的代码,如代码 15-12 所示。

代码 15-12 配置职位的 Servlet 实现代码

```
1  UserroleDAO userroleDAO = new UserroleDAO();
2  else if("/ConfigRoles".equals(functionURL))
3  {
4      int users_id = Integer.parseInt(request.getParameter("users_id"));
5      String[ ] roles_idsStr = request.getParameterValues("roles_ids");
6      int[ ] roles_ids = new int[roles_idsStr.length];
7      for(int i = 0; i < roles_idsStr.length; i ++ )
8      {
9          roles_ids[i] = Integer.parseInt(roles_idsStr[i]);
10     }
11     userroleDAO.modifyUserRole(users_id, roles_ids);
12     request.getRequestDispatcher("/pages/infoSubSys/teachers/modifySuccess.jsp").
       forward(request, response);
13 }
```

在代码 15-12 中,第 11 行调用了 UserroleDAO 的 modifyUserRole()方法来将教师的最新职位信息更新到 userrole 表中。

4. 编写 JSP 代码

配置教师职位请求在 TeacherServlet 类的 doGet()方法的"/ConfigRoles"分支处理结束后，会用"/WebContent/pages/infoSubSys/teachers/modifySuccess.jsp"显示配置教师职位的结果信息。modifySuccess.jsp 中的代码在前面章节已编写完成，因此本步骤无须编写任何代码。

5. 运行功能进行测试

运行配置教师职位功能的步骤如下：

(1) 重新发布项目，重启 Tomcat。

(2) 在浏览器中访问配置教师职位表单功能。

(3) 在页面的表单中修改教师的职位数据，然后单击下方的"更新"按钮，如图 15-15 所示。

配置职位

选择	名称	职责	
☐	系主任	XZRN	暂无
☐	系党总支书记	XDWS	暂无
☐	系副主任	XFZR	暂无
☑	普通专业教师	PTZJ	暂无
☐	普通素质老师	PTSJ	暂无
☑	团队主任	TDZR	暂无
☐	团队副主任	TDFR	暂无
☐	团队素质主任	TDSR	暂无
☐	团队素质副主任	TFSR	暂无
☐	系教学秘书	XJMS	暂无
☐	办公室主任	BGZR	暂无
☐	普通学生	PTXS	暂无
☐	班长	BZBZ	暂无
☐	学习委员	XXWY	暂无
☐	团支书	BTZS	暂无
☐	班导师	BDSS	暂无
☑	系统管理员	STSA	系统管理员职责

更新

图 15-15 修改教师的职位信息

配置教师职位功能的运行结果如图 15-16 所示。

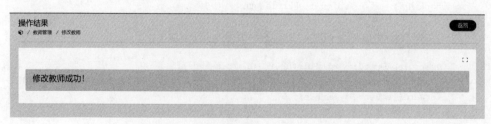

图 15-16 配置教师职位功能的运行结果

15.5　权限控制的实现

视频讲解

权限控制指用户发出访问某个功能的请求时，如果允许此用户访问此功能就放行，否则就拦截此请求并报错，显然权限控制要用过滤器实现。

下面讲解如何用过滤器实现权限控制。

1. 编写过滤器类

过滤器类 PredomFilter 的源代码如代码 15-13 所示。

代码 15-13　过滤器类 PredomFilter 的源代码

```
package cn.edu.nsu.infoSubSys.filter;
import java.io.IOException;
import java.sql.SQLException;
import java.util.List;
import java.util.Map;
import javax.servlet.Filter;
import javax.servlet.FilterChain;
import javax.servlet.FilterConfig;
import javax.servlet.ServletException;
import javax.servlet.ServletRequest;
import javax.servlet.ServletResponse;
import javax.servlet.annotation.WebFilter;
import javax.servlet.http.HttpServletRequest;
import cn.edu.nsu.infoSubSys.db.last.functions.FunctionsDAO;
//@WebFilter("/InfoSubSys/*")
public class PredomFilter implements Filter
{
     public PredomFilter() {}
     public void doFilter(ServletRequest request, ServletResponse response, FilterChain chain) throws
IOException, ServletException
     {
          FunctionsDAO functionsDAO = new FunctionsDAO();
          try {
               HttpServletRequest httpRequest = (HttpServletRequest)request;
               //获得当前请求的 URI
               String pathInfo = (httpRequest.getPathInfo() == null)?"":httpRequest.getPathInfo();
               String pathURL = httpRequest.getServletPath() + pathInfo;
               //查询当前用户能用的所有功能的 URI
     String users_idStr = ((Map<String, Object>)httpRequest.getSession().getAttribute("_USER_")).get("users_id").toString();
     List<String> functions_URIs = functionsDAO.selectURIsByUsersId(Integer.parseInt(users_idStr));
               if(functions_URIs.contains(pathURL))
               {
                    //如果当前请求的 URI 被包含在能用的 URI 中就放行
                    chain.doFilter(request, response);
               }
               else
               {
                    //如果当前请求的 URI 没有包含在能用的 URI 中就导向错误页面
          httpRequest.setAttribute("message", "你无权使用当前功能,请与管理员联系!");
          request.getRequestDispatcher("/pages/shares/error.jsp").forward(request, response);
               }
          } catch (Exception e) {
               e.printStackTrace();
          } finally {
```

```
45                try {
46                    functionsDAO.release();
47                } catch (SQLException e) {
48                    e.printStackTrace();
49                }
50            }
51        }
52        public void init(FilterConfig fConfig) throws ServletException {}
53        public void destroy() {}
54    }
```

在代码 15-13 中，第 30 行调用了 FunctionsDAO 类的 selectURIsByUsersId()方法来获得当前用户能用的所有功能的 URL。

2. 配置过滤器

过滤器类 PredomFilter 的配置代码如代码 15-14 所示。

代码 15-14　过滤器类 PredomFilter 的配置源代码

```
<filter>
    <filter-name>PredomFilter</filter-name>
    <filter-class>cn.edu.nsu.infoSubSys.filter.PredomFilter</filter-class>
</filter>
<filter-mapping>
    <filter-name>PredomFilter</filter-name>
    <url-pattern>/InfoSubSys/*</url-pattern>
</filter-mapping>
```

3. 运行功能进行测试

运行权限控制的步骤如下：

(1) 发布项目，重启 Tomcat。

(2) 用普通专业教师登录，登录名为 13900000001，密码为 123456。

(3) 在主页中，单击“教师管理”菜单，能正常显示教师列表，如图 15-17 所示。

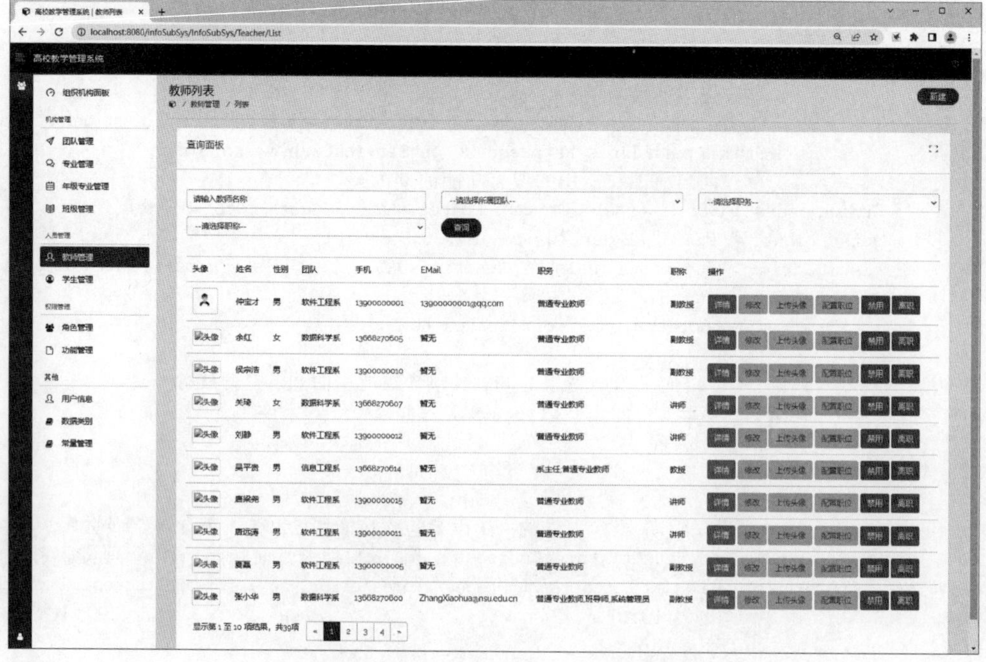

图 15-17　权限控制中对能用的功能放行

(4) 在教师列表中，单击“上传头像”按钮，不能打开头像上传表单页面，如图 15-18 所示。

图 15-18　权限控制中对不能用的功能进行拦截

本章小结

本章首先讲解了 Web 项目开发中一些公共的、比较难实现的功能的实现，这些功能包括文件上传、分页显示、动态查询、权限控制。在这些功能的实现中分别以上传教师头像、分页显示教师列表、查询教师列表、用 Filter 实现权限控制为例，按照 Java Web MVC 模式中处理请求的 5 个编码步骤进行讲解，并给出了每个步骤的实现代码。

读者学完本章内容后，就学完了 Java Web 项目开发需要掌握的所有基本知识和技能。在第 16 章中，会将案例项目的教师管理模块和学生管理模块的实现作为本篇的综合实践，将案例项目中所有功能的实现作为课程的综合实践。

习题

一、单项选择题

1. 文件上传描述错误的是(　　)。

   A. 文件上传指将客户端的文件数据通过请求传输给服务器程序，服务器程序将请求中的文件数据保存为文件

   B. 用 Java Web 技术实现文件上传时，前端表单的 method 属性值必须是 post

   C. 用 Java Web 技术实现文件上传时，前端表单的 enctype 属性值必须是 multipart/form-data

   D. Java Web 技术中，服务器后端程序无须做额外配置就能从请求中获得文件数据

2. 如果每页显示 10 条记录，要显示第 5 页数据，那么 limit 子句是(　　)。

   A. limit 10　　B. limit 5,10　　C. limit 40,10　　D. limit 50,10

3. 要获得“select * from users”的查询结果集中的总记录数，SQL 应该是(　　)。

   A. SELECT COUNT(*) FROM SELECT * from users;

B. SELECT COUNT(*) FROM (SELECT * from users);

C. SELECT COUNT(*) FROM (SELECT * from users) as innerTable;

D. SELECT sum(*) FROM (SELECT * from users) as innerTable;

4. 动态查询描述错误的是(　　)。

A. 动态查询中查询条件的比较符有=、!=、like 等

B. 动态查询中查询条件的联立的逻辑运算符有 and、or 等

C. 动态查询中为了拼接查询条件方便,经常将 1=1 作为第一个条件

D. 动态查询中,动态拼接 SQL 时,除了 Select 子句放在最前面外,其他子句的前后顺序无要求

5. 在项目中,用(　　)确保只有系统中的用户才能使用系统,用(　　)确保可用的功能,用户才能使用。

A. 登录　　B. 注册　　C. 权限控制　　D. 权限配置

二、填空题

1. 文件上传时前端网页必须要在表单中放置________域元素,而且表单的 method 属性值必须是________,表单的 enctype 属性值必须是____________________。

2. 文件上传时后端处理请求的 Servlet 类必须要添加________注解才能接收 multipart/form-data 类型的表单数据,并且取出的文件数据对象是____________________类型。

3. 在分页显示中,主要用到 MySQL 中的________函数来统计查询记录集中的总记录数,用________子句来获得当前页的记录。

4. 权限控制本书采用________技术来实现。

5. 动态查询的核心实现思路是根据查询________,动态拼接构造________。

三、简答题

1. 简述用 Java Web 技术实现文件上传的步骤。

2. 简述实现分页显示的步骤。

3. 简述用 Filter 实现权限控制的步骤。

第 16 章

综合实践四

本章是最后一章，主要用前面章节所学的内容完成如下两个综合实践。

(1) 综合实践四。此综合实践的目的是巩固读者在第四篇中所学的知识和技能。

(2) 课程综合实践。此综合实践的目的是巩固读者在本书所有篇章中所学的知识和技能。

16.1 第四篇小结

本书第四篇各章的基础知识和技能如下：

(1) 在第 10 章中，读者学习了 Servlet 核心技术，能编写 MVC 模式中的 C 层代码。

(2) 在第 11 章中，读者学习了 JSP 核心技术，能编写 MVC 模式中的 V 层代码。而 MVC 模式中的 M 层编码，读者在第三篇已学习。

(3) 在第 12 章中，读者学习了 Web 项目的分层开发，能用 Java Web 技术的 MVC 模式开发 Web 项目。

(4) 在第 13 章中，读者学习了 Filter 技术和 Listener 技术，能编写过滤器对请求和响应进行拦截处理，能编写监听器捕获并处理 Web 服务器对象的事件。

(5) 在第 14 章中，读者学习了 JSTL 和 EL 技术，能编写 JSTL 标签和 EL 表达式文本来替换 JSP 页面中的 Java 代码。

(6) 在第 15 章中，读者学习了 Web 项目中一些公共难点功能的实现，使读者的 Java Web 项目开发知识和技能更加完备，不存在明显的缺陷。

16.2 项目作业

学完第四篇内容后，为了巩固第四篇所学的知识和技能，读者仿照第四篇中的案例完成教师管理模块和学生管理模块中的所有功能的实现，并将这两个模块的实现作为第四篇的综合实践项目作业。

16.3 课程综合实践

本书通过四大篇章的讲解涵盖了 Java Web 项目开发需要掌握的所有基本知识和技能，又以案例项目(高校教学基础信息管理子系统 infoSubSys)的实现贯穿所有基本知识和技能，具体来说，

(1) 第一篇讲解了开发环境安装与配置、Web 服务器 Tomcat、Web 前端技术，并在第一篇的综合实践中基于 Bootstrap 前端 UI 框架设计出了案例项目的 Web UI。此 Web UI 既可

以用来理解和确认案例项目的需求，又可以作为案例项目的最终的图形用户界面。

(2) 第二篇讲解了 MySQL、数据库设计和可行性分析，并在第二篇的综合实践中设计了案例项目的数据库，并进行了可行性分析。

(3) 第三篇讲解了 JDBC 核心技术、设计了 JDBC 编码框架，并在第三篇的综合实践中采用 JDBC 编码框架编写了案例项目数据库的 DAO(数据访问对象)代码。此 DAO 代码可以作为案例项目 MVC 实现中的 M 层代码。

(4) 第四篇讲解了 Servlet 核心技术、JSP 核心技术、Web 项目的分层实现和 MVC 模式、Filter 技术和 Listener 技术、JSTL 和 EL、Web 项目中公共难点功能的实现。在第四篇的综合实践中采用 Java Web 技术的 MVC 模式实现了教师管理模块和学生管理模块的所有功能。

自学资料

虽然每个篇章都对案例项目进行了相关实现，但是比较分散，不成体系。因此本章将案例项目作为课程综合实践项目，让读者完成所有功能的 M 层、V 层、C 层的设计和编码。在具体功能的设计和编码中，可以参考本书前面章节中的对应案例。如果读者对案例项目的需求和实现技术还不熟悉，可以扫描左侧的二维码进行了解。

本章小结

本章作为全书的最后一章，布置了两个综合实践来巩固第四篇和全书所有章节所学的基础知识和技能。

读者学完本章内容后，就能用本书讲解的所有知识和技能熟练地开发 Java Web 项目。

参 考 文 献

[1] Bootstrap 教程. https://www.runoob.com/bootstrap/bootstrap-intro.html.

[2] 贾志城,王云. JSP 程序设计慕课版[M]. 北京：人民邮电出版社，2016.

[3] 梁立新,梁震戈. Java Web 应用开发与项目案例教程[M]. 北京：清华大学出版社，2021.

[4] JSP 表达式语言. https://www.runoob.com/jsp/jsp-expression-language.html.

[5] JSP 标准标签库(JSTL). https://www.runoob.com/jsp/jsp-jstl.html.

[6] 详解 JavaWeb 中的 Listener. https://wenku.baidu.com/view/41ed4d2901020740be1e650e52ea551810a6c9a6.html.